智囊图书·建筑书系

全国土木工程类实用创新型规划教材

土木工程制图

TUMU GONGCHENG ZHITU

主　编　张新东

副主编　张燕斌　刘海平　马志登

林红利　张建新

编　者　李玲燕　朱　珠　许　丽

孟晓涛　梁　敏　邬志红

哈爾濱工業大學出版社

内容简介

本书除绪论外分两部分：第一部分为画法几何，第二部分为土木工程制图。全书共17个模块，主要内容有：绪论，投影的基本知识，点，直线，平面，直线与平面、平面与平面的相对位置，平面体，曲线与曲面，曲面体，轴测投影，制图基本知识与技能，组合体三视图，工程形体的表达方法，建筑施工图，结构施工图，建筑给排水工程图，道路与桥梁工程图。

本书可作为高等学校土木，建筑、路桥，水利类专业的教材，也可供职业技术学校有关专业参考选用。

图书在版编目(CIP)数据

土木工程制图/张新东主编. —哈尔滨：哈尔滨工业大学出版社，2014.7

ISBN 978-7-5603-4782-0

Ⅰ.①土… Ⅱ.①张… Ⅲ.①土木工程-建筑制图-高等学校-教材 Ⅳ.①TU204

中国版本图书馆CIP数据核字(2014)第121542号

责任编辑 范业婷 高婉秋
出版发行 哈尔滨工业大学出版社
社 址 哈尔滨市南岗区复华四道街10号 邮编 150006
传 真 0451-86414749
网 址 http://hitpress.hit.edu.cn
印 刷 三河市越阳印务有限公司
开 本 850mm×1168mm 1/16 印张 17.5 字数 506千字
版 次 2014年7月第1版 2014年7月第1次印刷
书 号 ISBN 978-7-5603-4782-0
定 价 37.00元

Preface 前言

“土木工程制图”是一门研究用投影法绘制工程图的学科，是工程技术人员表达设计意图、交流技术思想、指导施工等必须具备的基本知识和技能。该课程是工程土建类专业一门重要的技术基础课。

通过本课程的学习，使学生掌握投影的基本知识，并能正确使用绘图仪器，掌握绘图技能，能较熟练地阅读和绘制建筑工程图样，做到投影正确，视图选择和配置恰当，尺寸完整，符合国家标准，为后续课及课程设计和毕业设计打下必要的基础。

本书特色

1.内容丰富，标准可依

本书的作者长期从事本课程教学工作，具有较丰富的工作经验，制定了针对岗位能力培养的课程标准。本书遵循《房屋建筑制图统一标准》（GB 50001—2010）、《总图制图标准》（GB/T 50103—2010）、《建筑制图统一标准》（GB/T 50104—2010）、《建筑结构制图标准》（GB/T 50105—2010）和《给水排水制图标准》（GB/T 50106—2010）等国家标准。

2.模块教学，易学易懂

本书以职业岗位需求为核心，以学生能力培养、技能实训为本位，将典型工作任务与教材内容有机结合。以模块形式规划教材内容，每个模块均配备了模块概述、知识目标、能力目标、学习重点、课时建议、重点串联及拓展与实训，正文中还配备了技术提示和知识拓展，便于学生更好地掌握课程内容。本书在文字叙述方面，力求文理通顺，深入浅出，循序渐进，重点突出。

本书内容

本书分为画法几何（模块1～10）和土木工程制图（模块11～17）两部分。画法几何部分主要讲述投影的基本理论和基本方法，培养学生的空间想象能力和空间思维能力；土木工程制图部分介绍了制图的基本知识和形体的表示方法，以及房屋建筑图、给排水工程图、结构施工图、道路桥梁工程图等的图示特点、绘制方法和步骤。

本书应用

本书是根据普通高等学校《画法几何及土木建筑制图课程教学基本要求》编写的，适用于普通高等学校土木、建筑、路桥、水利类专业“土木工程制图”的教学，也可供职业技术学校有关专业参考选用。

本书的编写参阅了大量图书资料，在此向相关作者表示衷心的感谢！对于未列出的文献，敬请原作者谅解，并在此一并致谢！

由于编者水平有限，书中难免有缺点和疏漏，恳请读者予以批评指正。

编　者

编审委员会

本书学习导航

简要介绍本模块与整个工程项目的联系，在工程项目中的意义，或者与工程建设之间的关系等。

模块概述

模块 1

投影的基本知识

【模块概述】

【知识目标】

【能力目标】

【学习重点】

【课时建议】

包括知识目标和能力目标，列出了学生应了解与掌握的知识点。

学习目标

课时建议

建议课时，供教师参考。

言简易赅地总结实际工作中容易犯的错误或者难点、要点等。

技术提示

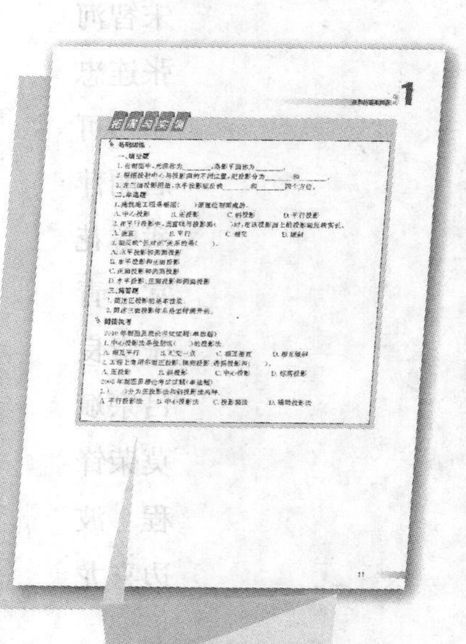

【重点串联】

重点串联

用结构图将整个模块的重点内容贯穿起来，给学生完整的模块概念和思路，便于复习总结。

拓展与实训

包括基础训练和链接执考两部分，从不同角度考核学生对知识的掌握程度。

目录 Contents

模块 12 组合体的三视图

模块 13 工程形体的表达方法

模块 14 建筑施工图

0 绪 论

0.1 工程制图发展简史

从出土文物中考证，我国在新石器时代(约 10 000 年前)，就能绘制一些具有简单几何图形和花纹的图示。

在春秋时代的一部技术著作《周礼·考工记》中，也有画图工具“规、矩、绳、墨、悬、水”的记载。

战国时期我国人民就已运用设计图(有确定的绘图比例、酷似用正投影法画出的建筑规划平面图)来指导工程建设，距今已有 2 400 多年的历史。“图”对人类社会文明的进步和推动现代科学技术的发展起了重要作用。

自秦汉起，我国已出现图样的史料记载，并能根据图样建筑宫室。宋代李诫(仲明)所著《营造法式》一书，总结了我国两千年来的建筑成就，全书 36 卷，其中有 6 卷是图样(包括平面图、轴测图、透视图)，这是一部闻名世界的建筑图样的巨著。书中运用投影法表达了复杂的建筑结构，这在当时是极为先进的。

18 世纪欧洲的工业革命，促进了一些国家科学技术的迅速发展。法国科学家蒙日在总结前人经验的基础上，根据平面图形可表示空间形体的规律，应用投影方法创建了画法几何学，从而奠定了图学理论的基础，使工程图的表达与绘制实现了规范化。

随着生产技术的不断发展，农业、交通、军事等器械日趋复杂和完善，图样的形式和内容也日益接近现代工程图样。如清代程大位所著《算法统筹》一书的插图中，有丈量步车的装配图和零件图。

制图技术在我国虽有一定成就，但因长期处于封建制度的统治，在理论上缺乏完整系统的总结。新中国成立前的近百年，又处于半封建半殖民地的状态，致使工程图学发展停滞不前。

20 世纪 50 年代，我国著名学者赵学田教授简明而通俗地总结了三视图的投影规律——长对正、高平齐、宽相等。1956 年原机械工业部颁布了第一个标准《机械制图》，1959 年国家科学技术委员会颁布了第一个国家标准《机械制图》，随后又颁布了国家标准《建筑制图》，使全国工程图样标准得到了统一，标志着我国工程图学发展进入了一个崭新的阶段。

世界上第一台计算机问世后，计算机技术以惊人的速度发展。计算机绘图、计算机辅助设计(CAD)技术已深入应用于相关领域，特别是在工程技术领域有着十分广阔的前景。

0.2 本课程的地位与学习目的

随着科学技术的不断发展和人们社会生活的不同需求，各种功能不同、形态各异的工程构筑物如雨后春笋般在各地呈现出来。无论何种构筑物从无到有都要经历设计和施工两个重要的阶段。设计人员(单位)根据使用功能的要求和地理环境、水文及地质等条件将设计方案以图样的形式提供给建设单位,建设单位对多个方案进行审查、比较,确定最佳方案后再交给合适的施工单位(和选择设计方案一样,一般通过招投标进行)完成施工。

从设计到施工完成的整个过程中,设计人员(单位)、建设单位和施工单位之间交流的主要资料便是图样,因此,图样被称为"工程界(师)的语言"。作为一个工程技术人员必须掌握这种语言,对这种语言的认识就是识图,熟练地运用这种语言就是设计绘图。

本课程的学习目的就是培养和训练学生掌握和运用这种语言的能力,并通过实践,提高和发展学生的空间想象能力,训练形象思维,继而为培养创新思维打下必要的基础。

"画法几何与土木工程制图"是土木类各专业必须学习的一门技术基础课。它专门研究绘制与阅读工程图样的理论及方法,并培养学生的绘图技能和空间想象能力。本门课程是学习后续专业课和参加专业实践必不可少的基础课程。

0.3　本课程的基本内容

1. 画法几何

画法几何是研究用投影法在二维平面上图示空间形体和在平面上图解空间几何问题的理论和方法。它建立三维形体与二维图形之间的关系,不仅为土木工程制图的学习建立理论基础,也为培养学生的空间想象能力和空间构思能力打下基础。

2. 土木工程制图

土木工程制图是投影理论的运用,主要培养绘制和阅读土木工程图样的能力。通过土木工程制图的学习,熟悉制图的基本知识和有关制图标准规定,能正确使用绘图工具、掌握绘图的方法和技巧。同时,能熟练运用各种适当的方法表达建筑形体,熟悉建筑图样的内容和图示特点,掌握绘制和阅读土木工程图样的方法。

0.4　本课程的学习方法

要学好本课程,首先必须了解本课程的特点,并结合其特点制订相应的学习方法:

(1) 实践性。本课程的知识来源于社会实践,同时又直接为社会实践服务,所以是一门实践性和应用性很强的课程。学习就是为了应用,同时在应用中不断提高,学生在学习的过程中要理论联系实际,培养工程意识。

(2) 严谨性。本课程有完整的理论体系和严格的制图标准,通过投影理论和制图基础的学习,循序渐进地培养学生的空间想象能力;养成正确使用绘图仪器和工具,按照制图标准的有关规定正确地循序制图和准确作图的习惯;培养认真负责的工作态度和严谨细致的工作作风。

(3) 美术性。工程图样以前被称为"工程画",说明它与画有千丝万缕的联系。从字体、图线到构图等很多方面都有美学的要求,所以要求学生在学习的过程中要从美学的高度要求与审视自己的作业与作品,提高美学修养,为未来建造美好的建筑物、创造美好的环境打下必备的基础。

(4) 难学性。画法几何也称投影几何,素有"头疼几何"之称,充分说明了它的难度。空间想象能力(包括形象思维能力和逻辑思维能力)的建立是一个循序渐进的过程,必须由空间到平面、由平面到空间不断反复训练才能逐步地建立,因此要求学生必须通过一定数量的练习,并且勤于和善于思考才能取得好的效果。同样,绘图技能的提高也需要大量的动力实践(绘图)和严格要求。所以,总的要求就是多画、多问、多思考。

模块 1

投影的基本知识

【模块概述】

我们生活在一个三维空间里，一切形体都有长度、宽度和高度，我们可以通过投影将空间形体反映在只有长度和宽度的图纸上。作为一名工程技术人员，必须掌握投影的基本知识，掌握投影的特性，了解工程上常用的投影图，并且能准确绘制三面投影图。

【知识目标】

1. 投影的概念和投影分类；
2. 投影的基本性质；
3. 工程中常用的图示方法；
4. 三面投影的形成及其特性。

【能力目标】

能正确利用投影规律，绘制三面投影图。

【学习重点】

三面正投影图的形成及其特性。

【课时建议】

2～4 课时

1.1 概　　述

1.1.1 投影的形成

当光线照射在物体上时会在墙面或地面上产生影子，而且随着光线照射角度或距离的改变，影子的位置和大小也会改变。人们从这些自然现象中，经过长期的探索，总结出了物体的投影规律。

我们知道，物体的影子仅仅是物体边缘的轮廓，影子是不能反映形状的。假设光线能够穿过物体，将物体上所有的轮廓线都反映在落影平面上，这样的“影子”能够反映出物体的形状，我们把这种“影子”称为投影。

如图 1.1 所示，在投影理论中，把光源 S 称为投影中心，光线 SA、SB、SC 称为投影线，落影平面 P 称为投影面，在该面上产生的影子称为物体的投影。

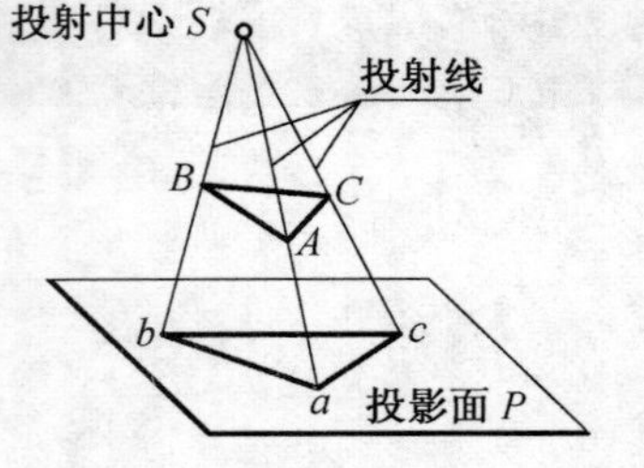

图 1.1　投影的形成

1.1.2 投影的分类

根据投影中心与投影面的位置不同，把投影分为中心投影和平行投影两大类。如图 1.1 和 1.2 所示。

1. 中心投影

当投影中心距离投影面有限远时，所有的投影线的反向延长线交汇于投影中心，由这种方法得到的投影称为中心投影。如图 1.1 所示。

2. 平行投影

当投影中心距离投影面无限远时，所有的投影线成为平行线，由这种方法得到的投影称为平行投影。

平行投影又分为两种：

(1)斜投影。

投影线倾斜于投影面时所作出的平行投影，称为斜投影。如图 1.2(a)所示。

(2)正投影。

投影线垂直于投影面时所作出的平行投影，称为正投影。如图 1.2(b)所示。

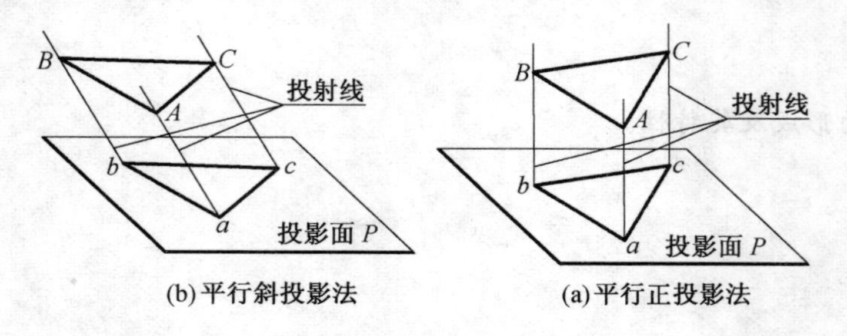

(b)平行斜投影法　　(a)平行正投影法

图 1.2　平行投影的分类

1.2 正投影的基本性质

1. 从属性

线上点的正投影在该线的正投影上，这种性质称为从属性。如图 1.3 所示。

2. 积聚性

若空间直线、平面垂直于投影面，则其正投影分别成为一个点和一条线，这种性质称为积聚性。如图 1.4 所示。

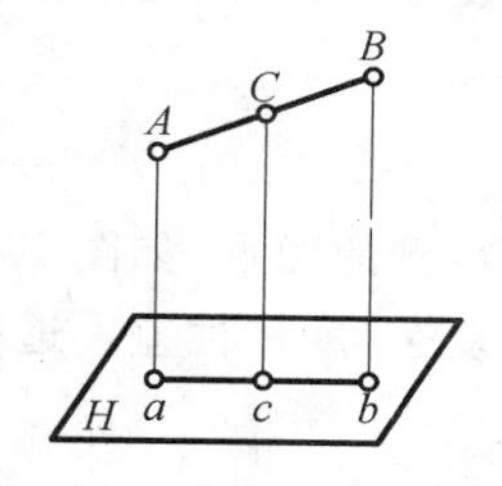

图 1.3 正投影的从属性

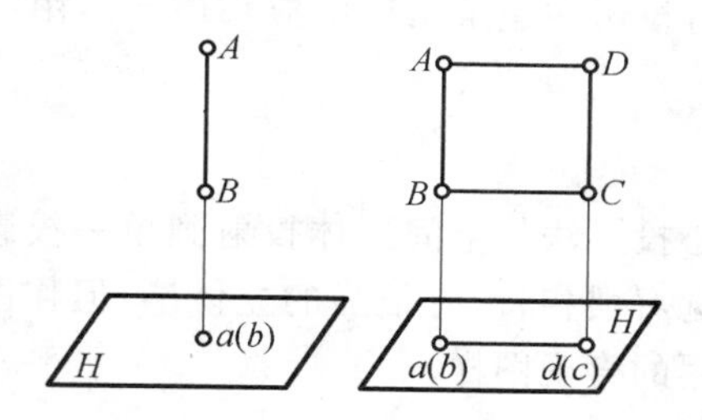

图 1.4 正投影的积聚性

3. 重合性

若两个或两个以上的点、线、面具有同一投影，称为重合，这种性质称为重合性。如图 1.5 所示。

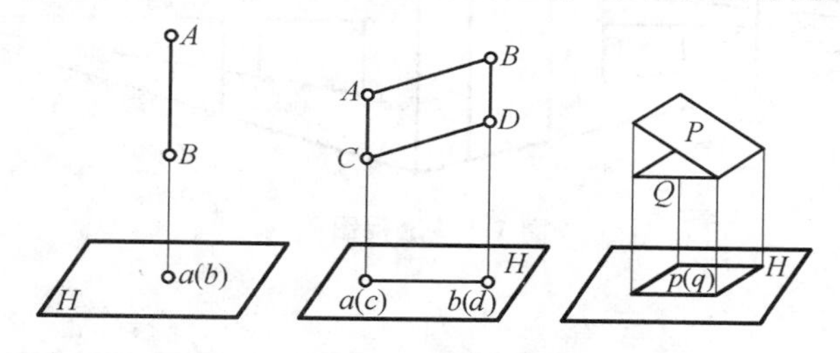

图 1.5 正投影的重合性

4. 全等性

若空间直线、平面平行于投影面，则其正投影分别反映实长和实形，这种性质称为全等性。如图 1.6 所示。

5. 平行性

若空间两直线平行，则它们在同一投影面上的投影仍然平行，这种性质称为平行性。如图 1.7 所示。

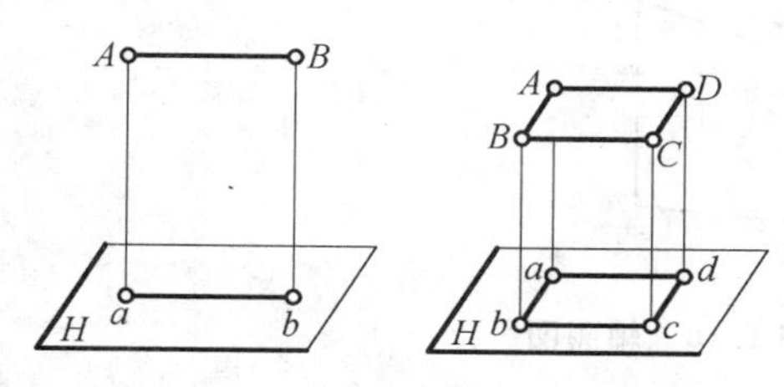

图 1.6 正投影的全等性

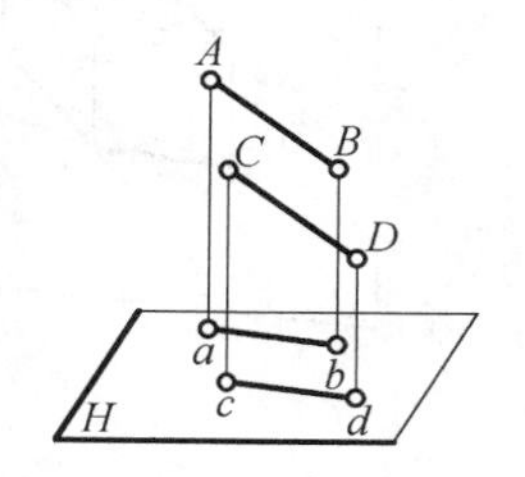

图 1.7 正投影的平行性

6. 定比性

(1)直线上两线段之比等于这两条线段在同面投影上的投影长度之比。如图 1.8(a)所示，$AC:CB=ac:cb$。

(2)空间两平行线段之比等于这两条线段在同面投影上的投影长度之比。如图 1.8(b)所示，$AB:CD=ab:cd$。

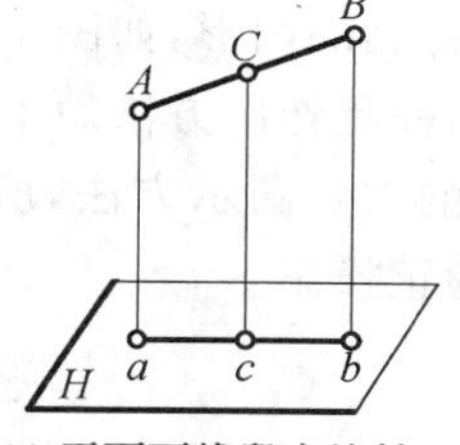

(a) 平面两线段定比性

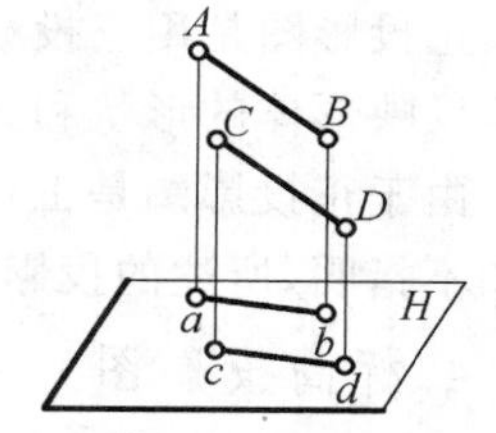

(b) 空间的线段定比性

图 1.8 正投影的定比性

1.3 工程中常用的图示方法

中心投影和平行投影在建筑工程中应用广泛。用不同的投影法，可以画出工程中最常用的四种投影图。

1. 透视图

透视图是用中心投影法将空间形体投射到单一投影面上得到的图形，如图 1.9 所示。透视图与人的近大远小的视觉习惯相符，有很强的立体感，但作图方法复杂，度量性差。透视图在工程中常作为设计方案和展览用的直观图样。

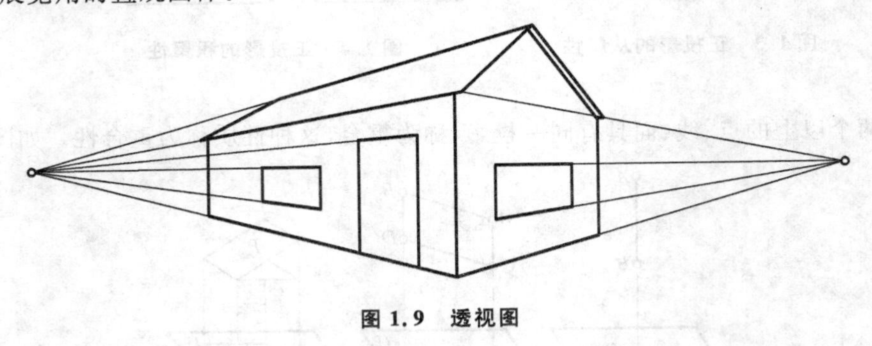

图 1.9 透视图

2. 轴测图

轴测图是将空间形体正放用斜投影法画出或将空间形体斜放用正投影法画出的图形，如图 1.10 所示。轴测图具有较强的立体感，但作图方法复杂，度量性差，所以常作为工程上的辅助图样。

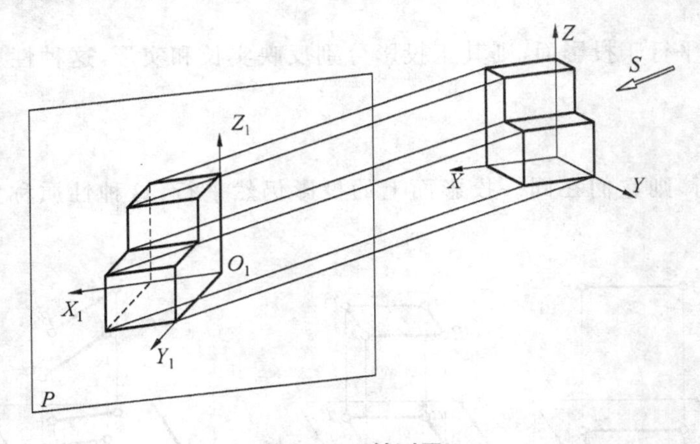

图 1.10 轴测图

3. 正投影图

正投影图是用正投影法得到的图形，如图 1.11 所示。正投影图为平面图样，没有立体感，但能准确地反映形体的形状和大小，并且作图方法简单，所以它是工程图的主要图示方法。

由于正投影图是工程图的主要图示方法，所以在学习投影理论时以正投影为主。在以后的叙述中如不指明，所述的投影均为正投影。

4. 标高投影图

标高投影图是用正投影法将局部地面的等高线投射到水平投影面上得到的带有高程的图形，如图 1.12 所示。标高投影图常用来表达地形地貌及复杂的曲面。

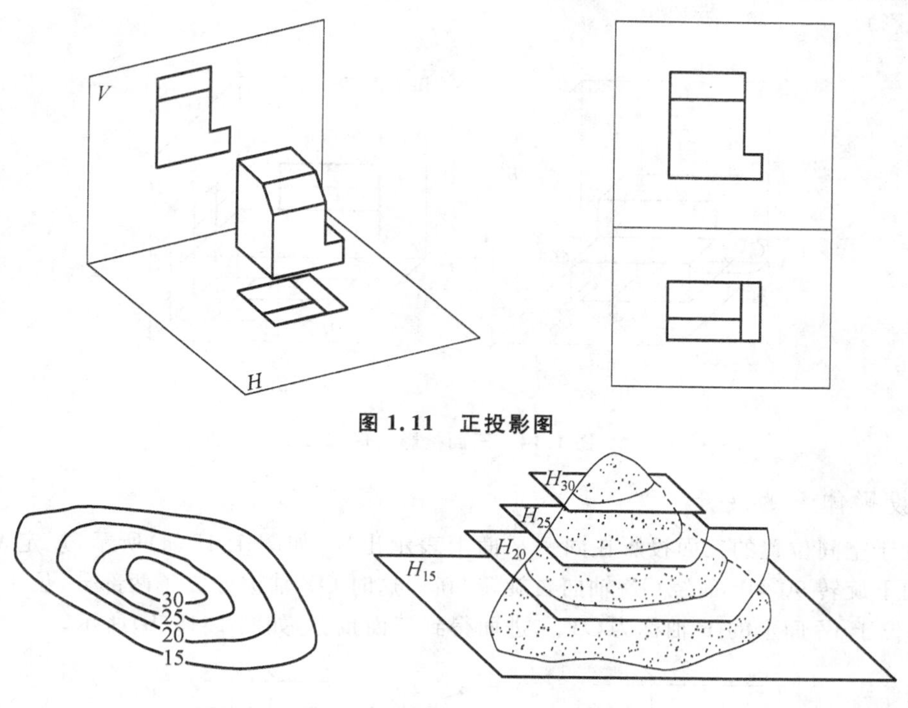

图 1.11 正投影图

图 1.12 标高投影图

☆**知识拓展**

(1)透视图基本接近于人们观察物体的视觉效果，因此，透视图在土木工程中常用来表示建筑物的外观或内部装修效果；

(2)轴测图包括正轴测图和斜轴测图；

(3)在工程中度量性要比立体感重要，因此，多面正投影图是工程中应用最广泛的一种图示方法；

(4)标高投影图是绘制地形图和土木工程结构投影图的主要方法。用标高投影法绘制的地形图主要用等高线表示，并标出比例和各等高线的高程。

1.4 正投影图的形成及其特性

1.4.1 三面正投影的形成

空间形体是具有长度、宽度和高度的三维形体，用一个投影显然不能完整地表达其空间形状，如图 1.13 所示。通常需要建立一个由互相垂直的三个投影面组成的投影体系，并作出形体在该投影体系中的三个投影才能充分表达出这个形体的空间形状。

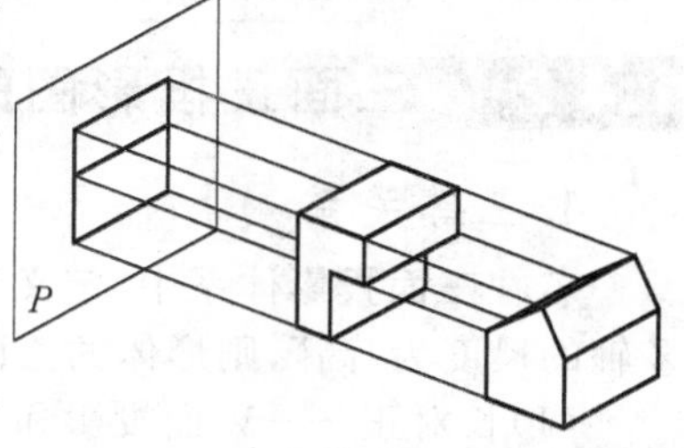

图 1.13 空间形体的一个投影

1. 三面投影的形成

首先建立一个三面投影体系，如图 1.14 所示，给出三个互相垂直的投影面 H 面、V 面和 W 面。其中 H 面称为水平投影面，V 面称为正立投影面，W 面称为侧立投影面。H、V、W 三个投影面两两相交，其交线分别为 OX、OY、OZ，称为投影轴，三条投影轴相交于一点 O，称为原点。

把形体放置在三面投影体系中，如图 1.14(a)所示，放置形体时应使形体的主要表面尽可能与投影面平行或垂直，然后分别向三个投影面作投影，这三个投影称为三面正投影。其中，H 面上的投影称为水平投影(简称 H 投影)，V 面上的投影称为正面投影(简称 V 投影)，W 面上的投影称为侧面投影(简称 W 投影)。

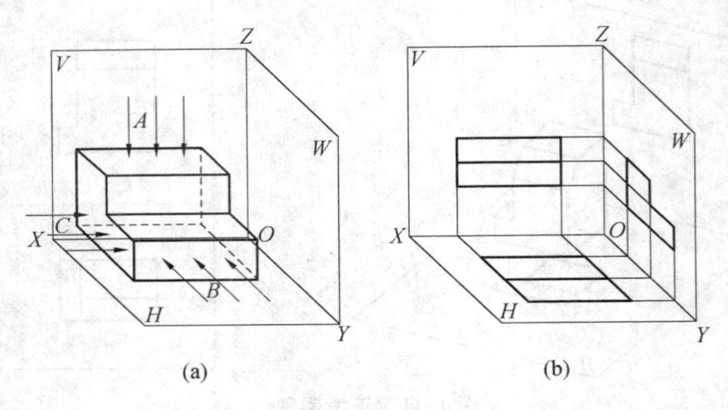

图 1.14　三面投影的形成

2. 三面投影体系的展开

为了使处于空间位置的三面投影在同一平面上表示出来，如图 1.15(a)所示，规定 V 面不动，H 面绕 OX 轴向下旋转 90°，W 面绕 OZ 轴向右旋转 90°。这时 OY 轴被分成了两部分，位于 H 面上的 Y 轴称为 OY_H，位于 W 面上的 Y 轴称为 OY_W，进而得到三面投影，如图 1.15(b)所示。

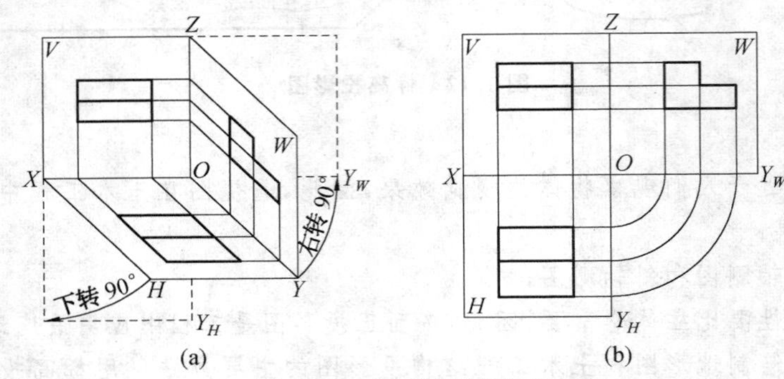

图 1.15　三面投影的展开

技术提示：

有些形体只用两面投影，即水平投影和正面投影就可以表达清楚。此时的投影面体系也可由水平投影面和正立投影面组成，称为两面投影体系。由形体的两面投影所组成的投影图称为两面投影图。

1.4.2　三面正投影图的特性

1. 三等关系

若在三面投影体系中，定义形体上平行于 X 轴的尺度为“长”，平行于 Y 轴的尺度为“宽”，平行于 Z 轴的尺度为“高”，则形体的三面投影图的特性可叙述为：

(1)长对正——V 面投影和 H 面投影的对应长度相等，画图时要对正。

(2)高平齐——V 面投影和 W 面投影的对应高度相等，画图时要平齐。

(3)宽相等——H 面投影和 W 面投影的对应宽度相等。

2. 方位关系

形体在空间有左右、前后、上下六个方位，在三面投影中，每个投影只能反映六个方位中的四个方位。水平投影可以反映左右、前后关系，正面投影可以反映左右、上下关系，侧面投影可以反映前后、上下关系，如图 1.16 所示。

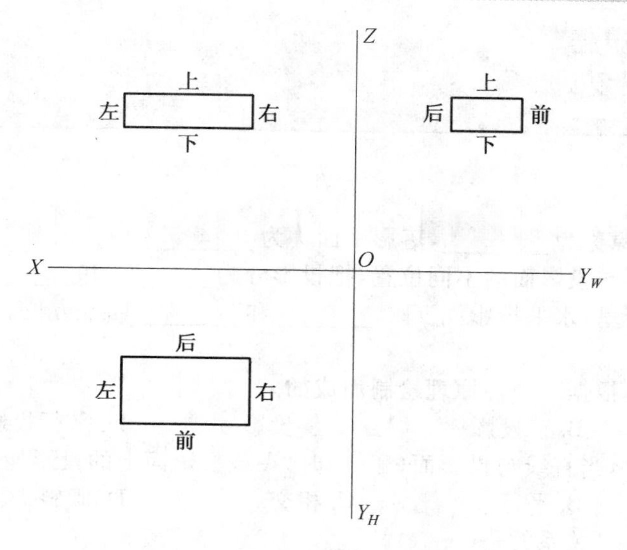

图 1.16　三面投影的方位关系

作出形体的三面正投影，如图 1.17 所示。

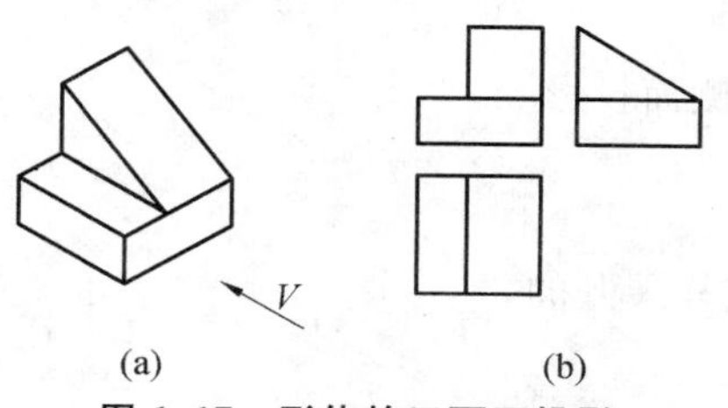

图 1.17　形体的三面正投影

【重点串联】

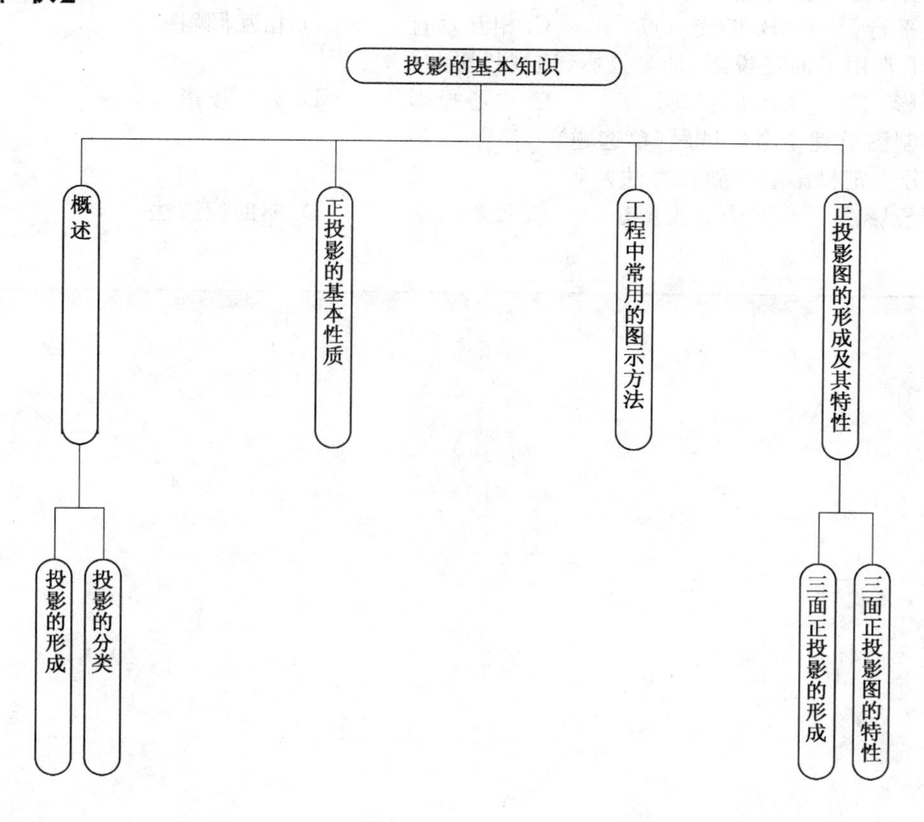

拓展与实训

基础训练

一、填空题

1. 在制图中，光源称为________，落影平面称为________。

2. 根据投射中心与投影面的不同位置，把投影分为________和________。

3. 在三面投影图里，水平投影能反映________和________四个方位。

二、单选题

1. 建筑施工图是根据(　　)原理绘制而成的。

A. 中心投影　　B. 正投影　　C. 斜投影　　D. 平行投影

2. 在平行投影中，当直线与投影面(　　)时，在该投影面上的投影能反映实长。

A. 垂直　　B. 平行　　C. 相交　　D. 倾斜

3. 能反映“长对正”关系的是(　　)。

A. 水平投影和侧面投影

B. 水平投影和正面投影

C. 正面投影和侧面投影

D. 水平投影、正面投影和侧面投影

三、简答题

1. 简述正投影的基本性质。

2. 简述三面投影体系是怎样展开的。

链接执考

2010 年制图员理论考试试题(单选题)

1. 中心投影法是投射线(　　)的投影法。

A. 相互平行　　B. 汇交一点　　C. 相互垂直　　D. 相互倾斜

2. 工程上常用多面正投影、轴测投影、透视投影和(　　)。

A. 正投影　　B. 斜投影　　C. 中心投影　　D. 标高投影

2008 年制图员理论考试试题(单选题)

(　　)分为正投影法和斜投影法两种。

A. 平行投影法　　B. 中心投影法　　C. 投影面法　　D. 辅助投影法

模块 2

点

【模块概述】

一个形体是由多个侧面围成的，各侧面相交于多条侧棱，各侧棱相交于多个顶点。把这些顶点的投影画出来，再用直线将各个点的投影逐一连接，就可以得到一个形体的投影。所以，点是形体的最基本要素。点的投影规律是线、面、体投影的基础。

本模块介绍了三面投影体系的建立，点的三面投影的画法和投影规律，两点的相对位置，重影点，无轴投影图的画法以及点辅助投影。

【知识目标】

1. 点在两投影面体系中的投影；
2. 点在三投影面体系中的投影；
3. 两点的相对位置和无轴投影图；
4. 点的辅助投影。

【能力目标】

1. 掌握点在三投影体系中的投影表达方法及点的投影规律；
2. 掌握两点的相对位置关系及重影点的表示方法。

【学习重点】

点在三投影面体系中的投影规律；两点的相对位置关系和无轴投影图的绘制；两点的相对位置和无轴投影图。

【课时建议】

2 课时

2.1 点在两投影面体系中的投影

2.1.1 点的投影

点是构成三维形体的最基本的几何要素，点只有空间位置，而无大小之分。在工程图样中，点的空间位置是通过点的投影来确定的。

空间点在投影面上的投影仍是点。如图 2.1 所示，点 a 是空间点 A 在平面 P 上的唯一投影。但是，只给出 a 的投影能否唯一确定点 A 的空间位置呢？显然是不可以的，因为投射线上的任意一点（如点 A_1），其投影都在 a 处。也就是说，点的一个投影不能确定该点的空间位置。

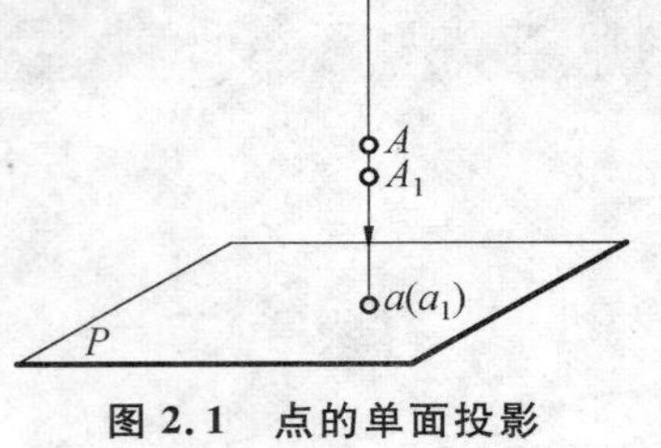

图 2.1　点的单面投影

技术提示：

画法几何规定：凡是表示空间的点用大写字母表示，如 A；表示点的投影用相应的小写字母，如 a。所有点的标记用空心小圆圈表示"○"。

2.1.2 两面投影体系及空间直角坐标系

多面正投影法通常是用两个互相垂直的投影面作出点的两面投影来确定该点的空间位置。两投影面的设置如图 2.2 所示，水平放置的投影面称为水平投影面，简称水平面，用"H"表示，又称 H 面，能反映左右和前后两个方向上的尺度；竖直放置的且与 H 面垂直的投影面称为正立投影面，简称正立面，用"V" 表示，又称 V 面，能反映左右和上下两个方向上的尺度；两投影面的交线称为投影轴。H 面和 V 面构成两投影面体系（简称两面体系），它包含了确定空间点所必需的三个向度，即左右、前后、上下三个方向上的尺度。

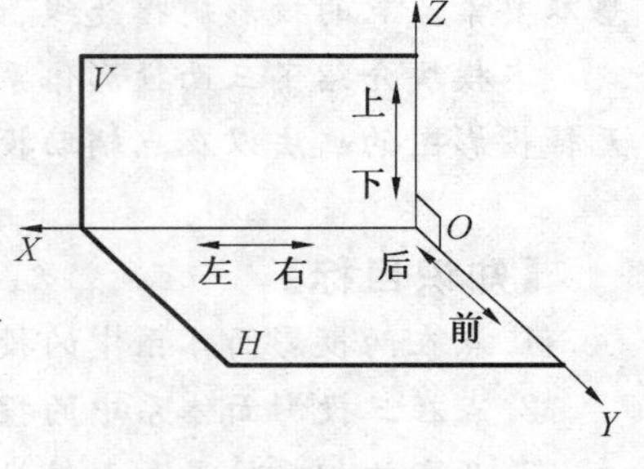

图 2.2　两投影面体系

为了便于度量和作图，在两面体系中建立了空间直角坐标系，如图 2.2 所示，左右方向为 OX 轴，前后方向为 OY 轴，上下方向为 OZ 轴。空间点在三个方向上的尺度数值，用三个坐标(x,y,z)表示。

2.1.3 点的两面投影及其投影规律

1. 点在两投影体系中的投影

如图 2.3(a)所示，空间有一点 A，过点 A 向 H 面引垂线（投射线），其垂足即为点 A 的水平投影，用小写字母 a 表示；向 V 面作垂线，其垂足为点 A 的正面投影，用小写字母 a'表示。现在如果移去点 A，由投影 a 和 a'完全可以确定点 A 的空间位置。只要从 a 和 a'分别作 V、H 面的垂线，它们的交点就是点 A 在 V/H 体系中的空间位置。

为了把两个投影画在同一个平面上，画法几何学上规定两投影体系的展开方法是：V 面不动，H 面绕 OX 轴向下旋转 90°，使 H 面和 V 面重合（图 2.3(a)）。这样便得到点 A 在一个平面上的两个投影 a 和 a'，称为点的两面投影图（图 2.3(b)）。

由于投影面可以无限延伸，所以在投影图上不画边框线，只画 OX 轴，同样的，在投影图上也不标记 V、H 字母（图 2.3(c)）。

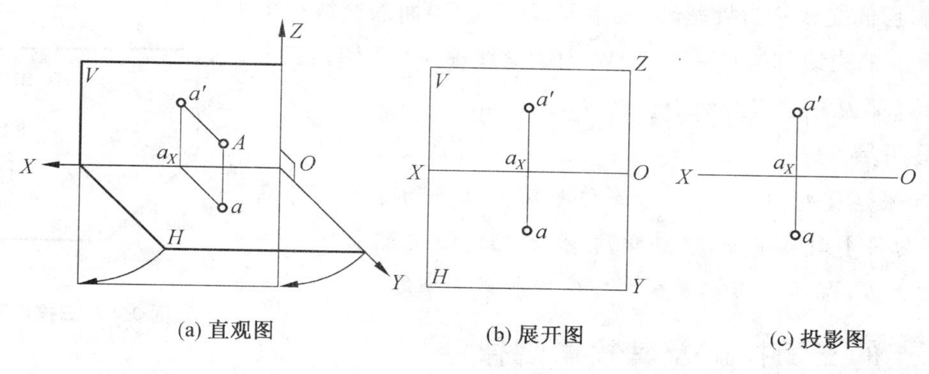

(a) 直观图　　(b) 展开图　　(c) 投影图

图 2.3　点的两面投影图

2. 点的两面投影规律

从图 2.3 中可以得出：

(1)点的 H 面投影与 V 面投影的连线垂直于 OX 轴，即 $aa' \perp OX$。

由于 $Aa \perp H$ 面，$Aa' \perp V$ 面，所以平面 $Aaa_Xa' \perp V$ 面、H 面。因三个平面互相垂直，其交线也互相垂直，所以 $a'a_X \perp OX$，$aa_X \perp OX$。

(2)点的 V 面投影到 OX 轴的距离等于该空间点到 H 面的距离，点的 H 面投影到 OX 轴的距离等于该空间点到 V 面的距离，即 $aa_X = Aa'$，$a'a_X = Aa$。

【例 2.1】 点 A 的坐标 x，y，z 分别为 4，6，3 个单位，试画出点 A 的两面投影图。

解　画出一水平线作为 OX 轴，并自原点 O 向左在 OX 轴上量取 $x=4$ 个单位，得 a_X(图2.4(a))，过 a_X 作直线垂直于 OX 轴，沿此线自点 a_X 起向下量取 $y=6$ 个单位，得 a，向上量取 $z=3$ 个单位，得 a'，得到的图形如图 2.4(b)所示。

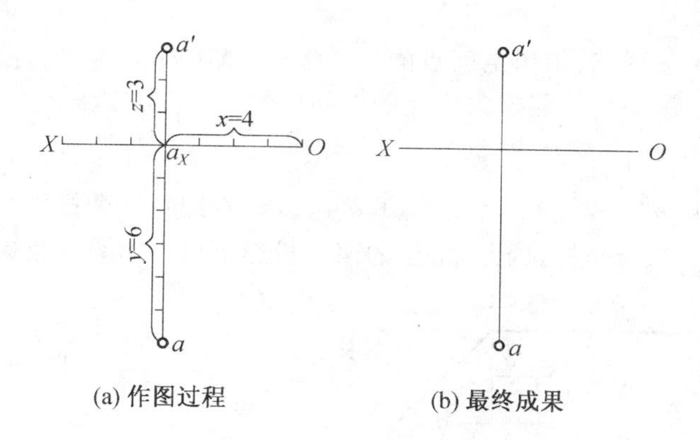

(a) 作图过程　　(b) 最终成果

图 2.4　点 A 两面投影图的画法

2.2　点在三投影面体系中的投影

确定点的空间位置，有两个投影就够了。但对于一些较复杂的形体，两个投影图往往不能确定其形状。解决的办法就是设置第三个投影面，作出第三个投影。

2.2.1　三面投影体系的建立

如图 2.5 所示，在两面体系的基础上，包含 OY 轴和 OZ 轴作出了第三个投影面——侧立投影面，简称侧面，常用“W”表示，所以又称 W 面。W 面与 H、V 面相互垂直并一起构成三投影面体系，简称三面体系。W 面反映前后、上下两个方向的尺度。

两个投影面的交线称为投影轴，其中 V、H 两投影面的交线称为 OX 轴，H、W 面的交线称为 OY 轴，V、W 面的交线称为 OZ 轴。三投影轴 OX、OY、OZ 互相垂直并交于一点 O（原点）。

☆**知识拓展**

平面是无限延展的，所以三面投影体系将空间分为了八个分角（卦角），分别为第Ⅰ到第Ⅷ分角（卦角）。我国规定使用第Ⅰ分角（V 面前方，H 面上方，W 面左方），前面介绍的就是第Ⅰ分角。

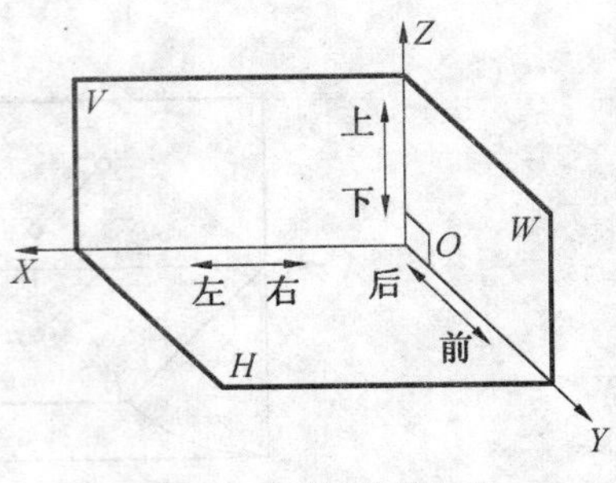

图 2.5　三投影面体系

2.2.2　点的三面投影及其投影规律

1. 点在三投影面体系中的投影

如图 2.6(a)所示，设空间有一点 A，过点 A 分别向 H、V、W 面作垂线，得到水平投影 a、正面投影 a' 及侧面投影 a''（画法几何规定侧面投影用相应的小写字母加“″”来表示）。

为了把点 A 的三面投影画在同一个平面上，仍然规定 V 面不动，将 H 面绕 OX 轴向下旋转 90°，W 面绕 OZ 轴向右旋转 90°，即得到点 A 在三投影面体系中的投影（a、a'、a''），简称点的三面投影，如图 2.6(b)所示。注意：在展开投影面的旋转过程中，OY 轴分成两支：随 H 面旋转的 OY 轴称为 Y_H 轴，随 W 面旋转的 OY 轴称为 Y_W 轴。

2. 点的三面投影规律

根据点的两面投影规律可以得出点的三面投影规律（图 2.6）：

(1)点的两投影连线垂直于相应的投影轴，即 $aa' \perp OX$，$a'a'' \perp OZ$。

(2)点的投影到投影轴的距离等于该点到相邻投影面的距离，即 $a'a_X = Aa$，$aa_X = Aa'$，$a'a_Z = Aa''$。

与画点的两面投影图一样，若给出空间点的三个坐标，就可按前述点的投影规律画出点的三面投影图；反之，由点的三面投影图也应能想象出点的空间位置。

3. 由点的两面投影求作第三投影

分析点 A 的三个投影 $a(x_A, y_A)$、$a'(x_A, z_A)$、$a''(y_A, z_A)$ 可知，三个投影中的任何两个包含有确定该点空间所必需的 x、y、z 三个坐标，因此，由点的两个投影可以作出第三投影。

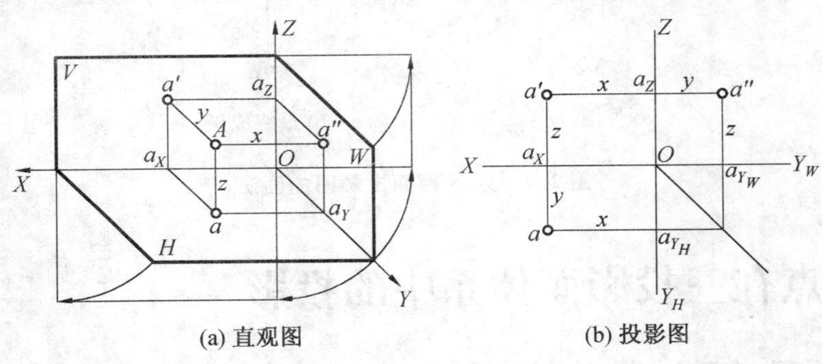

(a) 直观图　　(b) 投影图

图 2.6　点的三面投影

【例 2.2】 如图 2.7(a)所示，已知点 A 的两个投影 a、a'，求 a''。

解　如图 2.7(b)～2.7(e)所示四种不同的作图方法，其目的都是使 $aa_X = a''a_Z$。

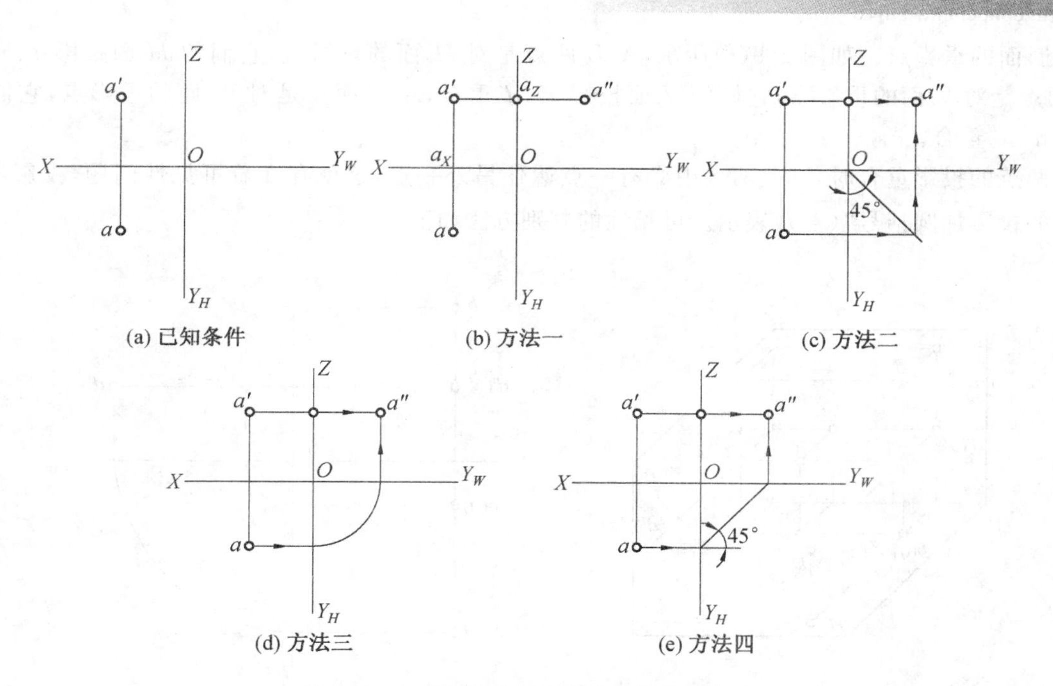

图 2.7　由两投影求作第三投影的几种方法

2.3　点的相对位置和无轴投影图

2.3.1　两点的相对位置

两点间的相对位置是指空间两点之间的上下、前后、左右的相对位置关系。X、Y、Z 坐标分别反映了两点的左右、前后、上下位置。两点的相对位置可根据两点的同面投影的坐标关系来判别。如图2.8(a)所示，$x_A > x_B$表示点 A 在点 B 左边；$y_A < y_B$表示点 A 在点 B 后边；$z_A > z_B$表示点 A 在点 B 上边，即点 A 在点 B 左、后、上方。若要知道点 A 在点 B 的左、后、上方的确切位置，则可用两点的坐标差来确定。图 2.8(b)中，点 A 在点 B 左方 $\Delta x=|x_A - x_B|$处；点 A 在点 B 后方 $\Delta y=|y_A - y_B|$处；点 A 在点 B 上方 $\Delta z=|z_A - z_B|$处。由于这两点的三个坐标差已经确定，那么这两点的相对位置就可以确定了。

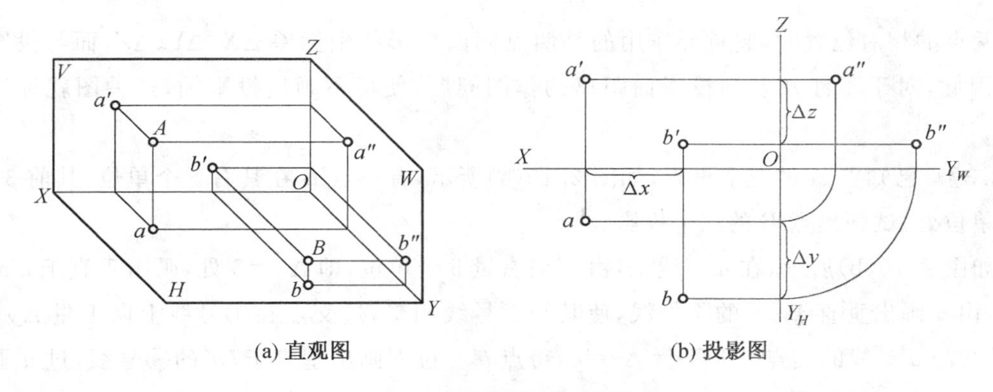

图 2.8　两点的相对位置

2.3.2　重影点及其可见性

若空间两点位于某投影面的同一条投影线上，则它们在该投影面上的投影必然重合，这两点称为对该投影面的重影点。如图 2.9(a)所示，A、B 两点是对 H 面的重影点，它们的 H 面投影 a、b 重合；A、D 两点是对 V 面的重影点，它们的 V 面投影 a'、d' 重合；A、C 两点是对 W 面的重影点，它们的 W 面投影 a''、c'' 重合。

当两点的投影重合时，则此两点中必有一点遮住另外一点，这就存在着可见性问题，投影图中将不可见的投影加圆括号“( )”表示。可见性的判别方法如下：

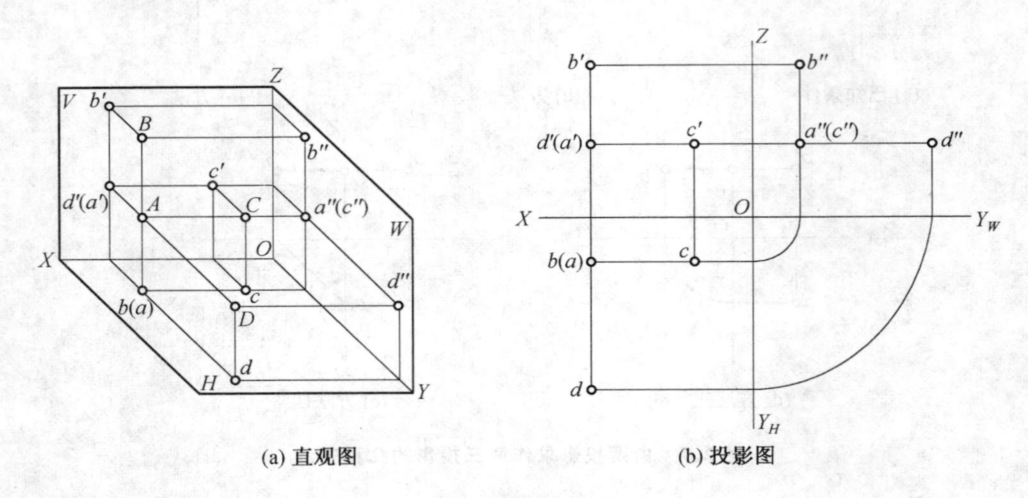

(a) 直观图　　(b) 投影图

图 2.9　重影点及可见性

(1)对 H 面的重影点，应根据两点的 V 面投影来判别，Z 坐标大(上)者为可见，Z 坐标小(下)者为不可见，如图 2.9(b)中的 $b(a)$。

(2)对 V 面的重影点，应根据两点的 H 面投影来判别，Y 坐标大(前)者为可见，Y 坐标小(后)者为不可见，如图 2.9(b)中的 $d'(a')$。

(3)对 W 面的重影点，应根据两点的 V 向投影来判别，X 坐标大(左)者为可见，X 坐标小(右)者为不可见，如图 2.9(b)中的 $a''(c'')$。

归纳起来可知：重影点的可见性是对某一投影而言，判别重影点重合投影的可见性，实际上是根据其他投影比较两点的上下、前后、左右位置关系。重影点不重合的投影则都是可见的。

2.3.3 无轴投影图

辨别两点的相对位置时，起重要作用的是两点同面投影的坐标差 ΔX、ΔY、ΔZ，而与投影轴的位置无关。因此，对于不涉及点到投影面距离的作图问题，便可不画出投影轴，这种图就称为无轴投影图。

【例 2.3】 已知点 A 的三个投影，如图 2.10(a)所示，有一点 B 在其右 5 个单位、其前 3 个单位、其下 4 个单位处，试画出点 B 的三个投影。

解 如图 2.10(b)所示，在 $a'a''$ 线上，由 a' 向右量 5 个单位，即 $\Delta x=5$ 处，画出垂直于 $a'a''$ 线的①号作图线，由 a 画出垂直于 aa' 的④号线，使其与①号线相交，过交点在①号线上向下量 $\Delta y=3$ 得点 b。由①号线与 $a'a''$ 线的交点处向下量 $\Delta z=4$，得点 b'。过 b' 画出垂直于 bb' 的③号线，过 a'' 画出垂直于 $a'a''$ 线的②号线，过②③号线的交点，沿③号线向右量 $\Delta y=3$，得 b''。最后结果如图 2.10(c)所示。

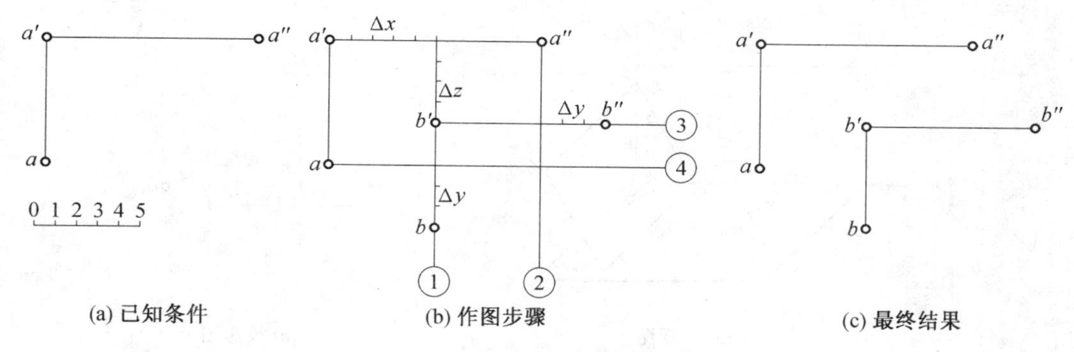

(a) 已知条件　　(b) 作图步骤　　(c) 最终结果

图 2.10　无轴投影图的画法

2.4　点的辅助投影

2.4.1　点的辅助投影概述

在实际问题中，为了有利于作图，可设置一个与某一基本投影面垂直的新投影面，用来替换另一基本投影面，借以辅助解题。这种新投影面称为辅助投影面（也称新投影面），其面上的新投影称为辅助投影（也称新投影）。这种以新投影面替换旧投影面的方法，称为变换投影面法或换面法。

图 2.11 中，辅助投影面垂直于 H 面，用 V_1 标记。图 2.12 中，辅助投影面垂直于 V 面，用 H_1 标记。辅助投影面与它所垂直的原投影面形成新投影面体系，它们的交线称为辅助投影轴（新投影轴），用 X_1 标记。点在 V_1 面上的投影用 $a'_1, b'_1, \cdots$ 表示，在 H_1 面上的投影用 $a_1, b_1, \cdots$ 表示。

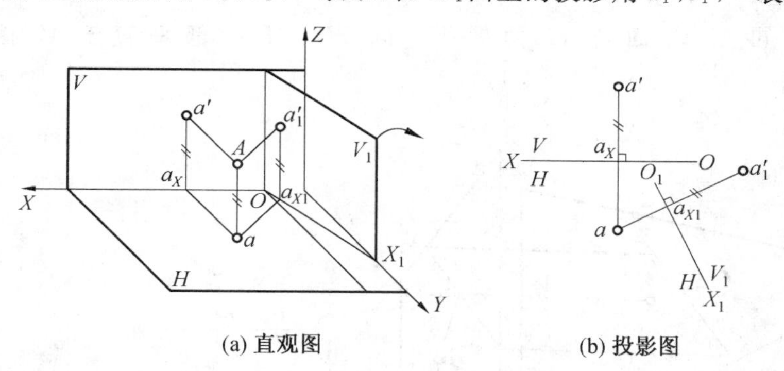

(a) 直观图　　(b) 投影图

图 2.11　根据点的已有投影作辅助投影（垂直于 H 面）

与辅助投影面垂直的原投影面称为不变投影面，其上的投影称为不变投影；被辅助投影面所代替的原投影面称为旧投影面，其上的投影称为旧投影。

如图 2.11(a)所示，以辅助投影面 V_1 替换旧投影面 V，即以新投影面体系 V_1/H 替换旧投影面体系 V/H，如果已知点 A 在原投影体系 V/H 中的投影(a, a')，求作 V_1 面上的辅助投影 a'_1 的方法是：自点 A 向 V_1 面作垂线，得垂足 a'_1，即点 A 在 V_1 面上的投影。根据正投影规律可知：$a'_1 a_{X1} = Aa = a' a_X$；当 V_1 面绕 X_1 轴旋转至与 H 面重合后，$a'_1 a \perp X_1$ 轴。在投影图上的作图方法如图 2.11(b)所示。

图 2.12 表示用与 V 面垂直的辅助投影面 H_1 面代替 H 面，点 A 的辅助投影 a_1 的求法。作图方法与图 2.11(b)类似。

由此可以得出根据点的原投影求辅助投影的规律：

(1)辅助投影与不变投影的连线垂直于辅助投影轴。

(2)辅助投影至辅助投影轴的距离等于旧投影至旧投影轴的距离。

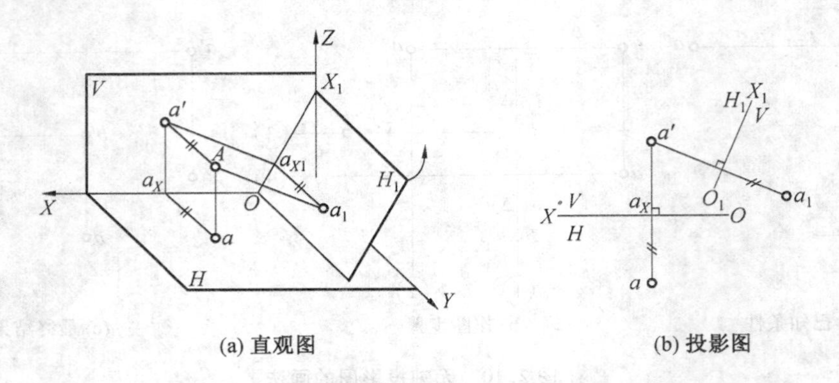

(a) 直观图　　(b) 投影图

图 2.12　根据点的已有投影作辅助投影(垂直于 V 面)

2.4.2　点的复辅助投影

上述两种情况都只设立了一次辅助投影面，根据实际需要，辅助投影面可设立两次或多次。第二次设立时，新投影面必须垂直于 V_1(或 H_1)面，用 H_2(或 V_2)标记，新投影轴用 X_2 标记，点的新投影用 $a_2, b_2, \cdots$(或 $a'_2, b'_2, \cdots$)表示。

如图 2.13 所示，在原投影体系 V/H 中，第一次设立辅助投影面 $V_1 \perp H$，用 V_1/H 体系代替 V/H 体系后，再设立辅助投影面 $H_2 \perp V_1$ 形成 V_1/H_2 体系，代替 V_1/H 体系，投影面展开时，先将 H_2 面绕 X_2 轴转入 V_1 面，再随 V_1 面与 H 面展平。因 H_2、H 面都垂直于 V_1 面，故 $a'_1 a \perp X_2$，$a_2 a_{X2} = Aa'_1 = aa_{X1}$。

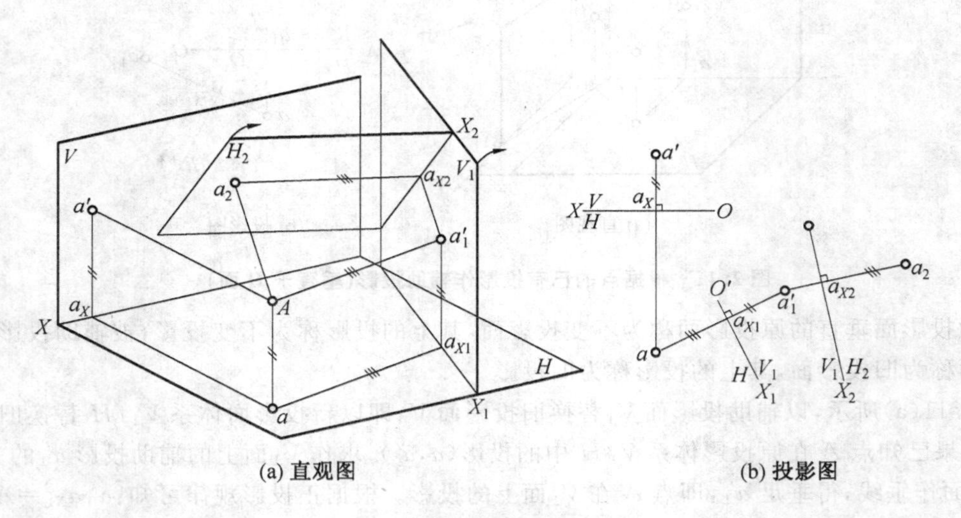

(a) 直观图　　(b) 投影图

图 2.13　点的复辅助投影

设立辅助投影面时，也可先设立 H_1 面再设立 V_2 面，按 $V/H, V_1/H, V_1/H_2$ 的顺序进行。

【重点串联】

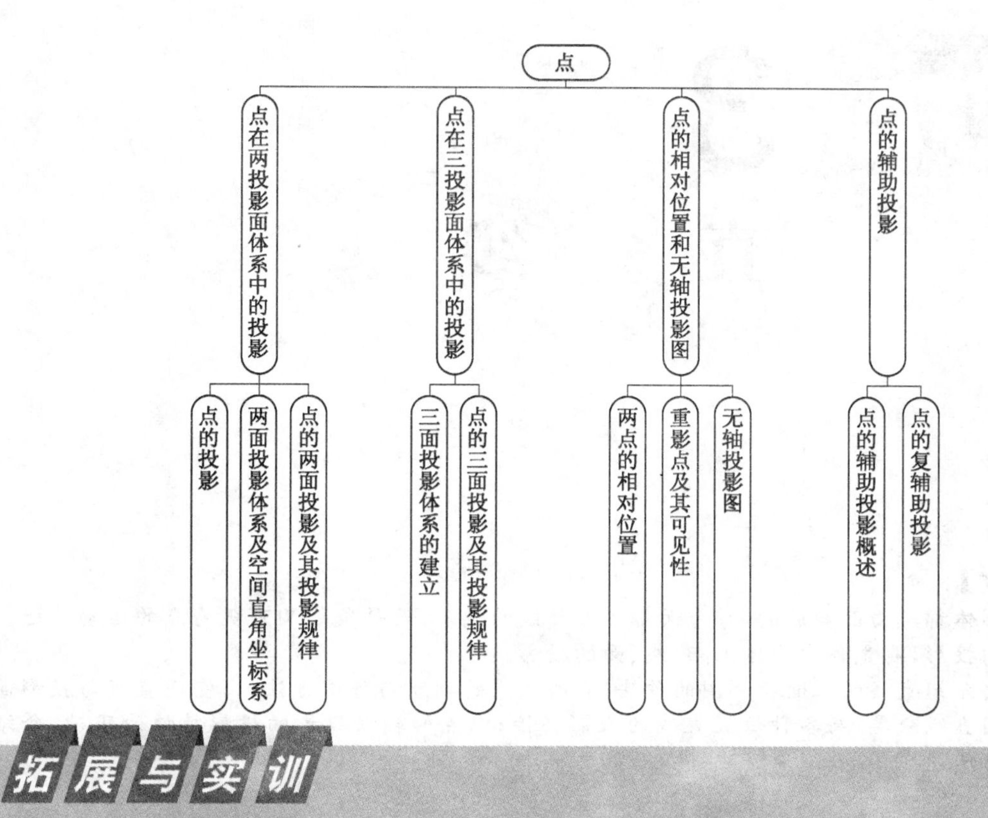

拓展与实训

基础训练

1. 表达点的空间位置需要几个投影？为什么？

2. 在两投影面体系中，点的投影规律是什么？试证明在投影图中，点的两投影的连线垂直于投影轴。

3. 点的三面投影图是怎样得到的？给定空间点的坐标，如何作点的直观图和投影图？

4. 为什么根据点的两个投影便能作出其第三个投影？具体作图方法是怎样的？

5. 在投影图上怎样辨认两点的相对位置？

6. 如何判断重影点在投影图中的可见性？怎样标记？

7. 什么情况下可以不要投影轴？为什么可以不要？怎样画无轴投影图？

8. 在作辅助投影时，设置新投影面必须遵循的原则是什么，为什么必须遵循这个原则？

9. 怎样根据点的已有投影作出它在新投影面上的投影？

链接执考

2010 年制图员理论考试试题(单选题)

点的正面投影与水平投影的连线垂直于(　　)轴。

A. Y　　B. X　　C. Z　　D. W

2008 年制图员理论考试试题(单选题)

1. 点的正面投影与水平投影的连线垂直于(　　)轴。

A. Y　　B. X　　C. Z　　D. W

2. $A,B,C,\cdots$点的(　　)投影用 $a',b',c',\cdots$表示。

A. 侧面　　B. 水平　　C. 正面　　D. 右面

3. 点的(　　)投影反映 X、Y 坐标。

A. 水平　　B. 侧面　　C. 正面　　D. 右面

模块 3

直　线

【模块概述】

任何工程形体都是由面组成的，每个面都可看作线的集合，而每条线又可视为点的运动轨迹。因此若想作形体的投影，要先作出形体上点、线、面的投影。

本模块主要介绍直线的三面投影图的作法；直线上点的判断与作图方法；由空间直线与投影面的位置不同将空间直线分类，及各种位置直线的投影特性；以点的辅助投影的投影特性为基础，介绍直线辅助投影的作法。

【知识目标】

1. 直线的三面投影；
2. 直线上的点；
3. 直线的倾角与直线的实长；
4. 各种位置直线的投影特性；
5. 两直线的相对位置；
6. 一边平行于投影面的直角的投影；
7. 直线的辅助投影。

【能力目标】

1. 掌握根据物体上直线求作其第三面投影的方法；
2. 掌握直线上点的投影特性和作图方法；
3. 掌握用直角三角形法求一般位置直线实长与倾角的方法；
4. 掌握各种位置直线的投影特性，并能根据投影图判别其空间位置；
5. 掌握两直线相交、交错位置的三面投影特点；
6. 掌握直角投影定理与逆定理的概念及作法；
7. 掌握直线投影变换的方法。

【学习重点】

直线的倾角和直线段的实长，各种位置直线的投影，两直线的相对位置关系。

【课时建议】

4～6 课时

3.1 直线的投影

【例 3.1】 如图 3.1(a)所示，已知点 A 的水平投影，点 A 距离 H 面长度为 15 mm，点 B 在距离点 A 左方 15 mm，后方 20 mm，下方 10 mm 处。求点 A 与点 B 的三面投影。

解 点 A 距离 H 面 15 mm，即为 a' 到 X 轴距离为 15。根据点的投影特性，过点 A 的已知水平投影向上作 OX 轴垂线，并向上量取 15 mm，即得点 A 的正面投影 a'。利用已知点的两面投影，求第三面投影的方法，求出 a''。如图 3.1(b)所示，根据点 B 在点 A 左方 15 mm，则由 a_X 沿 X 轴向左量取 15 得 b_X；点 B 在点 A 后方 20 mm 处，则由 a_Y 沿 Y 轴向后量取 20 mm 得 b_Y；点 B 在点 A 下方 10 mm 处，则由 a_Z 沿 Z 轴向下量取 15 mm 得 b_Z。分别过 b_X、b_Y、b_Z 作 OX、OY 与 OZ 轴垂线，作出 b' 与 b，最后求出 b''。

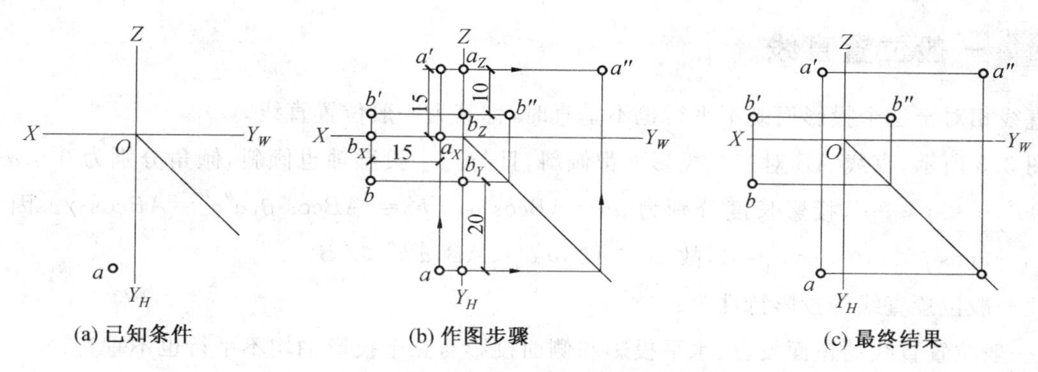

图 3.1 两点相对位置关系

由几何学可知，不重合的两点确定一条直线。欲确定直线的投影，只需作出直线上两个点的投影，并将这两个点的同面投影（几何形体在同一投影面上的投影称为同面投影）连接起来，即为这条直线的投影，如图 3.1(c)所示，将 A、B 两点的同面投影连接就是直线 AB 的投影。

由几何学可知直线是无限长的，本书所指直线为直线段。直线的投影一般情况下仍为直线，如图 3.2 所示为相对于 H 投影面倾斜、垂直、平行的直线的投影。直线 AB 倾斜于 H 面，从端点 A、B 向 H 面作正投影，得水平投影 a、b，将 a 与 b 连接起来，ab 即为 AB 直线的水平投影。因直线 AB 倾斜于 H 面，所以 ab 短于 AB 的实际长度。同理，作出 CD、EF 的水平投影，因 CD 垂直于 H 面，其水平投影重合，即 $c(d)$ 为直线 CD 的水平投影；因 $EF /\!/ H$ 面，EF 的水平投影 ef 平行于空间直线 EF 且长度相等。

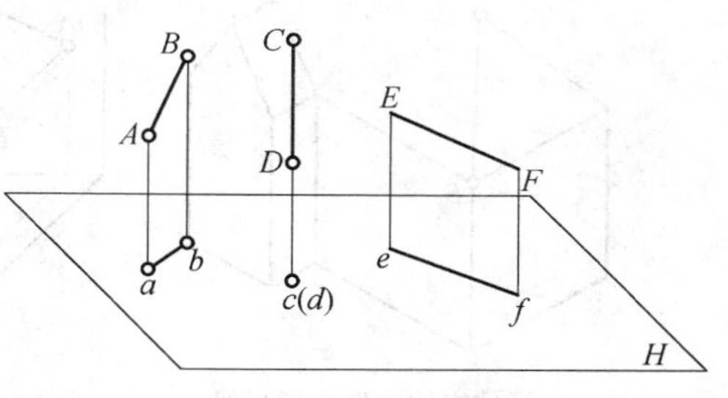

图 3.2 直线的投影

直线按照对投影面 H、V、W 面的相对位置分类见表 3.1。

表 3.1 直线按照对投影面 H、V、W 面的相对位置分类

直线
- 一般位置直线：对三个投影面 H、V、W 都倾斜
- 投影面平行线（平行于一个投影面，倾斜于另两个投影面）
  - 水平线（H 面平行线）：$/\!/ H$ 面，倾斜于 V、W 面
  - 正平线（V 面平行线）：$/\!/ V$ 面，倾斜于 H、W 面
  - 侧平线（W 面平行线）：$/\!/ W$ 面，倾斜于 H、V 面
- 投影面垂直线（垂直于一个投影面，平行于另两个投影面）
  - 铅垂线（H 面垂直线）：$\perp H$ 面，$/\!/ V$ 面，$/\!/ W$ 面
  - 正垂线（V 面垂直线）：$\perp V$ 面，$/\!/ H$ 面，$/\!/ W$ 面
  - 侧垂线（W 面垂直线）：$\perp W$ 面，$/\!/ H$ 面，$/\!/ V$ 面

技术提示：
直线与平面的夹角，就是直线与其在平面上的正投影的夹角。

直线与水平面 H、正面 V、侧面 W 的夹角，就是直线与它的水平投影、正面投影、侧面投影的夹角，称为该直线对投影面 H、V、W 的倾角，用 α、β、γ 表示。当直线平行于投影面时，倾角为 0°；垂直于投影面时，倾角为 90°；倾斜于投影面时，倾角大于 0°，小于 90°。

3.2 各种位置直线的投影

3.2.1 一般位置直线

当直线相对于三个投影面既不平行也不垂直时，称其为一般位置直线。

如图 3.3 所示，直线 AB 对三个投影面都倾斜，且与三个投影轴也倾斜，倾角分别为 $0°<\alpha<90°$，$0°<\beta<90°$，$0°<\gamma<90°$，投影长度分别为 $ab=AB\cos\alpha$，$a'b'=AB\cos\beta$，$a''b''=AB\cos\gamma$。因为 $0<\cos\alpha<1$，$0<\cos\beta<1$，$0<\cos\gamma<1$，故 $ab<AB$，$a'b'<AB$，$a''b''<AB$。

因此一般位置直线的投影特性为：

(1)一般位置直线的正面投影、水平投影和侧面投影与三个投影轴均不平行也不垂直；

(2)一般位置直线段的任何一个投影长度均不等于该直线段的实长，且小于实长；

(3)一般位置直线的任何一个投影与投影轴的夹角均不是空间直线与投影面之间的真实倾角。

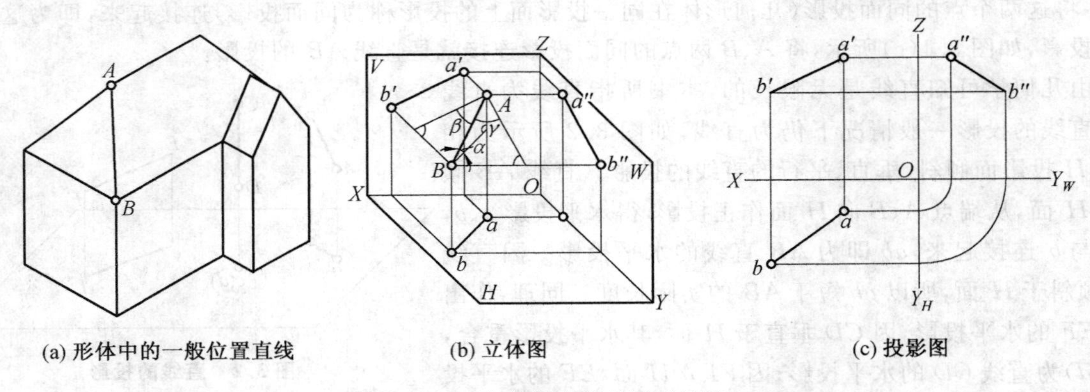

(a) 形体中的一般位置直线　　(b) 立体图　　(c) 投影图

图 3.3　一般位置直线的投影特性

3.2.2 投影面平行线

平行于某一投影面、且与另外两个投影面倾斜的直线称为投影面平行线。当直线平行于 H 投影面时，称为水平线；当直线平行于 V 投影面时，称为正平线；当直线平行于 W 投影面时，称为侧平线。

表 3.2 列出三种投影面平行线的立体图、投影图及其投影特性和判定方法。

表 3.2　投影面平行线的投影特性

名称	水平线	正平线	侧平线
立体图	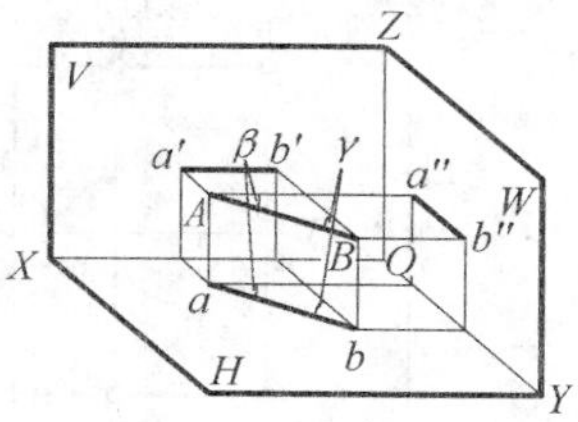 V Z a′ β b′ γ a″ W b″ A B O X a b H Y	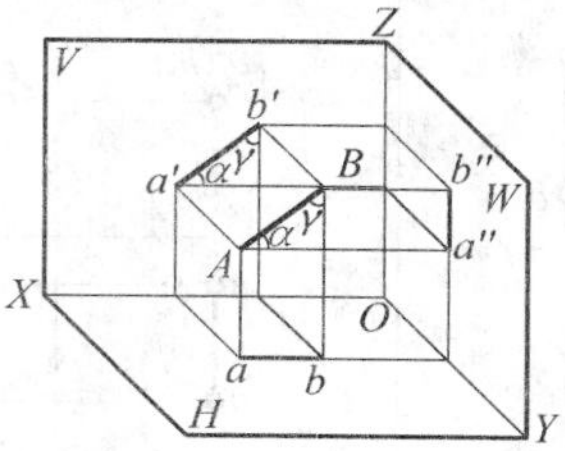 V Z b′ a′ α γ B b″ W a″ A α γ X O a b H Y	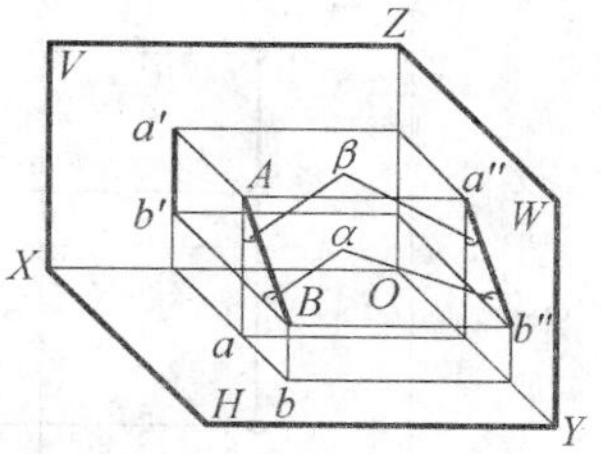 V Z a′ A β a″ b′ α W X B O b″ a H b Y
投影图	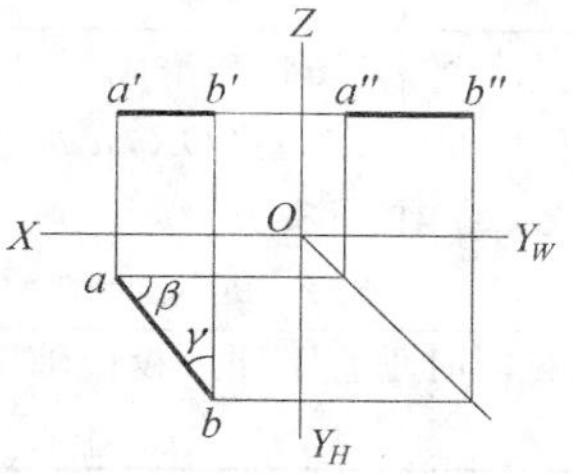 Z a′ b′ a″ b″ X O Y_W a β γ b Y_H	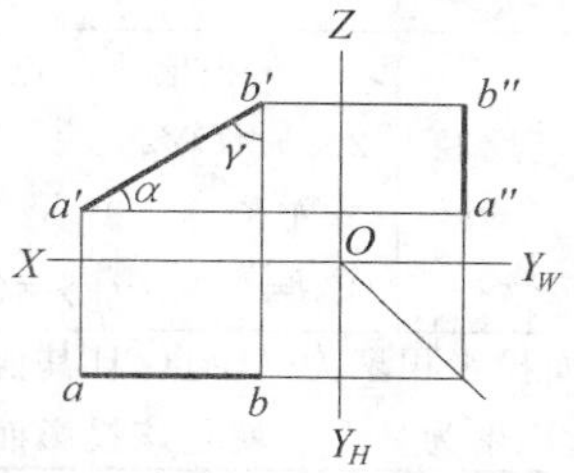 Z b′ b″ γ a′ α a″ X O Y_W a b Y_H	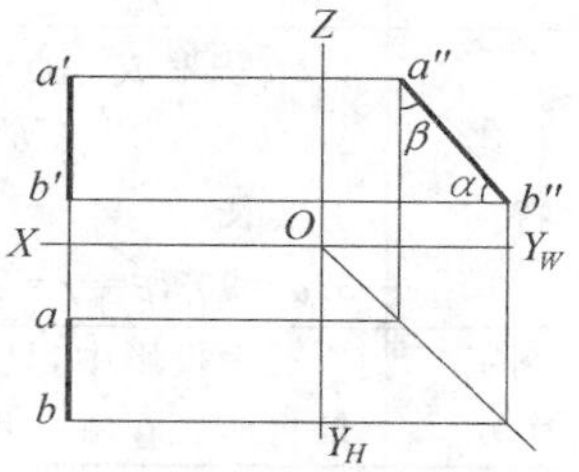 Z a′ a″ β b′ α b″ X O Y_W a b Y_H
投影特性	1. ab 反映实长和倾角 β、γ，$\alpha=0°$ 2. $a'b' \perp OZ$，$a''b'' \perp OZ$，且小于实长	1. $a'b'$ 反映实长和倾角 α、γ，$\beta=0°$ 2. $ab \perp OY_H$，$a''b'' \perp OY_W$，且小于实长	1. $a''b''$ 反映实长和倾角 α、β，$\gamma=0°$ 2. $ab \perp OX$，$a'b' \perp OX$，且小于实长
判定方法	三面投影中，只要其两面投影同时垂直于同一个投影轴，且另一投影倾斜于所有投影轴，该直线一定为投影面的平行线，且在哪个面上的投影倾斜于投影轴，就是该投影面的平行线。如果已知两面投影，只要其一面投影平行于某一投影轴且另一面投影倾斜于投影轴，则不需要再看第三面投影，即可判断		

☆知识拓展

投影面平行线的投影特性为：

(1)在与其平行的投影面上反映实长和与其他两个投影面的倾角，靠近哪个投影面就是哪个投影面的倾角。

(2)在其他两个投影面上的投影，同时垂直于不从属于该平行投影面的投影轴，且均小于实长。

3.2.3 投影面垂直线

垂直于某个投影面的直线称为投影面垂直线。直线垂直于一个投影面，必定平行于其余两个投影面，因此，投影面垂直线是投影面平行线的特殊情况。当直线垂直于 H 投影面时，称为铅垂线；当直线垂直于 V 投影面时，称为正垂线；当直线垂直于 W 投影面时，称为侧垂线。

表 3.3 列出了三种投影面垂直线的立体图、投影图及其投影特性与判定方法。

表 3.3　投影面垂直线的投影特性

名称	铅垂线	正垂线	侧垂线
立体图	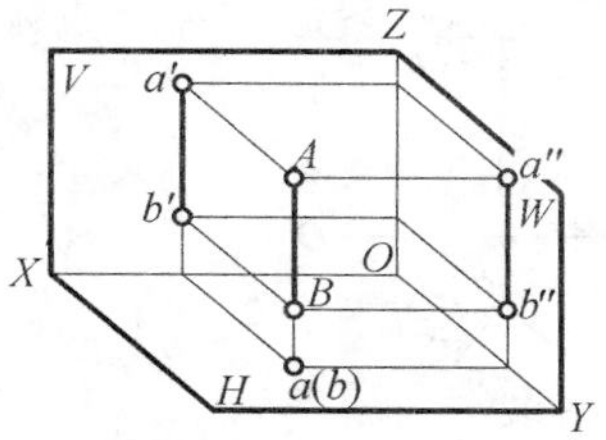 Z V a′ A a″ b′ W X O B b″ H a(b) Y	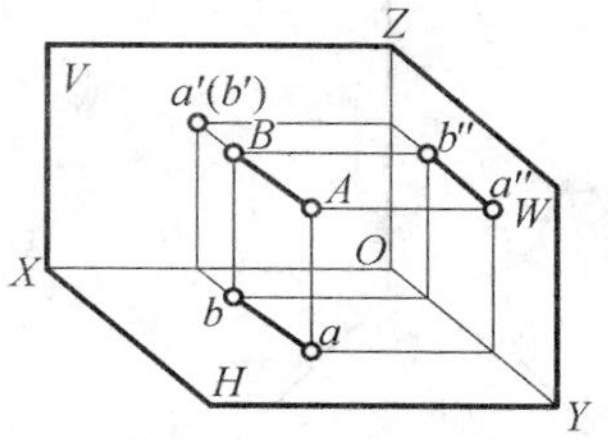 Z V a′(b′) B b″ a″ A W X O b a H Y	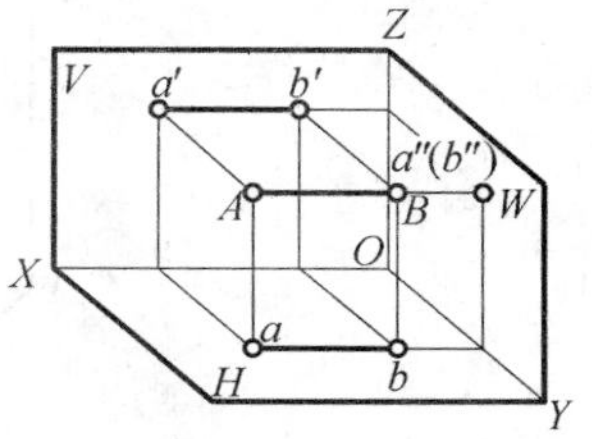 Z V a′ b′ a″(b″) A B W X O a H b Y

续表 3.3

名称	铅垂线	正垂线	侧垂线
投影图	Z, a', a'', b', b'', X, O, Y_W, $a(b)$, Y_H	Z, $a'(b')$, b'', a'', X, O, Y_W, b, a, Y_H	a', b', Z, $a''(b'')$, X, O, Y_W, a, b, Y_H
投影特性	1. ab 积聚成一点 2. $a'b'$ // OZ，$a''b''$ // OZ，且反映实长 3. $\alpha=90°$，$\beta=\gamma=0°$。	1. $a'b'$ 积聚成一点 2. ab // OY_H，$a''b''$ // OY_W，且反映实长 3. $\beta=90°$，$\alpha=\gamma=0°$	1. $a''b''$ 积聚成一点 2. ab // OX，$a'b'$ // OX，且反映实长 3. $\gamma=90°$，$\alpha=\beta=0°$
判定方法	三面投影中，只要其一面投影积聚为一个点，且其他两面投影同时垂直于同一投影轴，则为投影面的垂直面。在哪一投影面上积聚为一个点就是该投影面的垂直线		

☆**知识拓展**

投影面垂直线的投影特性为：

(1)在其垂直的投影面上积聚为一点，与该投影面的倾角为 90°。

(2)在其他两个投影面上的投影反映实长，且同时平行于不从属于该垂直投影面的投影轴，与该两投影面倾角为 0°。

3.3 一般位置直线的倾角和实长

倾角是描述直线空间位置的参量。由前文所述可知，投影面平行线有一个投影反映空间线段的实长以及与两个投影面的倾角，而投影面垂直线有两个投影反映空间线段的实长与投影面的倾角，但一般位置直线的三面投影都不反映空间线段的实长，其投影与投影轴的夹角也不反映空间线段对投影面的倾角的实形。但是，求解一般位置直线的实长及倾角，是求解画法几何综合题时经常遇到的基本问题之一，也是工程上经常遇到的问题。因此，直角三角形法是在投影图上用图解法求一般位置直线的实长及倾角的方法之一。

3.3.1 一般位置直线的 α 角和实长

如图 3.4(a)所示，在 H、V 两面体系中有一般位置直线 AB 及其两面投影 ab 和 $a'b'$，AB 延长线与 ab 所夹夹角 α，即为 AB 对 H 面的倾角。过点 B 作 BA_0 // ab，因 $Aa \perp ab$，所以 $AA_0 \perp BA_0$，$\triangle AA_0B$ 为直角三角形，$\angle ABA_0=\alpha$，$BA_0=ab$，$AA_0=\Delta Z$。在投影图中求作直线的实长及 α 角的作图方法如图 3.4(b)所示。根据投影图中已知条件构造直角三角形，有两种作图方法：

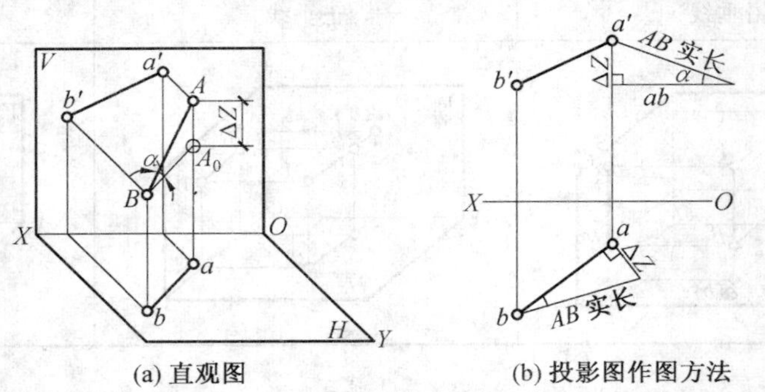

(a) 直观图　　(b) 投影图作图方法

图 3.4　直角三角形法求作一般位置直线的实长及 α 角

(1)OZ 轴表示两点上下关系即 ΔZ，过点 b' 作 OX 轴的平行线作出 AB 两点的 Z 坐标差值即 ΔZ，作与 ΔZ 垂直的直线并截取 ab 的长度，作出直角三角形，斜边为实长，实长直线与 ab 长度直线的夹角为 α；

(2)利用 AB 直线的水平投影 ab，作 ab 直线的垂线并量取 ΔZ 长度，作出直角三角形。

3.3.2 一般位置直线的 β 角和实长

如图 3.5(a)所示，在 H、V 两面体系中有一般位置直线 AB 及其两面投影 ab 和 $a'b'$，AB 延长线与 $a'b'$ 所夹夹角为 β，即为 AB 对 V 面的倾角。过点 A 作 $AB_0 /\!/ a'b'$，因 $Bb' \perp a'b'$，所以 $BB_0 \perp AB_0$，$\triangle BB_0A$ 为直角三角形，$\angle BAB_0=\beta$，$AB_0= a'b'$，$BB_0=\Delta Y$。在投影图中求作直线的实长及 β 角，作图方法如图 3.5(b)所示。根据投影图中已知条件构造直角三角形，有两种作图方法：

(1)OY 轴表示两点前后关系即 ΔY，过点 a 作 OX 轴的平行线，作出 AB 两点的 Y 坐标差值即 ΔY，作与 ΔY 垂直的直线并截取 $a'b'$ 的长度，作出直角三角形，斜边为实长，实长直线与 $a'b'$ 长度直线的夹角为 β；

(2)利用 AB 直线的正面投影 $a'b'$，作 $a'b'$ 直线的垂线并量取 ΔY 长度，作出直角三角形。

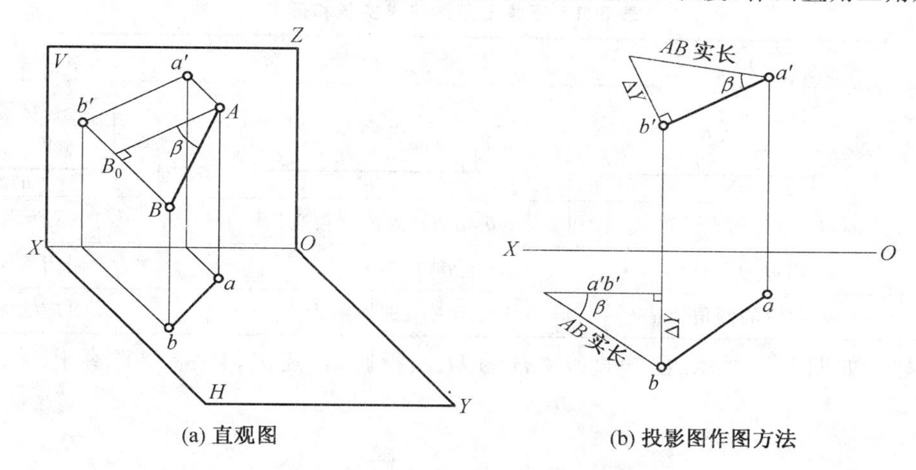

(a) 直观图　　(b) 投影图作图方法

图 3.5　直角三角形法求作一般位置直线的实长及 β 角

3.3.3 一般位置直线的 γ 角和实长

如图 3.6(a)所示，在 H、V、W 三面投影体系中有一般位置直线 AB 及其三面投影 ab、$a'b'$ 和 $a''b''$，AB 延长线与 $a''b''$ 所夹夹角为 γ，即为 AB 对 W 面的倾角。过点 A 作 $AC /\!/ a''b''$，因 $Bb'' \perp a''b''$，所以 $BC \perp AC$，$\triangle BCA$ 为直角三角形，$\angle BAC=\gamma$，$AC= a''b''$，$BC=\Delta X$。在投影图中求作直线的实长及 γ 角作图方法如图 3.6(b)所示。根据投影图中已知条件构造直角三角形，OX 轴表示两点左右关系即 ΔX，利用 AB 直线的侧面投影 $a''b''$，作 $a''b''$ 直线的垂线并量取 ΔX，作出直角三角形，斜边为实长，实长直线与 $a''b''$ 长度直线的夹角为 γ。

如图 3.4～3.6 所示，每个三角形都包含以下几个要素：

①空间直线段的实长。

②直线段在某投影面上的投影长。

③直线段两端点到该投影面的距离之差(即坐标差)。

④直线段对该投影面的倾角。

由初等几何可知，只要已知直角三角形四个要素中的任意两个，该直角三角形就能唯一地确定。因此，可在投影图中用图解法画出直角三角形，即可求出一般位置直线段的实长及对投影面的倾角。

☆知识拓展

直角三角形法求一般位置直线的实长及倾角，直角三角形各元素对应关系归纳见表 3.4。要注意的是，每个直角三角形的边和的角都是固定搭配的，不能相互混淆。

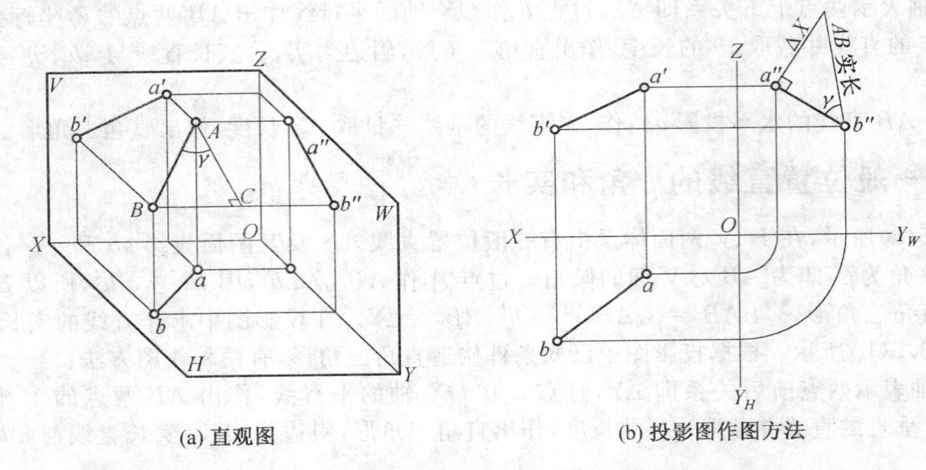

(a) 直观图　　(b) 投影图作图方法

图 3.6　直角三角形法求作一般位置直线的实长及 γ 角

表 3.4　直角三角形法求实长和倾角

	(1)	(2)	(3)
直角三角形法	ΔZ，ab，AB 实长，α	ΔY，$a'b'$，AB 实长，β	ΔX，$a''b''$，AB 实长，γ
各元素对应关系	ab 与 ΔZ 为两直角边长	$a'b'$ 与 ΔY 为两直角边长	$a''b''$ 与 ΔX 为两直角边长
	斜边为实长	斜边为实长	斜边为实长
	ΔZ 对应的倾角为 α	ΔY 对应的倾角为 β	ΔX 对应的倾角为 γ

【例 3.2】　如图 3.7 所示，已知直线 AB 的 H 面投影 ab 及 a'，且 $\alpha=30°$，求作直线 AB 的正面投影。

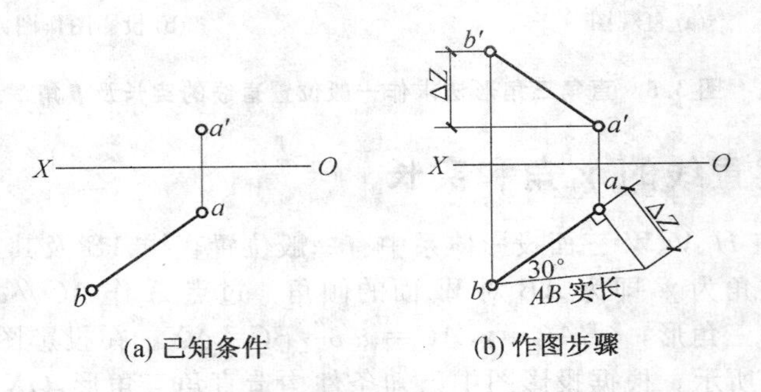

(a) 已知条件　　(b) 作图步骤

图 3.7　已知直线的 α 角，补全直线的 V 面投影

解　(1)分析题目与投影图中已知条件：A 点的 V 面投影 a'、ab 长度及 α。由于 V 面投影由两点的左右与上下关系决定，H 面投影已定，AB 两点左右关系确定，因此需要求出两点上下关系，即求出 ΔZ。因此需构造与 α 角有关的三角形即可求出 ΔZ。依据点的投影特性求出 b'。

(2)过点 a 或 b 作 ab 直线的垂线，过另一点作与 ab 直线夹角 30°的直线，与所作垂线有一交点，即完成直角三角形作图，得 ΔZ。

(3)依据点的投影特性，过点 b 向上作垂直于 OX 轴的投射线，以 a' 为基准点向上量取 ΔZ，即为 b'，连接 a'、b' 即为所求。

3.4　直线上的点

直线的投影是直线上点的投影的集合。由平行投影特性可知，直线上的点具有两个投影特性，即从属性和定比性两种投影关系。

3.4.1 从属性

若点在直线上，则点的投影必在该直线的同面投影上，且符合点的投影特性。

如图 3.8 所示，直线 AB 上有一点 K，其 H 面投影 k 在直线 H 面投影 ab 上，其 V 面投影 k' 在直线 V 面投影 $a'b'$ 上，其 W 面投影 k'' 在直线 W 面投影 $a''b''$ 上。反之，若点的三面投影都在直线的同面投影上，则此点在该直线上。

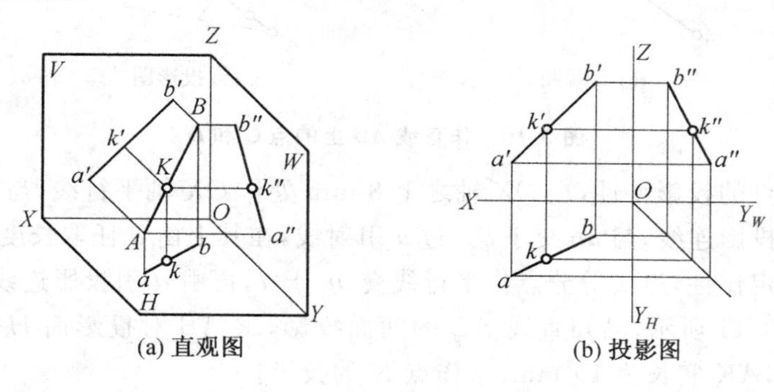

图 3.8　直线上的点

3.4.2 定比性

假设点 K 在直线 AB 上，由于过各点向同一投影面作投射线均彼此平行，因此 $AK:KB=ak:kb=a'k':k'b'=a''k'':k''b''$。线段的定比定律可归纳为：一点将线段分为两段，其长度之比，等于这两条线段在同一投影面上的投影长度之比。

3.4.3 点在直线上的判断方法

依据点在直线上的从属性与定比性两个投影特性，对于一般位置直线，只要点的两面投影在直线的同面投影上，且符合点的投影特性，则可判断点在直线上。对于特殊位置直线，视给定的投影，还需应用从属性作出第三面投影或定比性判断。如：给出正面与水平投影的侧平线，给出正面、侧面投影的水平线以及给出水平、侧面投影的正平线等。

【例 3.3】　如图 3.9(a)所示，判断点 K 是否在侧平线 MN 上。

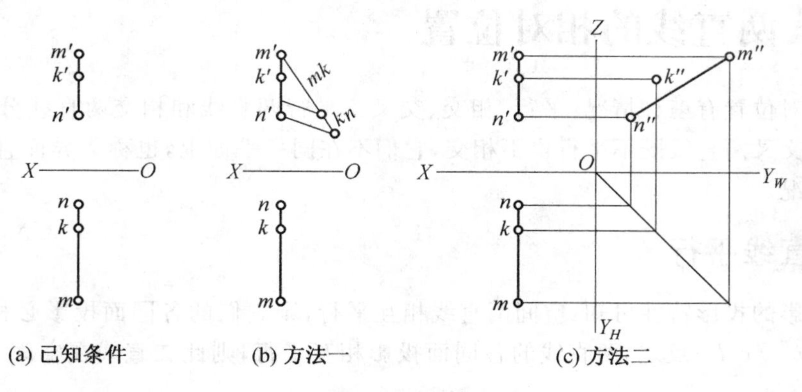

图 3.9　判断点是否在直线上

解　虽然水平投影和正面投影都在直线 MN 的同面投影上，但不能断定该点 K 是否属于直线 MN。此时，可以利用它们的侧面投影或根据定比性来判断。如图 3.9(b)所示，$mk:kn \neq m'k':k'n'$。因此点 K 不在直线 MN 上。如图 3.9(c)所示，k'' 不在 $m''n''$ 上，因此点 K 不在直线 MN 上。

【例 3.4】　如图 3.10 所示，已知直线 AB，点 C 和 D 在直线 AB 上，点 C 距 H 面 8 mm，AD：

DB=1∶3,求点 C 和 D 的两面投影。

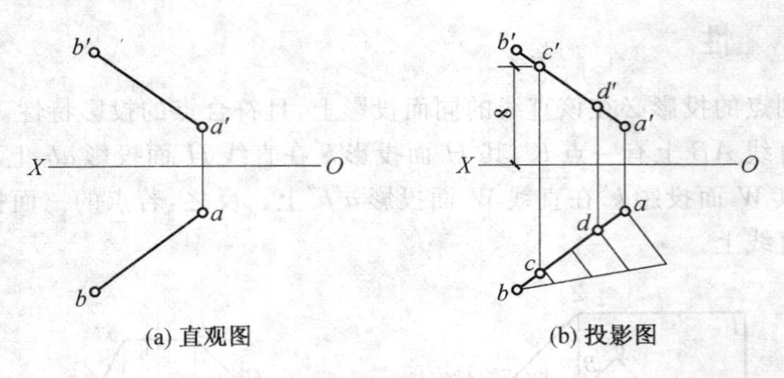

图 3.10　作直线 AB 上的点 C 和 D

解　根据直线上点的投影特性,在 OX 轴之上 8 mm 处作 OX 轴平行线,与 $a'b'$ 交于 c',依据从属性由 c' 引垂直 OX 轴投影连线,与 ab 交于 c。过 a 引射线,在其上由 a 任取长度单位顺次量取四个单位,连接两端点,依据定比性,过 1 等分点作平行线交 ab 于 d,再由 d 引投影连线,与 $a'b'$ 交于 d'。

【例 3.5】　如图 3.11 所示,已知直线 AB 的两面投影,求 AB 对投影面 H、V、W 的倾角 α、β、γ。并在 AB 上取一点 K,AK 实长为 10 mm,求作点 K 的投影。

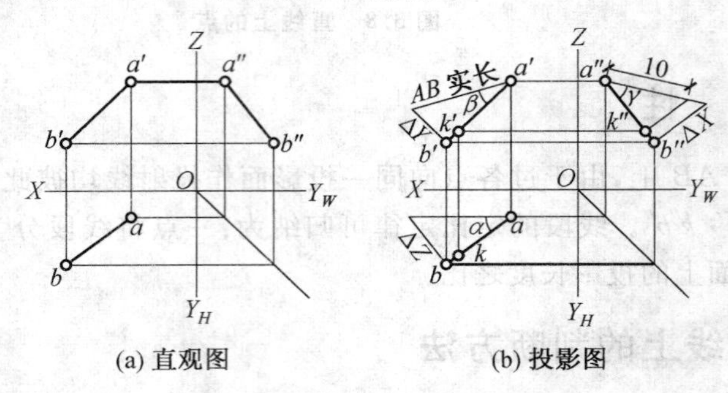

图 3.11　求倾角及作直线 AB 上的点 K

解　(1) 由已知条件在 AB 三面投影上作出直角三角形,得 AB 对投影面 H、V、W 的倾角 α、β、γ。

(2) 在 W 面 AB 实长上截取 10 mm,作 ΔX 的平行线,即得 k'',根据点的投影特性与点在直线上从属性作出 k 与 k'。

3.5　两直线的相对位置

两直线的相对位置有三种情况:平行、相交、交叉。平行两直线和相交两直线分别位于同一平面上,是共面直线;交叉两直线既不平行也不相交,它们不在同一平面上,也称为异面直线。垂直是相交与交叉的特殊情况。

3.5.1　两直线平行

根据平行投影的投影特性可知:空间两直线相互平行,则它们的各同面投影必相互平行,即 $ab /\!/ cd$、$a'b' /\!/ c'd'$、$a''b'' /\!/ c''d''$;反之,两直线的各同面投影相互平行,则此二直线在空间一定相互平行,如图 3.12 所示。

判断空间两直线是否平行,应根据空间直线对投影面相对位置的不同而采取不同的方法。对于一般位置直线,只要两条直线中任意两组同面投影互相平行,即可判定两直线在空间相互平行,只要有一组同面投影不平行,则空间两直线就不平行。对于投影面平行线,要判断两直线在空间是否相互平行,需要检查两直线在所平行的投影面上的投影是否平行,即检查反映实长投影是否平行。

【例 3.6】　如图 3.13 所示,已知 AB 与 CD 两直线在 V 面与 H 面的投影,判断两直线是否平行。

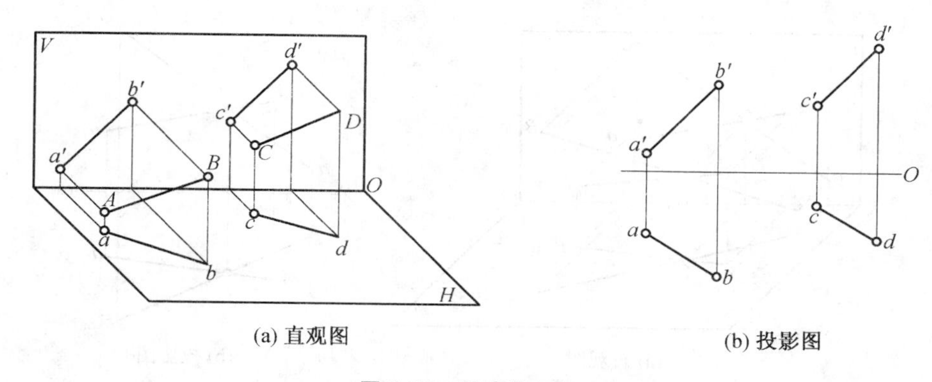

(a) 直观图
(b) 投影图

图 3.12　两直线平行

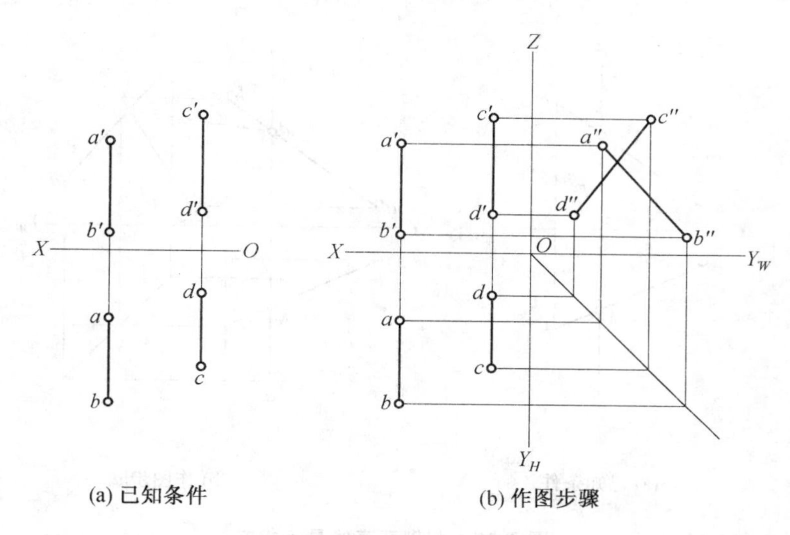

(a) 已知条件
(b) 作图步骤

图 3.13　判别两直线是否平行

解　由投影图分析两直线为侧平线，必须作出第三面投影，才能确定其是否平行。虽然 $ab // cd$、$a'b' // c'd'$，但 $a''b''$ 不平行于 $c''d''$，所以空间两直线 AB 与 CD 不平行。

3.5.2　两直线相交

空间两直线相交，则两直线同面投影必定相交，并且，两直线的交点符合点的投影特性，即交点的连线垂直于相应的投影轴。如图 3.14 所示，已知直线 AB 和 CD 相交于点 K，则交点 K 是直线 AB 和 CD 的共有点，根据直线上的点的投影特性，点 K 的水平投影 k 必定在 AB 和 CD 的水平投影 ab、cd 上，点 K 的正面投影 k' 必定在 AB 和 CD 的正面投影 $a'b'$、$c'd'$ 上，点 K 的侧面投影 k'' 必定在 AB 和 CD 的侧面投影 $a''b''$、$c''d''$ 上，k 与 k' 的连线必垂直于 OX 轴，k' 与 k'' 的连线必垂直于 OZ 轴。反之，两直线的同面投影均相交，并且其交点的连线垂直于相应的投影轴，则这两条直线在空间中必定相交。

判断空间两直线是否相交，也应根据空间直线对投影面相对位置关系不同而采取不同的判断方法。对于一般位置直线，只要两组同面投影分别相交且交点符合点的投影特性，那么两直线在空间中相交。当两直线之一是投影面平行线时，则必须作出第三面投影，看它们是否相交及交点是否符合点的投影特性，才能确定其是否相交。同时也可用定比性判断。

【例 3.7】　如图 3.15 所示，已知 AB 与 CD 两直线在 V 面与 H 面的投影，判断两直线是否相交。

解　由投影图分析 CD 为侧平线，则必须作出第三面投影，才能确定其是否相交。虽然 ab 与 cd 相交于 k，$a'b'$ 与 $c'd'$ 相交于 k'，且 $kk' \perp OX$ 轴，但 CD 是侧平线，故需作出侧面投影。虽然在侧面投影上 $a''b''$ 与 $c''d''$ 相交，但交点的连线与 OZ 轴不垂直，因此空间两直线 AB 与 CD 不相交。

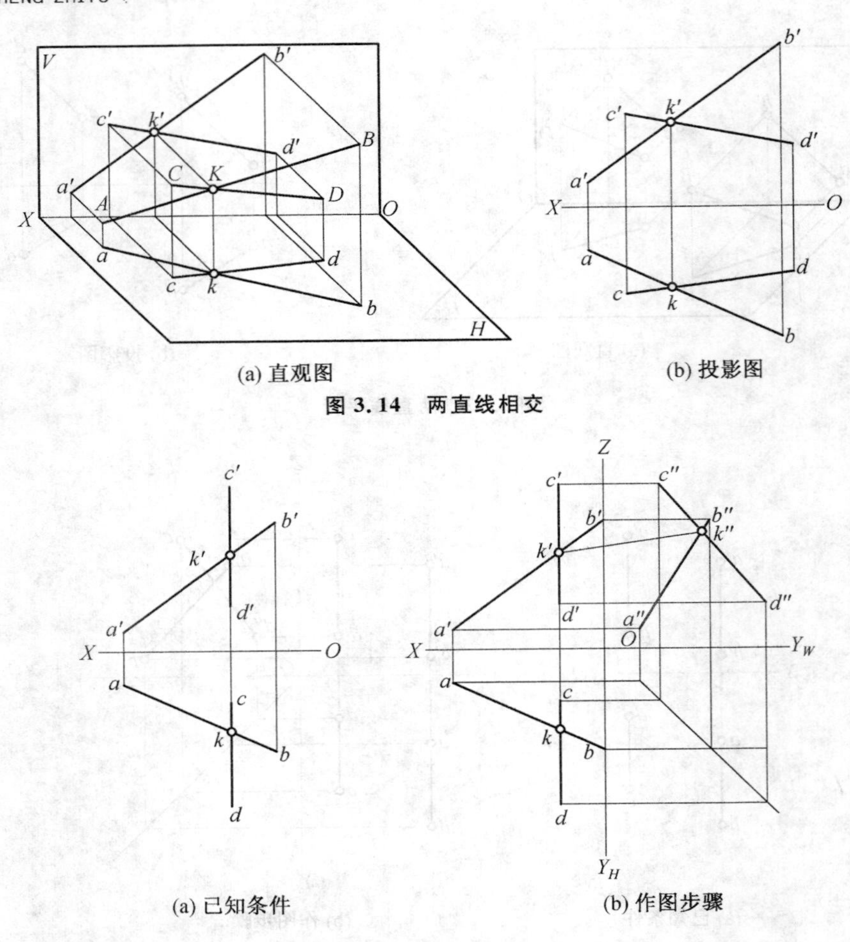

(a) 直观图　　(b) 投影图

图 3.14　两直线相交

(a) 已知条件　　(b) 作图步骤

图 3.15　判别两直线是否相交

3.5.3　两直线交叉

空间两直线既不平行也不相交时，称为两直线交叉。空间两交叉直线，它们的同面投影可能相交，但是投影的交点不符合点的投影特性(图 3.15)。它们的某一组或两组同面投影也可能平行，但不可能三组同面投影都平行(图 3.14)。如若同面投影有共同点，则为重影点，如图 3.16 所示。

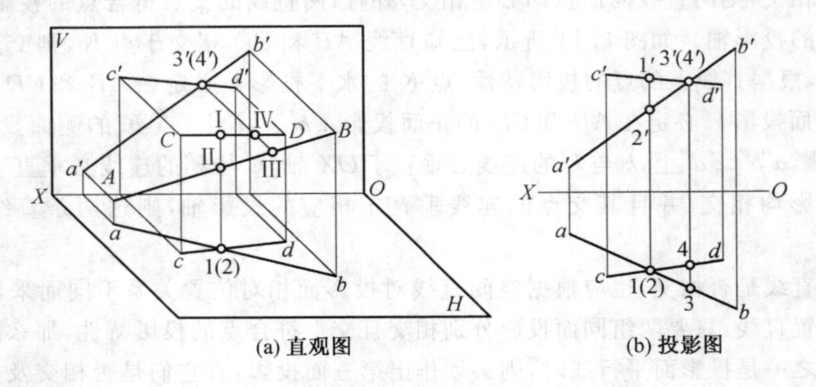

(a) 直观图　　(b) 投影图

图 3.16　两直线交叉

交叉两直线重影点及可见性判断方法：空间两直线 AB 与 CD 为交叉两直线，其同面投影有共同点，但此点并不是两直线交点的投影，而分别是在交叉两直线上两个点的重影点，这就需要判别重影点的可见性。如图 3.16 所示，水平投影 ab 与 cd 的交点 1(2)为重影点，由此向上作铅垂连线，该铅垂线与 $c'd'$ 相交于 $1'$，与 $a'b'$ 相交于 $2'$，因为 $1'$ 高于 $2'$，所以 CD 上的Ⅰ点高于 AB 上的Ⅱ点，则 1 为可见，2 为不可见。同理，由正面投影的交点 3′(4′)向下作铅垂连线，与 ab 交于 3 点，与 cd 交于 4 点，因为 3 在 4 的前方，所以 AB 上的Ⅲ点在 CD 上的Ⅳ点前面，则 3′可见，4′不可见。

>>>

技术提示：

判断 V 面重影点可见性，看 H 面前后关系，前面点可见，后面点不可见；判断 H 面重影点可见性，看 V 面上下关系，上面点可见，下面点不可见。

【例 3.8】 如图 3.17 所示，已知直线 AB、CD 的 V 面与 H 面投影，以及点 M 的水平投影。直线 MN 与直线 AB 平行，与直线 CD 相交。求作直线 MN。

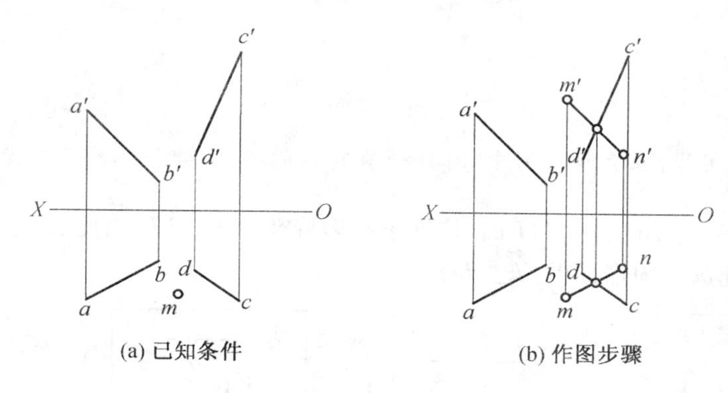

图 3.17 过点作直线与已知直线平行与相交

解 由两直线平行投影特性可知，$MN /\!/ AB$，则 $a'b' /\!/ m'n'$，$ab /\!/ mn$。MN 与 CD 相交，交点是两直线共有点，且符合点的投影特性。过点 m 作 $mn /\!/ ab$，即与 cd 相交，得交点水平投影，向上作垂直投影连线与 $c'd'$ 相交得交点正面投影，过交点作直线平行于 $a'b'$，将 m、n 垂直投影在 $c'd'$ 上，即得直线 MN 正面投影。需要注意，直线 MN 可以任意长，但点 M 与点 N 必须符合点的投影特性。

【例 3.9】 如图 3.18 所示，已知直线 AB、CD 以及点 K 的 V 面与 H 面投影。过点 K 作正平线 KM 与直线 AB 相交，水平线 KN 与直线 CD 相交。

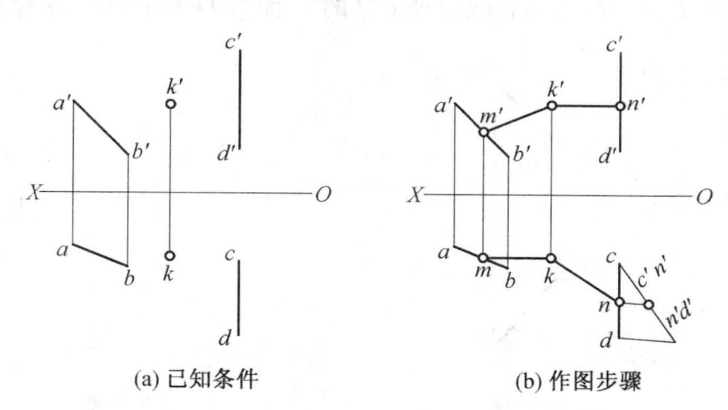

图 3.18 过已知点作特殊位置直线与已知直线相交

解 由正平线的投影特性可知，$km \perp OY$ 轴，过 k 作 $km \perp OY$ 交 ab 于 m，根据两直线相交交点投影特性 $m m' \perp OX$ 轴，作出 m'，连接 k'、m'，即为所求正平线。由水平线的投影特性可知，$k'n' \perp OZ$ 轴，过 k 作 $k'n' \perp OZ$ 交 $c'd'$ 于 n'，但直线 CD 为侧平线，根据定比性从点 c 引出一条射线，在其上截取作出 $c'n'$ 与 $n'd'$，得 n，连接 kn，即为所求水平线。

3.6 一边平行于投影面的直角的投影

当相互垂直的两直线同时平行于某一投影面时，它们在该投影面上的投影仍为直角。而当相互垂直的两直线均不平行于任何投影面时，它们的各同面投影均不是直角。如果两直线之一平行于某一投影面，是否能在该投影面上反映直角呢？

直角投影定理：两直线垂直相交（或垂直交叉），其中有一条直线为投影面平行线，则两直线在所平行的投影面上的投影仍垂直。

直角投影定理逆定理：两直线之一为某投影面平行线，且两直线在该投影面上的投影垂直，则空间两直线垂直。

技术提示：

直角投影定理实质：在直角投影中，有任一直角边的投影是实长，则反映直角实形。

如图 3.19 所示，$AB \perp BC$，$AB /\!/ H$ 面，依据正投影特性，$AB \perp Bb$，因此 $AB \perp$ 平面 $BbcC$，则 $AB \perp bc$，由 $AB /\!/ ab$，得 $ab \perp bc$。同理证得 $ab \perp de$。

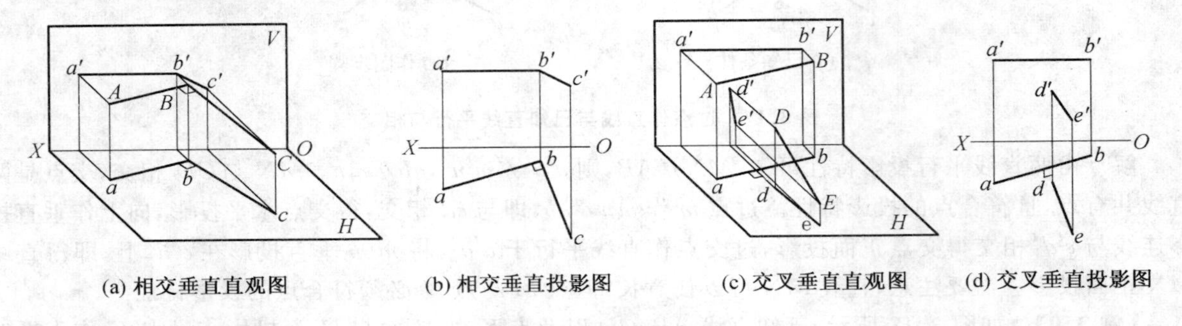

(a) 相交垂直直观图 (b) 相交垂直投影图 (c) 交叉垂直直观图 (d) 交叉垂直投影图

图 3.19 直角投影定理

【例 3.10】 如图 3.20 所示，已知直线 AB、CD 的 V 面与 H 面投影。求作两直线的公垂线。

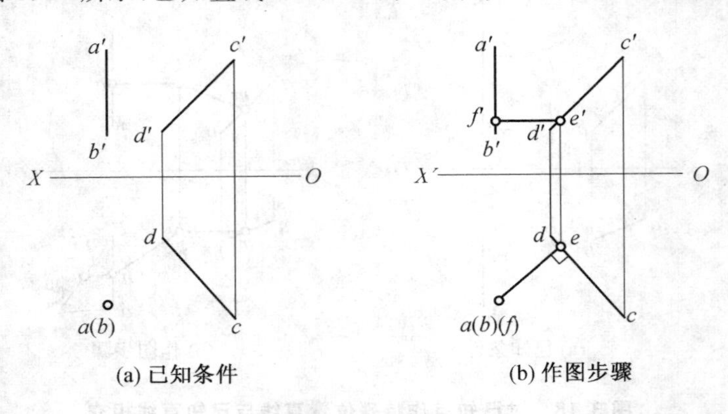

(a) 已知条件 (b) 作图步骤

图 3.20 作两直线公垂线

解 作两直线公垂线即作与两直线同时垂直的相交直线。由图 3.20(a)可知直线 AB 为铅垂线，与铅垂线垂直的直线为水平线，作水平线 EF 与直线 AB 交点 F 的 H 面投影即在 AB 直线的积聚投影上。要作 $EF \perp CD$，已知 $EF /\!/ H$ 面，则由直角投影定理可知，$ef \perp cd$，过 f 作 $ef \perp cd$，交 cd 于 e，依据点的投影特性作出 e'。而水平线 EF 正面投影垂直于 OZ 轴，即可作出 $e'f'$。ef 即为两直线间的距离。

【例 3.11】 如图 3.21 所示，正方形 $ABCD$，C 点在直线 BM 上。已知直线 BM 的 V 面与 H 面投

影，直线 AB 的 V 面投影。求作正方形 $ABCD$ 两面投影。

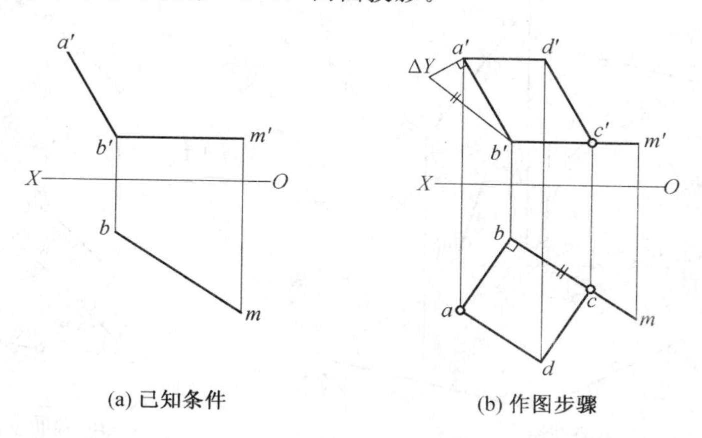

(a) 已知条件　　(b) 作图步骤

图 3.21　求作正方形 ABCD 两面投影

解　正方形 $ABCD$，邻边垂直，对边平行。直线 BM 为水平线，在 H 面上反映实长，C 在 BM 直线上，即 BC 也为水平线。由 $AB \perp BC$，$BC /\!/ H$ 面及直角投影定理得，$ab \perp bc$。因此，过 b 作 bm 垂直线与过 a' 所作 OX 轴垂直投影连线相交于 a。由于 $AB=BC=bc$，因此需作出直线 AB 实长，用直角三角形法作出实长，在 bm 上截取 AB 实长，得 c，根据点的投影特性作出 c'。根据两直线平行投影特性，正方形对边三面投影均平行，过 a 作 $ad /\!/ bc$，过 c 作 $cd /\!/ ab$，交于 d。同理作出 d'。即为所求正方形两面投影。

3.7　直线的辅助投影

工程中图解的基本问题大体可分为定位和度量两类。定位是如何在投影图中确定几何元素本身以及相互之间的相对位置关系，如求交点、交线等；度量就是图解几何元素大小、形状、距离及角度等。图解上述问题的难易程度，取决于几何元素对投影面的相对位置。根据特殊位置直线投影特性可知，当直线处于特殊位置时，投影反映实长或与投影面的倾角。直线的辅助投影提供了改变几何元素对投影面相对位置的解题方法，使有些难以解决的问题简单化。用换面法解题，必须掌握选择新投影面和依据旧投影求出新投影的方法。选择新投影面必须满足两个基本条件：

(1)新投影面必须垂直于原投影体系中一个投影面，以构成新投影体系。

(2)新投影面要尽可能使几何元素处于解题最佳位置。

直线的辅助投影可以由直线上两点的辅助投影确定，求解直线的辅助投影通常有以下三个基本作图问题。

3.7.1　将一般位置直线变换为投影面平行线

一般位置直线在任何一个投影面中投影均不反映实长，而将一般位置直线变换成投影面平行面，即可反映实长。欲将一般位置直线变换为投影面平行线，辅助投影面必须垂直于原有的一个投影面且平行于该直线。

如图 3.22(a)所示，直线 AB 在 V/H 体系中为一般位置直线。为把它变换为投影面平行线，可设一个新投影面 V_1 平行于直线 AB，并使 V_1 面垂直于 H 面，构成新体系 V_1/H。此时直线 AB 在新投影体系中成为投影面平行线，辅助投影轴 O_1X_1 轴 $/\!/ ab$，其新投影 $a'_1b'_1$ 反映直线 AB 的实长，也反映了 AB 与 H 面的夹角 α。作图时，如图 3.22(b)所示，取 O_1X_1 轴 $/\!/ ab$，依据点的辅助投影特性作出 a'_1 与 b'_1，连线即为所求 AB 直线在新投影体系中反映实长的投影，它与 O_1X_1 轴的夹角即为直线 AB 与 H 面倾角 α 角。同理，也可由 H_1 面替换 H 面且垂直于 V 面，此时 V 面为不变投影面，辅助投影轴 O_1X_1 轴 $/\!/ a'b'$，在 H_1 面上反映实长的辅助投影 a_1b_1 与 O_1X_1 轴夹角为与 V 面倾角 β 角。

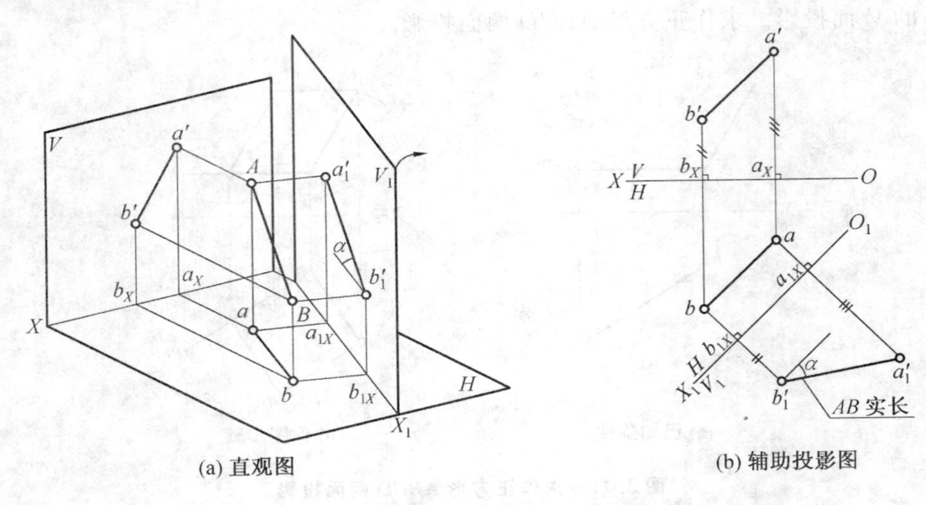

(a) 直观图　　(b) 辅助投影图

图 3.22　将一般位置直线变换为投影面平行线

技术提示：

将一般位置直线变换为投影面的平行线，辅助投影轴 O_1X_1 轴应与直线的不变投影平行。直线的辅助投影反映线段实长及与不变投影面的倾角。

【例 3.12】 如图 3.23 所示，已知 $a'b'$ 与 a，直线 AB 与 V 面倾角 $\beta=45°$，求其水平投影。

解　已知线段的 β 角，若建立平行于 AB 的辅助投影面 H_1 面，则 AB 在 H_1 面上的投影反映 β 角，而 $a'b'$ 已知，因此可作 O_1X_1 轴 $/\!/ a'b'$，建立新投影面体系 V/H_1，过 a' 与 b' 作 O_1X_1 轴垂线并截取 $aa_X=a_1a_{1X}$，过 a_1 作与 O_1X_1 轴夹角 $\beta=45°$ 的直线，与直线 $b'b_{1X}$ 相交于 b_1，再根据已知条件返回求出 b。

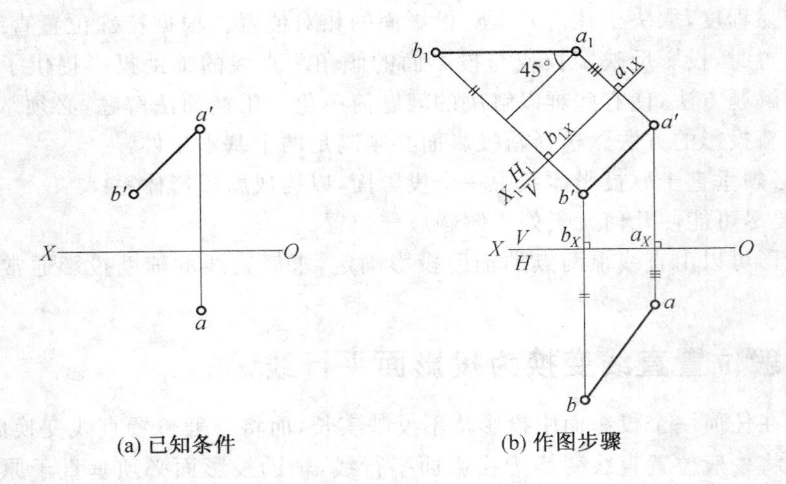

(a) 已知条件　　(b) 作图步骤

图 3.23　求作直线的 H 面投影

3.7.2　将投影面平行线变换为投影面垂直线

如图 3.24(a)所示，要将正平线 AB 变换为投影面的垂直线，应作新投影面 H_1 垂直于直线 AB 替换投影面 H。由于直线 AB 平行于 V 面，所以 H_1 面垂直于 V 面，构成新体系 V/H_1，在 V/H_1 体系中，直线 AB 为 H_1 面的垂直线。作图时，如图 3.24(b)所示，在反映直线实长的投影面上作新投影 O_1X_1 轴，使 O_1X_1 轴 $\perp a'b'$，根据辅助投影特性求出 AB 的积聚投影 $a_1(b_1)$。同理，如果直线为水平线，要将其变为投影面垂直线则应该用 V_1 面替换 V 面，构成新体系 V_1/H，此时，O_1X_1 轴 $\perp ab$。

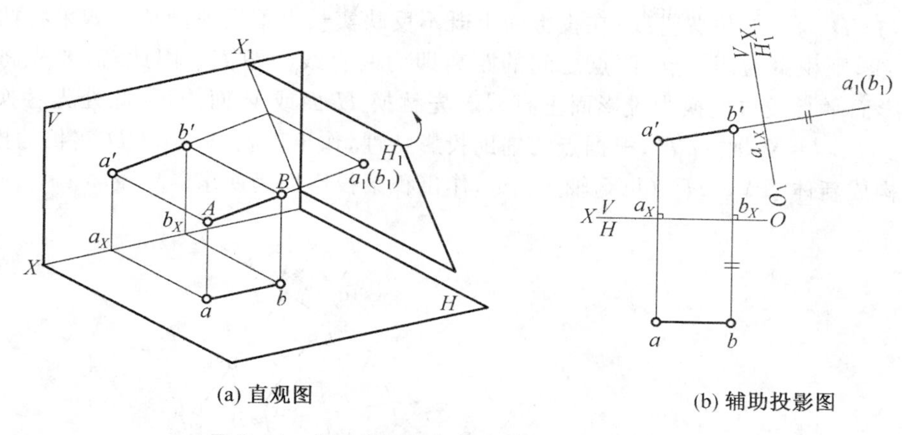

(a) 直观图

(b) 辅助投影图

图 3.24　将投影面平行线变换为投影面垂直线

>>>

技术提示：

将投影面的平行线变换为投影面垂直线，辅助投影轴 O_1X_1 轴应与直线的不变投影垂直，即与反映实长的投影垂直。辅助投影轴与直线 AB 远近关系对作图结果没有影响。

上述两种情况都只需改变直线与一个投影面的相对位置，且只需变换一次。

3.7.3　将一般位置直线变换为投影面垂直线

将一般位置直线变换为投影面垂直线时，因为与一般位置直线垂直的平面为一般位置平面，其与 V 面、H 面都不垂直，因而不能构成新投影面体系。为了解决此问题，需要变换两次投影面，先将一般位置直线变换为投影面平行线，再将投影面平行线变换为投影面垂直线。该作图题实际上是上述两类基本作图问题的综合。如图 3.25(b)所示，第一次变换 V_1 面替换 V 面，构成新投影体系 V_1/H，直线 AB 为 V_1 投影面平行线，O_1X_1 轴 $/\!/ ab$。第二次 H_2 面替换 H 面，构成新体系 V_1/H_2，直线 AB 为 H_2 面垂直线，O_2X_2 轴 $\perp a'_1b'_1$。同理，也可以第一次变换 H_1 面替换 H 面，构成新投影体系 V/H_1，直线 AB 为 H_1 投影面平行线，O_1X_1 轴 $/\!/ a'b'$。第二次 V_2 面替换 V 面，构成新体系 V_2/H_1，直线 AB 为 V_2 面垂直线，O_2X_2 轴 $\perp a_1b_1$。

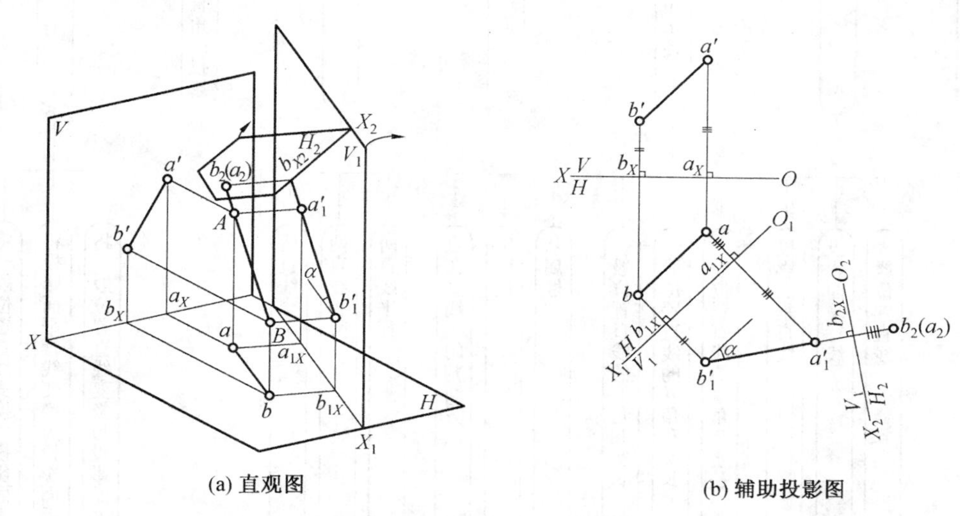

(a) 直观图

(b) 辅助投影图

图 3.25　将一般位置直线变换为投影面垂直线

【例 3.13】　如图 3.26 所示，已知两平行管道 AB 与 CD 的 V 面与 H 面投影，求两管道间的距离。

解　AB 与 CD 为一般位置直线，在投影面上既不反映实长也不反映倾角。如果将两直线变换成投影面的垂直线，则积聚为两个点，两点之间的距离即为两直线间距离。因此，需要先将直线 AB 与 CD 变换为投影面平行线再变换为投影面垂直线。先替换 H 面或 V 面均可，此处先替换 H 面，构成新投影体系 V/H_1，O_1X_1 轴 $/\!/ a'b'$，根据点的辅助投影特性，作出反映 AB 与 CD 实长的投影；再用 V_2 面替换 V 面，构成新体系 V_2/H_1，O_2X_2 轴 $\perp a_1b_1$，作出积聚投影即为所求。

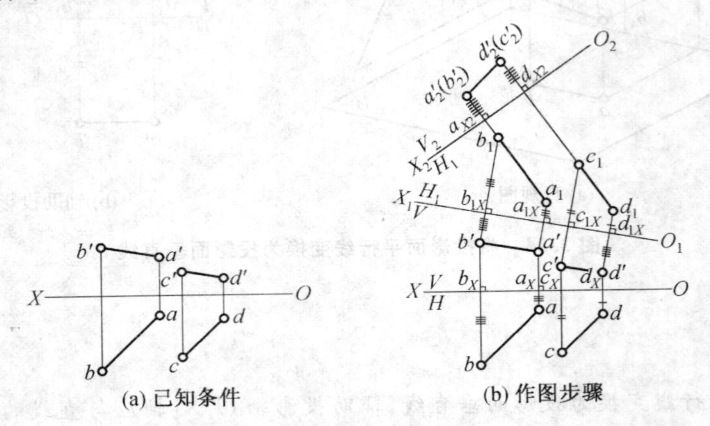

图 3.26　求作两直线间的距离

【重点串联】

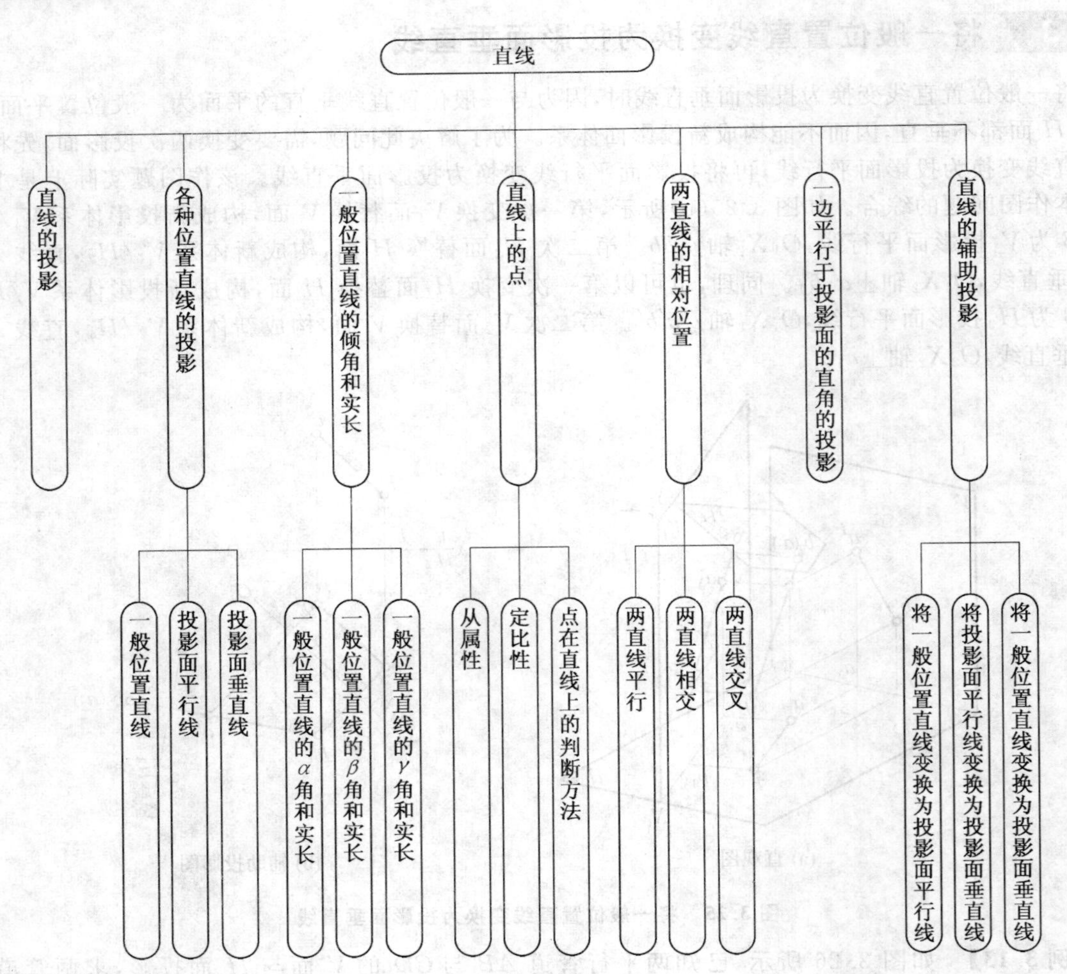

拓展与实训

基础训练

一、选择题

1. 下列几种位置直线，对两个投影面的倾角均为0°的是(　　)。

A. 一般位置直线　　B. 正垂线　　C. 水平线　　D. 以上均不是

2. 垂直于一个投影面而与其他两个面平行的直线称为(　　)。

A. 一般位置直线　　B. 投影面垂直线　　C. 正垂线　　D. 铅垂线

3. 直线 AB 的 V 面与 H 面投影均垂直于 OX 轴，下列直线中符合该投影特性的为(　　)。

A. 水平线　　B. 侧垂线　　C. 正垂线　　D. 侧平线

4. 直线 AB 的 H 面与 W 面投影均垂直于 OY 轴，下列直线中符合该投影特性的为(　　)。

A. 水平线　　B. 侧平线　　C. 正垂线　　D. 铅垂线

5. 直线 AB 在 H 面与 W 面投影均反映实长，下列直线中符合该投影特性的为(　　)。

A. 水平线　　B. 侧垂线　　C. 正垂线　　D. 铅垂线

6. 直线 AB 在 H 面上反映与 V 面倾角 $\gamma=45°$，则该直线为(　　)。

A. 水平线　　B. 侧平线　　C. 正垂线　　D. 侧垂线

7. 用直角三角形法求直线段的实长时，只要知道各要素中的任意(　　)，作出直角三角形。

A. 一个　　B. 两个　　C. 三个　　D. 四个

8. 既不平行也不相交垂直两直线的相对位置关系为(　　)。

A. 平行　　B. 共面　　C. 交叉　　D. 垂直

9. 与水平线垂直的直线一定是(　　)。

A. 水平线　　B. 侧平线　　C. 正垂线　　D. 铅垂线

二、简答题

1. 空间直线如何分类？各类直线有什么投影特性？如何根据直线的两面投影判定直线的类别？

2. 为什么一般位置直线的三面投影均小于空间实长？为什么一般位置直线的倾角和实长不能直接从投影图中表示？

3. 试简述直角三角形法中直线的倾角、线段的实长及其投影之间的关系。

4. 点在直线上有哪些投影特性？如何判断点是否在直线上？

5. 两直线相对位置关系有哪些，各有什么投影特性？如何判断两直线的相对位置关系？

6. 简述直角投影定理、逆定理及其证明方法。

7. 点的辅助投影特性是什么？为什么一般位置直线不能一次变换为投影面垂直线？将一般位置直线变换为投影面平行线与垂直线的方法是什么？

链接执考

2010年制图员理论考试试题(单选题)

1. 平行于一个投影面同时倾斜于另外(　　)投影面的直线称为投影面平行线。

A. 四个　　B. 三个　　C. 一个　　D. 两个

2. 垂直于一个投影面的直线称为投影面(　　)。

A. 倾斜线　　B. 垂直线　　C. 平行线　　D. 相交线

3. 同时(　　)三个投影面的直线称为一般位置直线。

A. 平行于　　B. 垂直于　　C. 倾斜于　　D. 相交于

4. 一般位置平面同时倾斜于（　　）投影面。

A. 二个　　B. 一个　　C. 三个　　D. 四个

5. 投影变换中，新投影的投影面必须垂直于（　　）体系中的一个投影面。

A. 正投影面　　B. 原投影面　　C. 新投影面　　D. 侧投影面

6. 点的投影变换中，新投影到新坐标轴的距离等于旧投影到（　　）的距离。

A. 旧坐标轴　　B. 新坐标轴　　C. 新坐标　　D. 旧坐标

7. 直线的投影变换中，（　　）变换为投影面垂直线时，新投影轴的设立原则是新投影轴垂直反映直线实长的投影。

A. 平行线　　B. 倾斜线　　C. 垂直线　　D. 一般位置线

2008 年制图员理论考试试题（单选题）

1. 正垂线平行于（　　）投影面。

A. V、H　　B. H、W　　C. V、W　　D. V

2. 直线的投影变换中，一般位置线变换为投影面平行线时，新投影轴的设立原则是新投影轴（　　）直线的投影。

A. 垂直于　　B. 平行于　　C. 相交于　　D. 倾斜于

模块 4
平　　面

【模块概述】

本模块以点和直线的投影特性为基础，以平面的投影特性为主线，主要介绍各种位置平面的投影特性以及在平面上定点和直线的作图方法；根据特殊位置直线的投影特性，在一般位置平面上取特殊位置直线的作图方法以及平面上最大斜度线与求平面倾角的作图方法。由于一般位置直线在三个投影面上都不反映实形和与投影面的倾角，所以利用改变平面与投影面相对位置的方法，求解平面的实长与相对于投影面的倾角。

【知识目标】

1. 各种位置平面投影特性；
2. 平面上定点和直线；
3. 平面上的特殊位置直线；
4. 平面上的最大斜度线及求平面倾角的方法；
5. 平面的辅助投影。

【能力目标】

1. 了解平面的表示方法及平面的迹线；
2. 掌握各种位置平面投影特性，并能根据投影图判别其空间位置；
3. 掌握平面上的点或直线的投影特性和作图方法；
4. 掌握平面上的最大斜度线投影特性及求平面倾角的方法；
5. 掌握平面的投影变换方法。

【学习重点】

各种位置平面的投影规律；平面上的点和直线的求解方法以及平面上特殊位置直线的投影规律；平面上最大斜度线的投影规律、特点及利用其求平面倾角的方法。

【课时建议】

2～4 课时

4.1 各种位置平面的投影

4.1.1 平面的表示方法

平面是无限延伸的。在画法几何中，平面的表示方法通常有两种，一种是用确定该平面的几何元素表示，另一种是用平面迹线表示。

1. 用几何元素表示平面

由初等几何可知，不属于同一直线的三点确定一个平面。因此，可由图 4.1 所示任意一组几何元素的投影表示平面。

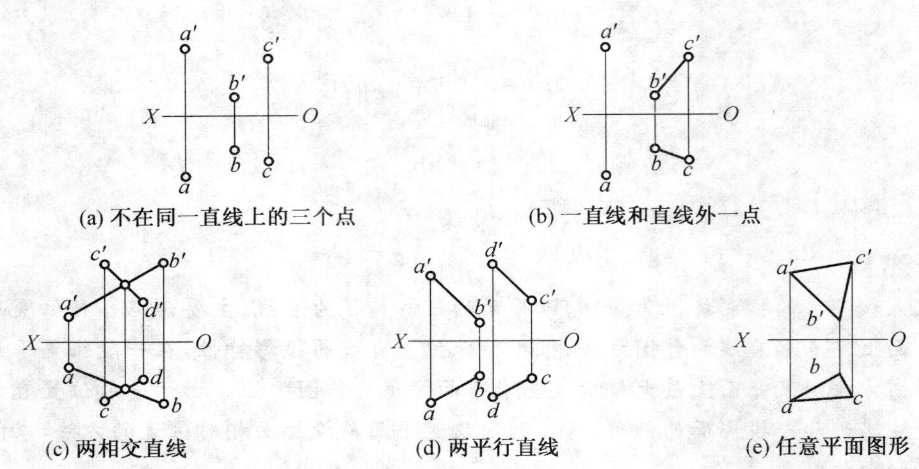

图 4.1 几何元素表示法

2. 用平面迹线表示

平面与投影面的交线称为平面的迹线。如图 4.2 所示，现有一平面 P 与 H 面的交线称为水平迹线，用 P_H 表示；与 V 面的交线称为正面迹线，用 P_V 表示；与 W 面的交线称侧面迹线，用 P_W 表示。平面 P 与轴线的交点称为集合点，分别以 P_X、P_Y、P_Z 来表示。

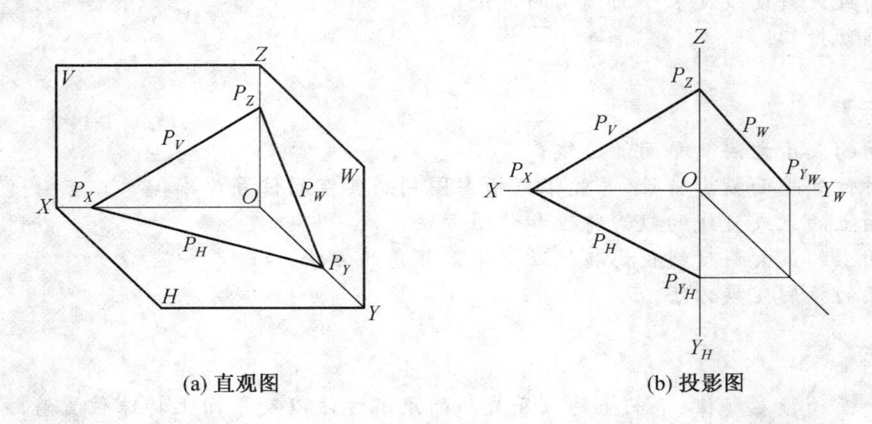

图 4.2 迹线表示法

4.1.2 各种位置平面的投影特性

根据平面与投影面的相对位置关系不同，平面的投影可以分为三种：一般位置平面、投影面平行面和投影面垂直面，见表 4.1。

表 4.1　各种位置平面的投影特性

平面
- 一般位置平面：对三个投影面 H、H、W 都倾斜
- 投影面垂直面（垂直于一个投影面，倾斜于另外两个投影面 ）
  - 铅垂面（H 面垂直面）：$\perp H$ 面，对 V、W 面都倾斜
  - 正垂面（V 面垂直面）：$\perp V$ 面，对 H、W 面都倾斜
  - 侧垂面（W 面垂直面）：$\perp W$ 面，对 H、V 面都倾斜
- 投影面平行面（平行于一个投影面，垂直于另外两个投影面）
  - 水平面（H 面平行面）：$/\!/ H$ 面，$\perp V$ 面，$\perp W$ 面
  - 正平面（V 面平行面）：$/\!/ V$ 面，$\perp H$ 面，$\perp W$ 面
  - 侧平面（W 面平行面）：$/\!/ W$ 面，$\perp H$ 面，$\perp V$ 面

平面与水平投影面 H、正立投影面 V、侧立投影面 W 的夹角，称为该平面对投影面 H、V、W 的夹角，也用 α、β、γ 表示。当平面与投影面平行时，倾角为 0°；与投影面垂直时，倾角为 90°；倾斜于投影面时，倾斜角大于 0°，小于 90°。

技术提示：

当平面图形倾斜于投影面时，投影为小于平面实形的类似形；垂直于投影面时，投影积聚为一条直线；平行于投影面时，投影反映实形。

1. 一般位置平面投影特性

一般位置平面与三个投影面都倾斜，因此在三个投影面上的投影都不反映实形，而是缩小的平面类似形，如图 4.3 所示，$\triangle ABC$ 对三个投影面 H、V、W 都倾斜，则一般位置平面投影特性为：

（1）三个投影面上的投影$\triangle abc$、$\triangle a'b'c'$、$\triangle a''b''c''$都是面积缩小的类似形。

（2）不反映与三个投影面的倾角。

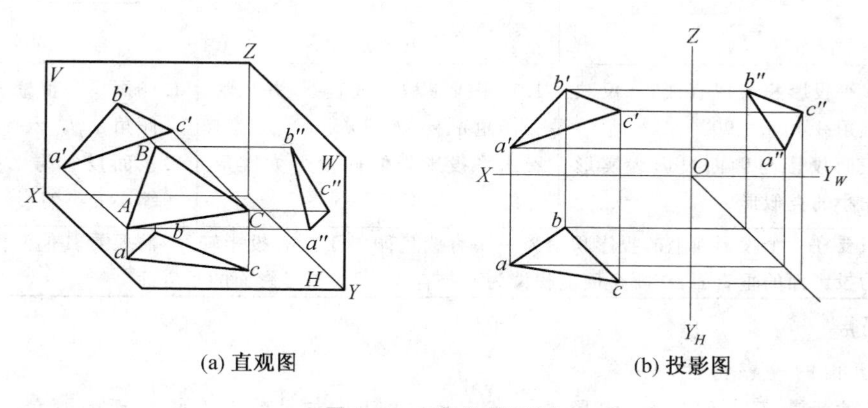

(a) 直观图　　(b) 投影图

图 4.3　一般位置平面

2. 投影面垂直面投影特性

垂直于一个投影面，并与另外两个投影面倾斜的平面，称为投影面垂直面。与 H 面垂直的平面称为铅垂面，与 V 面垂直的平面称为正垂面，与 W 面垂直的平面称为侧垂面。表 4.2 列出了三种投影面垂直面位置的立体图、投影图和投影特性以及判定方法。

表 4.2 投影面垂直面投影特性

名称	铅垂面	正垂面	侧垂面
立体图	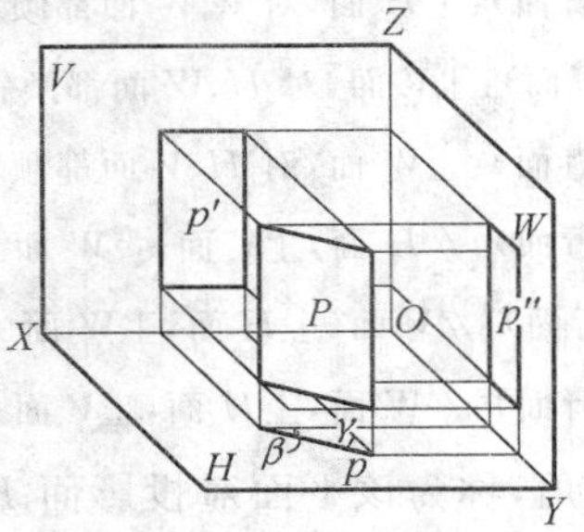	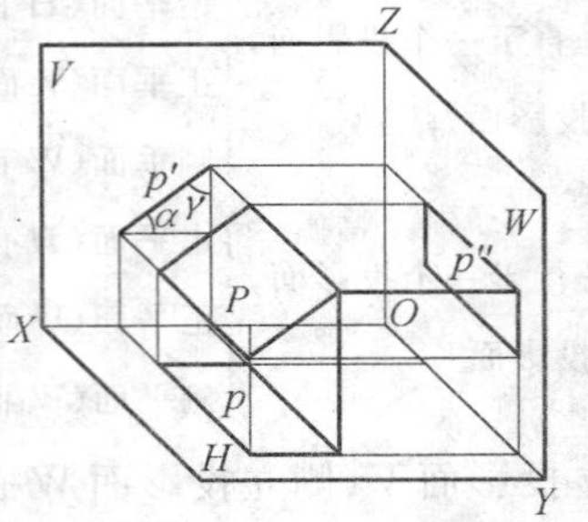	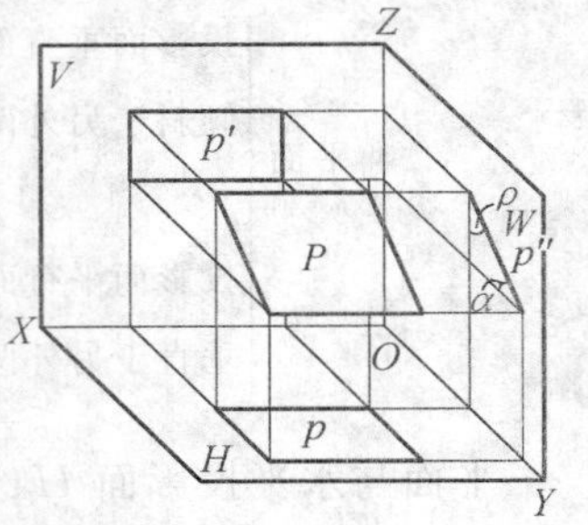
投影图	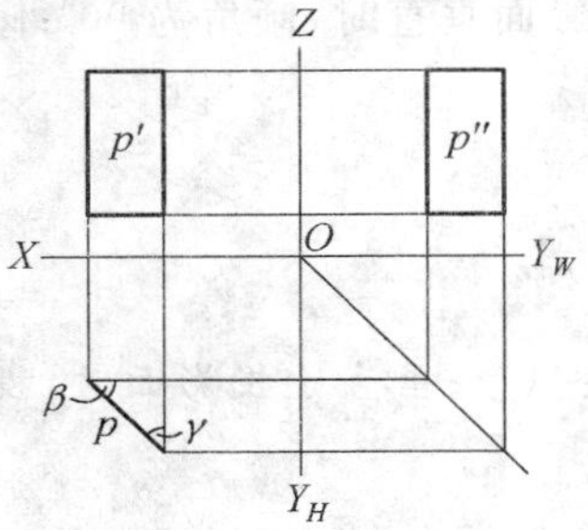	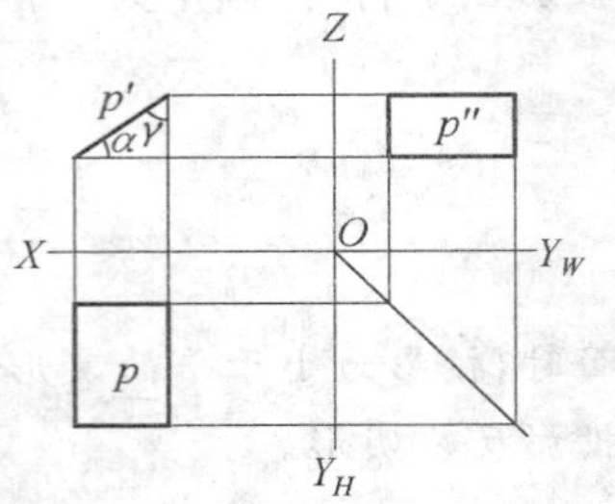	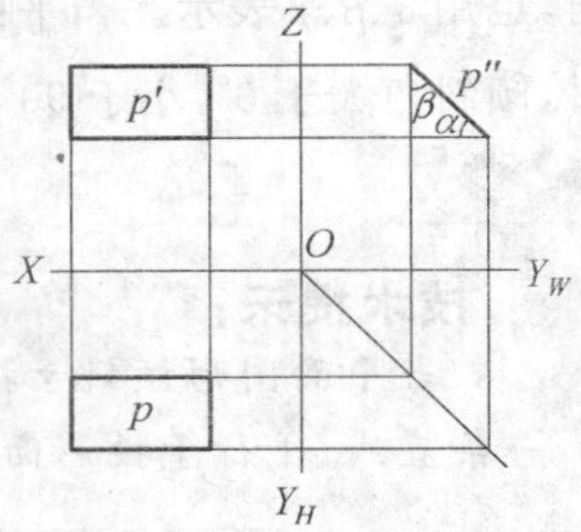
迹线表示	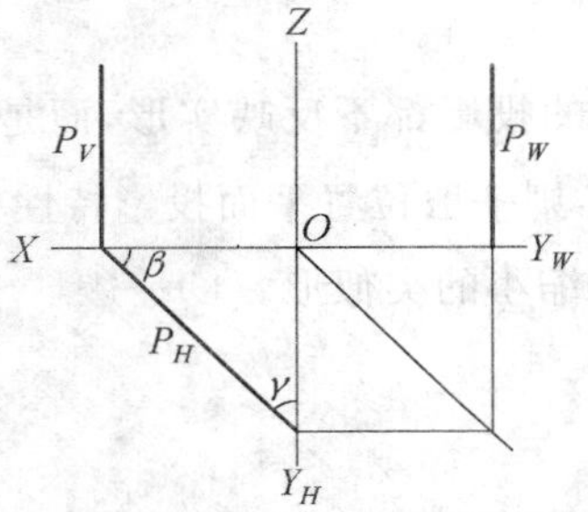	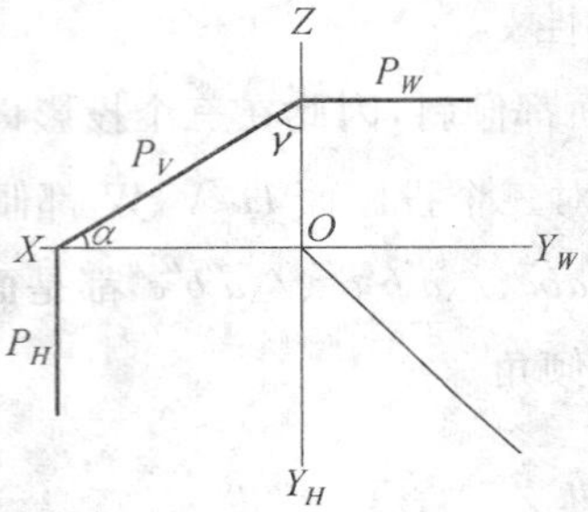	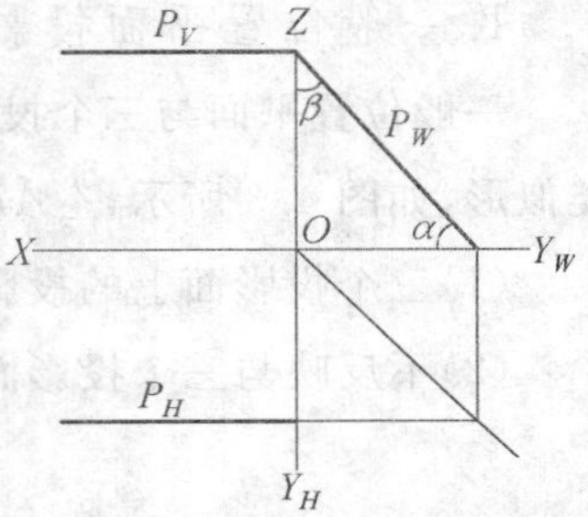
投影特性	1.水平投影积聚成直线,并反映倾角 β、γ。$\alpha=90°$ 2.正面投影与侧面投影为实形缩小的类似形	1.正平投影积聚成直线,并反映倾角 α、γ。$\beta=90°$ 2.水平投影与侧面投影为实形缩小的类似形	1.侧面投影积聚成直线,并反映倾角 α、β。$\gamma=90°$ 2.正面投影与水平投影为实形缩小的类似形
判定方法	只要在一个投影面上的投影积聚为一条直线且倾斜于所有投影轴,不需要看其他两面投影,即可判断为投影面的垂直面,在哪个面上积聚为一条直线,即为该投影面的垂直面		

☆**知识拓展**

投影面垂直面的投影特性。

(1)在垂直的投影面上的投影,积聚成一条直线,并反映与另外两个投影面的倾角。

(2)在另外两个投影面上的投影,为实形缩小的类似形。

3.投影面平行面投影特性

平行于一个投影面,并与另外两个投影面垂直的平面,称为投影面平行面。因此投影面平行面是投影面垂直面的特殊情况。与 H 面平行的平面称为水平面,与 V 面平行的平面称为正平面,与 W 面平行的平面称为侧平面。表 4.3 列出三种投影面平行面位置的立体图、投影图和投影特性以及判定方法。

表 4.3 投影面平行面投影特性

名称	水平面	正平面	侧平面
立体图	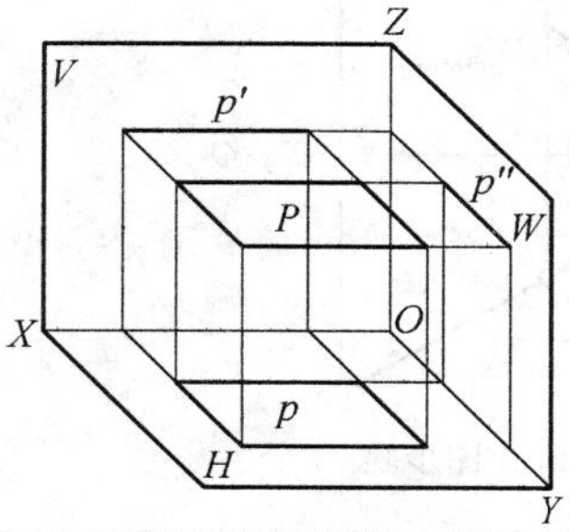	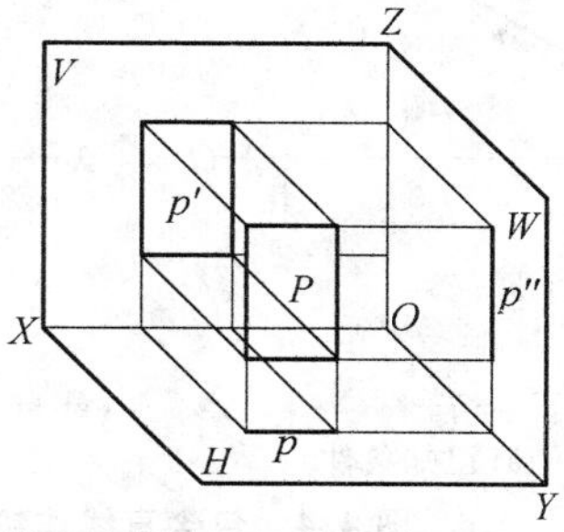	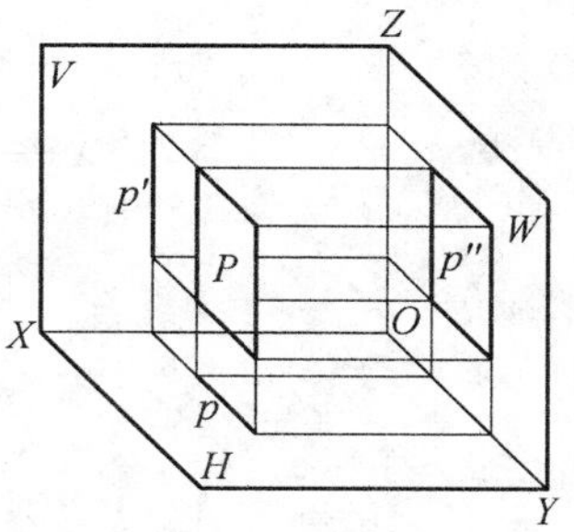
投影图	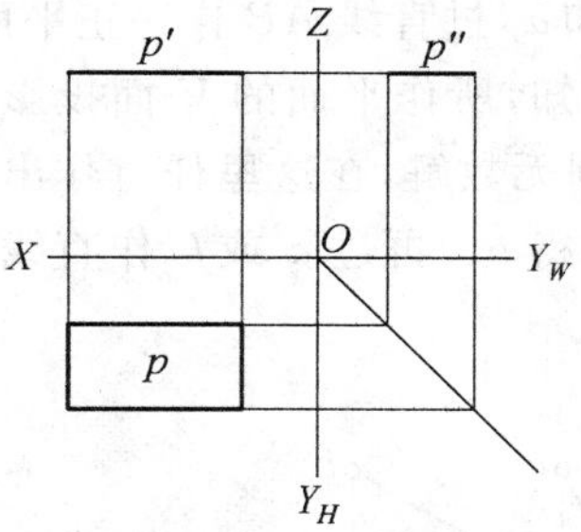	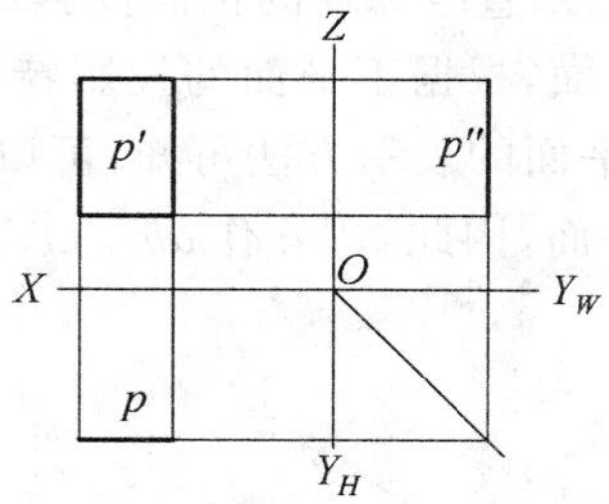	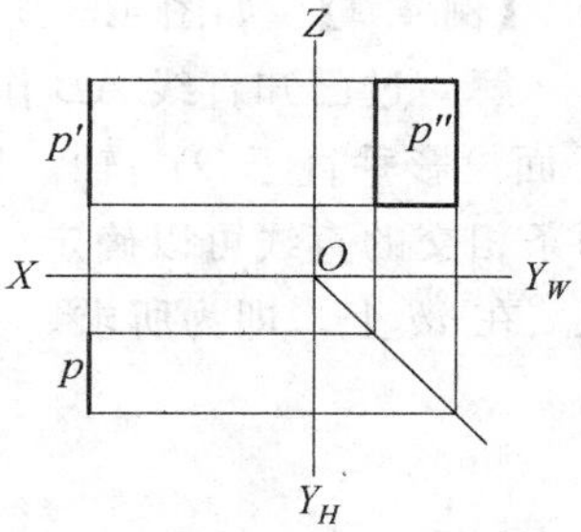
迹线表示	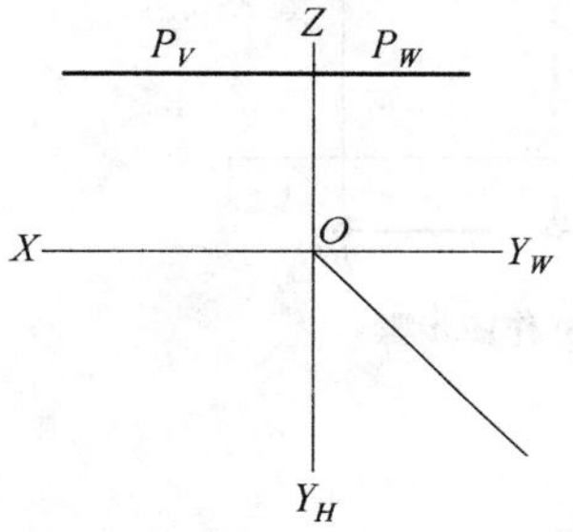	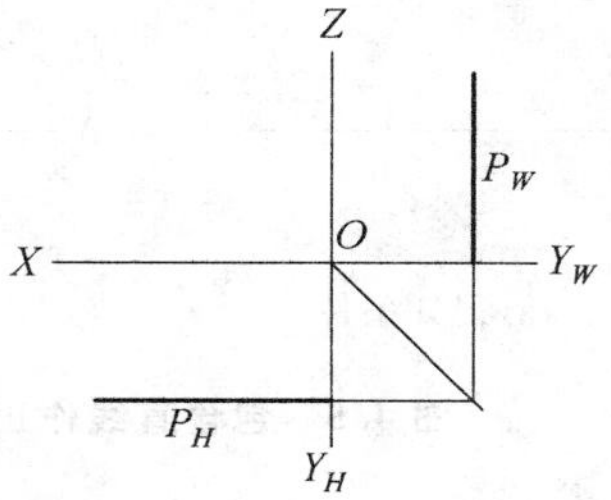	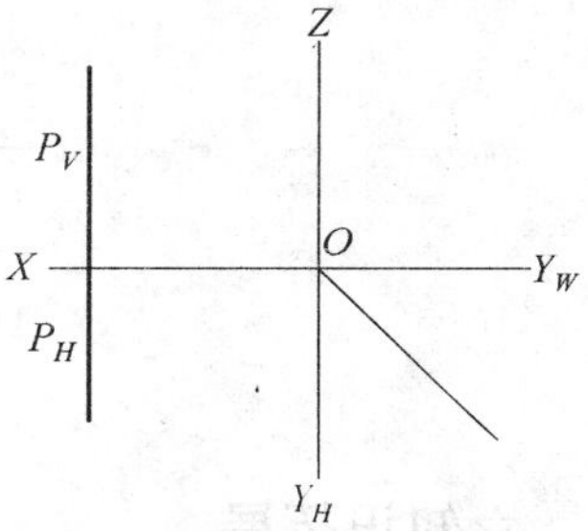
投影特性	1. 水平投影反映实形 2. 正面投影⊥OZ轴，侧面投影⊥OZ轴，分别积聚成一条直线 3. $\beta=\gamma=90°$，$\alpha=0°$	1. 正面投影反映实形 2. 水平投影⊥OY_H轴，侧面投影⊥OY_W轴，分别积聚成直线 3. $\alpha=\gamma=90°$，$\beta=0°$	1. 侧面投影反映实形 2. 正面投影⊥OX轴，水平投影⊥OX轴，分别积聚成直线 3. $\alpha=\beta=90°$，$\gamma=0°$
判定方法	只要在两个投影面上的投影积聚为一条直线且同时垂直于同一投影轴，即可判断为投影面的平行面，在哪个面上反映实形，即为该投影面的平行面		

☆知识拓展

投影面平行面的投影特性：

(1)在平行投影面上的投影，反映平面的实形。

(2)在另外两投影面上的投影，分别积聚为一条直线，且同时垂直于不从属于该平行投影面的投影轴。

(3)与平行投影面的倾角为 0°，与其他两个投影面倾角为 90°。

【例 4.1】 如图 4.4 所示，已知直线 AB 的正面投影 $a'c'$ 和 a，过直线 AB 作一铅垂面且 $\alpha=30°$。

解 过已知直线 AB 作铅垂面，根据铅垂面的投影特性可知，只要所作平面的 H 面积聚投影与直线 AB 的水平投影 ab 重合，且 ab 与 OX 轴夹角为 $\alpha=30°$ 即可。根据平面的表示方法可知，可以得到无数解，在这里任意作出一个解即可。两条相交的直线可以确定一个平面，因此，过 a 作直线 ab 与 OX 轴夹角为 30°，得 b。再过 a' 或 b' 作直线 $a'c'$ 或 $b'c'$，且 c 在 ab 上。即为所求。

☆知识拓展

若要求过直线 AB 作一正垂面，读者可自行分析画出。

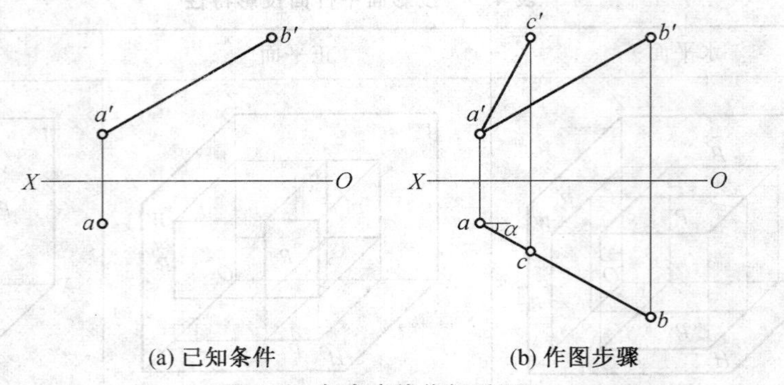

图 4.4 包含直线作铅垂面

【例 4.2】 如图 4.5 所示，已知直线 AB 的正面投影 $a'c'$ 和 a，过直线 AB 作一正平面。

解 过已知直线 AB 作正平面，根据正平面的投影特性可知，所作平面的 V 面投影反映实形，在 H 面投影垂直于 OY_H 轴。根据平面的表示方法可知，可以得到无数解，在这里任意作出一个解即可。两条相交的直线可以确定一个平面，因此，过 a 作 $ab \perp OY_H$ 轴，得 b。再过 a' 或 b' 作直线 $a'c'$ 或 $b'c'$，且 c 在 ab 上。即为所求。

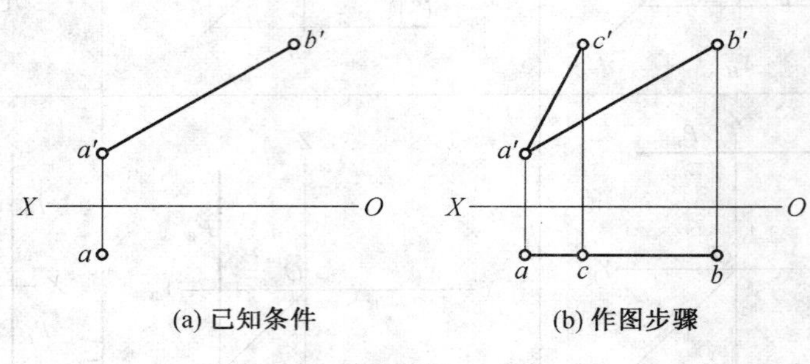

图 4.5 包含直线作正平面

☆知识拓展

若要求过直线 AB 作一水平面，读者可自行分析画出。

4.2 平面上的点和直线

4.2.1 点和直线属于平面的几何条件

由初等几何知识可知，点和直线属于平面需满足的几何条件如下：

(1)如果点在平面内的一条直线上，则此点在该平面上。如图 4.6(a)所示，K 在平面上的直线 MN 上。

(2)如果直线通过平面内的两个已知点，或直线通过平面内的一个已知点且平行于平面内的一条已知直线，则此直线在该平面上。如图 4.6(a)所示，直线 MN 过平面上两已知点 M 和 N；如图 4.6(b)所示，直线 EF 过平面上一已知点 E 且平行于平面上的直线 AB。

技术提示：

在平面上取直线的方法有以下两种：

(1)取平面上的两已知点，然后连接成直线。

(2)过平面上的一已知点作直线，该直线与平面上的另一已知直线平行。

在平面上取点的方法有以下两种：

(1)在平面的已知线上取点。

(2)先在平面上取一直线，在所作直线上取点，这种方法称为辅助线法。

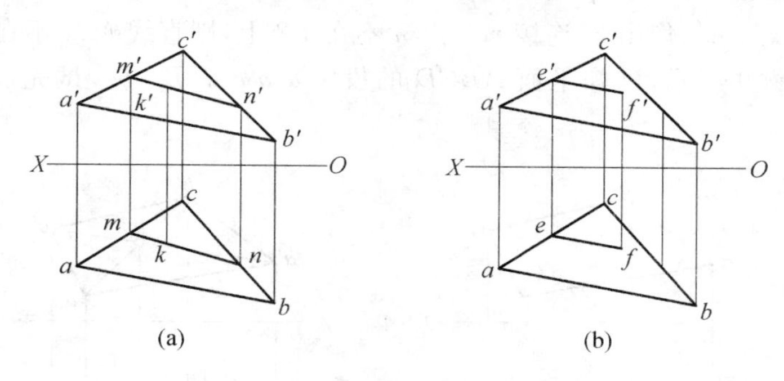

图 4.6　平面上的点和直线

【例 4.3】　如图 4.7 所示，已知平面 ABC 上的点 M 的水平投影 m 和点 N 的正面投影 n'，求两点的另一面投影 m' 及 n。

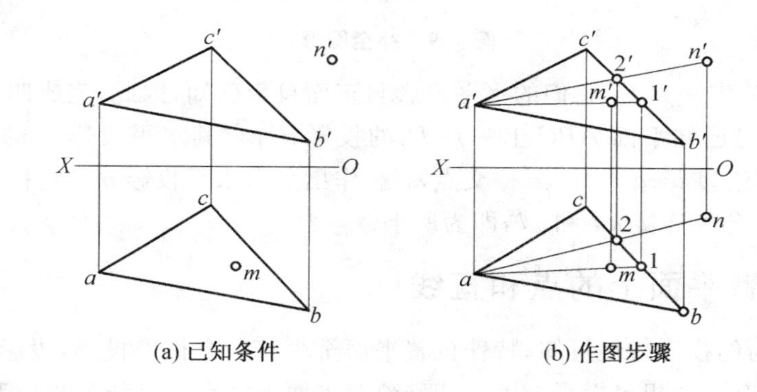

图 4.7　平面上的点

解　为使点在平面上，需过点的已知投影在平面上任作一辅助线，使所取点的另一投影在辅助线的另一投影上，则点就在平面上。平面是无限延伸的，因此无论点在平面图形范围内或范围外，都一样。

在 H 面上过点 m 任作一辅助线 $a1$，1 点在 cb 上。依据点的从属性及点的投影特性作出 $a'1'$。过 m 作 OX 轴的垂直连线，与 $a'1'$ 相交即得 m'。同理，求出 n。

【例 4.4】　如图 4.8 所示，已知平面 ABC、直线 MN 及点 K 两面投影，试判断直线 MN 与点 K 是否在平面 ABC 上。

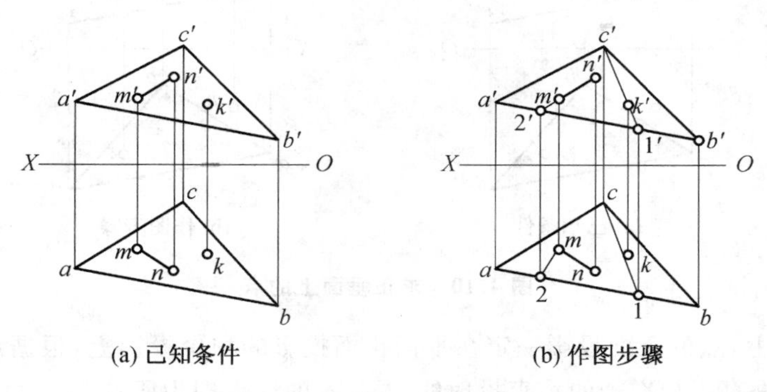

图 4.8　判断点与直线是否在平面上

解　由点与直线在平面上需满足的几何条件可知，若点在平面上，则该点需在平面的一条直线上。因此过点的其中一面投影作平面上的直线，作出直线的另一面投影，判断点的投影是否在直线的同面投影上，即可判断。若直线在平面上，则直线过平面上两已知点。因此延长直线的一面投影与平面交于两已知点，作出两已知点连线得到直线的另一面投影，判断 MN 的两面投影是否在所作直线的同面投影即可判断。连接 $c'k'$ 并延长与 $a'b'$ 交于 $1'$，作出 1，连接 $c1$，k 不在 $c1$ 上，则点 K 不在平面上。延长 $m'n'$ 交 $a'b'$ 交于 $2'$，作出 2，连接 $m2$，点 n 不在 $m2$ 上，则直线 MN 不在平面上。

【例 4.5】 如图 4.9 所示，已知平面 $ABCD$ 的投影 $a'b'c'd'$ 及 abc，试完成平面 $ABCD$ 的水平投影。

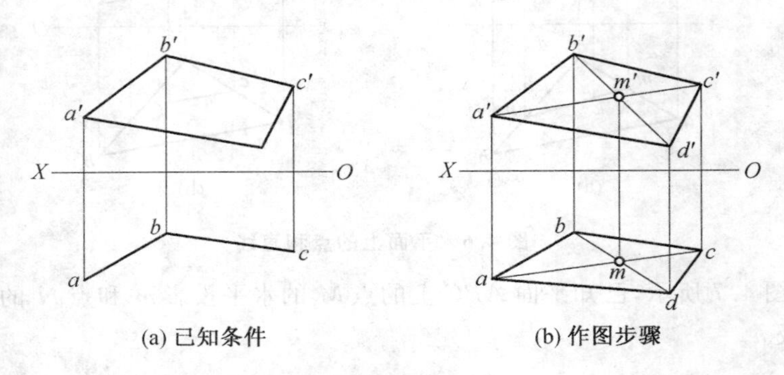

(a) 已知条件　　(b) 作图步骤

图 4.9　补全图形

解　A、B、C 三点确定一平面，它们的水平投影与正面投影已知，因此，完成四边形 $ABCD$ 的水平投影的问题，实际上就是已知平面 ABC 上一点 D 的投影 d'，求其水平投影 d 的问题。连接 a、c 和 a'、c' 得辅助线 AC。再连接 b'、d' 与 a'、c' 得交点 m'。作出交点水平投影 m。连接 b 点与所作交点 m，在其延长线上求出 d。分别连接 ad 和 cd，即为所求。

4.2.2　特殊位置平面上的点和直线

根据各种位置平面的投影特性可知，特殊位置平面至少有一个积聚投影，投影面平行面有两个积聚投影，投影面垂直面有一个积聚投影。因此特殊位置平面上的点和直线的检验和作图，通常借助其积聚投影的特性来完成。特殊位置平面的积聚投影常表示为 P_H、Q_V、R_W，其中 P、Q 和 R 只表示平面的名称，下标 H、V 和 W 表示平面所垂直的投影面。例如 P_H 表示平面 P 垂直于 H 投影面的投影，即铅垂面（或正平面或侧平面）的 H 面积聚投影。

特殊位置平面内的点、线或平面图形在平面所垂直的投影面上的投影必在该平面的积聚投影上，反之，若点、线的投影在某平面的同面积聚投影上，则该点、线必属于该特殊位置平面。

【例 4.6】 如图 4.10 所示，已知点 M 与 N 在正垂面 ABC 上，试完成点 M 与 N 的正面投影。

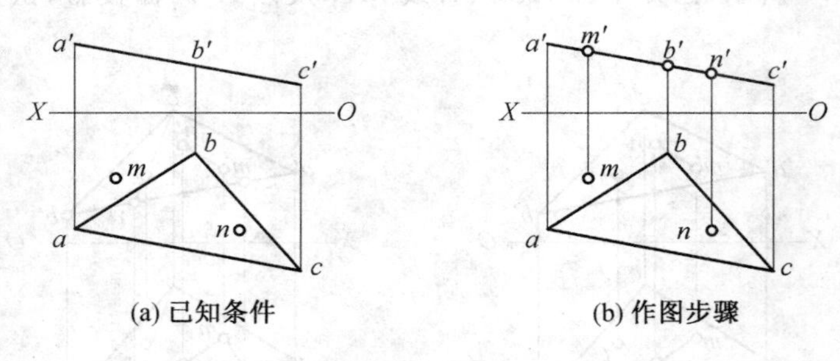

(a) 已知条件　　(b) 作图步骤

图 4.10　求正垂面上的点

解　点在正垂面上，点的正面投影一定在平面正面投影的积聚投影上，根据点的投影特性及点的从属性，过 m 与 n 作垂直于 OX 轴的垂直投射线，与 $a'c'$ 的交点即为所求。

【例 4.7】 如图 4.11 所示，已知直线 MN 在水平面 ABC 上，试完成直线 MN 的正面投影。

解　直线在水平面上，直线的正面投影一定在平面正面投影的积聚投影上，根据点的投影特性及点的从属性，过 m 与 n 作垂直于 OX 轴的垂直投射线，在 $a'c'$ 上得 m' 与 n'，即为所求。

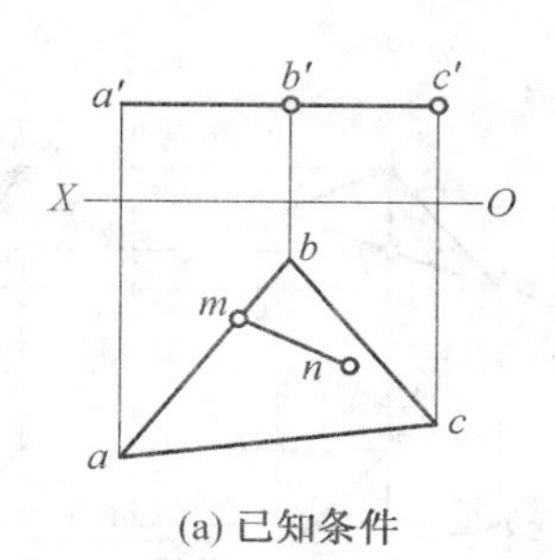

(a) 已知条件

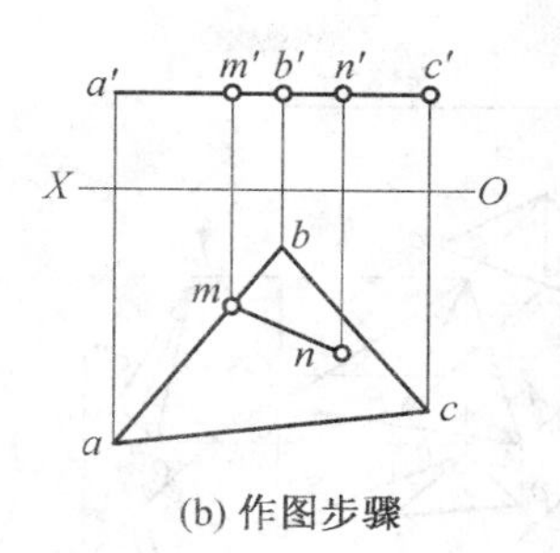

(b) 作图步骤

图 4.11　求水平面上的直线

4.2.3　平面内的投影面平行线

平面内的投影面平行线是指属于平面且平行于某个投影面的直线。由定义可知，平面内的投影面平行线，既是平面内的直线，又是投影面的平行线。

根据直线所平行的投影面不同，平面内的投影面平行线可分为以下三种：

(1)平面内的水平线：属于平面且平行于 H 面的直线。图 4.12 中的直线 CD。

(2)平面内的正平线：属于平面且平行于 V 面的直线。图 4.13 中的直线 AE。

(3)平面内的侧平线：属于平面且平行于 W 面的直线。图 4.14 中的直线 BF。

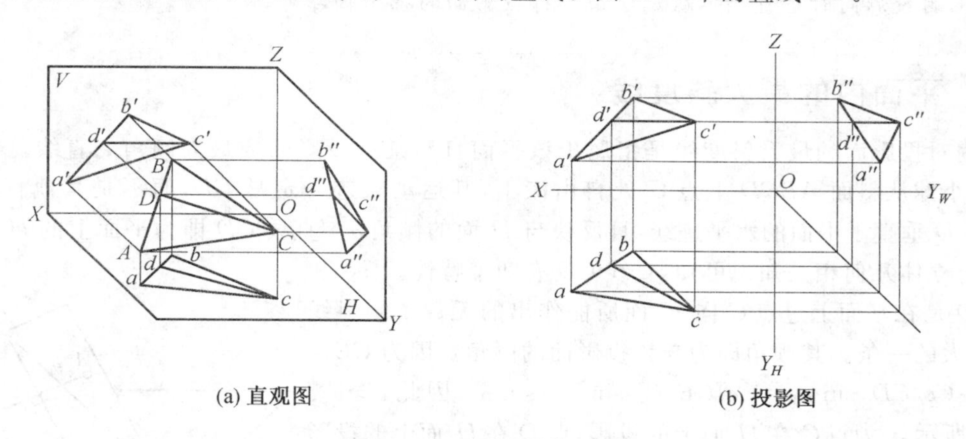

(a) 直观图　　(b) 投影图

图 4.12　平面内的水平线

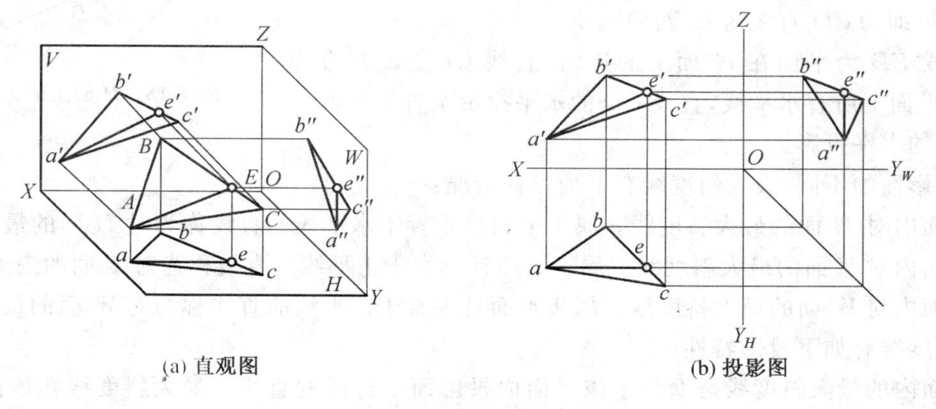

(a) 直观图　　(b) 投影图

图 4.13　平面内的正平线

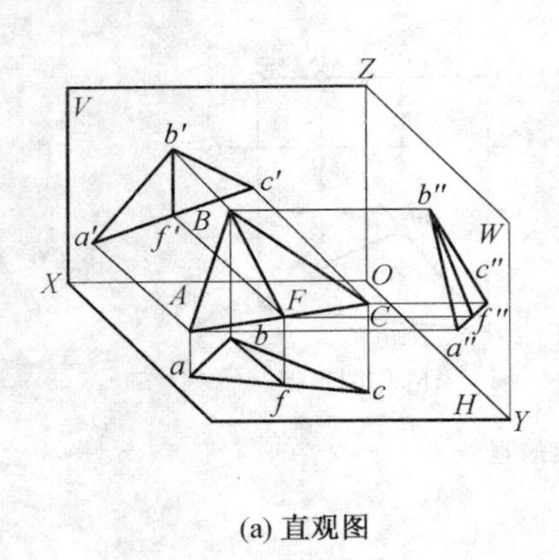

(a) 直观图

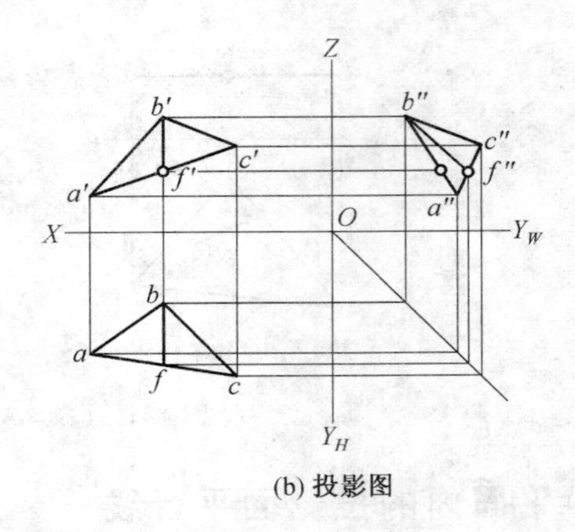

(b) 投影图

图 4.14　平面内的侧平线

技术提示：

在平面内可以作出无数条投影面的平行线，只要所作直线既符合平面内直线的投影特性——过平面上两个点，又符合投影面平行线的投影特性——在平行投影面上反映实形，在其他两个面上的投影同时垂直于不从属于该平行投影面的投影轴即可。

4.2.4 平面内的最大斜度线

平面内对投影面的最大斜度线是指属于该平面且与某一投影面成最大倾角的直线。如图 4.15 所示，有一小球从斜面 $ABCD$ 上点 C 处自由滚下，其运动轨迹一定是 CD，而不是其他直线，如 CE 等。直线 CD 垂直于平面的水平迹线，且反映与 H 面的倾角 α。直线 CD 即为平面上的 H 面最大斜度线。结合立体几何相关知识可知，直线 CD 有两个特性。

(1)CD 是在平面上过点 C 向 H 面所能作出的无数条倾斜线中，倾角最大的一条。其倾角即为与该投影面的倾角。因为 $CE>CD$，$\sin\alpha=Cc/CD$，$\sin\alpha_1=Cc/CE$，得 $\sin\alpha>\sin\alpha_1$，因此 $\alpha>\alpha_1$。如图 4.15 所示，c 为点 C 在 H 面上的投影，点 D 在 H 面上的投影即为它本身，Dc 即为 DC 的水平投影。由正投影特性可知，$Cc\perp cD$，则$\angle CDc$ 即为 CD 直线对 H 面的倾角 α。

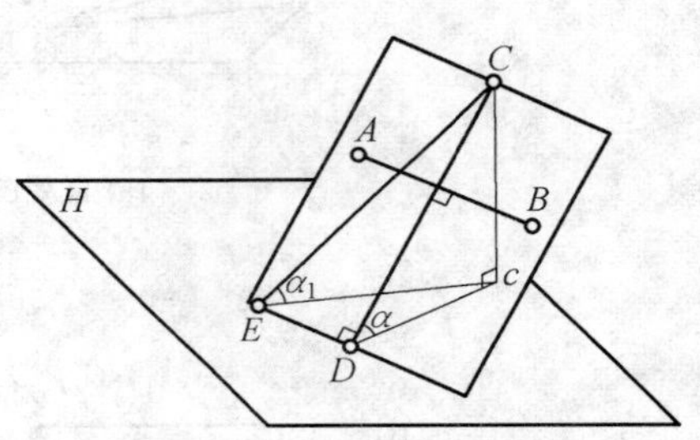

图 4.15　*H* 面上最大斜度线

(2)直线 ED 为平面在 H 面上的迹线，直线 $CD\perp ED$，直线 CD 垂直于平面上所有水平线，直线 CD 的水平投影垂直于平面上所有水平线的水平投影。

根据投影面的不同，最大斜度线有下列三种情况：

(1)平面内对 H 面的最大斜度线。属于平面且垂直于水平线的直线称为对 H 面的最大斜度线。

(2)平面内对 V 面的最大斜度线。属于平面且垂直于正平线的直线称为对 V 面的最大斜度线。

(3)平面内对 W 面的最大抖度线。属于平面且垂直于侧平线的直线称为对 W 面的最大斜度线。

最大斜度线有如下投影特性：

(1)平面内的最大斜度线是垂直于该平面内投影面平行线的直线。最大斜度线在该面上的投影垂直于该投影面上水平线的水平投影。

(2)平面内的最大斜度线与其在该投影面上投影的夹角即为平面与该投影面的夹角。

>>>

技术提示：

平面内的投影面平行线和平面内对投影面最大斜度线均为该平面内的一组平行线。

【例 4.8】 如图 4.16 所示，已知平面 ABC 三面投影，试求平面 ABC 的倾角 α、β 和 γ。

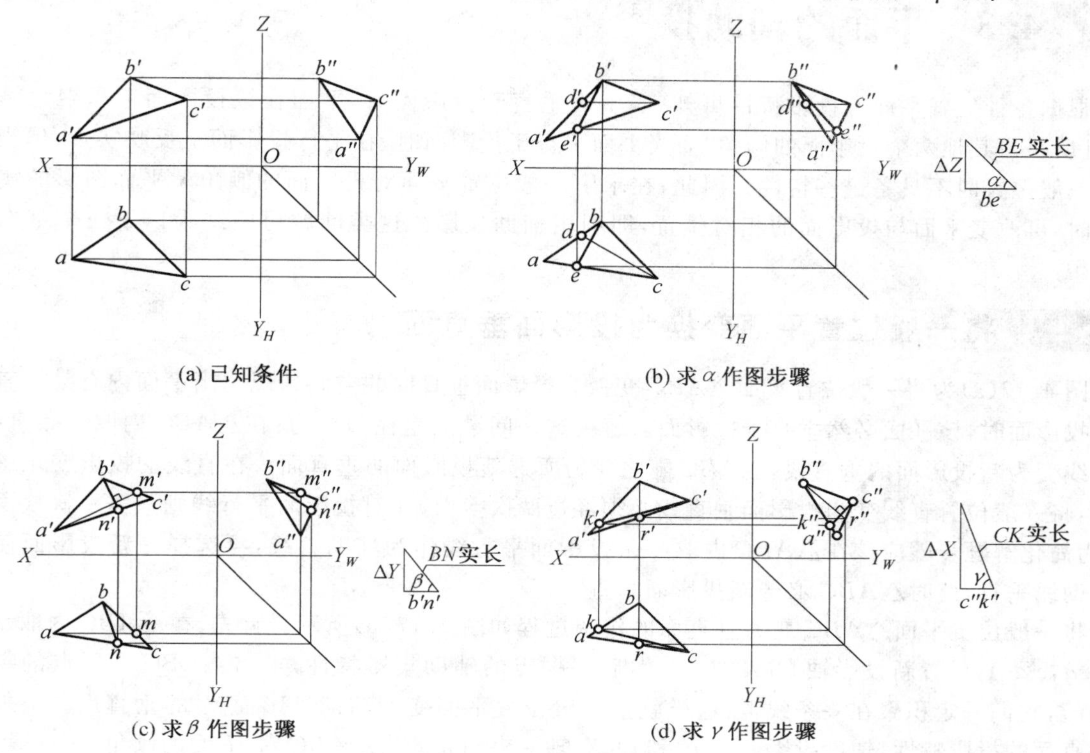

图 4.16　平面上的最大斜度线及倾角

解　由最大斜度线概念可知，求一般位置平面与某投影面的倾角，首先应该在该平面内作出一条该投影面的最大斜度线，然后利用直角三角形法求出这条最大斜度线与投影面的倾角，即为该平面对相应投影面的倾角。而求平面内对某投影面的最大斜度线，则应先在该平面内作出一条该投影面的平行线，利用平面内对投影面的最大斜度线与该投影面的平行线相互垂直的关系及直角投影定理可知，投影面平行线的平行投影垂直于该投影面最大斜度线的投影，即可求解。

求 α：如图4.16(a)所示，过点 C 作水平线 CD，过 b 作 $be \perp cd$，作出 BE 的 V 面与 W 面投影，则直线 BE 垂直于平面上的水平线 CD，因此直线 BE 即为平面上 H 面的最大斜度线，利用直角三角形法作出 α 即为所求。

求 β：如图 4.16(b)所示，过点 A 作正平线 AM，过 b' 作 $b'n' \perp a'm'$，作出 BN 的 H 面与 W 面投影，则直线 BN 垂直于平面上的正平线 AM，因此直线 BN 即为平面上 V 面的最大斜度线，利用直角三角形法作出 β 即为所求。

求 γ：如图 4.16(c)所示，过点 B 作侧平线 BR，过 c'' 作 $c''k'' \perp b''r''$，作出 CK 的 H 面与 V 面投影，则直线 CK 垂直于平面上的侧平线 BR，因此直线 CK 即为平面上 W 面的最大斜度线，利用直角三角形形法作出 γ 即为所求。

技术提示：

并不是作出一条投影面的最大斜度线就能作出平面与投影面的倾角 α、β 与 γ。

4.3 平面的辅助投影

根据各种位置平面的投影特性可知，当平面垂直于投影面时，平面在该投影面上积聚为一条直线，且反映与其他两个投影面的倾角，而当平面平行于投影面时，在平行投影面上反映实形，但当平面处于一般位置时不具备这些特性。因此，在求解一般位置平面对投影面的倾角及平面图形的实形等问题时，可改变平面与投影面的相对位置，即利用辅助投影。这类问题可归纳为以下三个基本作图问题。

4.3.1 将一般位置平面变换为投影面垂直面

图 4.17(a)为将一般位置平面△ABC 变换为投影面垂直面的空间情况。当平面内有某一直线垂直于投影面时，该平面必然垂直于投影面。解决这一问题的途径归结为：在△ABC 内取一条直线，把该直线变为新投影面的垂直线，△ABC 随之变为所选新投影面的垂直面。在直线的投影变化中已经阐明，将一般位置直线变为投影面垂直线必须经过两次换面，而对投影面平行线则只需一次换面。所以，为简化解题步骤应该在△ABC 内取一条投影面平行线作为辅助直线，再选择一新投影面使之与该辅助线垂直，此时△ABC 必与新投影面垂直。

将一般位置平面△ABC 变为垂直面的作图过程如图 4.17(b)所示。首先，在△ABC 内取水平线 $CD(cd,c'd')$，设置新投影轴 $O_1X_1\perp cd$，然后根据点的辅助投影特性，求出△ABC 三顶点的新投影 $a'_1b'_1c'_1$，它们一定积聚在一条线上，这样就把一般位置平面变为辅助投影面 V_1 的垂直面。根据投影面垂直面的投影特性，辅助投影 $a'_1b'_1c'_1$ 和 O_1X_1 轴的夹角 α 即为△ABC 对 H 面的倾角。

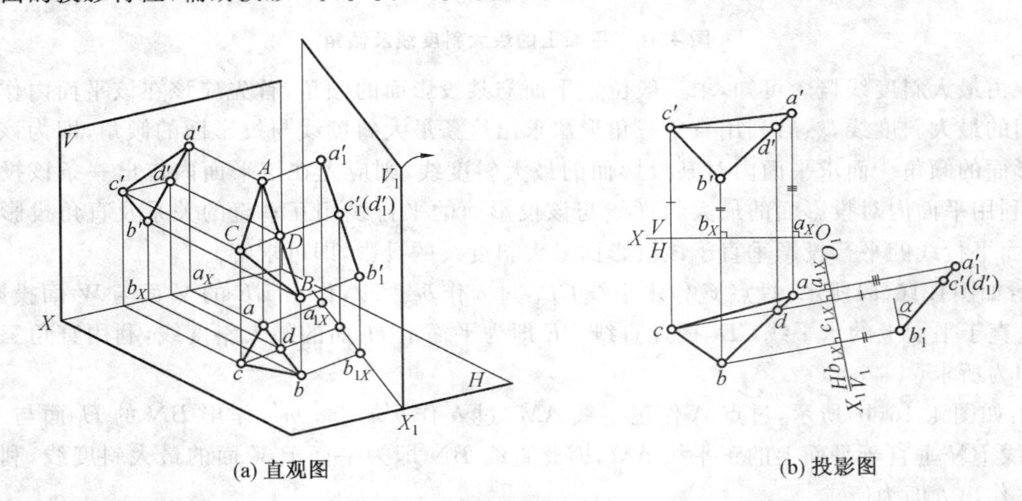

图 4.17　将一般位置平面变换为投影面垂直面

一般位置平面内可以作出水平线或正平线。如图 4.17 所示，△ABC 是 V/H 体系中的一般位置平面，在该平面内取水平线 DC，然后作一个辅助投影面 V_1，V_1 面 $\perp H$，使 V_1 面 $\perp CD$，这样△ABC 在新投影体系 V_1/H 中就变成 V_1 面的垂直面。同理，也可变换 H 面。△ABC 是 V/H 体系中的一般位置平面，在该平面内取正平线，然后作一个辅助投影面 H_1，H_1 面 $\perp V$，使 H_1 面垂直于所作正平线，这样△ABC 在新投影体系 V/H_1 中就变成 H_1 面的垂直面。取△ABC 内的正平线为辅助直线也同样可以达到将△ABC 变为垂直面的目的。只不过应以 H_1 面代替 H 面，其结果是变换成 H_1 面的垂直面，辅助投影与辅助投影轴的夹角反映△ABC 对 V 面的倾角 β。

技术提示：

将一般位置平面变换为投影面的垂直面，只需要一次变换，在投影图中辅助投影轴垂直于不变投影面上平行线的平行投影。

4.3.2 将投影面垂直面变换为投影面平行面

要将投影面垂直面变换为投影面平行面，必须使辅助投影面垂直于平面的积聚投影所属的投影面，且辅助投影轴 O_1X_1 轴平行于该平面的积聚投影。如图 4.18 所示，△ABC 在 V/H 体系中是投影面垂直面。若求△ABC 的实形，只需设置一个辅助投影面与该平面平行，即与投影面垂直面平行的平面必垂直于投影面，可组成新投影体系，在辅助投影面上的投影即反映实形。

技术提示：

将投影面垂直面变换为投影面的平行面，只需要一次变换，在投影图中使辅助投影轴平行于平面的积聚投影。

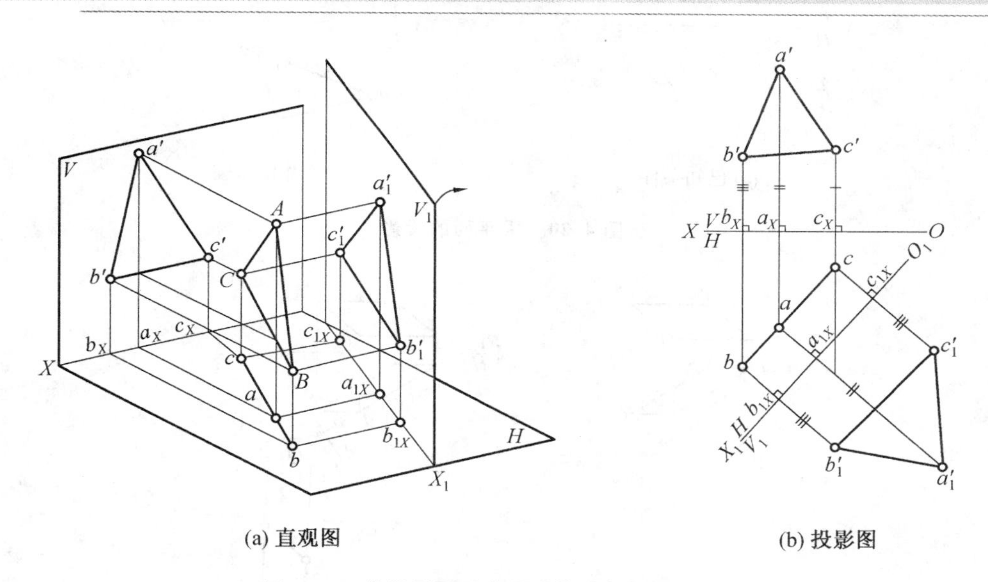

(a) 直观图　　(b) 投影图

图 4.18　将投影面垂直面变换为投影面平行面

4.3.3 将一般位置平面变换为投影面平行面

欲将一般位置平面变换为投影面平行面，仅变换一次投影面是不行的。因为若辅助投影面平行于一般位置平面，则与任何一个原有投影面都不垂直，即不能构成新的投影体系。所以，必须更换两次投影面。第一次将一般位置平面变为投影面垂直面，第二次将投影面垂直面变为投影面平行面，如图 4.19 所示。

【例 4.9】 如图 4.20 所示，已知平面 ABC 在 H_1 面上反映实形，求 H 面与 V 面的投影。

解　平面在 H_1 面上反映实形，则平面是 V 面的垂直面，根据将投影面垂直面变换成投影面的平行面作图方法，辅助投影轴 O_1X_1 轴平行于平面的积聚投影，即 V 面投影。因此，过 a' 作直线平行于 O_1X_1 轴，根据点的辅助投影特性作出 b' 和 c'。再作出 a、b 和 c，连线即为所求。

【例 4.10】 如图 4.21 所示，已知四边形 $ABCD$ 的 H 面与 V 面投影，试求其实形。

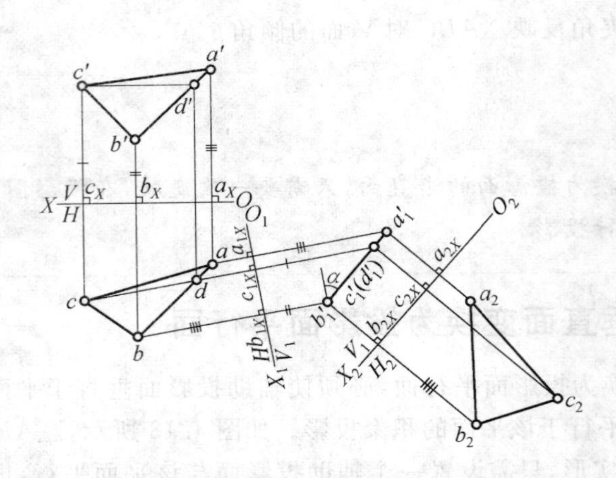

图 4.19　将一般位置平面变换为投影面平行面

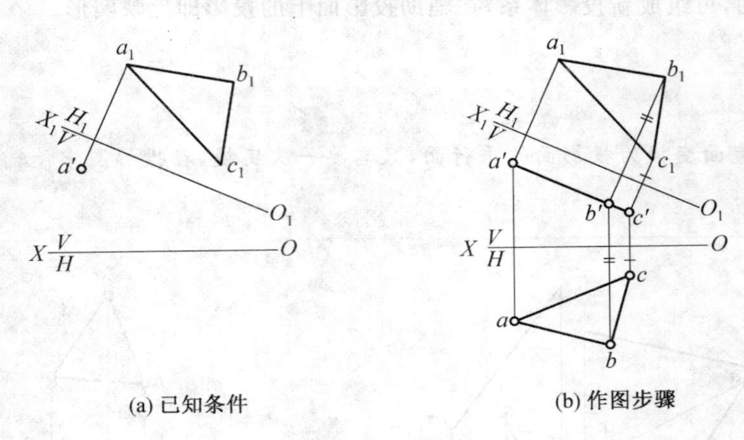

(a) 已知条件　　(b) 作图步骤

图 4.20　求平面的投影

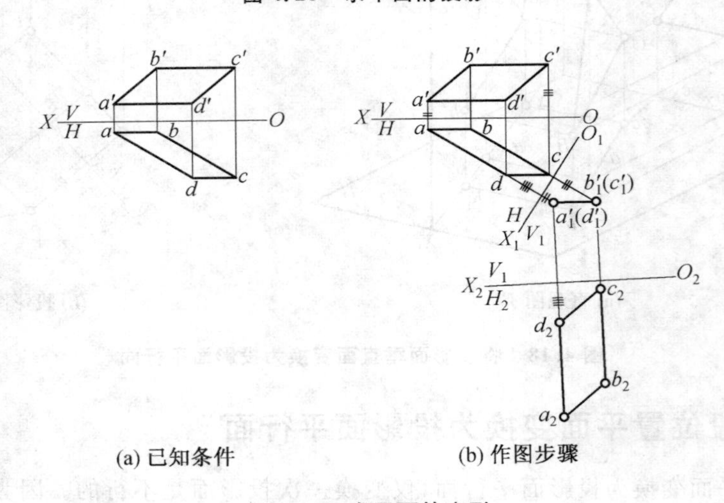

(a) 已知条件　　(b) 作图步骤

图 4.21　求平面的实形

解　根据四边形 $ABCD$ 的 H 面与 V 面投影判断，平面为一般位置平面，因此要将一般位置平面变换为投影面平行面，需要两次变换，先变换为投影面垂直面，再变换为投影面平行面。第一次变换时，辅助投影轴垂直于不变投影面上平行线的平行投影。第二次变换时，在投影图中辅助投影轴平行于平面的积聚投影。先换 H 面与 V 面均可。分析平面投影图可知，平面上有水平线与正平线，因此先替换 V 面，构成 V_1/H 投影体系，辅助投影轴 O_1X_1 轴垂直于水平线的水平投影 bc，利用点的辅助投影作出平面的积聚投影，变换为 V_1 面的垂直面。再替换 H 面构成 V_1/H_2 投影体系，辅助投影轴 O_2X_2 轴平行于平面的积聚投影，再根据点的辅助投影特性作出平面在 H_2 面中的反映实形投影，即为所求。

☆知识拓展

应用投影变换的原理和作图法解决某些工程问题时，在解题前，首先按题目已知条件和要求进行空间分析，构思出一个空间模型，想象出必须使已知几何元素对投影面为何种特殊位置时才能有利于解题。并分析研究问题的实质是什么位置平面的变换，并拟定变换次数，特别注意辅助投影轴的作法。最后在投影作图中逐步实现。

【重点串联】

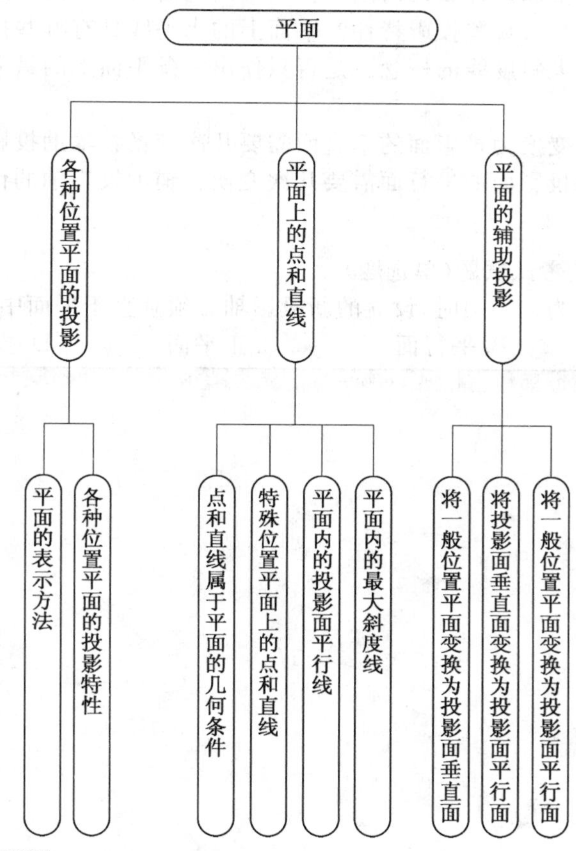

拓展与实训

基础训练

一、单选题

1. 下列的几种平面，相对于三个投影面的倾角有两个为 90°的是（　　）。

A. 一般位置平面　　B. 水平面　　C. 铅垂面　　D. 侧垂面

2. 下列的几种平面，相对于三个投影面的倾角有一个为 90°的是（　　）。

A. 一般位置平面　　B. 正平面　　C. 铅垂面　　D. 侧平面

3. 某平面的 H 面与 V 面投影积聚为一条直线，则该平面为（　　）。

A. 正平面　　B. 水平面　　C. 侧平面　　D. 正垂面

4. 某平面在 W 面上积聚为一条直线且反映与 H 面和 V 面的倾角，则该平面为（　　）。

A. 水平面　　B. 铅垂面　　C. 侧垂面　　D. 正垂面

5. 某平面上的一条最大斜度线垂直于平面上的正平线，则该最大斜度线所反映的倾角为平面与投影面的（　　）。

A. α 角　　B. β 角　　C. γ 角

二、简答题

1. 平面根据对投影面相对位置不同，分为哪几类？分别各有什么投影特性？

2. 点在平面上需要满足什么几何条件？取平面上的点作图方法是什么？

3. 直线在平面上需要满足什么几何条件？取平面上的直线作图方法是什么？

4. 平面上的正平线具有哪些投影特性？平面上的水平线具有哪些投影特性？

5. 简述平面上的最大斜度线的概念。是否只作出一条平面上的最大斜度线，就能求出平面对所有投影面的倾角？

6. 将一般位置平面变换为投影面的垂直面需要几次变换？辅助投影轴的作图方法是什么？将一般位置平面变换为投影面的平行面需要几次变换？辅助投影轴的作图方法是什么？

链接执考

2010 年制图员理论考试试题（单选题）

一般位置平面变换为（　　）时，设立的新投影轴必须垂直于平面中的一直线。

A. 倾斜面　　B. 平行面　　C. 正平面　　D. 投影面垂直面

模块 5

直线与平面、平面与平面的相对位置

【模块概述】

本模块主要介绍了直线与平面、平面与平面的相对位置关系，即平行、相交、交叉（异面），并阐述了直线与平面、平面与平面的平行和垂直关系判断方法，直线与平面、平面与平面相交时，交点和交线的确定方法以及可见性的判定。

【知识目标】

1. 直线与平面及平面与平面之间平行的空间几何条件及作图方法；
2. 求直线与平面交点的作图方法；
3. 求平面与平面交线的作图方法；
4. 相交关系中可见性判断问题；
5. 综合问题的求解方法。

【能力目标】

1. 掌握直线与平面，平面与平面的两种相对位置关系及投影特点和规律；
2. 能判断直线投影和平面投影的可见性；
3. 学会应用立体几何的几何条件分析、解决画法几何中的相关问题以及综合问题。

【学习重点】

1. 直线与平面及两平面平行、相交、垂直的投影特性和作图方法；
2. 几何要素（点、线、面）之间的距离和角度的作图方法；
3. 综合问题的分析方法和解题思路。

【课时建议】

4～6 课时

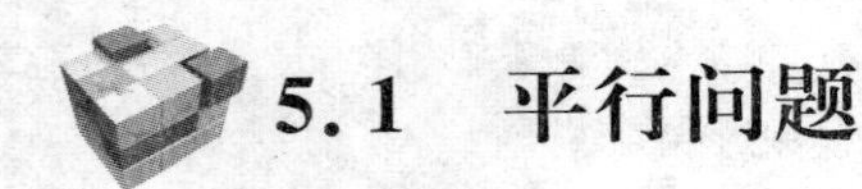

5.1 平行问题

我们生活的环境中，线面平行、面面平行的物体随处可见，比如家里的南北墙、东西墙、天花板与地板均是面面平行，而晾衣架与地板或天花板以及旗杆与建筑物的外墙就是线面平行的例子。

5.1.1 直线与平面平行

根据几何定理可知：若平面外一直线与平面内任意一直线平行，则该直线与该平面相互平行，反之，若直线与平面平行，则在该平面内定有一直线平行于此直线。如图 5.1 所示，直线 AB 平行于 $\triangle CDE$ 平面上一直线 CF，故 AB 与平面 CDE 平行。

1. 直线与特殊位置平面平行

如图 5.2 所示，P 面垂直于 H 面，则 p 具有积聚性。直线 AB 的水平投影 $ab \parallel p$，因此，$AB \parallel P$。直线 MN 的水平投影积聚为一点，即 MN 为铅垂线，因此 $MN \parallel P$。

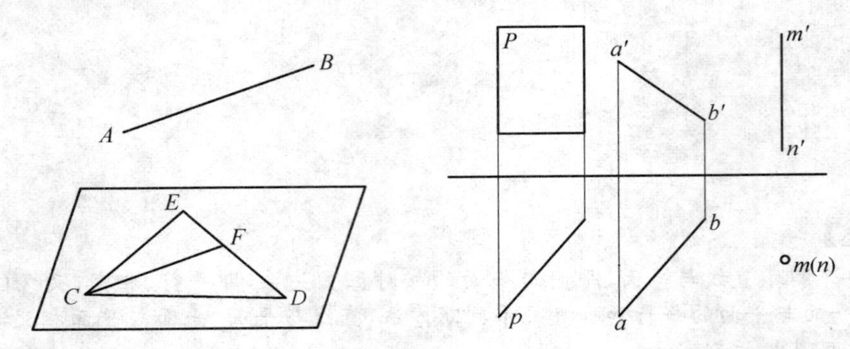

图 5.1　直线与平面平行的条件　　**图 5.2　特殊情况下的直线与平面平行**

2. 直线与一般位置平面平行

【例 5.1】 如图 5.3 所示，判别已知直线 AB 是否平行于已知平面 CDE。

解　分析：如果能在 CDE 平面内作出一条与 AB 平行的直线，则直线 AB 与平面 CDE 平行，否则，不平行。

过 c 作 ab 的平行线 cf，与直线 ed 交于 f，在 V 面找到 F 的正面投影 f'，连接 $c'f'$，因 $a'b' \parallel c'f'$，故 AB 与平面 CDE 平行。

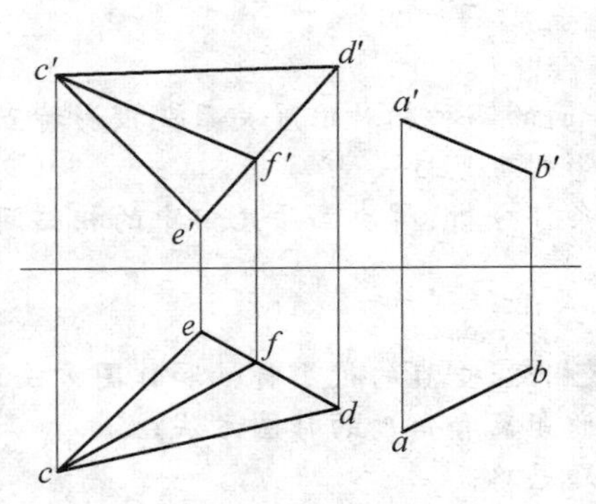

图 5.3　判别直线与平面是否平行

技术提示：

对于在投影图中判别直线与平面是否平行，我们可以在平面内作一条直线，使它的一面投影平行于直线的同面投影，进而观察它的另一面投影。若它们的另一面投影也平行，我们就可以判定空间直线与该平面是平行的(对于一般位置直线)；否则，就不平行。

5.1.2 两平面平行

根据几何定理可知：若一平面上的两相交直线与另一平面上的两相交直线对应平行，则两平面相互平行。如图 5.4 所示，P 平面上的两条相交直线 AB、AC 分别与 Q 平面上的两条相交直线 A_1B_1、A_1C_1 平行，则 P 平面与 Q 平面平行。

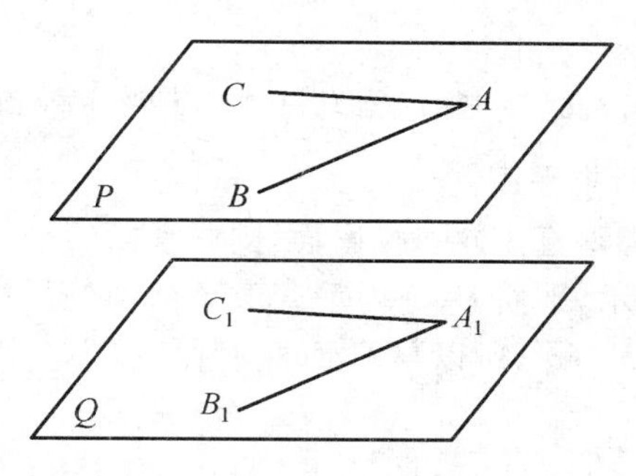

图 5.4　平面与平面平行的条件

【例 5.2】 如图 5.5 所示，试判断两已知平面 ABC 和 DEF 是否平行。

解　分析：先在 ABC 面上任取两条相交直线，然后在 DEF 面上试取两条与之对应平行的相交直线，如果直线存在则可判定这两个平面平行，否则不平行。

在平面 ABC 内任取两相交直线 AM、BN，在平面 DEF 的 V 面投影中作两直线，使 $e'r' /\!/ b'n'$，$s'd' /\!/ a'm'$，由直线 $e'r'$ 和 $s'd'$ 可得到 er 和 sd，由于 $er /\!/ bn$、$sd /\!/ am$，因此平面 $ABC /\!/$ 平面 DEF。

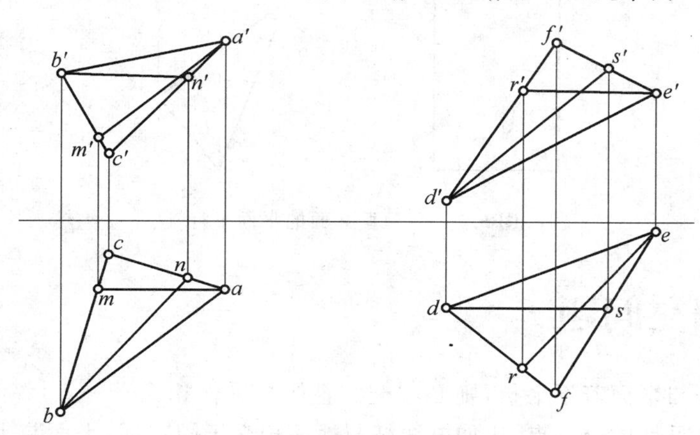

图 5.5　判别两平面是否平行

【例 5.3】 已知平面由平行两直线 AB 和 CD 给定，如图 5.6 所示。试过点 K 作一平面平行于已知平面。

解　分析：过 K 点作一对相交直线，只要存在平行于已知平面的一对相交直线，所作的这对相交直线便可表示所求的平面。

在已知平面内作一直线 MN，使该平面转换为两相交直线 AB 和 MN 所确定的平面，再过 K 点作直线 $EF /\!/ MN$(即 $ef /\!/ mn$，$e'f' /\!/ m'n'$)，过 K 点作直线 $SR /\!/ AB$(即 $sr /\!/ ab$，$s'r' /\!/ a'b'$)，两相交直

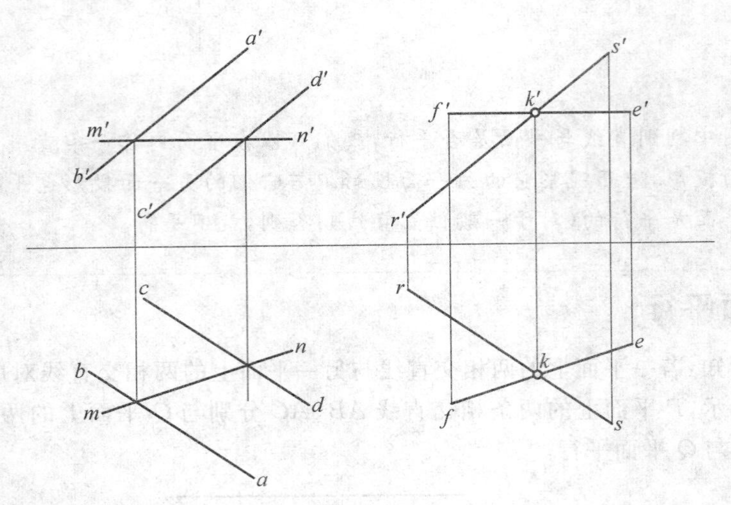

图 5.6 过已知点作与已知平面平行的平面

线 EF 和 RS 所决定的平面就是所求平面。

在特殊情况下，如果两平面都垂直于同一投影面，则两平面的平行关系可直接在与平面平行的积聚投影中反映出来。如图 5.7 所示，平面 P、Q 均垂直于 V 面，它们与 V 面交得的积聚投影为 p' 和 q'，有 $p' /\!/ q'$。反之，由于积聚投影 $p' /\!/ q'$，所以与 V 面相垂直的 P、Q 相互平行。

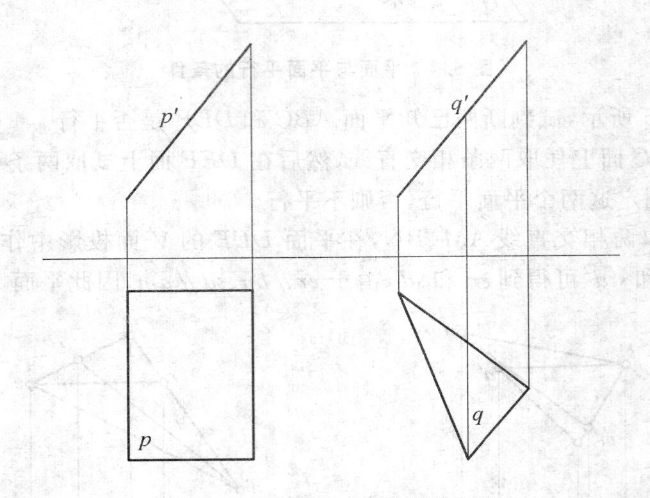

图 5.7 两垂直 V 面的平面平行

5.2 相交问题

直线与平面、平面与平面若不平行，则必相交。直线与平面相交于一点，该点为直线与平面的共有点，也是直线投影可见性的分界点，比如电线杆与地面相交于固定端；平面与平面相交，交于一条直线，且为两平面的共有线，同时也是平面投影可见性的分界线，比如房间内两相邻墙面。

5.2.1 直线与特殊位置平面相交

特殊位置的相交问题是指相交的两要素（直线或平面）中至少有一个是垂直于投影面的。因此直线与特殊位置平面相交时，平面具有积聚性，由此利用平面的积聚投影与直线的同面投影的交点，可以直接求出交点的投影。

【例 5.4】 如图 5.8 所示，求直线 MN 与铅垂面△ABC 的交点，并判断可见性。

解 从图5.8(a)可以看出，直线 MN 与铅垂面△ABC 的交点 K 既属于△ABC 又属于直线 MN，在图5.8(b)中，△ABC 在水平投影面上的投影积聚成一直线。因此它们的交点 K 为 MN 的水平投影 mn 与△ABC 的水平投影 abc 的交点 k，然后从 k 引垂直于 OX 轴的投影连线与 $m'n'$ 相交，便得交点 K 的正面投影 k'。

在相交问题上，通常还须判别可见性。即直线贯穿平面后，必有一部分被平面所遮挡而变为不可见。由于只有在投影重叠部分才存在可见性问题，交点又是可见与不可见的分界点，因此，在图5.8(b)中，可以利用直线 MN 与铅垂面△ABC 正面投影的重影点 k'、f' 判断它们正面投影的可见性。在水平投影中比较 mk、ak 的相对位置可知，属于直线 MN 的 mk 在前，属于△ABC 的 ak 在后，故直线 MN 上交点 K 左侧可见，画实线；交点 K 右侧的重影段不可见，画虚线。对于 H 面投影的可见性，因投影面具有积聚性，无须判别其可见性。

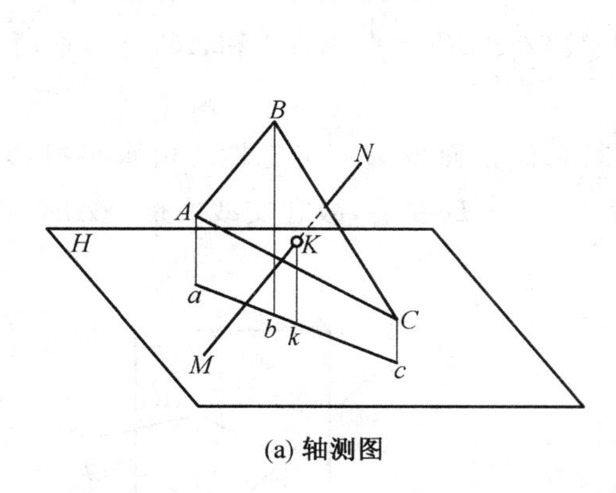

(a) 轴测图

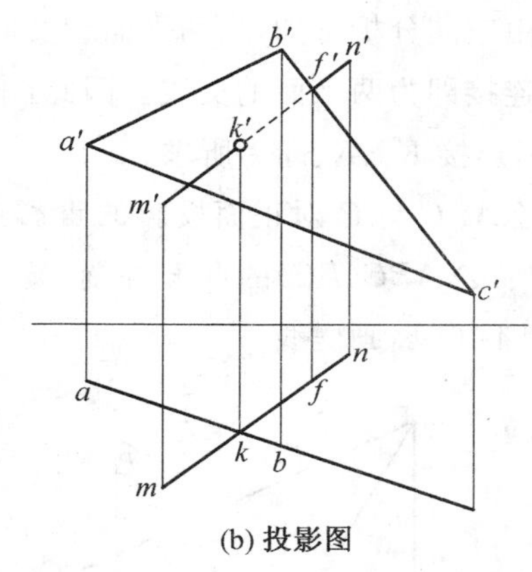

(b) 投影图

图 5.8 直线与铅垂面相交

5.2.2 投影面垂直线与一般位置平面相交

投影面垂直线与一般位置平面相交，因为直线具有积聚性，所以可以利用直线的积聚投影与平面的同面投影的交点，直接求出交点的投影。

【例 5.5】 如图5.9所示，已知铅垂直线 EF 与平面△ABC 相交，交点为 K，试求交点 K 的两面投影并判别铅垂线 EF 投影的可见性。

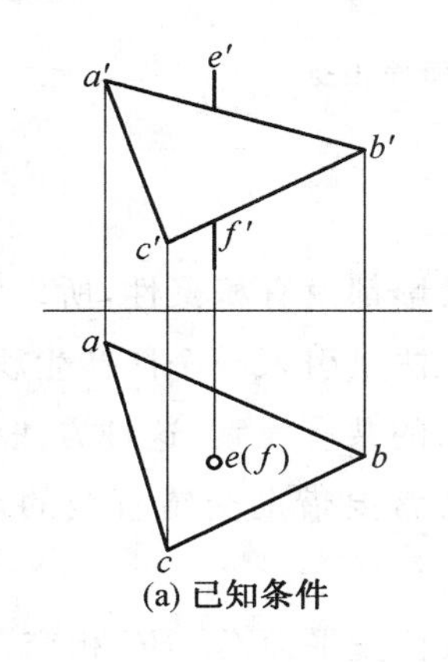

(a) 已知条件

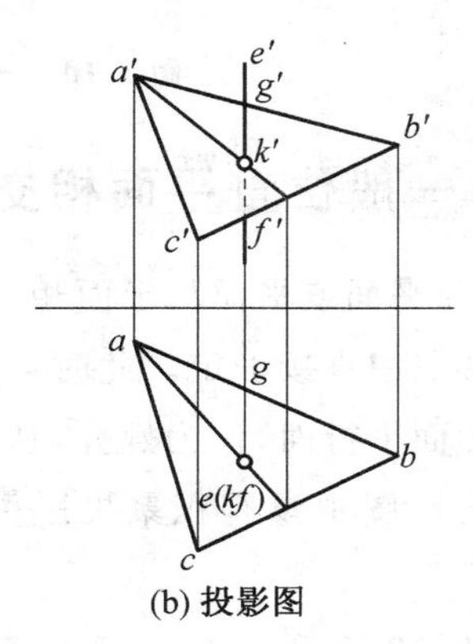

(b) 投影图

图 5.9 直线与铅垂面相交

解 由铅垂线 EF 与平面△ABC 相交于 K 可知，交点 K 属于直线 EF，所以 k 在 H 投影面上且与 e、f 两点重合，然后再利用面上取点的方法即可求出交点 K 在 V 面的投影 k'。

对于 V 面上直线 EF 与平面△ABC 投影重叠段的可见性，可利用交叉直线重影点的可见性来判别，如图5.9(b)所示，从V面投影图中可以看出，平面△ABC为前低后高，直线$a'b'$、$b'c'$与$e'f'$的交点为重影点，在此选取AB上的G点与EF上的K点在V面上的重影进行分析判断，在水平投影中比较ak、ab的相对位置可知，直线ak在前、ab在后，由此可以得出位于前面的AK比相对靠后的AB低，因此$e'k'$为可见，依据交点K为可见和不可见的分界点的特点可以推出$k'f'$为不可见。对于H面投影的可见性，因铅垂线具有积聚性，无须判别其可见性。

5.2.3 一般位置平面与投影面垂直面相交

【例5.6】 如图5.10所示，已知一般位置平面△ABC与铅垂面P相交，交点为K，试求交线的两面投影并判别投影的可见性。

解 由空间分析可知，当两平面相交时，分别求出一个平面上的两条直线和另一个平面的交点，将两交点连接即为两平面的交线。因此，本题将分别求出△ABC上直线AB和AC与铅垂面P的交点K_1、K_2，连接K_1、K_2即为所求。

利用△ABC与P对正面投影的重影点D、E判断它们正面投影的可见性。由水平投影可以看出，属于平面△$ABC(BC)$的点E在前，属于平面$P(DF)$的点D在后，故在交线右侧△ABC可见，画实线，左侧不可见，画虚线。

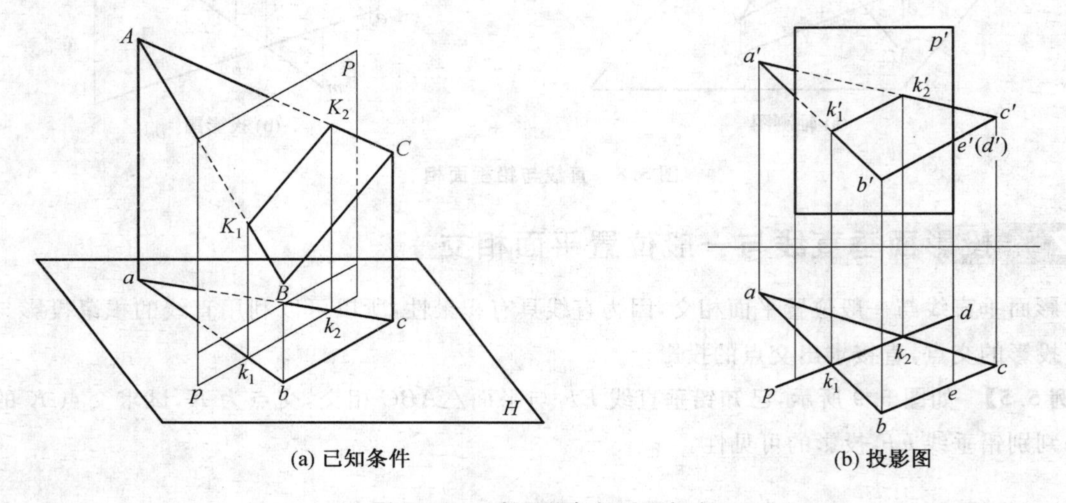

图5.10 一般平面与铅垂面相交

5.2.4 直线与一般位置平面相交

任意倾斜的直线与平面或平面与平面相交时，因各投影都没有积聚性，所以它们的共有元素(交点或交线)不能从投影图中直接确定。此时常用的解决办法是引入一个能产生积聚投影的辅助平面(投影面垂直面或投影面平行面)作为媒介，从而作出所求的共有元素，这种方法可称为辅助平面法。可见性问题，也因原投影图中没有积聚投影可以利用，通常要借助交错直线的重影点来解决，如图5.11所示。

【例5.7】 如图5.12所示，已知一般直线EF与一般位置平面△ABC相交，试求交点K的两面投影并判别投影的可见性。

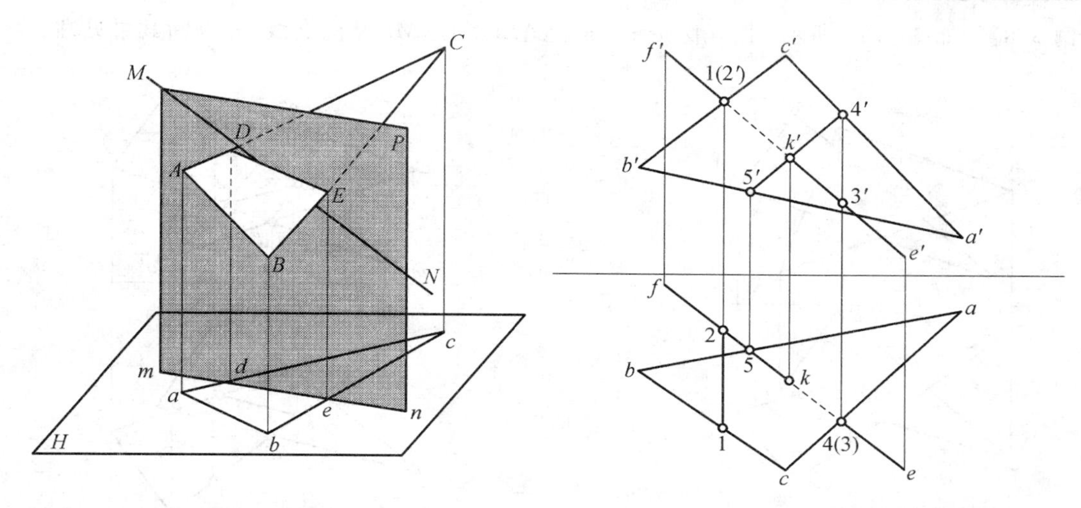

图 5.11　直线与一般平面相交的空间状态　　　　图 5.12　直线与一般平面相交投影图

解　假设点 K 为直线 EF 与平面△ABC 的交点，则点 K 必属于△ABC 面上过 K 点的无数条直线，只要过 EF 任作一辅助平面 P，求出平面 P 与已知平面△ABC 的交线，例如ⅣⅤ，则直线 EF 与交线ⅣⅤ的交点即为所求。为了便于作图，应选辅助平面为特殊位置平面。

作图步骤：

(1)过 EF 作正垂平面 P。

(2)求 P 平面与△ABC 的交线ⅣⅤ。

(3)求交线ⅣⅤ与 EF 的交点 K，即为所求直线与平面的交点。

(4)判断直线的可见性。

求出交点 K 后，直线和平面在 V、H 面投影的可见性必须分别进行判断。

判断 V 面投影的可见性：

在直线 EF 和△ABC(BC)上取对 V 面的重影点Ⅰ、Ⅱ，在 H 面的投影 1 在 2 之前，则点Ⅰ在点Ⅱ之前，因此以交点为界，在重影点一侧△ABC 上的ⅠK 在前，可见；直线 EF 上的ⅡK 在后，不可见，画虚线，分界点另一侧相反。

判断 H 面投影的可见性：

在直线 EF 和△ABC(AC)上取对 H 面的重影点Ⅲ、Ⅳ，在 V 面的投影 4 在 3 之上，则点Ⅳ在点Ⅲ之上，因此以交点为界在重影点一侧△ABC 上的ⅣK 在前，可见；直线 EF 上的ⅢK 在后，不可见，画虚线，分界点另一侧相反。

5.2.5　两个一般位置平面相交

平面与平面相交，交线为直线，它是两平面的共有线。交线可以由两平面的两个共有点或一个共有点及交线的方向确定。

技术提示：

在相交两平面都是任意倾斜的情况下，不能直接确定其交线，要借助于辅助平面。两平面的交线是一条直线，只要求得直线上的两点即可确定该交线，而这些点可以看作一个平面上的直线与另一平面的交点。这样便把求平面与平面的交线问题转化为求直线与平面的交点问题。

1. 线面交点法

此方法是在两相交平面内取两条直线，分别求出它们与另一平面的交点，连接两交点，该直线即为两平面的交线。

【例 5.8】 如图 5.13 所示，求一般位置平面△ABC 与△MLN 的交线，并判断其可见性。

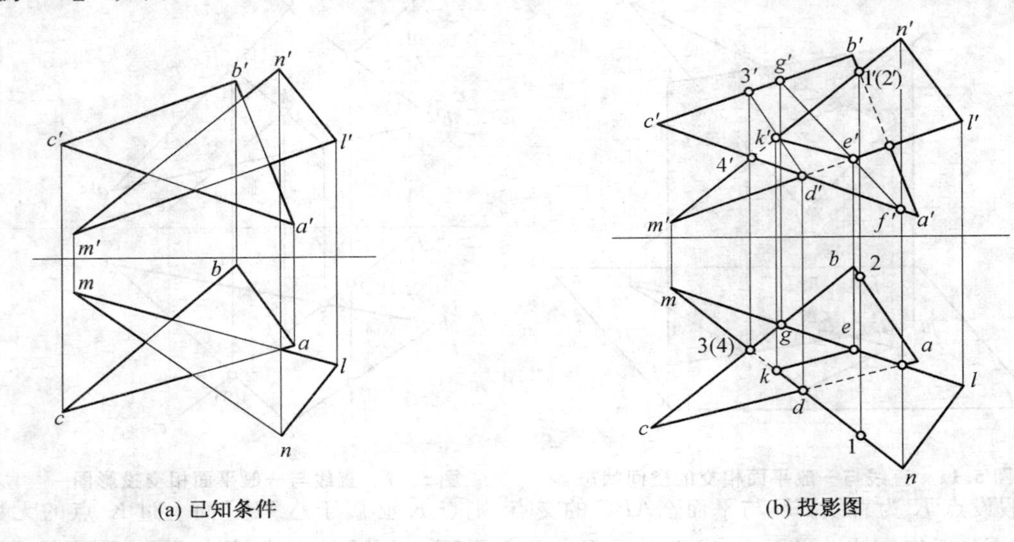

图 5.13　线面交点法求两个一般平面的交线

解　如图 5.13 所示，用线面交点法可以求出△MLN 上的直线 MN、ML 与△ABC 的交点 K、E，求出两交点的投影并连线即可。

作图步骤：

(1)过直线 MN 作正垂面 P_1，与 CA、CB 分别交于点Ⅲ、D，并根据其在 H 面投影 3、d 确定 V 面的投影 $3'$、d'，并连接 $3'$、d'，并与 $m'n'$ 交于点 k'，确定 K 在 H 面投影 k，(k、k')即为直线 MN 与△ABC 平面的交点 K。

(2)同理，过直线 ML 作正垂面 P_2，即可求得直线 MN 与△ABC 平面的交点 E。

(3)连接 KE 即为所求交线。

(4)判别可见性。

判断 V 面投影的可见性：

在△MLN(MN)和△ABC(AB)上取对 V 面的重影点Ⅰ、Ⅱ，从 H 面投影可以看出 1 在 2 之前，则点Ⅰ在点Ⅱ之前，因此以交线为分界线，在重影点一侧△MLN 在前，可见；△ABC 在后，不可见，画虚线，分界线另一侧相反。

判断 H 面投影的可见性：

在△ABC(BC)和△MLN(MN)上取对 H 面的重影点Ⅲ、Ⅳ，从 V 面投影中可以看出 3 在 4 之上，则点Ⅲ在点Ⅳ之上，因此以交线为分界线，在重影点一侧△ABC 在上，3 k 可见；△MLN 在下，4k 不可见，画虚线，分界线另一侧相反。

2. 辅助平面法——三面共点法

线面交点法采用了求一般直线与一般平面的交点的方法，比较直观，但作图时，如果两平面的投影分离或选择的辅助面不合适，则不容易得到求解结果，因此，可以选择与两平面都相交的特殊位置平面作为辅助面，利用“三面共点”的集合原理，求出两一般位置平面交线上的一个点，然后用同样的方法求出交线上的另一个点，将两点连接即可。

如图 5.14(a)所示，为求两平面的共有点，取任意辅助平面 H_1 与已知平面 P、Q 分别相交于直线ⅠⅡ和Ⅲ Ⅳ，其交点 K_1 为 H_1、P、Q 三面所共有。同理，作辅助平面 H_2 可再找出一个共有点 K_2。K_1K_2 即为 P、Q 两平面的交线。为方便作图，辅助平面一般要作成特殊位置平面。

【例 5.9】 如图 5.14 所示，求一般位置平面△ABC 与平面 $DEFG$ 的交线，并判断可见性。

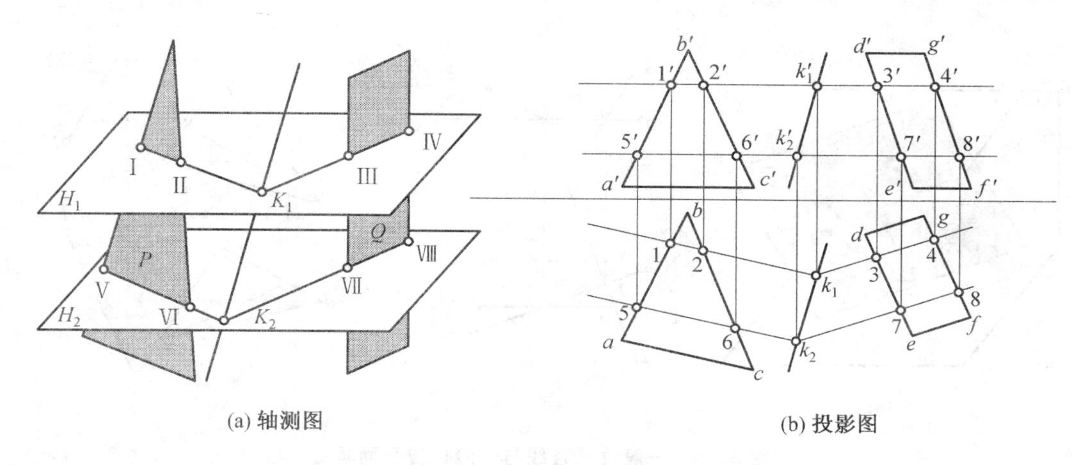

(a) 轴测图　(b) 投影图

图 5.14　三面共点法求两个一般平面的交线

解　取水平面 H_1 为辅助平面。利用 H_1 在 V 平面上的积聚性，分别求出平面 H_1 与两平面的交线Ⅰ Ⅱ和Ⅲ Ⅳ。连接Ⅰ Ⅱ和Ⅲ Ⅳ并交于一点 K_1，该点便为一个共有点。同理，以辅助平面 H_2 再求出另一个共有点 K_2。K_1K_2 即为所求的交线。

作图步骤：

(1)在 V 面上作两条水平直线，并标出与两平面的交点Ⅰ、Ⅱ、Ⅲ、Ⅳ、Ⅴ、Ⅵ、Ⅶ、Ⅷ的 V 面投影，如图 5.14(b)所示的 $1'$、$2'$、$3'$、$4'$、$5'$、$6'$、$7'$、$8'$，再求出上述各点在 H 面的投影。

(2)直线 12 与 34 交于点 k_1，直线 56 与 78 交于点 k_2，再根据直线上点的投影规律求出 k_1、k_2 在 V 面上的投影 k_1'、k_2'，连接 k_1'、k_2' 和 k_1、k_2。

(3)直线 K_1K_2 即为所求交线。

5.3　垂直问题

5.3.1　直线与平面垂直

直线与平面垂直是直线与平面相交的一种特殊情况，由立体几何可知，若直线 NK 与平面 P 垂直，则 NK 必垂直于属于平面 P 的所有直线，其中包括水平线 AB 和正平线 CD。根据直角投影定理，投影图上必表现为 $kn \perp ab$，$k'n' \perp c'd'$，如图 5.15 所示。由此可得出下面的定理：

定理　若一直线垂直于一平面，则直线的水平投影必垂直于属于该平面的水平线的水平投影；直线的正面投影必垂直于属于该平面的正平线的正面投影，如图 5.15(b)所示。

逆定理　若一直线的水平投影垂直于某一平面的水平线的水平投影，直线的正面投影垂直于该平面的正平线的正面投影，则直线必垂直于该平面，如图 5.15(c)所示。

1. 直线与特殊位置平面垂直

当直线与特殊位置平面垂直时，直线一定平行于该特殊平面所垂直的平面，并且直线的投影垂直于平面具有积聚性的同面投影，如图 5.16(a)所示，与铅垂面 $\triangle ABC$ 垂直的直线 MN 是水平线，并且在 H 投影面上有 $mn \perp abc$，在 V 面投影中有 $e'f' /\!/ OX$ 轴，在图 5.16(b)中，铅垂面 P 与正垂线 MN 相垂直，在 H 面投影中有 $mn \perp p$。

2. 直线与一般位置平面垂直

【例 5.10】　如图 5.17 所示，已知 $\triangle ABC$，过 D 点作 $\triangle ABC$ 平面的垂线 DE。

解　根据直线与平面垂直定理，在平面 $\triangle ABC$ 内选取一条正平线 AF，一条水平线 BC，过 D 点作直线分别垂直 AF 和 BC，该直线即为所求。

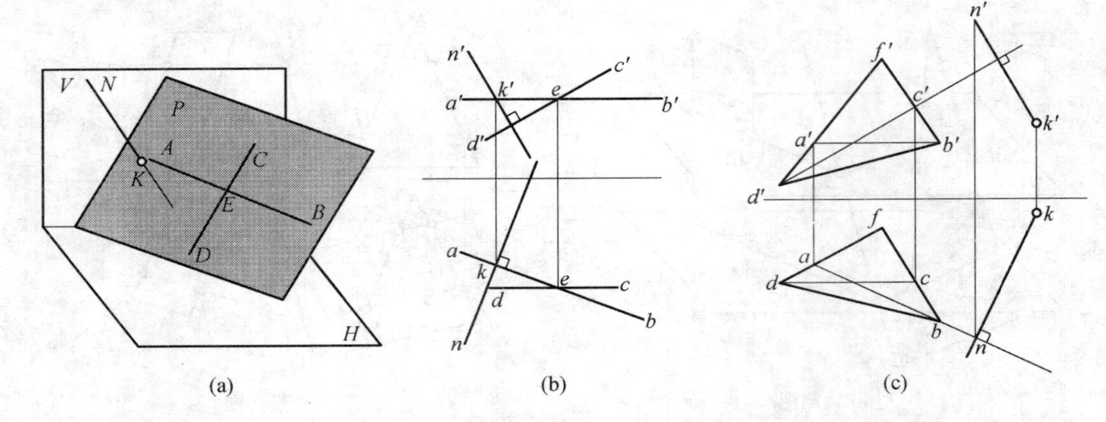

(a) (b) (c)

图 5.15 一般位置直线与一般位置平面垂直

作图步骤：

(1)过点 D 作正平线 AF，BC 边正好为水平线，分别找出这两条线在 H 面和 V 面的投影，根据直线上点的投影规律，找出 f'，并连接 a'、f'。

(2)过 d' 作 $a'f'$ 的垂线 $d'e'$，过 d 作 bc 的垂线 de，直线 $d'e'$ 和 de 的长度合适即可，根据直角投影定理的逆定理，由于直线 DE 同时垂直于 $\triangle ABC$ 平面内 AF 和 BC 两直线，因此直线 DE 即为所求垂线。

(3)求交点及可见性的判定方法参照 5.2.4 小节所述方法。

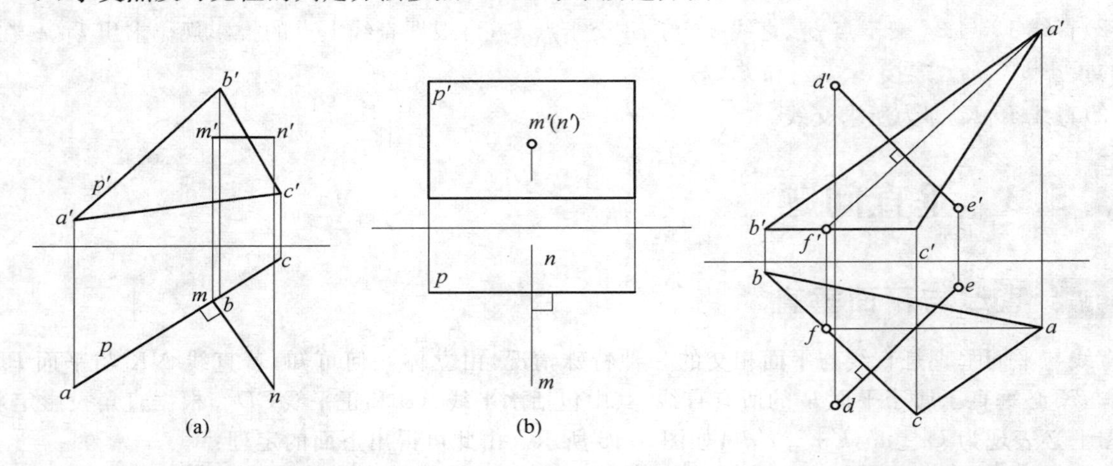

(a) (b)

图 5.16 直线与特殊位置平面垂直 **图 5.17 过 D 点作平面的垂线**

5.3.2 平面与平面垂直

两平面垂直是平面与平面相交的一种特殊情况，由立体几何可知，若一直线垂直于一平面，则包含这条直线的所有平面都垂直于该平面；反之，两平面相互垂直，则由属于第一个平面的任意一点向第二个平面作的垂线必属于第一个平面，如图 5.18 所示。由此可知绘制相互垂直的两平面的方法为：

(1)使平面经过垂直于已知平面的直线，如图 5.18(a)所示，$AB \perp P$，过直线 AB 作平面 Q 或 R 均垂直于平面 P；

(2)使平面垂直于已知平面内的一条直线，如图 5.18(b)所示，KL 为平面 P 上的一直线，作一平面 $Q \perp KL$，则 $Q \perp P$。

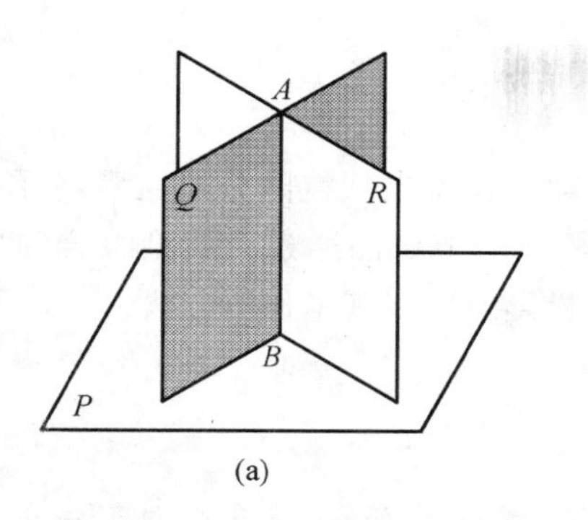

(a)

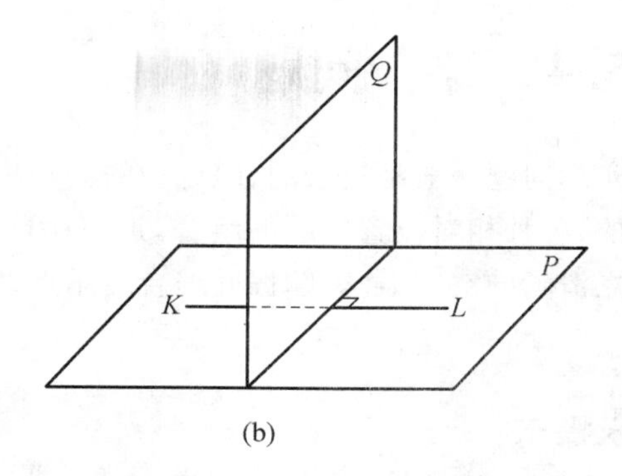

(b)

图 5.18　平面与平面相互垂直

1. 两特殊位置平面垂直

两个特殊位置平面垂直时，在它们共同垂直的投影面上的积聚性投影必相互垂直，如图 5.19 所示，两相互垂直的铅垂面 P 和 Q，在 H 投影面上发生积聚投影，分别为 P_H、Q_H，且 $P_H \perp Q_H$，其交线 MN 为铅垂线。

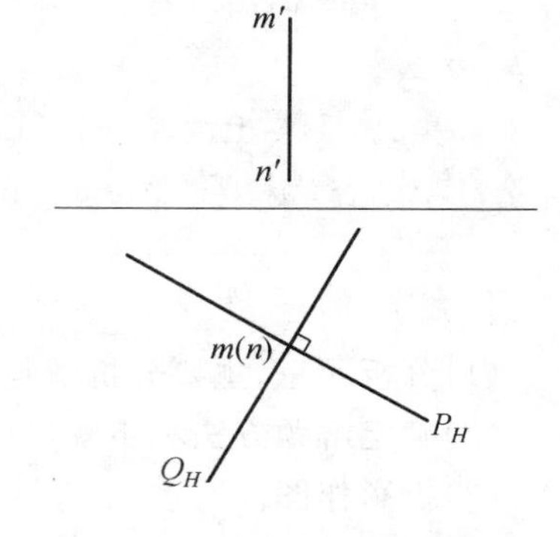

图 5.19　两特殊位置平面相互垂直

2. 两一般位置平面垂直

【例 5.11】　如图 5.20 所示，已知△ABC，过点 K 作△ABC 平面的垂面。

解　根据直线与平面垂直定理，在平面△ABC 内选取一条正平线 AE，一条水平线 BD，过点 K 作直线分别垂直 AE 和 BD，该直线垂直于△ABC，所以过该直线的平面均满足垂直于△ABC 的要求。

作图步骤：

(1)过点 A 作正平线 AE，分别找出这条线在 H 面和 V 面的投影，根据直线上点的投影规律，找出 e'，并连接 a'、e'，过 k' 作 $k'f' \perp a'e'$。

(2)过点 B 作水平线 BD，分别找出这条线在 H 面和 V 面的投影，根据直线上点的投影规律，找出 d，并连接 bd，过 k 作 $kf \perp bd$。直线 $k'f'$ 和 kf 的长度合适即可，根据直角投影定理的逆定理，由于直线 KF 同时垂直于△ABC 平面内 AE 和 BD 两直线，因此直线 KF 垂直于△ABC。

(3)过 K 作任意直线 KG，两相交直线 KF、KG 所决定的平面 FKG 即为所求。由于直线 KG 为任意直线，故本题有无穷个解。

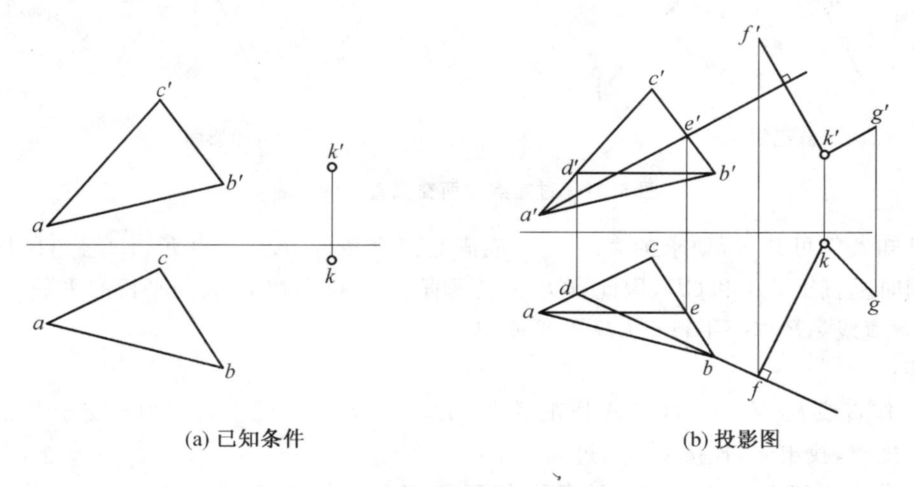

图 5.20　过定点作平面的垂直面

5.4 综合问题

工程实际问题一般是复杂的、综合性的。解决综合问题往往需先从空间分析入手，将综合问题分解为简单的、各种相对位置问题的组合，进而明确解题步骤。本节试图通过对典型综合问题的分析，使读者建立清晰的空间概念，掌握并综合运用点、线、面的投影规律和基本作图方法。

技术提示：

要解决点、线、面综合问题，首先要熟练掌握基本作图方法。如：①直角三角形法求实长、倾角；②直角投影法则；③平面内定点、定线；④过直线外（或上）一点作直线的垂面；⑤过平面外（或内）一点作平面的垂线；⑥过平面外一点作该平面的平行面；⑦定比关系、从属关系应用；⑧求交点、交线。

其次，要善于挖掘、利用已知的和隐含的条件。如等腰三角形、等边三角形、长方形、正方形、菱形等隐含的相等、平分、垂直条件。

1. 解题的一般步骤

(1)分析题意，主要分析清楚已知条件和欲求结果，以及所应满足的条件。

(2)确定解题方法和步骤，这是解题的关键。

(3)投影作图。

2. 解题方法

主要的解题方法是综合分析法。综合分析法就是从已知条件出发，根据作图的要求条件，逐步推理，最后得到需要的结果。整个过程都是"正""反"结合。这是画法几何的基本方法。

【例 5.12】 如图 5.21 所示，试过点 K 作直线 KL，使其同时垂直于两交叉直线 AB、CD。

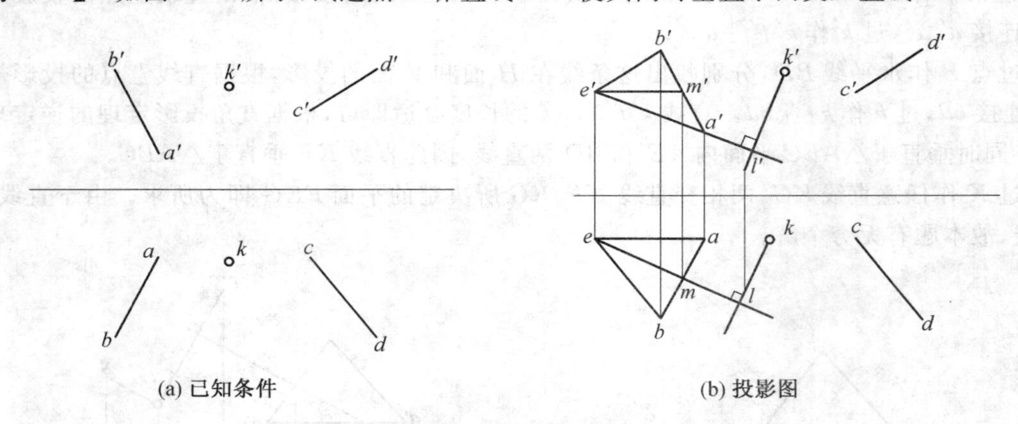

图 5.21 过定点作两交叉直线的垂线

解 由已知条件可知，所要求的直线 KL，应满足三个条件：KL 过点 K，$KL \perp AB$ 及 $KL \perp CD$。因要求 KL 同时垂直于 AB 和 CD，因此，KL 一定垂直于与 AB 和 CD 共同平行的平面 P。为作图简便起见，可包含直线 AB 作一平行于 CD 的平面 P。

作图步骤：

①过点 B 作直线 $BE /\!/ CD$，过点 A 作正平线 AE，使其与 CD 的平行线 BE 交于 E 点，并根据直线上点的投影规律，找出 e'，连接 a'、e'，过 k' 作 $k'l' \perp a'e'$。

②过点 E 作水平线 EM，分别找出这条线在 H 面和 V 面的投影，根据直线上点的投影规律，找出 m，并连接 e、m，过 k 作 $k'l' \perp e'm'$，直线 $k'l'$ 和 kl 的长度合适即可，直线 KL 即为所求。

(1)轨迹相交法。

轨迹相交法是画法几何的常用方法，它适用于有两个或多个作图条件的问题，如果考虑每个条件，则有无数个解答，并各自形成一个轨迹(集合)。这样所得各轨迹(集合)的交集，即为所求的结果。

【例 5.13】 如图 5.22 所示，过点 A 作一直线与 CD、EF 相交。

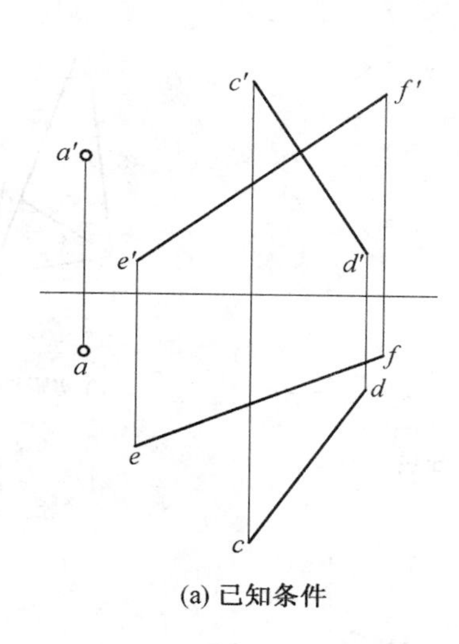

(a) 已知条件

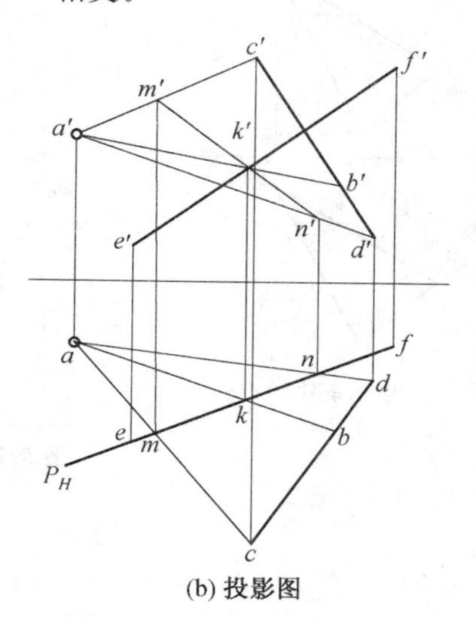

(b) 投影图

图 5.22 过定点作直线与 CD、EF 相交

解 过点 A 与 CD 相交的直线的轨迹为由点 A 和直线 CD 所确定的平面 P，过点 A 与直线 EF 相交的直线轨迹为由点 A 和直线 EF 所确定的平面 Q，同时满足这两个条件的直线为平面 P 和平面 Q 的交线。为了简化作图，可以求出直线 EF 与平面 $P(\triangle ACD)$ 的交点 K，连接 AK，即为所求直线，如图 5.22(b)所示。

作图步骤：

①连接 AC、AD，得平面 $\triangle ACD$，过 EF 作铅垂面 P，在 H 投影面的投影为 P_H，找出与平面 $\triangle ACD$ 的交线的水平投影 mn，根据直线上点的投影规律，找出 m'、n'，连接 m'、n'，并求得平面 $\triangle ACD$ 与 EF 直线的交点 K。

②连接 AK 并延长交 CD 于点 B，直线 AKB 即为所求，如图 5.22(b)所示。

(2)实形法。

空间几何问题的解常存在于相关元素所决定的平面之内，例如点到直线的距离、两条平行线之间的距离、两条相交直线的夹角、过点作直线与已知直线相交成定角等，上述问题的解均存在于相关元素所决定的平面内，只要求出平面的实形，问题也就迎刃而解了。

【例 5.14】 如图 5.23 所示，已知 $\triangle ABC$，求作角 A 的角平分线。

解 首先求出 $\triangle ABC$ 的实形，在实形图上作出角 A 的平分线，按照实形与投影之间的等比关系返回到投影图上，即得所求。

作图步骤：

①用直角三角形法求出 $\triangle ABC$ 各边的实长，如图 5.23(b)所示。

②量取 $\triangle ABC$ 各边的实长，作出 $\triangle ABC$ 的实形图，在该图中作出角 A 的平分线 AM，交 BC 边于点 M，如图 5.23(c)所示。

③在图 5.23(b)中作点 M，使得 $b'M_0=BM$。

④过点 M_0 作直线 $m'M_0$ 使其平行于 $c'C_0$，交 $b'c'$ 于 m'，根据直线上点的投影规律，找出 m，连接 a、m，直线 $AM(am$、$a'm')$ 即为所求角 A 的平分线。

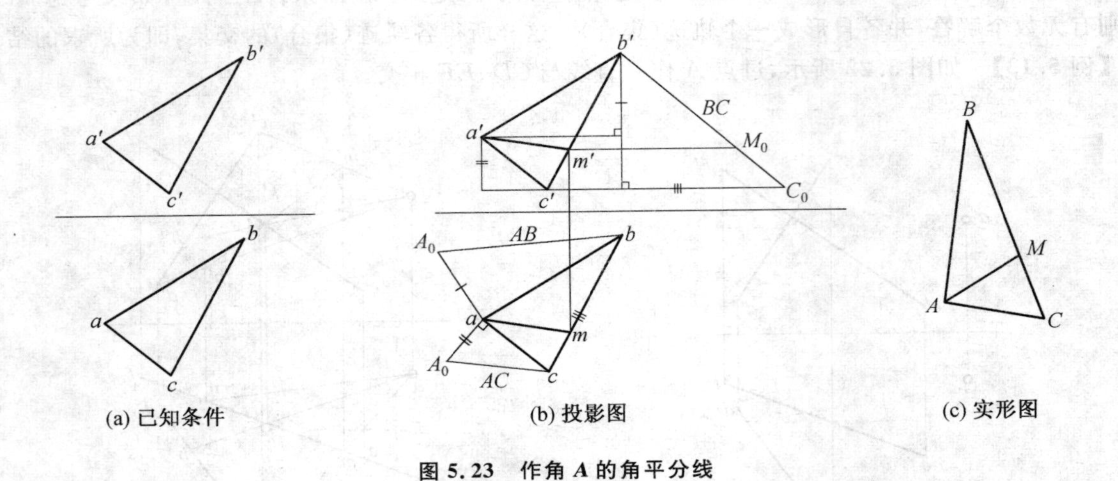

(a) 已知条件 (b) 投影图 (c) 实形图

图 5.23 作角 A 的角平分线

【重点串联】

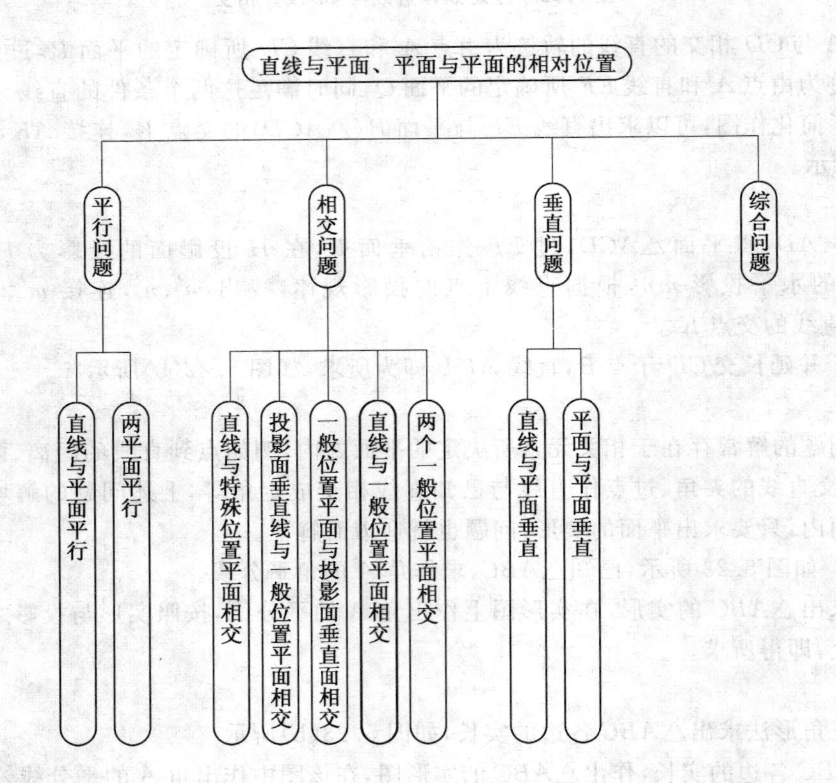

拓展与实训

基础训练

一、判断题

1. 铅垂线与侧垂线肯定垂直。 (　　)
2. 过定点既可以作无数条垂线,也可以作无数个垂面。 (　　)
3. 判断图 5.24 中两直线、两平面是否垂直。 (　　)

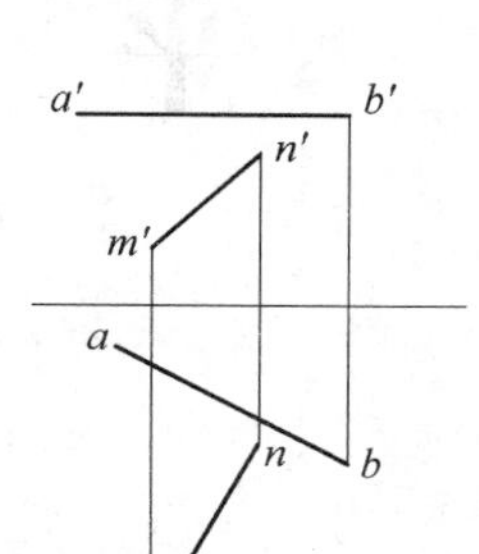

图 5.24　判断题 3 题图

二、指出图 5.25 中两直线的相对位置:相交、平行、交叉。

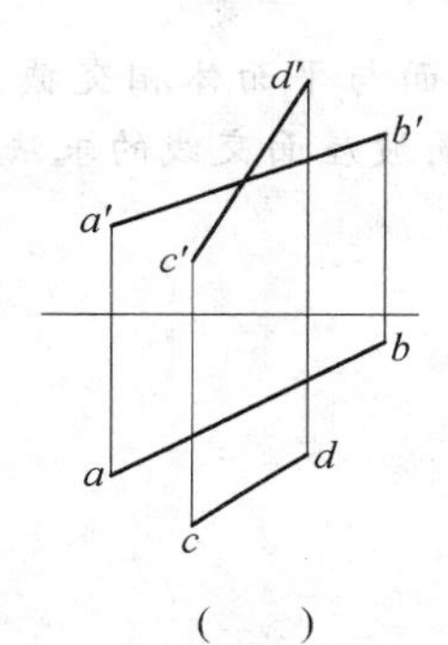

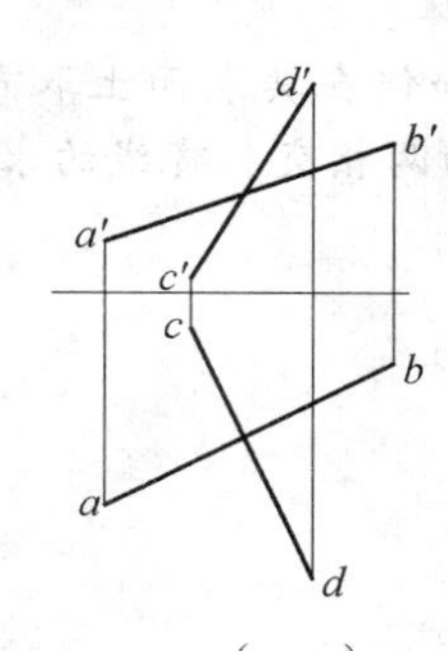

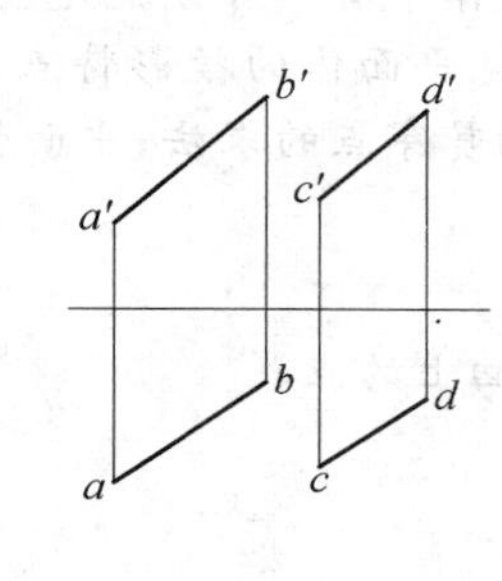

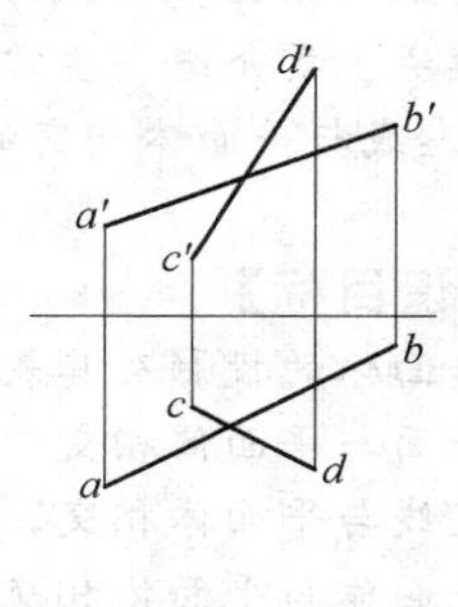

图 5.25　二题图

三、问答题

1. 直线与平面平行,平面与平面平行的判断依据有何不同?
2. 直线与平面相交、平面与平面相交时如何确定其交点、交线以及可见性?
3. 直线与平面垂直、平面与平面垂直的判断依据是什么?
4. 求解综合问题的思路和方法有哪些?

链接执考

2008 年制图员理论考试试题(单选题)

投影面垂直面变换为投影面平行面时,设立的(　　)必须平行于平面积聚为直线的那个投影。

A. 旧投影轴　　B. 新投影轴　　C. 新投影面　　D. 旧投影面

模块 6

平 面 体

【模块概述】

一般建筑物,如房屋、纪念碑及其构配件(包括基础、台阶、梁、柱、门、窗),如果对它们的形体进行分析,不难看出,它们是由一些简单几何体叠砌或切割而成的。在土木工程制图上,这些简单的几何体称为基本形体,这些基本形体中有一部分就是平面体。

本模块主要介绍一些常见平面体的投影特点及如何在其表面上取点,平面与平面体相交截交线的求法;直线与平面体相交的贯穿点的求法;平面体两两相交相贯线的求法;同坡屋面交线的求法。

【知识目标】

1. 平面体的投影及其表面上的点;
2. 平面与平面体相交;
3. 直线与平面体相交;
4. 平面体与平面体相交;
5. 屋面交线的求法及同坡屋面的画法。

【能力目标】

1. 掌握棱锥、棱柱的形成方式及其投影规律,并会在其表面上取点;
2. 掌握平面与平面体的截交线求法;
3. 掌握直线与平面体相交的贯穿点的求法;
4. 掌握平面体两两相交相贯线的求法;
5. 掌握同坡屋面交线的求法。

【学习重点】

通过棱锥、棱柱的形成方式及其投影规律,会判别可见性问题;平面与平面体的交线求法;直线与立体相贯的贯穿点的求法;多面体两两相交交线的求法及同坡屋面的画法。

【课时建议】

4～6 课时

6.1 平面体的投影及其表面上的点

6.1.1 平面体的投影

由若干平面所围成的立体图形称为平面体，它的每个表面都是多边形。常见的平面体有棱柱、棱锥和棱台。

1. 棱柱

在一个平面体中，如果有两个面相互平行，且其余每相邻两个面的交线都相互平行，这样的平面体称为棱柱。平行的两个面为棱柱的(上下)底面，其余的面为棱柱的棱面，相邻两棱面的交线称为棱柱的棱线，棱面与底面的交线称为(上下)底边。棱线垂直于底面的棱柱为直棱柱；棱线与底面斜交的棱柱则称为斜棱柱。底面是正多边形的直棱柱称为正棱柱。棱柱的棱线互相平行，底面为多边形，底面的形状是棱柱的特征面。

如图6.1所示为一个平放的正三棱柱及其在三个投影面上的投影，即我们常见的两坡顶屋面。

在该正三棱柱的水平投影中，矩形线框 $bcef$ 为水平棱面 $BCEF$ 的实形投影，bac 和 fde 为左右底面 ACB 和 DEF 的积聚投影，其中两个小线框 $abfd$ 和 $adec$ 为侧面 $ABFD$ 和 $ADEC$ 的非实形投影。另外，ad、bf、ce 和 cb、ef 分别为棱线 AD、BF、CE 及底边 CB、EF 的实形投影。

在正面投影中，矩形线框 $a'b'f'd'$ 和 $a'd'e'c'$ 分别为侧面 $ABFD$ 和 $ADEC$ 的非实形投影，$a'b'c'$、$d'f'e'$ 和 $b'c'f'e'$ 分别为底面 ABC、DEF 和水平侧面 $BCEF$ 的积聚投影，$a'd'$ 为棱线 AD 的实形投影。另外，$b'f'$ 和 $c'e'$ 分别为棱线 BF 和 CE 的实形投影，$b'(c')$ 和 $f'(e')$ 分别为棱线 BC 和 FE 的积聚投影。

在侧面投影中，等腰三角形 $a''b''c''$ 和 $d''e''f''$ 分别为左、右底面 ABC、DEF 的实形投影，$a''b''f''d''$、$a''d''e''c''$、$b''c''e''f''$ 分别为棱面 $ABFD$、$ADEC$ 和水平棱面 $BCEF$ 的积聚投影。另外，$a''b''$、$b''c''$、$a''c''$、$d''e''$、$d''f''$、$e''f''$ 分别为棱线 AB、BC、AC、DE、DF、EF 的实形投影，$b''(f'')$、$a''(d'')$、$c''(e'')$ 分别为棱线 BF、AD、CE 的积聚投影。

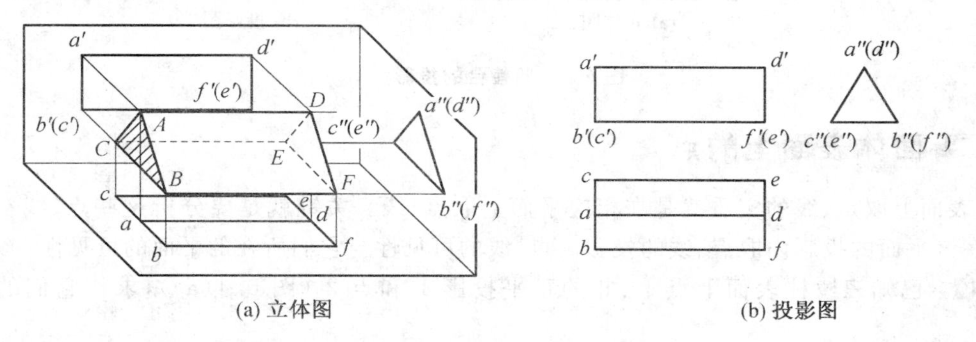

(a) 立体图 (b) 投影图

图6.1 正三棱柱的投影

2. 棱锥

一个平面体中，如果有一个面是多边形，其余各面是具有一个公共顶点的三角形，这样的多面体称为棱锥。这个多边形是棱锥的底面，各个三角形就是棱锥的棱面。如果棱锥的底面是一个正多边形，而且顶点与正多边形底面的中心的连线垂直于该底面，这样的棱锥就称为正棱锥。同样，底面的形状是棱锥的特征面。

如图6.2所示为一个正三棱锥及其三面投影图。三棱锥的底面△ABC 平行于 H 面，其后面的棱面△SAC 垂直于 W 面。三棱锥底面△ABC 的水平投影△abc 反映了它的实形，正面投影和侧面投影成为水平直线(图6.2(b))。后面的棱面△SAC 垂直于 W 面而倾斜于 H 面和 V 面，所以侧面投影积聚成一条倾斜的直线 $s''a''(c'')$，水平投影和正面投影成为与△SAC 相仿的图形△sac 和△$s'a'c'$。其余两个棱面与三个投影面都斜交，它们的三个投影都是三角形，其中，侧面投影△$s''a''b''$ 与△$s''b''c''$重合。

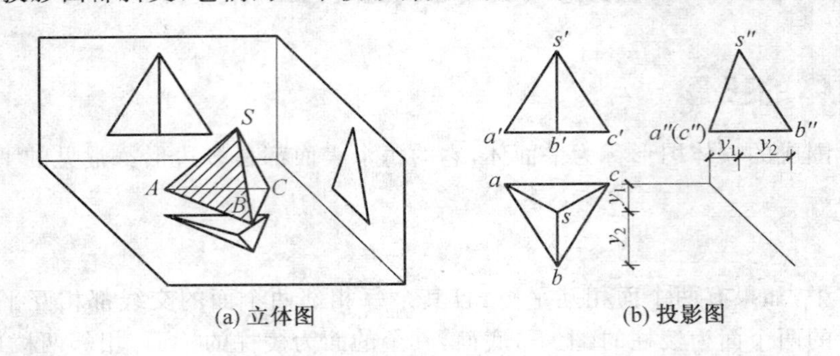

图 6.2　正三棱锥的投影

3. 棱台

棱锥被平行于其底面的平面截割，截面与底面间的部分称为棱台。所以，棱台的两个底面彼此平行且相似，所有的侧棱线延长后相交于一点。

如图 6.3 所示是一个以矩形为底面的四棱台，图 6.3(b)表示了该棱台的三面投影图。其中两面投影都是同一高度的正梯形，另一面投影是内外两个矩形，分别反映上下底面的实形，两矩形的对应顶点相连。

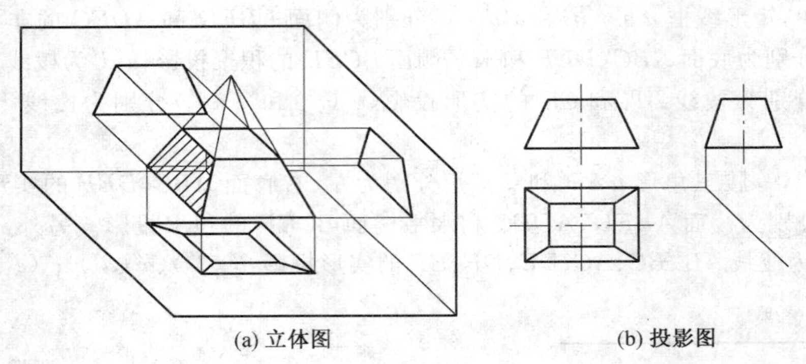

图 6.3　四棱台的投影

6.1.2　平面体表面上的点

平面体表面上取点、线的实质就是在相应平面上取点、线。关键就是要分析这些点、线在哪个平面上，从而在该平面的投影内取点、线的投影。点、线的可见性与它们所在的平面的可见性一致。

【例 6.1】　已知三棱柱表面上点Ⅰ、Ⅱ的正平投影 1′和点 2′(图 6.4(a))，求作它们的其余两投影。

解　如图 6.4(b)所示，点Ⅰ的正平投影 1′是不可见的，所以点Ⅰ应位于棱柱的 $ACFD$ 棱面上。这个棱面的水平投影和侧面投影都具有积聚性，所以可从点 1′直接在水平投影 $a(d)c(f)$上作出 1，并在侧面投影 $a''(c'')d''(f'')$上作出 1″。点 1 和 1″都位于具有积聚性的投影上，可看作不可见的。

点Ⅱ的正面投影 2′是可见的，所以点Ⅱ应位于棱柱右前方的棱面 $BCFE$ 上。这个平面的水平投影 $bcfe$ 具有积聚性，由点 2′可直接在棱面 $befc$ 上作出 2，它是不可见的。最后由点 2 和 2′作出侧面投影中的 2″。由于棱面 $BCFE$ 的侧面投影 $b''c''f''e''$不可见，所以 2″也是不可见的。

【例 6.2】　已知三棱锥表面上点Ⅰ的正面投影，求点Ⅰ的其余两面投影(图 6.5(a))。

解　由于图中点Ⅰ的正面投影 1′可见，可知点Ⅰ应位于棱面 SBC 上。作图步骤如图 6.5(b)所示，过 1′作辅助线 $s'2'$，交 $b'c'$于 2′，由 2′作出 2，并连接 $s2$，由 1′向 $s2$ 作竖直线，与 $s2$ 的交点即为 1。因棱面 ABC 的水平投影可见，故 1 也可见；由点 1、1′作出 1″，因棱面 ABC 的侧面投影不可见，故 1″也不可见。

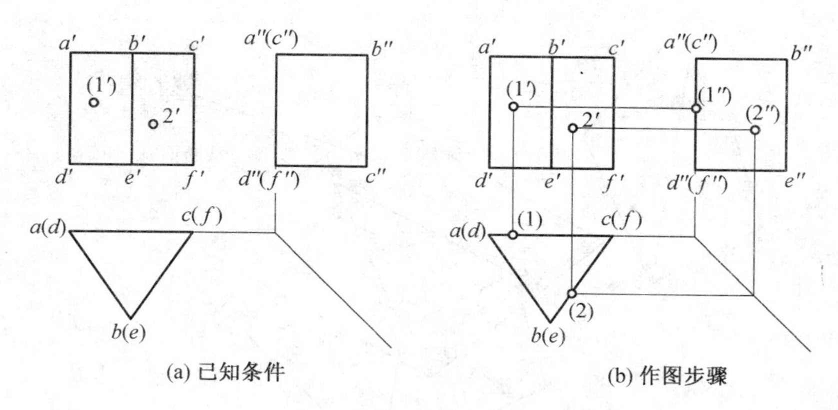

(a) 已知条件　　(b) 作图步骤

图 6.4　三棱柱表面上取点

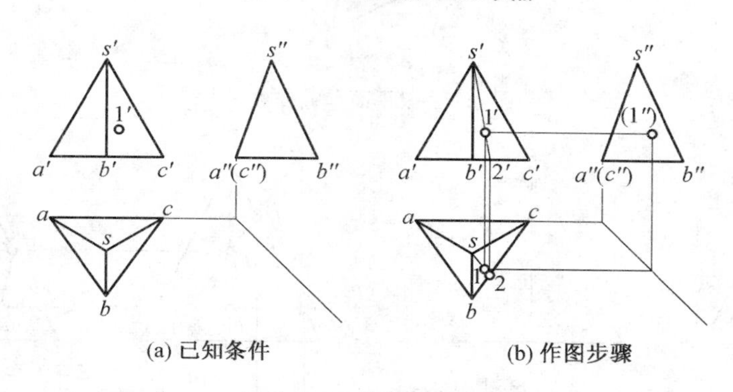

(a) 已知条件　　(b) 作图步骤

图 6.5　三棱锥表面上取点

6.2　平面与平面体相交

平面与平面体相交，也称为平面截平面体，此平面称为截平面，截平面与平面体表面的交线称为截交线，它是截平面与平面体表面的共有线，截交线所围成的平面图形称为截断面。

在工程图样中，为了正确清楚地表达物体的形状，常需画出物体上的截交线或截断面。平面与平面体相交，截交线为多边形，如图 6.6 中的三角形 DEF。多边形的各边是截平面与平面体表面各棱面(或底面)的交线。多边形的顶点是平面体上各棱线(或底边)与截平面的交点。因此，求平面与平面体截交线的方法实质就是求出平面体各棱线(或底边)与截平面的交点，然后依次连成多边形。

【例 6.3】 如图 6.6(a)所示，已知正四棱锥及其截切后的正面投影，求其水平投影和侧面投影。

解　由图 6.7(a)中的正面投影可以看出，截平面 P 为水平面、Q 为正垂面，但它们均未截断四棱锥，两截平面相交于一条正垂线 HG。所以其为截平面 P 和 Q 分别与四棱锥的截交线 $AEHGF$ 和 $BCHGD$ 以及 P、Q 的交线 HG 所组成。作图步骤如图 6.7(b)所示。

(1)定出其切口的正面投影。

(2)求出截平面 P 与四棱锥的截交线的侧面投影及水平投影。由于截平面 P 为平行于四棱锥底面的水平面，截平面 P 和 Q 的交线 HG 为正垂线，可利用其投影特性定出其截交线的投影。截交线的侧面投影平行于底面的侧面积聚投影，并积聚为一线段；水平投影平行于四棱锥底边线的水平投影。

(3)求出截平面 Q 与四棱锥的截交线的侧面投影及水平投影。点 B、C、D 的侧面投影和点 B 水平投影可直接得到；点 C 和 D 的水平投影可根据“宽相等”得到，也可通过点 C 和 D 的水平面与四棱锥的截交线得到。

(4)判别其可见性。截平面 P 和 Q 的交线 HG 的水平投影 hg 不可见，四棱锥最左侧棱被截切，

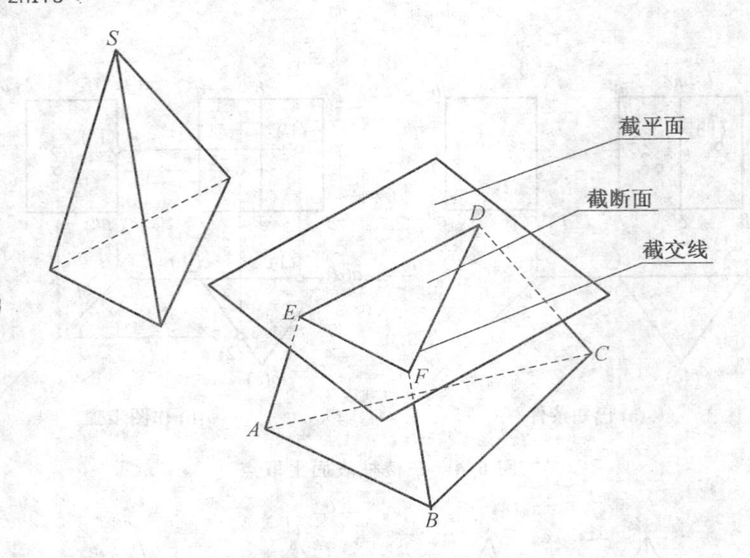

图 6.6　截平面和截交线

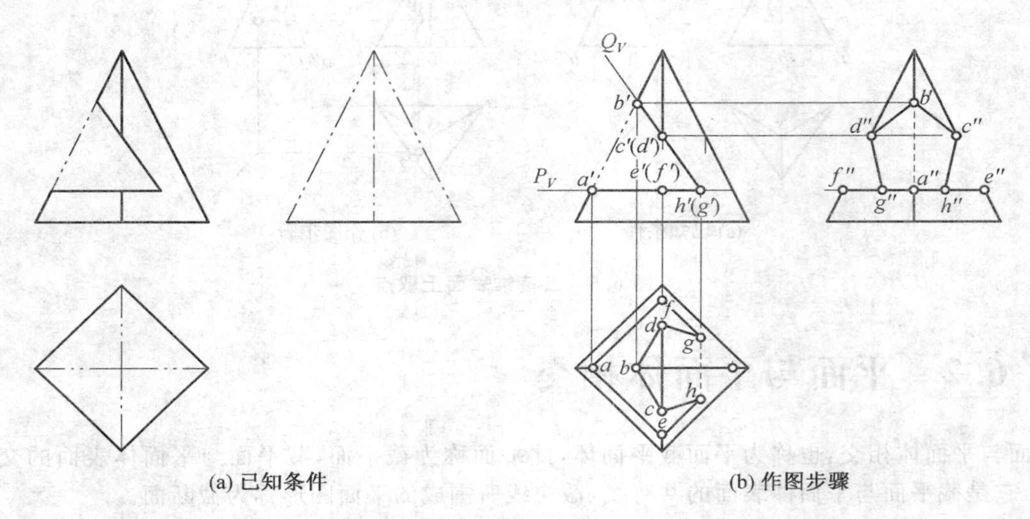

(a) 已知条件　　　　(b) 作图步骤

图 6.7　带切口的四棱锥

最右侧棱未被截切，$b''a''$之间画成虚线。

【例 6.4】　如图 6.8(a)所示，完成被截切五棱柱的水平和侧面投影。

解　从图 6.8 中可以看出该形体是五棱柱被水平面 P、正平面 Q、侧平面 R 组合切割而成。平面 P 与棱柱的四个棱面相交，截交线分别与对应棱面的底边平行；平面 Q 与两个棱面相交，截交线为对应棱面上的一般位置线；平面 R 与两个棱面及一个底边相交，截交线为对应棱面上的铅垂线及底面上的正垂线。棱面的水平投影有积聚性，因此截交线的水平投影与棱面的投影重合，只需求截交线的侧面投影。

作图时，先画出截平面 P 和 Q，P 和 R 的交线 BC、GH 的水平投影，再分别作出截平面 R、Q 切割五棱柱所形成的截断面的侧面投影，如图 6.8(b)所示。

☆知识拓展

一般位置平面与平面体相交截交线的作法，可通过辅助投影将其转化成上面讲过的特殊平面与平面体相交的问题。

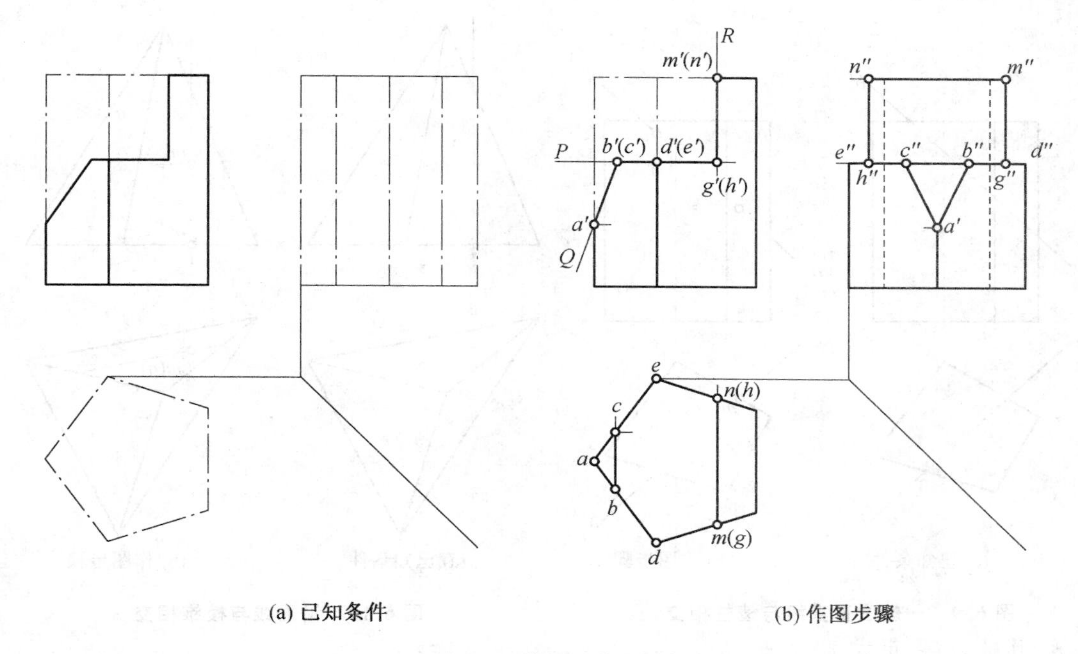

(a) 已知条件　　(b) 作图步骤

图 6.8　带切口的五棱柱

6.3　直线与平面体相交

直线与平面体表面相交，在立体表面产生的交点称为贯穿点。贯穿点是直线和立体表面的公共点。贯穿点必成对出现，有穿入点和穿出点。直线在平面体内的部分不画出。求贯穿点的问题实质上是求线与面的交线问题。贯穿点的可见性由该点所在表面的可见性来定。

1. 利用积聚性求贯穿点

当直线或平面体表面的投影具有积聚性时，则在具有积聚投影的投影面上，可直接得到贯穿点在该投影面上的投影；再利用面上定点或线上定点的方法，求出贯穿点在其他投影面上的投影。

【例 6.5】　如图 6.9(a)所示，求直线 AB 与四棱柱的贯穿点。

解　由于四棱柱各棱面的水平投影有积聚性，直线 AB 与左后方棱面的交点 M 的水平投影 m 可以直接求出，由此在直线的正面投影 $a'b'$ 上作出点 m'。同理作出点 n'。点 $M(m,m')$ 和 $N(n,n')$ 即为所求的贯穿点。如图 6.9(b)所示。

区分直线各段的可见性时，只要区分直线与立体投影重叠的部分，可根据贯穿点投影的可见性来区分。例如，正面投影中点 m' 是不可见的，$m'a'$ 段中与棱柱投影重叠的部分也是不可见的，画成虚线；正面投影中点 n' 是可见的，所以 $n'b'$ 段中与棱柱投影重叠部分也是可见的，穿入立体内部的线段 MN 的投影不必画出。

【例 6.6】　如图 6.10(a)所示，求铅垂线与三棱锥的贯穿点。

解　由图 6.10(a)中可以看出，直线是铅垂线，它的水平投影积聚成一点。从正面投影中反映出直线在三棱锥的棱面之上和底面之下各有一段，一个贯穿点在棱面上，一个贯穿点在底面上；从水平投影中反映出一个贯穿点在后面棱面上，一个贯穿点在底面上，两个贯穿点的水平投影都重合在直线上。通过上述分析可知：由于底面的正面投影有积聚性，底面上的贯穿点的正面投影可直接作出；而棱面的两面投影都没有积聚性，但棱面上的贯穿点的水平投影已知，就可用已知平面上的点的一个投影求作其他投影的方法作出贯穿点的正面投影和侧面投影。

因为两贯穿点 M 和 N 之间不存在直线段，所以 $m'n'$ 之间不存在直线段的投影，应擦去线。正面投影中 m' 是不可见的，所以 m' 往上与棱锥重叠的部分应该不可见，画成虚线。如图 6.10(b)所示。

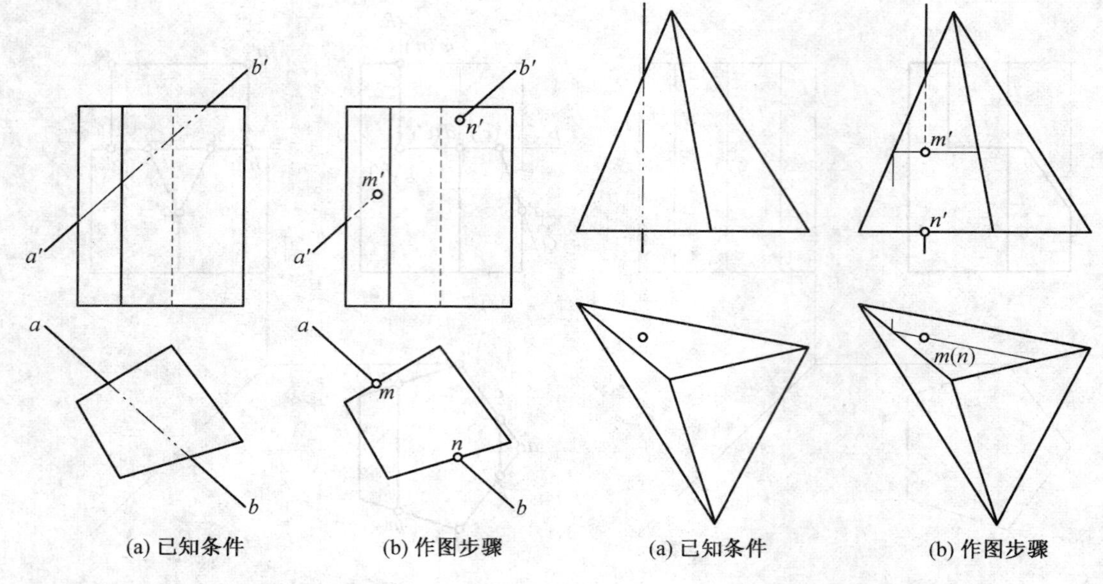

图 6.9　一般位置直线与棱柱相交　　　图 6.10　铅垂线与棱锥相交

2. 利用辅助平面求贯穿点

当直线和平面体表面没有积聚性时，贯穿点的投影不能直接定出，可仿照一般位置直线与一般位置平面求交点的原理和方法——辅助平面法，求出贯穿点。利用辅助平面求贯穿点的作图步骤。

(1)过已知直线作辅助平面。

(2)求出辅助平面与平面体的截交线。

(3)截交线与已知直线的交点即为所求的贯穿点。

【例 6.7】 如图 6.11(a)所示，求一般位置直线与三棱锥的贯穿点。

解　通过 AB 作正垂面 P 为辅助截平面，P 面的有积聚性的正面迹线 P_V 与直线的正面投影相重合。三棱锥的三条棱线的正面投影分别与 P_V 交于 $1'$、$2'$、$3'$，由 $1'$、$2'$、$3'$ 引投影连线，与相应的棱线的水平投影交于 1、2、3，将 1、2、3 连成三角形 123，即为辅助截平面 P 与三棱锥的截交线三角形ⅠⅡⅢ的水平投影；直线的水平投影与三角形 123 交于 m、n，由 m、n 引投影连线，交直线的正面投影于 m'、n'。m、m' 和 n、n' 即为所求的贯穿点的两面投影，如图 6.11(b)所示。

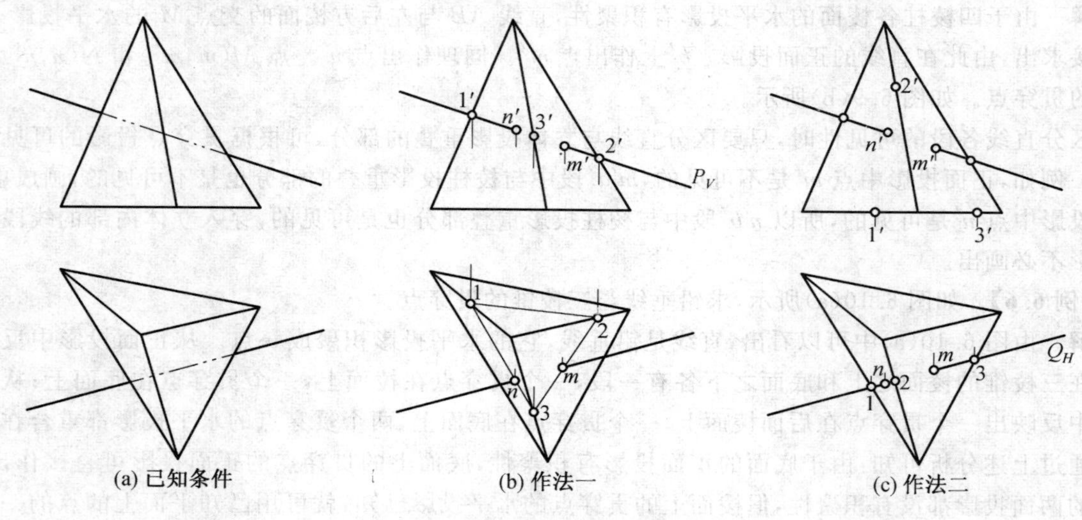

图 6.11　一般位置直线与棱锥相交

擦去 m 与 n，m' 与 n' 之间的直线，因为在图中可以看出直线在点 N 之左和点 M 之右的两段分别都是在三棱锥之上和三棱锥之前，所以这两段线段的水平投影、正面投影与三棱锥的同面投影相重合的部分都是可见的，均改成粗实线。

如图 6.11(c)所示是用通过直线的垂直于水平面的平面 Q 作为辅助截平面来求作贯穿点 M 和 N，因为图 6.10(c)所给出的直线是正平线，所以通过直线且垂直于水平面的 Q 面为正平面，水平迹线 Q_H 有积聚性，并与直线的水平投影相重合，所有的作图原理和过程都与图 6.11(b)相同，请读者自行阅读分析。

6.4 平面体与平面体相交

两立体相交，也称为两立体相贯，它们表面的交线称为相贯线。

工程形体一般是多种几何形体的组合，当组成它的基本几何体彼此相交时，就产生相贯线，相贯线一般是几何体之间的分界线。

由于立体的形状、大小及相互位置的不同，相贯线的形状也各不相同，可能是直线段或平面曲线段的组合，也可能是空间曲线。但是，所有相贯线都有下列基本性质。

(1)相贯线是相交两立体表面的共有线，它的投影必在两立体投影重叠部分的范围以内。

(2)由于立体有一定的范围，所以相贯线一般是封闭的。

(3)相贯线是相交立体表面间的分界线，每个参加相交的立体的轮廓线都不能穿过相贯线。

当一立体全部棱线或素线穿过另一立体时称为全贯，当两立体都只有一部分参加相贯时称为互贯，如图 6.12 所示。

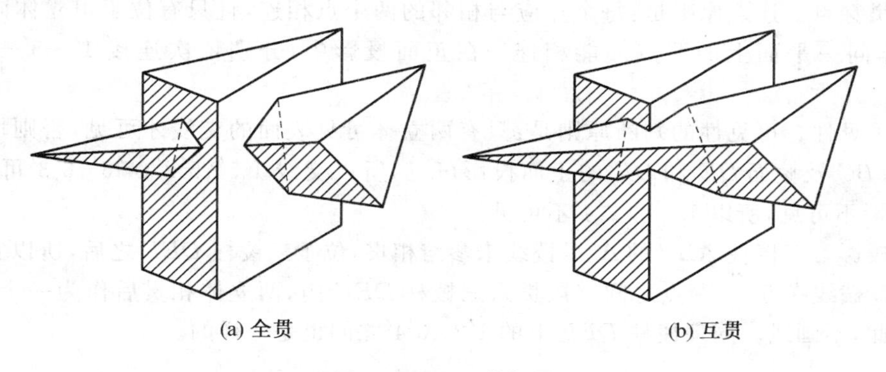

(a) 全贯　　(b) 互贯

图 6.12　两立体相贯

技术提示：

全贯时一般有两条相贯线，互贯时只有一条。

平面体的相贯线的形状是空间闭合折线或平面多边形，如图 6.12 所示，折线上的各直线段是平面体上相应平面的交线；折线的顶点是一个立体的棱线或底边对另一立体的贯穿点，称为折点。

求两平面体相贯线的方法有两种：

(1)截交线法：求出一平面体上各平面与另一立体的截交线，组合起来，得到相贯线。

(2)贯穿点法：求出两个平面体上所有棱线及底边与另一立体的贯穿点，按一定规则连接成相贯线。

为了避免作图的盲目性，在解题前应先分析有哪些平面、哪些棱线及底边参与相贯。

【例 6.8】　求如图 6.13(a)所示的两三棱柱的相贯线。

解　根据已知的水平投影并参照正面投影可以看出两三棱柱为互贯。三棱柱 DEF 的棱线 E 和 F 贯穿三棱柱 ABC，棱线 D 与三棱柱 ABC 不相交；而三棱柱 ABC 的棱线 B 贯穿三棱柱 DEF。其相贯线为一个封闭的空间折线。作图步骤如图 6.13(b)所示。

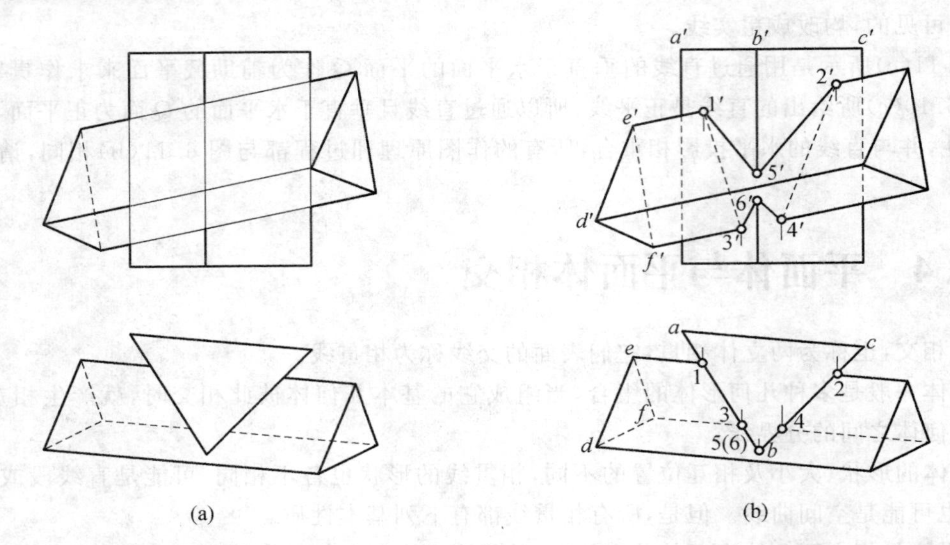

图 6.13　两三棱柱相贯(互贯)

(1)求贯穿点。棱线 E,F 上的贯穿点Ⅰ、Ⅱ和Ⅲ、Ⅳ,利用积聚性,其水平投影 1、2 和 3、4 可直接定出,进而求出正面投影 1′、2′、3′、4′。棱线 B 上的贯穿点Ⅴ,Ⅵ,其水平投影 5、6 也可直接定出,利用面内线上定点的方法求出其正面投影 5′、6′。

(2)连接贯穿点。连点原则是:每个点应与相邻的两个点相连,且只有位于甲立体同一平面又同时位于乙立体同一平面上的两点才能相连。在正面投影中,分别依次连接 1′—5′—2′—4′—6′—3′—1′。

(3)判别可见性。可见性的判断原则是:只有两立体可见表面的交线才可见,否则均不可见。由于棱面 AB 和 BC 及棱面 DE 和 DF 的正面投影可见,所以交线 1′5′、5′2′、4′6′、6′3′可见;由于棱面 EF 的正面投影不可见,所以 1′3′和 2′4′不可见。

(4)补全投影。三棱柱 ABC 的 A、C 棱线未参与相贯,位于三棱柱 DEF 之后,所以它们的中间一段应画虚线,B 棱线在 5′、6′两点之间一段贯入三棱柱 DEF 内,两立体相贯后作为一个整体,这段线不再存在,因此,不画线。同理棱柱 DEF 上的 1′2′、3′4′之间也是一样的。

6.5　屋面交线及同坡屋面的画法

坡屋面有多种形式,如两坡屋面、四坡屋面等。最常见的是同坡屋面,即房屋四周的屋檐高度相同或各屋面对水平面的倾角相等的屋面,如图 6.14 所示。

同坡屋面有如下特点:

(1)两屋面平行的屋面相交成水平屋脊线,其水平投影必平行于屋檐的水平投影,且与两屋檐的水平投影等距。

(2)屋檐相交的两屋面必相交于倾斜的屋脊或天沟,其水平投影为两屋檐水平投影的夹角平分线。当两屋檐正交时,斜脊或天沟的水平投影与屋檐的水平投影成 45°角。

(3)两倾斜的斜脊或天沟相交于一点,必有第三条水平的屋脊线通过该点,该点是三个相邻屋面的公共点。倾斜的斜脊或天沟与水平的屋脊相交于一点,必有另一条斜脊或天沟通过该点。

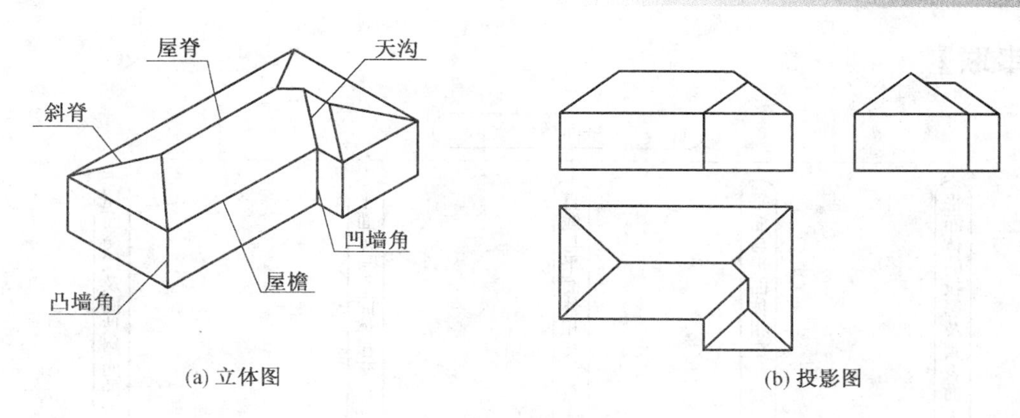

图 6.14 同坡屋面

技术提示：

由上述同坡屋面的特点，在已知屋檐的水平投影的情况下，可以作出同坡屋面的水平投影，然后根据屋面的坡度或水平倾角，就可作出其正面投影。

【例 6.9】 如图 6.15(a)所示，已知同坡屋顶四周屋檐的水平投影及各屋面的水平倾角为 30°，试作出该同坡屋顶的水平投影和正面投影。

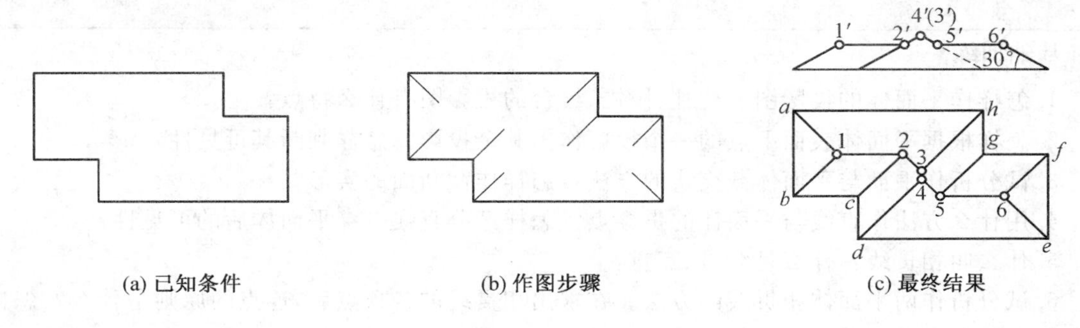

图 6.15 同坡屋面的投影

解 首先在水平投影中经各相邻屋檐的交点引与屋檐成 45°角的斜线，如图 6.15(b)所示。从左边开始，两条斜线相交于点 1，如图 6.15(c)所示，则过点 1 一定有一条平行于水平方向的屋脊 12，此线首先与引自 c 点的 45°斜线交于点 2。点 2 处已有水平线 12 和斜线 $c2$，所以还应有一条斜线 23，此线与引自 h 点的斜线相交于点 3。按此法一直作到点 6 为止，完成同坡屋面的水平投影。

然后根据屋面的 30°倾角作出屋面的正面投影，如图 6.15(c)所示。

☆知识拓展

屋脊：由屋檐相互平行的两个坡屋相交而成，也称正脊。屋脊和屋檐相互平行。

斜脊：凸墙角处，屋檐相交的两坡屋面相交形成斜脊。

天沟：凹墙角处，屋檐相交的两坡屋面相交形成天沟。

【重点串联】

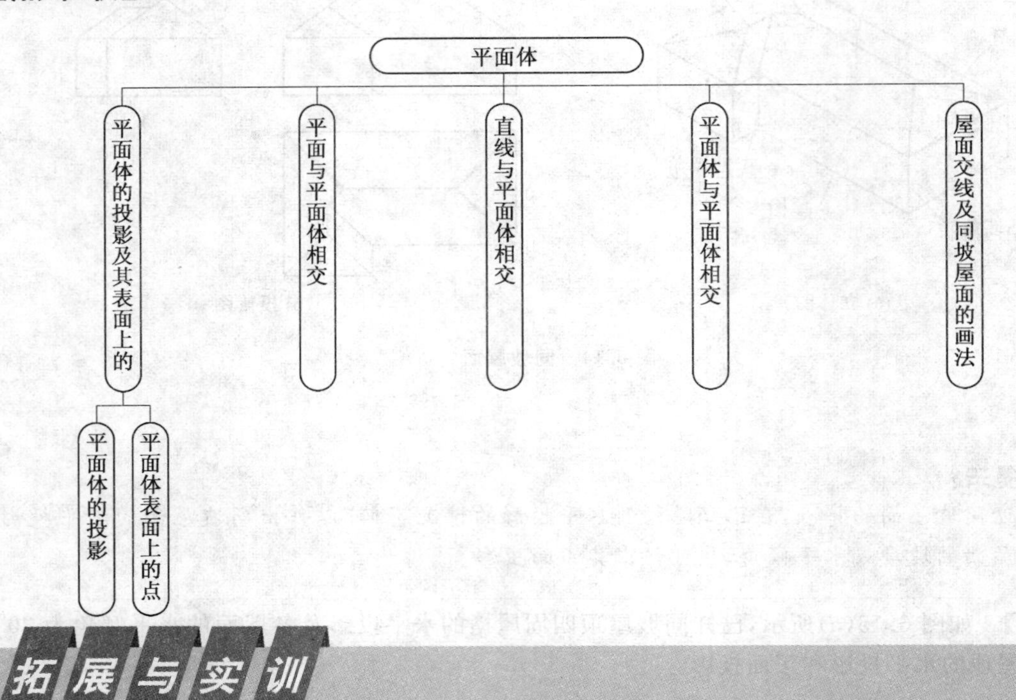

拓展与实训

基础训练

1. 怎样作平面体的投影图？棱柱、棱锥、棱台的投影图有什么特点？

2. 怎样根据平面体表面上点的一个投影作出其余投影？怎样判断其可见性？

3. 试分析作平面与平面体截交线的方法？怎样作截断面的实形？

4. 用什么方法作直线与平面体的贯穿点？怎样区分直线贯穿平面体后的可见性？

5. 什么叫相贯线？什么是全贯、互贯？

6. 试分析作两平面体相贯线的方法。在求出相贯线的各顶点后，连点的原则是什么？怎样区分相贯线各段的可见性？

7. 什么叫同坡屋面？有什么特点？怎样根据屋面的水平投影和屋面的坡度作出同坡屋面的水平投影和正面投影？

链接执考

2010 年制图员理论考试试题(单选题)

1. 平面基本体的特征是:每个表面都是(　　)。

A. 正多边形　　B. 三角形　　C. 四边形　　D. 平面

2. 曲面基本体的特征是:至少有(　　)个表面是曲面。

A. 3　　B. 2　　C. 1　　D. 4

2008 年制图员理论考试试题(单选题)

1. 圆弧连接的要点是求圆心、求(　　)、求圆弧。

A. 切点　　B. 交点　　C. 圆弧　　D. 圆点

2. 物体由前向(　　)投影,在正投影面得到的视图,称为主视图。

A. 后　　B. 右　　C. 左　　D. 下

3. 平面基本体的特征是每个表面都是(　　)。

A. 正多边形　　B. 三角形　　C. 四边形　　D. 平面

模块 7

曲线和曲面

【模块概述】

规则的曲面，如圆柱面、球面等，是由运动的线按照一定的控制条件形成的轨迹。由曲面或曲面与平面围成的立体称为曲面体。曲面体的投影，曲表面与其他表面的交线都有可能是曲线。曲线在现实生活中随处可见。

本模块通过对常用工程曲线、曲面及其投影的分析和综合学习，使学生了解曲线和曲面的概念、分类及图示特点，并掌握常用曲线、曲面的画法。

【知识目标】

1. 柱面和锥面的形成和图示方法；
2. 柱状面和锥状面的形成和图示方法；
3. 单叶回转双曲面的形成和图示方法；
4. 双曲抛物面的形成和图示方法；
5. 螺旋线及螺旋面的形成和图示方法；
6. 常用曲面立体的投影。

【能力目标】

1. 掌握常用曲线和曲面的形成方式及图示方法；
2. 掌握在常见曲面上取点的方法；
3. 掌握常见曲面立体的投影。

【学习重点】

常见曲面的图示及表面取点的方法。

【课时建议】

4～6 学时

7.1 柱面和锥面形成及其图示方法

7.1.1 柱 面

如图 7.1(a)所示，直母线 AA_1 沿着曲导线 $ABCD$ 移动，且始终平行于直导线 L，这样形成的曲面称为柱面。

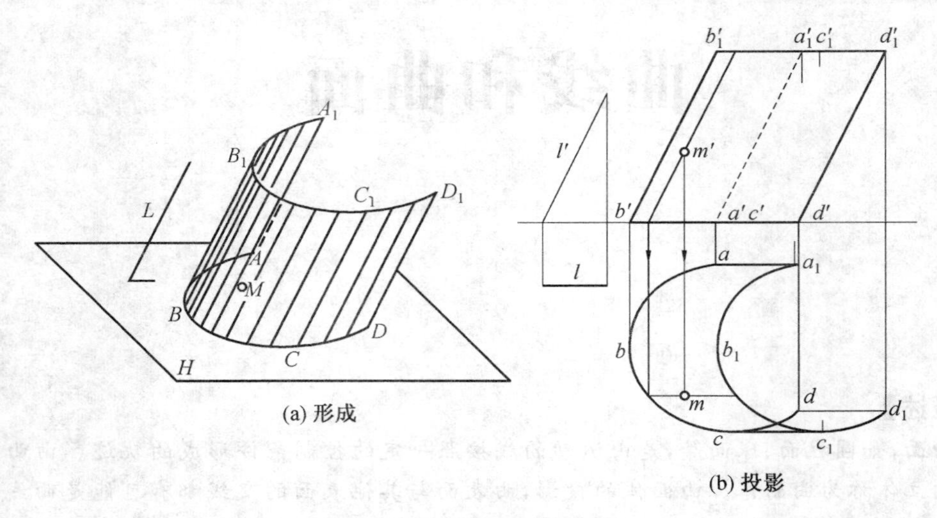

图 7.1 柱面的形成及投影

表示柱面的基本要素是直母线、直导线和曲导线。从理论上说，只要把这些要素的投影画出，则柱面即可完全确定。但是，这样表示的柱面不能给人以完整清晰的感觉，因此，还需要画出柱面的边界线和投影轮廓线。图 7.1(b)中直线 AA_1、DD_1 和曲线 $ABCD$、$A_1B_1C_1D_1$ 都是柱面的边界线，需要画出全部投影；BB_1 是柱面正面投影轮廓线，只需画出正面投影；CC_1 是柱面水平投影轮廓线，只需画出水平投影。

在图 7.1(b)中还表示了在柱面上画点的作图方法，例如已知柱面上 M 点的正面投影 m'，则利用柱面上的素线为辅助线可以求出它的水平投影 m。

图 7.2(a)、(b)、(c)给出了三种形式的柱面。当它们被一个与母线垂直的平面截切时，所得正截面是圆或椭圆。根据正截面的形状，把它们分别称为正圆柱、正椭圆柱和斜椭圆柱。

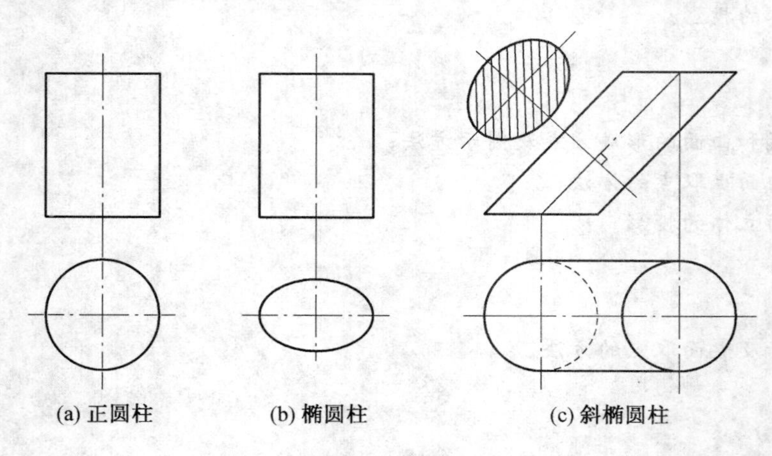

图 7.2 三种柱面

7.1.2 锥 面

如图 7.3(a)所示，直母线 SA 沿着曲导线 $ABCDE$ 移动，且始终通过一点 S，这样形成的曲面称为锥面。

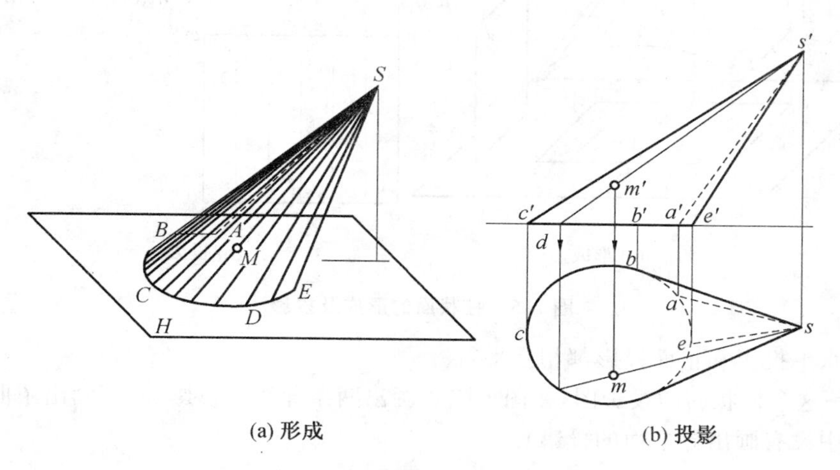

图 7.3 锥面的形成与投影

画锥面的投影时，必须画出锥顶 S 及导线 $ABCDE$ 的投影，此外还需要画出锥面的边界线 SA、SE 的投影以及正面投影轮廓线 SC 的正面投影和水平投影轮廓线 SB、SD 的水平投影(图 7.3(b))。图中还给出了以素线(过锥顶的直线)为辅助线在锥面上画点的方法。

如图 7.4 所示给出了三种形式的锥面，它们也同样用正截面的形状来命名，图 7.4(a)为正圆锥，图 7.4(b)为正椭圆锥，图 7.4(c)为斜椭圆锥。

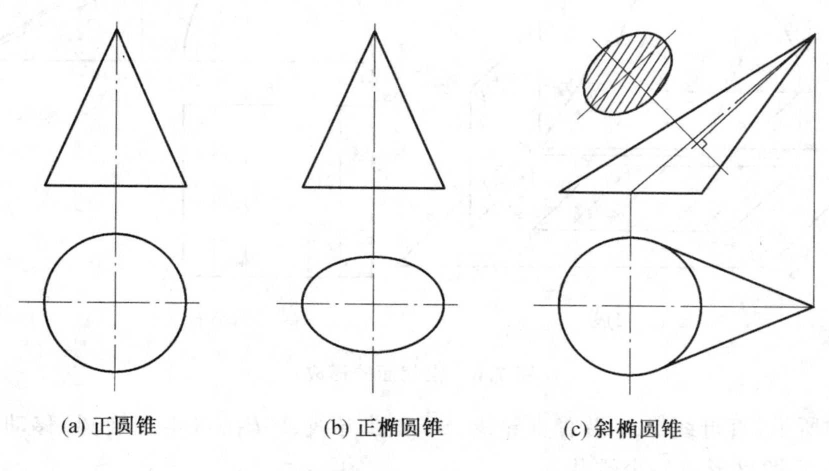

图 7.4 三种锥面

7.2 柱状面和锥状面形成及其图示方法

7.2.1 柱 状 面

直母线沿着两条曲导线移动，且又始终平行于一个导平面，这样形成的曲面称为柱状面。

如图 7.5(a)所示，直母线 AA_1 沿着两条曲导线——半个正平椭圆 ABC 和半个正平圆 $A_1B_1C_1$ 移动，并且始终平行于导平面 P(图中为侧平面)，即可形成一个柱状面。

从图中可以看出，柱状面上相邻的素线都是交错的直线，这些素线又都平行于侧平面，都是侧平

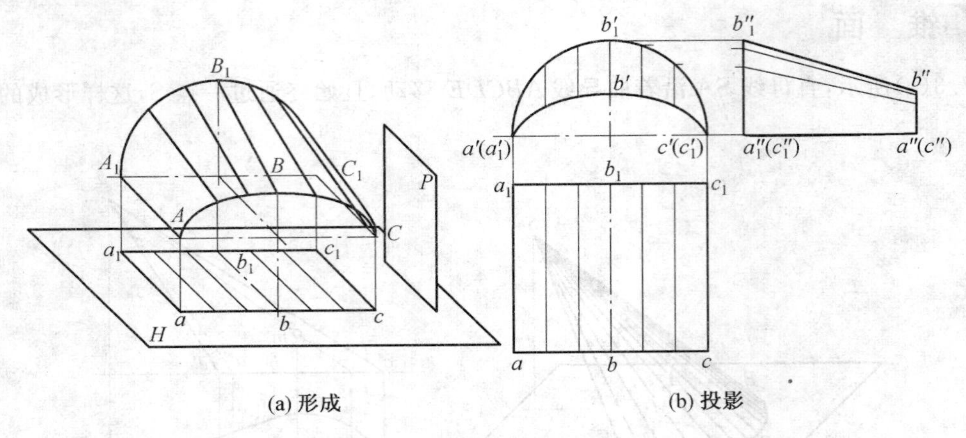

图 7.5　柱状面的形成及投影

线，因此它们的水平投影和正面投影都相互平行。

图 7.5(b)是这个柱状面的投影图，在图上除了画出两条导线的投影外，还画出了曲面的边界线和投影轮廓线(图中没有画出导平面的投影)。

7.2.2 锥状面

直母线一端沿着直导线移动，另一端沿着曲导线移动，而且又始终平行于一个导平面，这样形成的曲面称为锥状面。

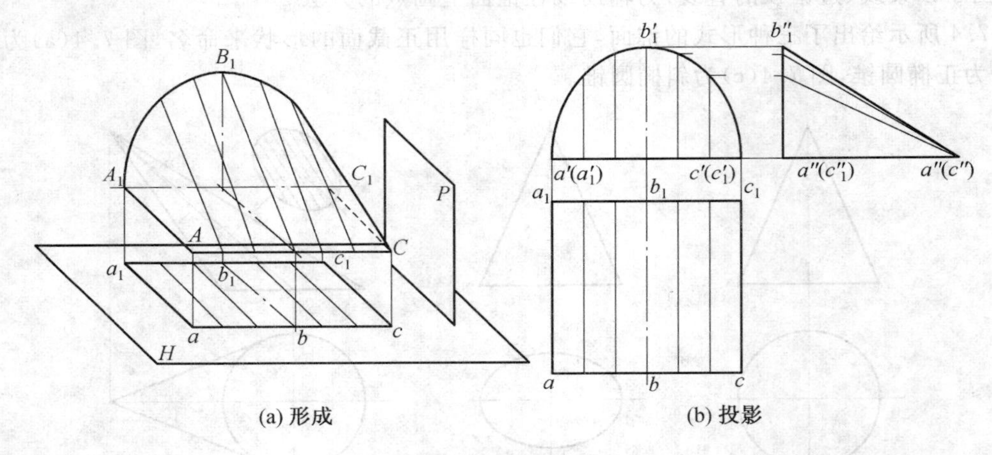

图 7.6　锥状面的形成

如图 7.6(a)所示，直母线 AA_1 沿着直导线 AC 和曲导线 $A_1B_1C_1$(半个椭圆)移动，且始终平行于导平面 P(侧平面)，即可形成一个锥状面。

在这个锥状面上，相邻的素线也都是交错直线，所有的素线也都是侧平线，它们的水平投影和正面投影都相互平行。图 7.6(b)是锥状面的投影图，图中没有画出导平面。

7.3　单叶回转双曲面形成及其图示方法

两条交错直线，以其中一条直线为母线，另一条直线为轴线做回转运动，这样形成的曲面称为单叶回转双曲面。

如图 7.7 所示，AA_1 和 OO_1 为两条交错直线，以 AA_1 为母线，OO_1 为轴线做回转运动，即可形成一个单叶回转双曲面。

在回转过程中，母线上各点运动的轨迹都是垂直于轴线的纬圆，纬圆的大小取决于母线上的点到轴线的距离。母线上距离轴线最近的点形成了曲面上最小的纬圆，称为喉圆。

如图 7.7 所示，如果把母线 AA_1 换成到对称的 BB_1 位置上，那么这两个母线形成的是同一个单叶回转双曲面。可见，在单叶回转双曲面上存在着两族素线，同一族素线都是交错直线，不同族素线都是相交直线。

画单叶回转双曲面的投影，同样要求画出边界线的投影和轮廓线的投影。

如图 7.8(a)所示，给出了单叶回转双曲面的母线 AA_1 和轴线 OO_1。

如图 7.8(b)所示，表明了投影图的画法——素线法，作图步骤如下：

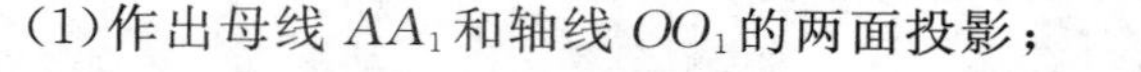

(1)作出母线 AA_1 和轴线 OO_1 的两面投影；

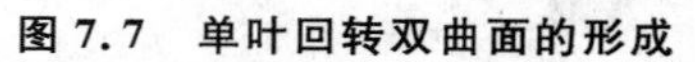

图 7.7　单叶回转双曲面的形成

(2)作出母线 AA_1 的两端点绕轴线 OO_1 回转形成的两个边界圆的两面

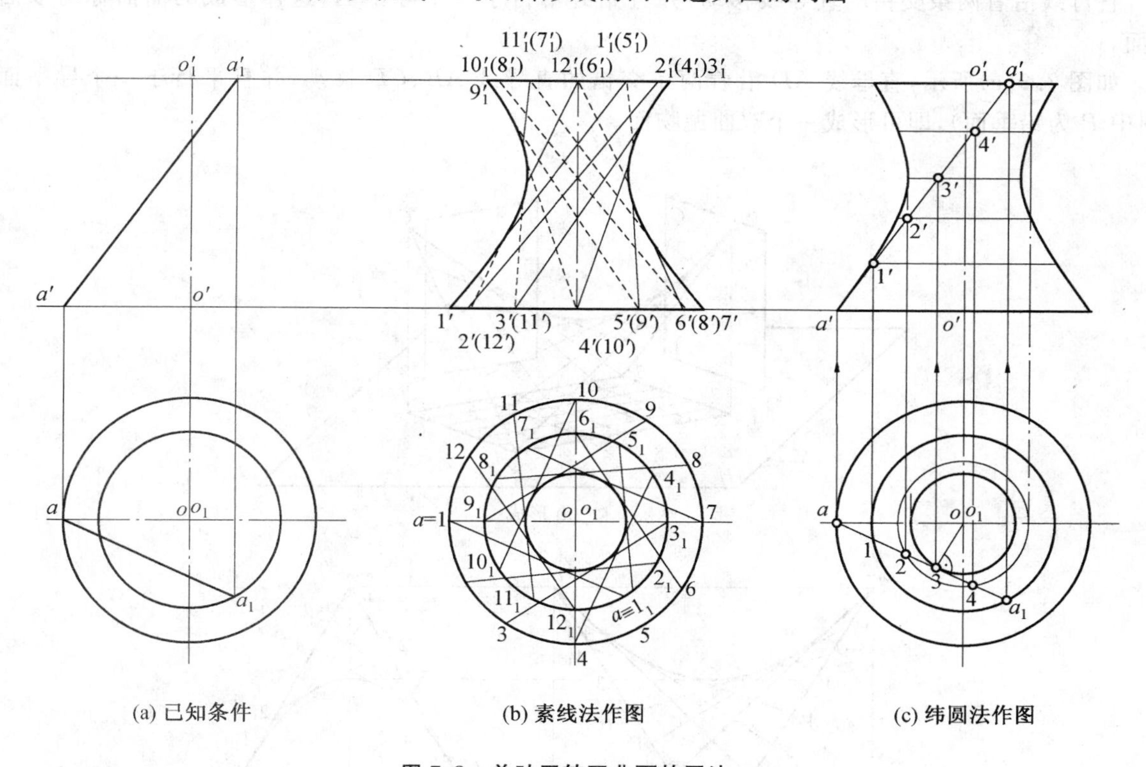

(a) 已知条件　　(b) 素线法作图　　(c) 纬圆法作图

图 7.8　单叶回转双曲面的画法

投影；

(3)在水平投影上，自 a 点和 a_1 点起把两个边界圆作相同等分(图中为十二等分)，得等分点 1、2、…、11、12 和 1_1、2_1、…、11_1、12_1，向上引联系线，在正面投影上得等分点 $1'$、$2'$、…、$11'$、$12'$ 和 $1'_1$、$2'_1$、…、$11'_1$、$12'_1$；

(4)在水平投影上连素线 11_1、22_1、…、1111_1、1212_1，并以 O 点为圆心作圆与各素线相切，得喉圆的水平投影；

(5)在正面投影上连素线 $1'1'_1$、$2'2'_1$、…、$11'11'_1$、$12'12'_1$，并且画出与各素线相切的曲线(包络线)，得轮廓线的正面投影——双曲线。

如图 7.8(c)所示，表明了投影图的另一种画法——纬圆法，作图步骤如下：

(1)作出母线 AA_1 和轴线 OO_1 的两面投影；

(2)过 a 点和 a_1 点分别作出两个边界圆的水平投影，而后作出它们的正面投影；

(3)在母线 aa_1 上找出与轴线距离最近的点 3，并以 O 点为圆心、O_3 为半径画圆，得喉圆的水平投影，而后再作出喉圆的正面投影；

(4)在母线 aa_1 上适当地选定三个点1、2和4，并且过这三个点分别作三个纬圆(先作水平投影，再作正面投影)；

(5)根据各纬圆的正面投影作出单叶回转双曲面轮廓线的投影——双曲线。

☆知识拓展

曲线是由点的运动而形成的，可分为平面曲线和空间曲线两大类。

所有的点都在同一平面上的曲线称为平面曲线，如圆、椭圆、双曲线、抛物线等。任意连续四个点不在同一平面上的曲线称为空间曲线，如圆柱螺旋线等。

7.4 双曲抛物面形成及其图示方法

直母线沿着两条交错的直导线移动，并且始终平行于一个导平面，这样形成的曲面称为双曲抛物面。

如图7.9(a)所示，直母线 AD 沿着两条交错的直导线 AB、CD 移动，并且平行于一个导平面 P (图中 P 为铅垂面)，即可形成一个双曲抛物面。

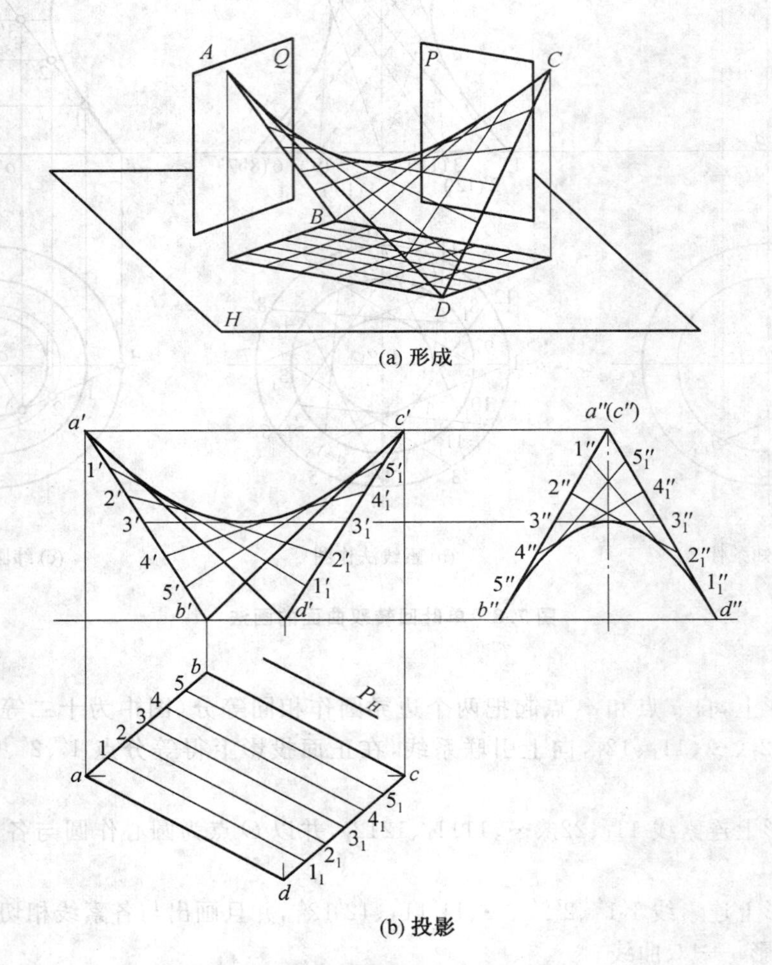

图7.9 双曲抛物面的形成及投影

如果以 CD 直线为母线，AD、BC 两直线为导线，铅垂面 Q 为导平面，也可形成一个双曲抛物面。显然这个双曲抛物面与前面那个双曲抛物面是同一个曲面。

可见，在双曲抛物面上也存在着两族素线，同族素线相互交错，不同族素线全部相交。

图7.9(b)为双曲抛物面投影图的画法，作图步骤为：

(1)画出导平面(一铅垂面)P 的水平投影 P_H(P 平面的 H 面投影积聚成直线)以及导线 AB、CD 的各个投影,其中 P_H应与母线 ad 平行;

(2)把导线 AB、CD 作相同的等分(图中为六等分),得等分点的各个投影 1、2、…、5,1′、2′、…、5′和 1″、2″、…、5″以及 1_1、2_1、…、5_1,$1'_1$、$2'_1$、…、$5'_1$ 和 $1''_1$、$2''_1$、…、$5''_1$;

(3)连接,ad、11_1、22_1、…、bc,$a'd'$、$1'1'_1$、$2'2'_1$、…、$b'c'$和 $a''d''$、$1''1''_1$、$2''2''_1$、…、$b''c''$作出边界线和素线的各个投影;

(4)在正面投影和侧面投影上,分别作出与各素线都相切的包络线(均为抛物线),完成曲面轮廓线的投影。

7.5 螺旋线和螺旋面形成及其图示方法

7.5.1 圆柱螺旋线

如图 7.10(a)所示,M 点沿着圆柱表面素线 AA_1 向上等速移动,而素线 AA_1 又同时绕着轴线 OO_1 等速转动,则 M 点的运动轨迹是一条圆柱螺旋线。这个圆柱称为导圆柱,圆柱的半径 R 称为螺旋半径,动点回转一周沿轴向移动的距离 h 称为导程。

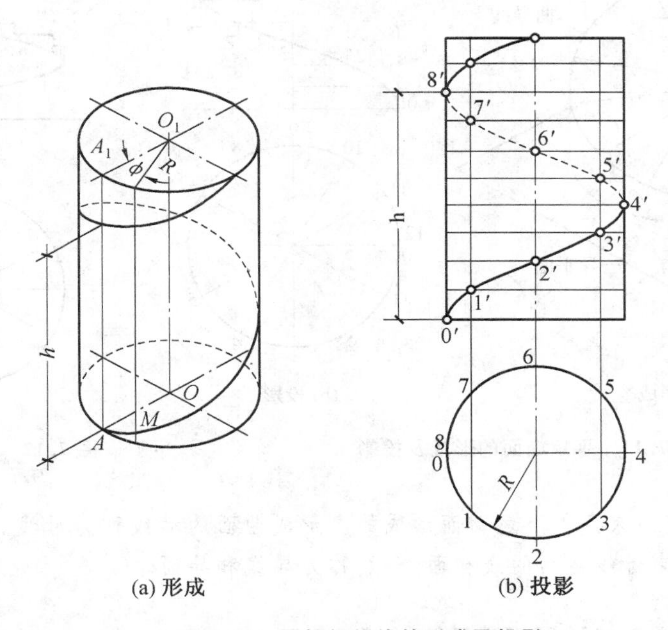

图 7.10 圆柱螺旋线的形成及投影

图中表明了 M 点沿 AA_1 上升,AA_1 绕 OO_1 向右旋转形成的一条螺旋线;由此可知,如果 M 点沿 AA_1 上升,AA_1 绕 OO_1 向左旋转,同样可以形成另一条螺旋线。前者称为右螺旋线,后者称为左螺旋线。控制螺旋线的要素为螺旋半径尺、导程和旋转方向。

图 7.10(b)为圆柱螺旋线投影图的画法,其步骤如下:

(1)画出导圆柱的两面投影(圆柱的高度等于 h,圆柱的直径等于 $2R$);

(2)把导圆柱的底圆进行等分(图中作了八等分),并按右螺旋方向(反时针方向)进行编号 0、1、…、7、8;

(3)把导程 h 作相同的等分,并且画出横向格线;

(4)自 0、1、2、…、7、8 向上引联系线,并在横向格线上自下而上、依次地找到相应的点 0′、1′、…、7′、8′;

(5)将 0′、1′、…、7′、8′依次连成光滑的曲线(为正弦曲线),完成螺旋线的正面投影,螺旋线的水平投影积聚在导圆柱的轮廓圆上。

7.5.2 平螺旋面

如图7.11(a)所示，直线MN(母线)一端沿着圆柱螺旋线(曲导线)移动，另一端沿着圆柱轴线(直导线)移动，并且始终与水平面H(导平面)平行，这样形成的曲面称为平螺旋面。

为了画出平螺旋面的投影，应当首先根据螺旋半径、导程、螺旋方向画出导圆柱的轴线和圆柱螺旋线的投影，然后画出各条素线的投影(图中画了十二条素线)。由于平螺旋面的母线平行于水平面，所以平螺旋面的素线也都是水平线，它们的正面投影与轴线垂直，水平投影与轴线相交，如图7.11(b)所示。

在建筑工程上，圆柱螺旋线和平螺旋面常见于螺旋楼梯。图7.12为一螺旋楼梯的两面投影图，请读者自己分析它的画法。

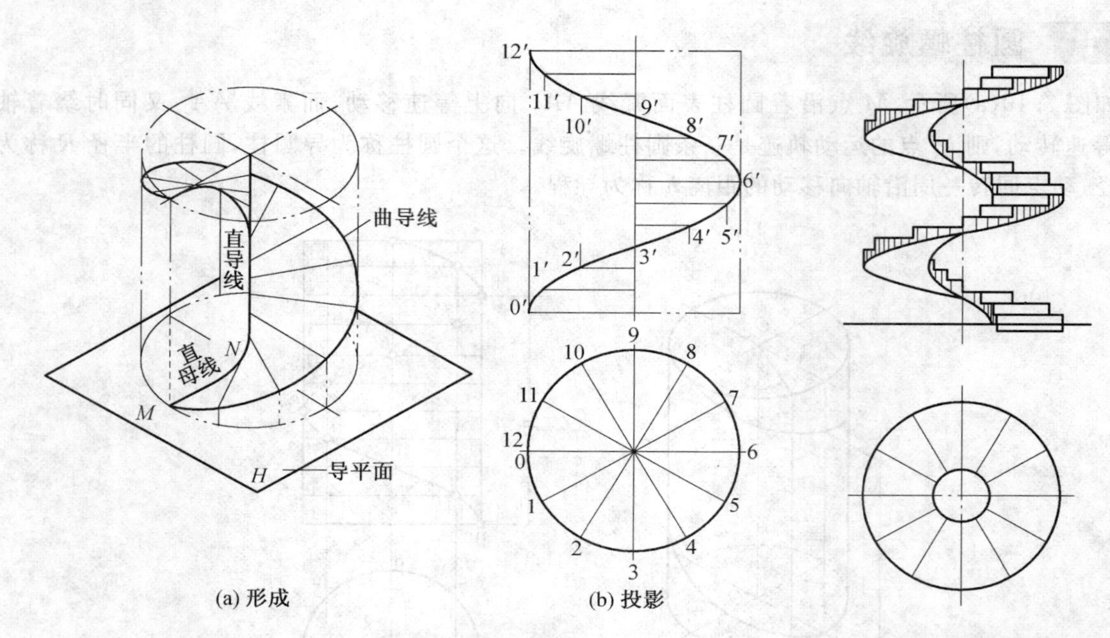

(a) 形成　(b) 投影

图7.11　平螺旋面的形成及投影

图7.12　螺旋楼梯的投影

☆知识拓展

曲面是由动线在一定约束条件下运动而形成的。形成曲面的动线称为母线。母线在曲面上运动到任一位置称为素线，约束母线运动的线和面，分别称为导线和导面。

7.6 曲面立体的投影

曲面立体是由曲面或曲面与平面包围而成的立体。工程上应用较多的是回转体，如圆柱、圆锥和球等。

回转体是由回转曲面或回转曲面与平面围成的立体。回转曲面是由运动的母线(直线或曲线)绕着固定的轴线(直线)做回转运动形成的，曲面上任一位置的母线称为素线。

曲面立体的投影是由构成曲面立体的曲面和平面的投影组成的。

7.6.1 圆柱

圆柱是由圆柱面和上、下底面围成的。圆柱面是一条直线(母线)绕一条与其平行的直线(轴线)回转一周所形成的曲面。

1. 投影

如图 7.13(a)所示，直立的圆柱轴线是铅垂线，上、下底面是水平面。把圆柱向三个投影面作正投影，得三面投影图，如图 7.13(b)所示。

水平投影是一个圆，它是上、下底面的重合投影(反映实形)，圆周是圆柱面的投影(有积聚性)，圆心是轴线的积聚投影。过圆心的两条(横向与竖向)点画线是圆的对称中心线。

正面投影是一个矩形线框，它是前半个圆柱面和后半个圆柱面的重合投影，中间的一条竖直点画线是轴线的投影，上、下两条横线是上、下两个底面的积聚投影，左、右两条竖线是圆柱面上最左和最右两条轮廓素线 A_1A 和 B_1B 的投影，这两条轮廓素线的水平投影分别积聚为两个点 $a_1(a)$ 和 $b_1(b)$，侧面投影与轴线的侧面投影重合。侧面投影也是一个与正面投影相同的矩形线框，它是左半个圆柱面和右半个圆柱面的重合投影，中间的一条点画线是轴线的侧面投影，上、下两条横线是上、下两个底面的积聚投影，左、右两条竖线是圆柱面上最前和最后两条轮廓素线 C_1C 和 D_1D 的投影，这两条轮廓素线的水平投影分别积聚为两个点 $c_1(c)$ 和 $d_1(d)$，正面投影与轴线的正面投影重合。

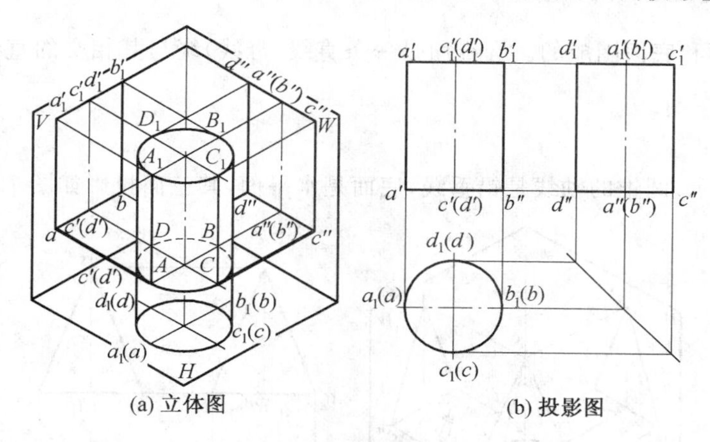

图 7.13 圆柱的投影

2. 表面上的点和线

对于圆柱表面上的定点，可以利用圆柱表面投影的积聚性来作图。

如图 7.14 所示，已知圆柱的三面投影及其表面上过Ⅰ、Ⅱ、Ⅲ、Ⅳ点的曲线ⅠⅡⅢⅣ的正面投影 1′2′3′4′，求该曲线的水平投影和侧面投影。

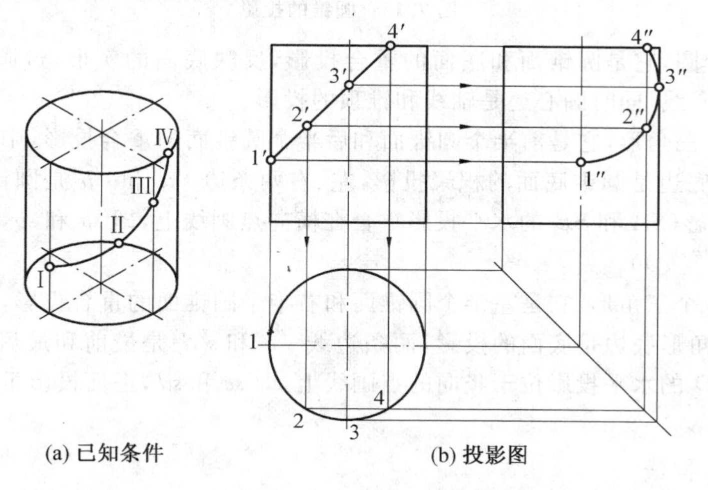

图 7.14 圆柱表面上的点和线

点Ⅰ、Ⅱ、Ⅲ、Ⅳ及曲线ⅠⅡⅢⅣ都在圆柱面上，因此，可以利用圆柱面水平投影的积聚性，先作出水平投影，然后再用“二补三”作图法作出侧面投影。

作图过程如下：

(1)从正面投影可知Ⅰ、Ⅱ、Ⅲ、Ⅳ点都位于前半个圆柱面上，Ⅰ点是最左轮廓素线上的点，Ⅲ点是最前素线上的点，Ⅳ点是顶圆上的点，因此，可以确定水平投影1在横向点画线与圆周的左面交点处，侧面投影1″在点画线上(与轴线重合)，水平投影3在竖向点画线与圆周的前面交点处，侧面投影3″在轮廓线上。

(2)为求Ⅱ点和Ⅳ点的水平投影和侧面投影需从正面投影2′和4′向下引联系线并与前半个圆周相交，即得水平投影2和4，然后再用“二补三”作图，确定其侧面投影2″和4″。

(3)曲线ⅠⅡⅢⅣ的水平投影1234是积聚在圆周上的一段圆弧。侧面投影1″2″3″4″是连接1″、2″、3″、4″各点的一段光滑曲线，因为Ⅰ、Ⅱ两点在左半个圆柱面上，Ⅳ点在右半个圆柱面上，Ⅲ点在左半个和右半个圆柱面的分界线(侧面投影轮廓素线)上，所以曲线ⅠⅡⅢ一段侧面投影1″2″3″可见，用实线连接，ⅢⅣ一段侧面投影3″4″不可见，用虚线连接。

7.6.2 圆　锥

圆锥是由圆锥面和底面围成的。圆锥面是一条直线(母线)绕与其相交的直线(轴线)回转一周所形成的曲面。

1.投影

如图7.15(a)所示，圆锥的轴线是铅垂线，底面是水平面，其三面投影如图7.15(b)所示。

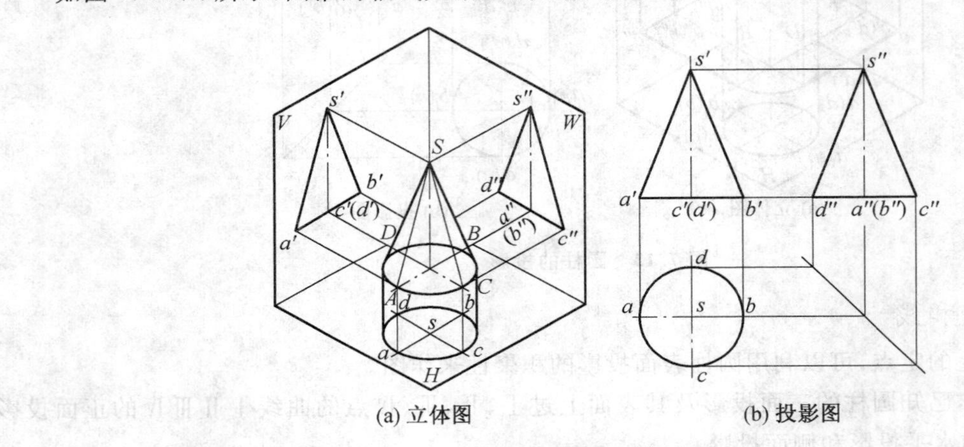

(a) 立体图　　(b) 投影图

图7.15　圆锥的投影

水平投影是一个圆，它是圆锥面和底面的重合投影，反映底面的实形，过圆心的两条(横向与竖向)点画线是对称中心线，同时圆心还是轴线和锥顶的投影。

正面投影是一个三角形，它是前半个圆锥面和后半个圆锥面的重合投影，中间竖直的点画线是轴线的投影，三角形的底边是圆锥底面的积聚投影，左、右两条边$s'a'$和$s'b'$是圆锥最左、最右两条轮廓素线SA和SB的投影(SA和SB的水平投影重合在横向点画线上，即sa和sb，侧面投影重合在轴线的侧面投影上，即$s''a''(b'')$)。

侧面投影也是一个三角形，它是左半个圆锥面和右半个圆锥面的重合投影，中间竖直的点画线是轴线的侧面投影，三角形底边是底面的投影，两条边线$s''c''$和$s''d''$是最前和最后两条轮廓素线SC和SD的投影(SC和SD的水平投影位于竖向的点画线上，即sc和sd，正面投影重合在轴线的正面投影上，即$s'c'(d')$)。

2.表面上的点和线

圆锥面上的任意一条素线都过圆锥顶点，母线上任意一点的运动轨迹都是圆。圆锥面的三个投影都没有积聚性，因此在圆锥表面上定点，仍用素线法、纬圆法。

如图7.16所示，已知圆锥表面上Ⅰ、Ⅱ、Ⅲ、Ⅳ四个点的正面投影1′、2′、3′、4′，以及曲线ⅠⅡⅢ的正面投影 1′2′3′，求作它们的水平投影和侧面投影。

点Ⅰ、Ⅱ、Ⅲ、Ⅳ及曲线ⅠⅡⅢ都在圆锥面上，Ⅰ点在圆锥面最左边轮廓素线上，Ⅲ点在底圆上，这两个点是圆锥面上的特殊点，可以通过引投影联系线直接确定其水平投影和侧面投影。Ⅱ点和Ⅳ点是圆锥面上的一般点，可以用素线法或纬圆法确定其水平投影和侧面投影。

作图过程如下：

(1)Ⅰ点位于圆锥面最左边轮廓素线上，所以它的水平投影 1 应为自 1′向下引联系线与点画线的交点(可见)，侧面投影 1″应为自 1′向右引联系线与点画线的交点(与轴线重影，可见)。

Ⅲ点是底圆前半个圆周上的点，水平投影 3 应为自 3′向下引联系线与前半个圆周的交点(可见)，利用“二补三”作图确定其侧面投影 3″(可见)。

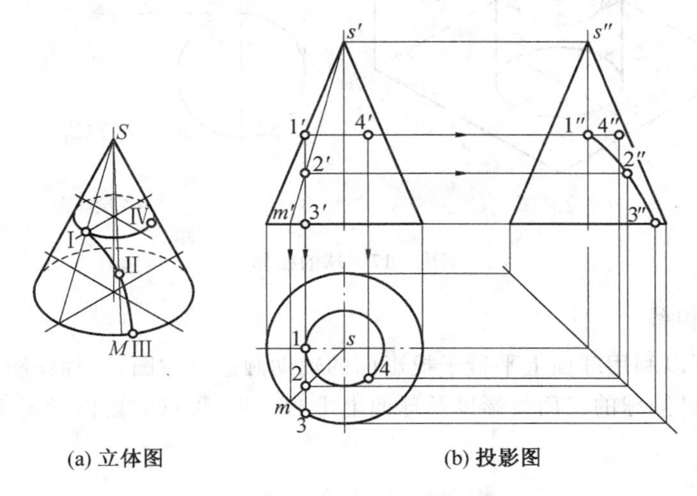

(a) 立体图　　(b) 投影图

图 7.16　圆锥表面上的点和线

(2)用素线法作点Ⅱ投影的作图方法如下：

连接 s' 和 $2'$，并延长交底圆于 m'，然后自 m' 向下引联系线交底圆前半个圆周于 m，连 s、m，最后由 2′向下引联系线与 sm 相交，交点即为Ⅱ点的水平投影 2(可见)。Ⅱ点的侧面投影 2″可用“二补三”作图求得(可见)。

(3)用纬圆法作点Ⅳ投影的作图方法如下：

过 4′点作直线垂直于点画线，与轮廓素线的两个交点之间的线段就是过Ⅳ点纬圆的正面投影，在水平投影上，以底圆中心为圆心，以纬圆正面投影的线段长度为直径画圆，这个圆就是过Ⅳ点纬圆的水平投影。然后自 4′点向下引联系线与纬圆的前半个圆周的交点，即为Ⅳ点的水平投影 4(可见)。最后利用“二补三”作图求出其侧面投影 4″(不可见)。

(4)将点 1、2、3 连成实线就是曲线ⅠⅡⅢ的水平投影(锥面上的点和线水平投影都可见)，曲线ⅠⅡⅢ全部位于左半个圆锥面上，所以侧面投影可见，将点 1″、2″、3″用曲线光滑连接，即为曲线ⅠⅡⅢ的侧面投影。

7.6.3 球

球是由球面围成的。球面是圆(母线)绕其一条直径(轴线)回转一周形成的曲面。

1. 投影

如图 7.17 所示，在三面投影体系中有一个球，其三个面的投影为三个直径相等的圆(圆的直径等于球的直径)。这三个圆实际上是位于球面上不同方向的三个轮廓圆的投影：正面投影轮廓圆是球面上平行于 V 面的最大正平圆(前、后半球的分界圆)的正面投影，其水平投影与横向中心线重合，侧面投影与竖向中心线重合；水平投影轮廓圆是球面上平行于 H 面的最大水平圆(上、下半球的分界圆)的水平投影，其正面投影和侧面投影均与横向中心线重合；侧面投影轮廓圆是球面上平行于 W 面的最大侧平圆(左、右半球的分界圆)的侧面投影,其水平投影和正面投影均与竖向的中心线重合。在三个投影图中,对称中心线的交点是球心的投影。

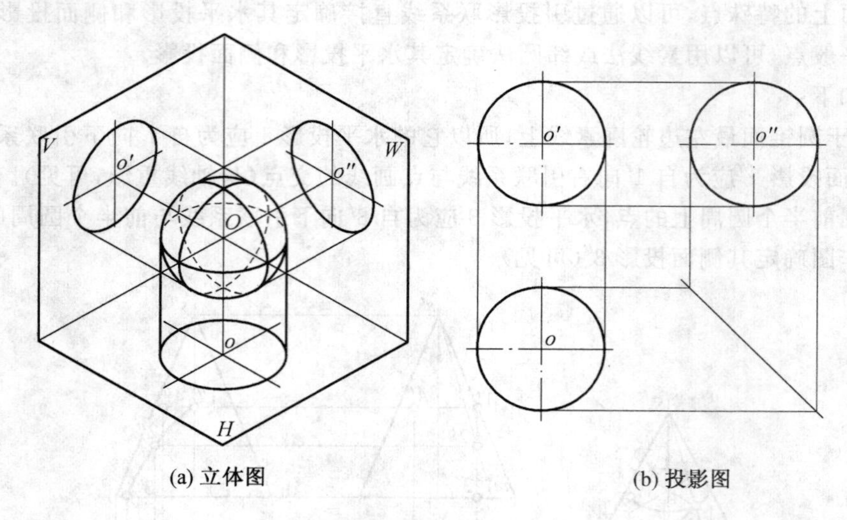

图 7.17　球的投影

2.表面上的点和线

在球面上定点,可以利用球面上平行于投影面的辅助圆进行作图,这种作图方法也称为纬圆法。

如图 7.18 所示,已知球的三面投影以及球面上Ⅰ、Ⅱ、Ⅲ、Ⅳ点的正面投影 1′、2′、3′、4′,求作它们的其他投影。

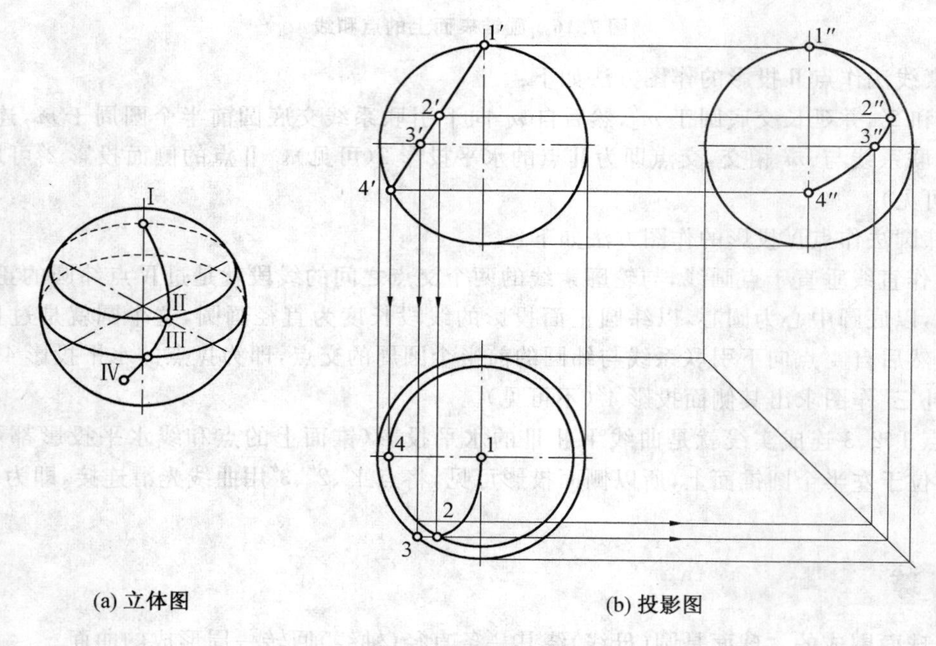

图 7.18　球表面上的点和线

从投影图上可知Ⅰ、Ⅳ两点在正面投影轮廓圆上,Ⅰ点在水平投影轮廓圆上,这三点是球面上的特殊点,可以通过引联系线直接作出它们的水平投影和侧面投影。Ⅱ点是球面上的一般点,需要用纬圆法求其水平投影和侧面投影。

作图过程为如图 7.18(b)所示,具体步骤如下:

(1)Ⅰ点是正面投影轮廓圆上的点,且是球面上最高点,它的水平投影 1(可见)应落在中心线的交点上(与球心重影),侧面投影 1″应落在竖向中心线与侧面投影轮廓圆的交点上(可见)。Ⅲ点是水平投影轮廓圆上的点，它的水平投影 3(可见)应为自点 3′向下引联系线与水平投影轮廓圆前半周的交点，侧面投影 3″(可见)应落在横向中心线上，可由水平投影引联系线求得。Ⅳ点是正面投影轮廓线上的点，它的水平投影 4(不可见)应为自 4′点向下引联系线与横向中心线的交点，侧面投影 4″(可见)应为自 4′向右引联系线与竖向中心线的交点。

(2)用纬圆法求Ⅱ点的水平投影和侧面投影的作图过程是：在正面投影上过 2′作平行横向中心线的直线，并与轮廓圆交于两个点，则两点间线段就是过点Ⅱ纬圆的正面投影，在水平投影上，以轮廓圆的圆心为圆心，以纬圆正面投影线段长度为直径画圆，即得过点Ⅱ纬圆的水平投影，然后自 2′点向下引联系线与纬圆前半个圆周的交点就是Ⅱ点的水平投影 2(可见)，最后利用“二补三”作图确定侧面投影 2″(可见)。

(3)曲线ⅠⅡⅢⅣ的水平投影 1234 是连接 1、2、3、4 各点的一段光滑曲线，由于ⅠⅡⅢ一段位于上半个球面上，ⅢⅣ一段位于下半个球面上，所以水平投影 123 一段可见，用实线连接，34 一段不可见，用虚线连接。点Ⅰ、Ⅱ、Ⅲ、Ⅳ均处于左半个球面上，所以曲线ⅠⅡⅢⅣ的侧面投影 1″2″3″4″可见，并为连接 1″、2″、3″、4″各点的一段光滑的曲线，用实线连接。

【重点串联】

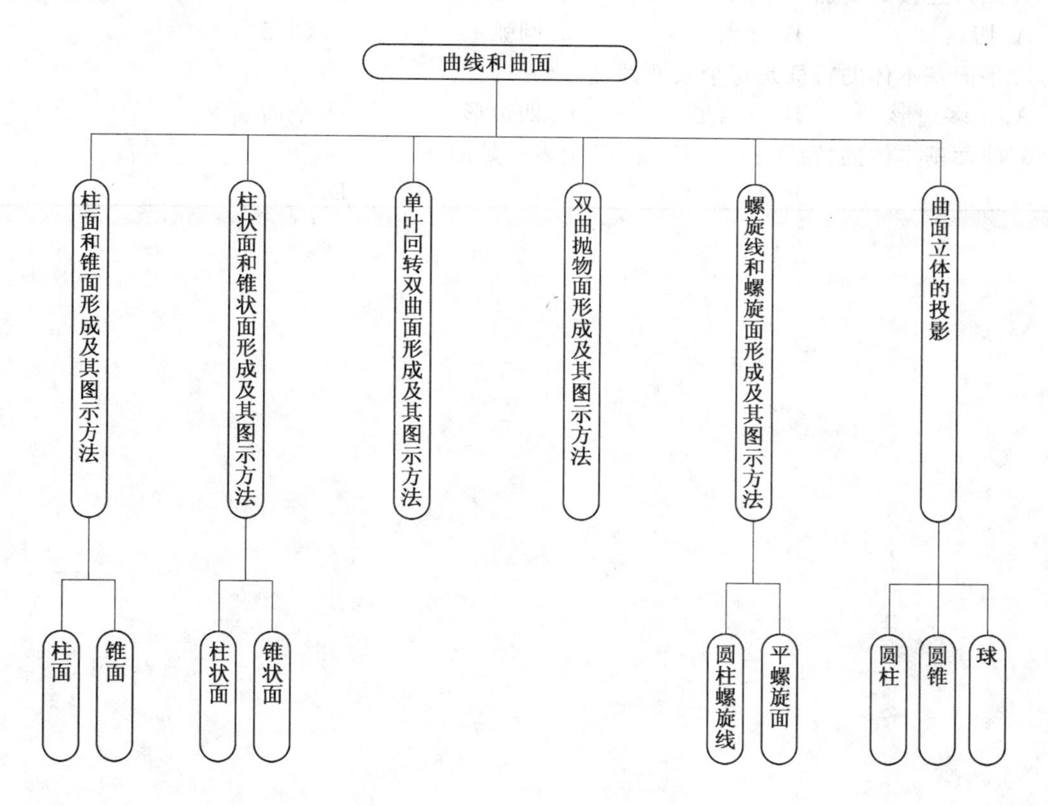

拓展与实训

基础训练

1. 柱面和锥面是怎样形成的？两者有何区别？
2. 柱状面和锥状面是怎样形成的？两者有何区别？
3. 单叶回转双曲面是怎样形成的？怎样画出它的投影？
4. 双曲抛物面是怎样形成的？怎样画出它的投影？
5. 试画出圆柱螺旋线和平螺旋面的两面投影图。
6. 棱柱、棱锥、圆柱、圆锥、球的投影有哪些特性？
7. 求作立体表面上点和线的投影有哪些方法？

链接执考

2010 年制图员理论考试试题(单选题)

1. 圆弧连接的要点是求圆心、求(　　)、画圆弧。

A. 切点　　B. 交点　　C. 圆弧　　D. 圆点

2. 平面基本体的特征是每个表面都是(　　)。

A. 正多边形　　B. 三角形　　C. 四边形　　D. 平面

3. 曲面基本体的特征是至少有(　　)个表面是曲面。

A. 3　　B. 2　　C. 1　　D. 4

模块 8 曲面体

【模块概述】

曲面立体是由曲面或曲面和平面所围成的几何体，曲面立体的投影就是组成曲面立体的曲面和平面的投影的组合。常见的曲面立体为回转体，如圆柱、圆锥、圆球和圆环等。

本模块主要介绍平面与曲面立体相交、平面立体与曲面立体相交及两曲面立体相交时截交线及相贯线的求法。

【知识目标】

1. 平面与曲面立体相交；
2. 平面立体和曲面立体相交；
3. 两曲面立体相交。

【能力目标】

1. 掌握平面与曲面立体相交的截交线及相贯线的求法；
2. 掌握平面立体与曲面立体相交的截交线及相贯线的求法；
3. 掌握两曲面立体相交的截交线及相贯线的求法。

【学习重点】

截交线及相贯线的求法。

【课时建议】

4～6 课时

8.1 平面与曲面立体相交

平面与曲面立体相交所得截交线的形状可以是曲线围成的平面图形、曲线和直线围成的平面图形，或者是平面多边形。截交线的形状由截平面与曲面立体的相对位置来决定。

截交线是截平面和曲面立体表面的共有线，截交线上的点也是两图形的共有点。因此，在求截交线的投影时，先在截平面有积聚性的投影上，确定截交线的一个投影，并在这个投影上选取若干个点；然后把这些点看作曲面立体表面上的点，利用曲面立体表面定点的方法，求出它们的另外两个投影；最后，把这些点的同名（同面）投影光滑连接，并标明投影的可见性。

技术提示：

求作曲面立体截交线的投影时，通常是先选取一些能确定截交线形状和范围的特殊点，这些特殊点包括投影轮廓线上的点、椭圆长短轴端点、抛物线和双曲线的顶点等，然后按需要再选取一些一般点。

8.1.1 平面与圆柱相交

平面与圆柱面相交所得截交线的形状有三种（表 8.1）：

表 8.1　圆柱截交线

截平面位置	平行于轴线	垂直于轴线	倾斜于轴线
直观图	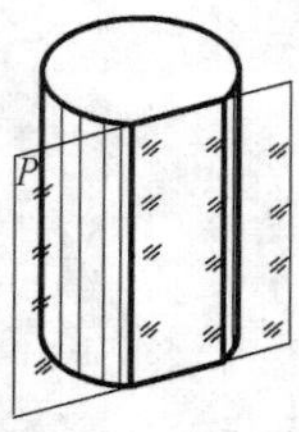	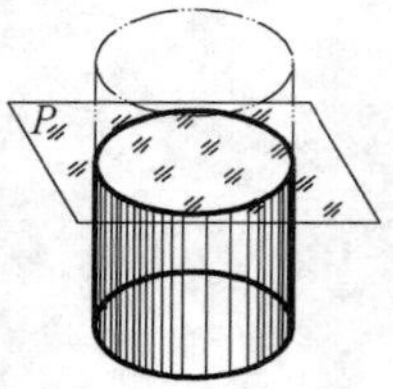	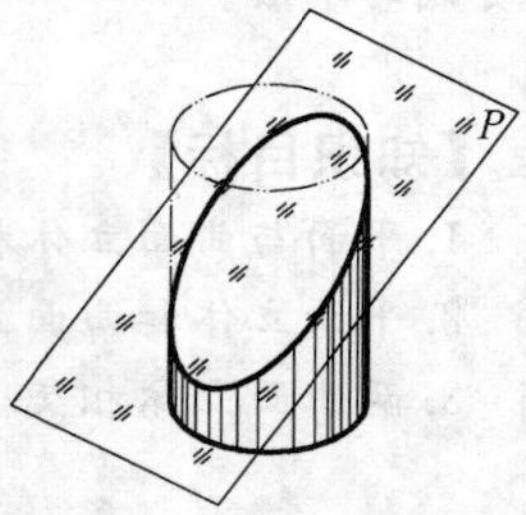
投影图	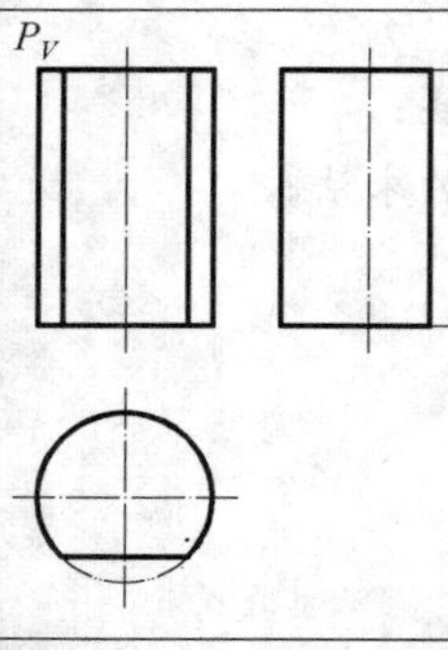	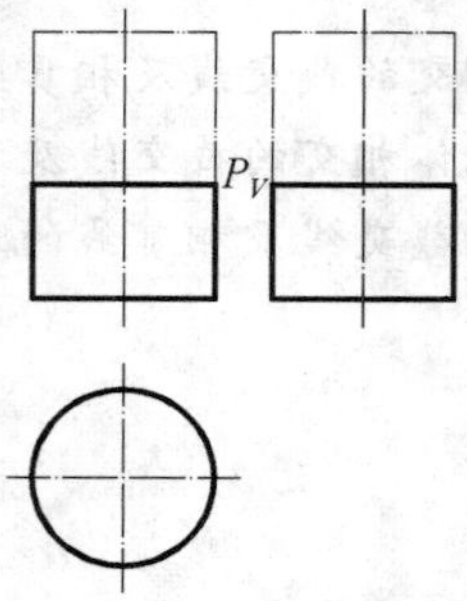	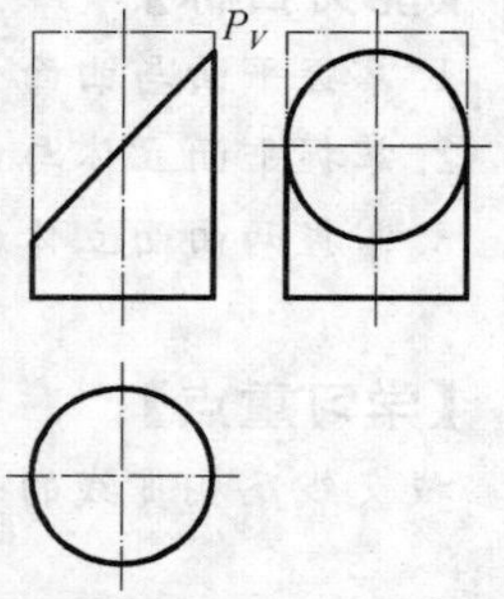
截交线形状	两条素线	圆	椭圆

（1）当截平面通过圆柱的轴线或平行于轴线时，截交线为两条素线；

（2）当截平面垂直于圆柱的轴线时，截交线为圆；

（3）当截平面倾斜于圆柱的轴线时，截交线为椭圆。

【例 8.1】 求正垂面 P 与圆柱的截交线（图 8.1）。

解　分析：从投影图上可知，截平面 P 与圆柱轴线倾斜，截交线应是一个椭圆。椭圆长轴ⅠⅡ是正平线，短轴ⅢⅣ是正垂线。因为截平面的正面投影和圆柱的水平投影有积聚性，所以椭圆的正面投影是积聚在 P_V 上的线段，椭圆的水平投影是积聚在圆柱面上的轮廓圆，椭圆的侧面投影仍是椭圆（不

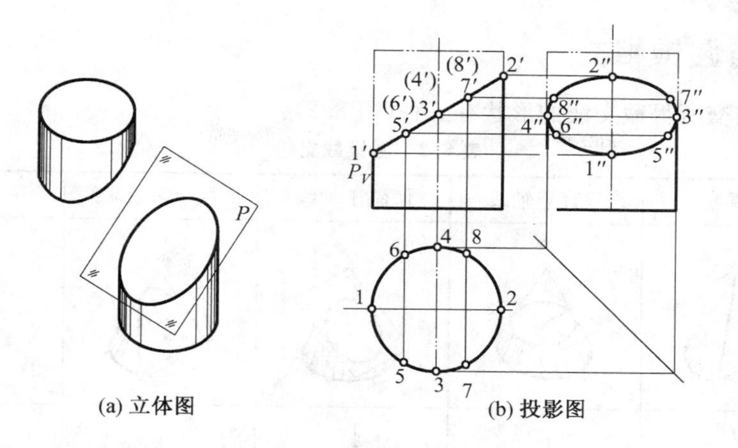

(a) 立体图　　(b) 投影图

图 8.1　正垂面切割圆柱

反映实形)。

作图:

(1)在正面投影上,选取椭圆长轴和短轴端点 1′、2′和 3′(4′),然后再选取一般点 5′(6′)、7′(8′);

(2)由这八个点的正面投影向下引联系线,在圆周上找到它们的水平投影 1、2、3、4、5、6、7、8;

(3)利用"二补三"作图找到它们的侧面投影 1″、2″、3″、4″、5″、6″、7″、8″;

(4)依次光滑连接 1″、5″、3″、7″、2″、8″、6″、1″,即得椭圆的侧面投影。

【例 8.2】 求圆柱切割体的水平投影和侧面投影(图 8.2)。

解　分析:从正面投影上可知,圆柱是被一个正垂面 P 和一个侧平面 Q 切割,切口线是一段椭圆弧和一个矩形,它们的正面投影分别积聚在 P_V上和 Q_V上,水平投影分别积聚在圆周 53146 一段圆弧上和 Q_H上(符号 Q_H表示特殊面 Q 的水平投影是一条直线,有积聚性),利用"二补三"作图可以作出它们的侧面投影。

图中所给 P 平面与圆柱轴线恰好倾斜 45°角,椭圆的侧面投影正好是个圆(椭圆长轴和短轴的侧面投影 1″2″和 3″4″相等,都等于圆柱的直径),可用圆规直接画图。

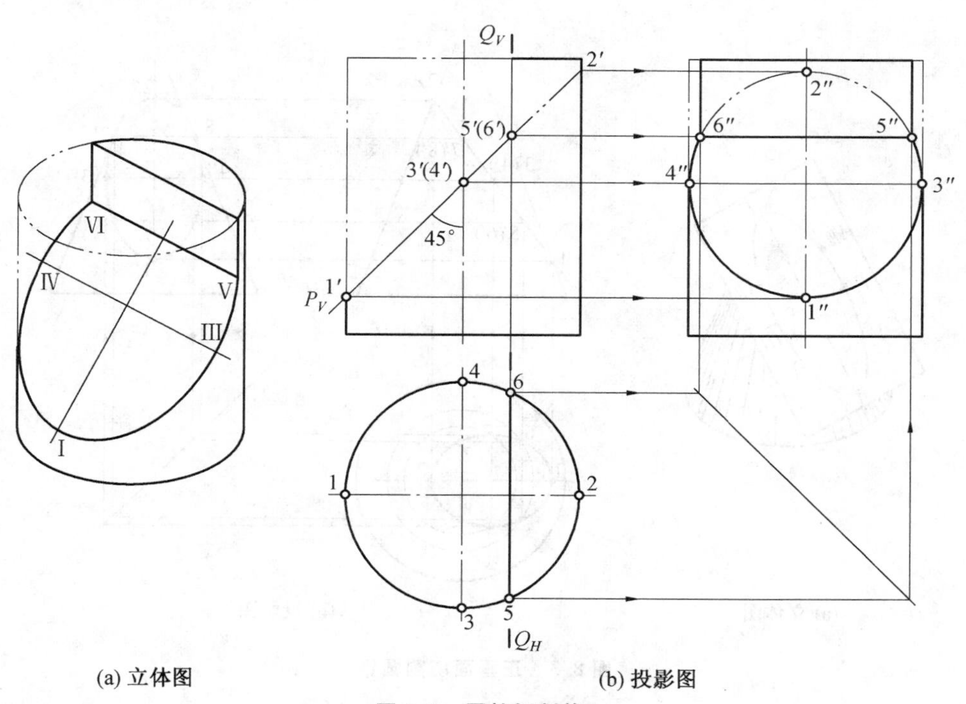

(a) 立体图　　(b) 投影图

图 8.2　圆柱切割体

8.1.2 平面与圆锥相交

平面与圆锥面相交所得截交线的形状有五种(表 8.2)：

表 8.2 圆锥截交线

截平面位置	过顶点	垂直于轴线	倾斜于轴线	平行于一条素线	平行于轴线或两素线
直观图	P	P	P	P	P
投影图	P_V	P_V θ α $\alpha=90°$	θ P_V α $\alpha>\theta$	P_V θ α $\alpha=\theta$	P_V α θ $\alpha<\theta$
截交线形状	两条素线	圆	椭圆	抛物线	双曲线(一叶)

(1)当截平面通过锥顶时，截交线为两条相交素线；

(2)当截平面垂直于轴线时，截交线为一圆；

(3)当截平面与轴线夹角 α 大于母线与轴线夹角 θ 时，截交线为一椭圆；

(4)当截平面平行于一条素线(即 $\alpha=\theta$)时，截交线为抛物线；

(5)当截平面与轴线夹角 α 小于母线与轴线夹角 θ 时，截交线为双曲线。

【例 8.3】 求正垂面 P 与圆锥的截交线(图 8.3)。

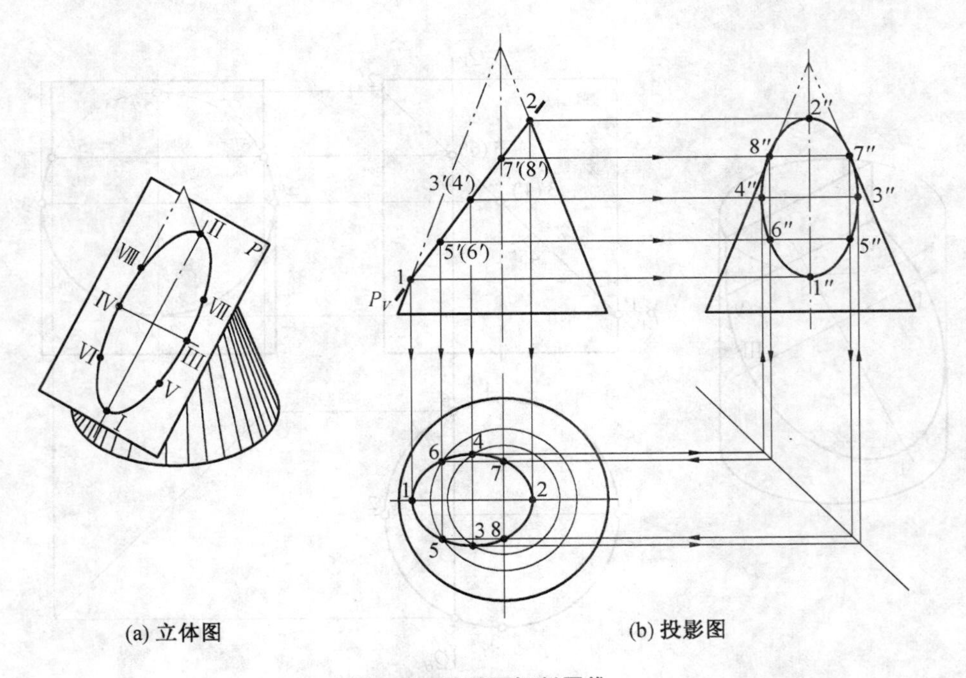

(a) 立体图　　(b) 投影图

图 8.3 正垂面切割圆锥

解 分析：从正面投影可知，截平面 P 与圆锥轴线夹角大于母线与轴线夹角，所以截交线是一个椭圆。

椭圆的正面投影积聚在截平面的积聚投影 P_V 上，且为线段，水平投影和侧面投影仍然是椭圆（都不反映实形）。

为了求出椭圆的水平投影和侧面投影，应先在椭圆的正面投影上标定出所有的特殊点（长短轴端点和侧面投影轮廓线上的点）和几个一般点，然后把这些点看作圆锥表面上的点，用圆锥表面定点的方法（素线法或纬圆法），求出它们的水平投影和侧面投影，再将它们的同面投影依次连接成椭圆。

作图：

(1)在正面投影上，找到椭圆的长轴两端点的投影 1′、2′，短轴两端点的投影 3′(4′)，侧面投影轮廓线上的点 7′(8′)和一般点 5′(6′)；

(2)自 1′、2′、7′、8′向下和向右引联系线，直接找到它们的水平投影 1、2、7、8 和侧面投影 1″、2″、7″、8″；

(3)用纬圆法求出Ⅰ、Ⅳ、Ⅴ、Ⅵ点的水平投影 3、4、5、6 和侧面投影 3″、4″、5″、6″；

(4)将八个点的同名投影光滑地连成椭圆。

【例 8.4】 完成圆锥切割体的水平投影和侧面投影（图 8.4）。

解 分析：从正面投影可知，所给形体是圆锥被一个水平面 P 和一个正垂面 Q 切割而成。P 平面与圆锥的截交线是一段圆弧（$P\perp$轴线），Q 平面与圆锥的截交线是抛物线（Q''母线），P 平面与 Q 平面交线是一段正垂线。截交线的正面投影积聚在 P_V 和 Q_V 上。

作图：

(1)在正面投影上标出圆弧上点 6′、4′(5′)和抛物线上点 4′(5′)、2′(3′)、1′；

(2)自 1′、2′(3′)向右引投影联系线，求出Ⅰ、Ⅱ、Ⅲ点的侧面投影 1″、2″、3″，再用“二补三”作图求出水平投影 1、2、3；

(3)用纬圆法求出Ⅳ、Ⅴ、Ⅵ点的水平投影 4、5、6 和侧面投影 4″、5″、6″；

(4)将 4、5、6 点连成圆弧，4、2、1、3、5 点连成抛物线，4、5 两点连成直线，得圆锥切割体的水平投影；

(5)将 4″和 5″两点连成直线，5″、3″、1″、2″、4″点连成抛物线，再将 3″点和 2″点以上的侧面投影轮廓线擦掉（或画成双点画线），就得到圆锥切割体的侧面投影。

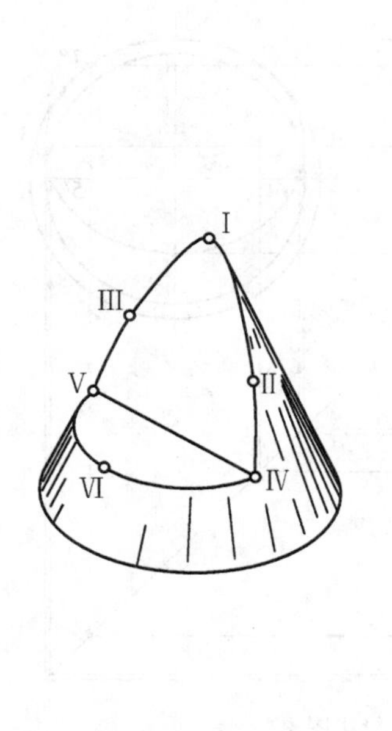

(a) 立体图

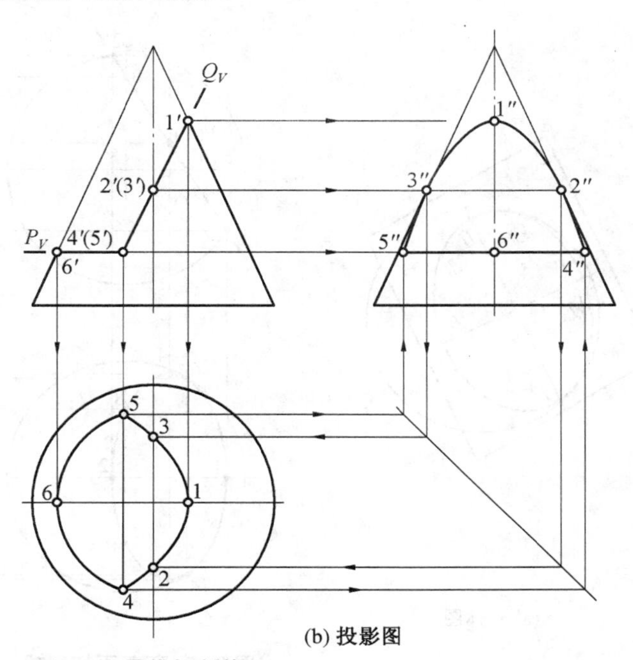

(b) 投影图

图 8.4 圆锥切割体

8.1.3 平面与球相交

平面与球相交所得截交线是圆。

☆**知识拓展**

当截平面为投影面平行面时，截交线在截平面所平行的投影面上的投影为圆（反映实形），其他两投影为线段（长度等于截圆直径）；

当截平面为投影面垂直面时，截交线在截平面所垂直的投影面上的投影是一段直线（长度等于截圆直径），其他两投影为椭圆。

技术提示：

为了作出截圆的水平投影和侧面投影，可在截圆的正面投影上标注一些特殊点，然后用纬圆法求得这些点的水平投影和侧面投影，最后将这些点的同名投影连成椭圆。

【例 8.5】 求正垂面 P 与球面的截交线（图 8.5）。

解 分析：正垂面 P 截球面所得截圆的正面投影是积聚在 P_V 上的一段直线（长度等于截圆直径），截圆的水平投影和侧面投影为椭圆。

作图：

(1)在截圆的正面投影上标出截圆的最左、最右点 1′、2′（在轮廓圆上）和最前、最后点 3′(4′)（在线段 1′2′的中点处），上下半球分界圆上点 5′(6′)和左右半球分界圆上点 7′(8′)；

(2)求出这些点的水平投影和侧面投影，其中 1、2 和 1″、2″应在前后半球分界圆上（即横向中心线和竖向中心线上）；3、4 和 3″、4″用纬圆法求得（前后对称，两点距离应等于截圆直径）；5、6 在水平投影轮廓圆上，5″、6″在横向中心线上；7、8 在竖向中心线上，7″、8″在侧面投影轮廓圆上；

(3)在水平投影上，按 1、5、3、7、2、8、4、6、1 顺序连成椭圆，并将 516 一段左侧轮廓圆 56 擦掉；

(4)在侧面投影上，按 1″、5″、3″、7″、2″、8″、4″、6″、1″顺序连成椭圆，并将 7″2″8″一段上面轮廓圆 7″8″擦掉。

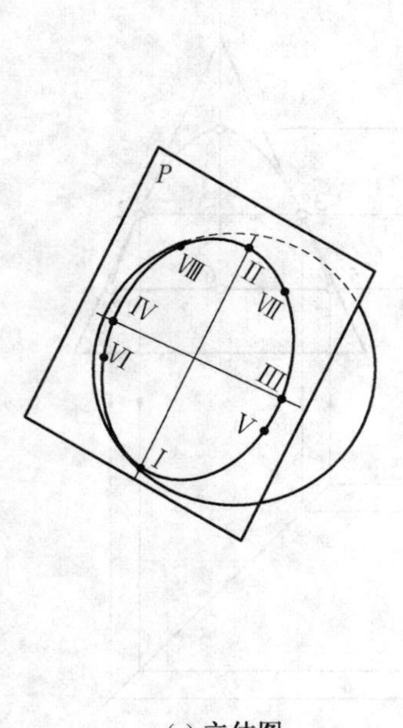

(a) 立体图

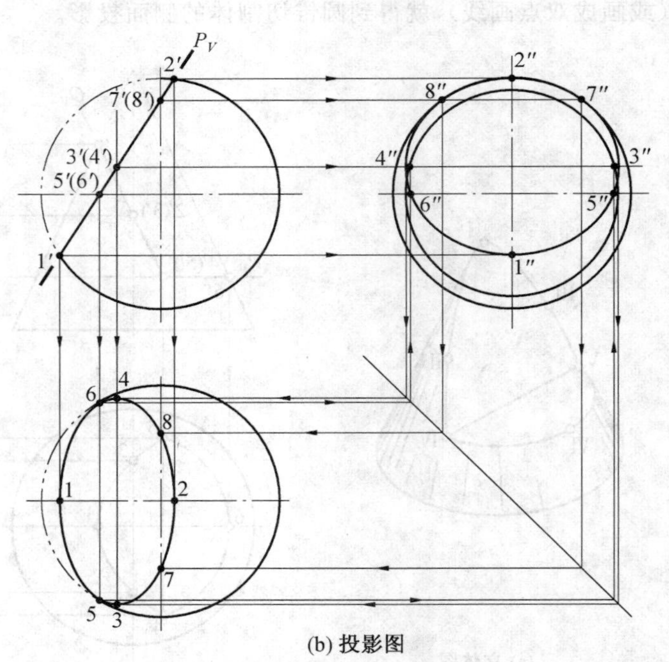

(b) 投影图

图 8.5 正垂面切割球

【例 8.6】 完成半球切割体的水平投影和侧面投影(图 8.6)。

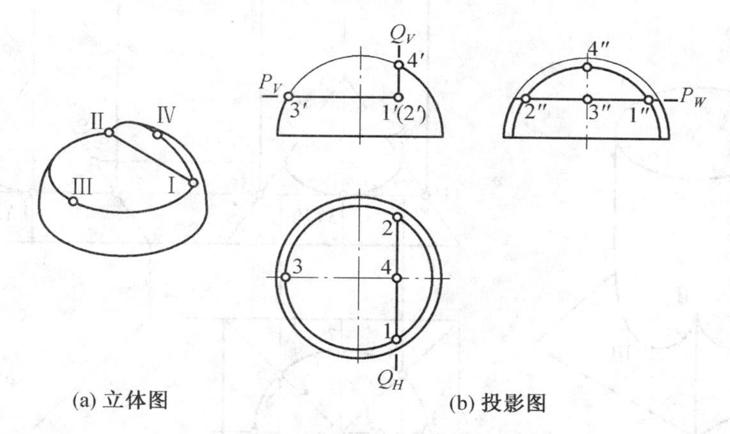

(a) 立体图　　(b) 投影图

图 8.6 半球切割体

解 从正面投影上可知,所给半球切割体是由一个水平面 P 和一个侧平面 Q 切割而成的,P 面与半球的截圆正面投影为与 P_V 重影的一段直线,水平投影为一段圆弧,侧面投影为与 P_W(符号 P_W 表示特殊面 P 的侧面投影是一条直线,有积聚性)重影的一段直线;Q 面与半球的截圆正面投影为与 Q_V 重影的一段直线,水平投影为与 Q_H 重影的一段直线,侧面投影为一段圆弧;P 面与 Q 面交线为一段正垂线,其正面投影为 P_V 与 Q_V 的交点,水平投影与 Q_H 重影,侧面投影与 P_W 重影。

作图时只要注意切口线处水平圆弧和侧平圆弧圆心位置和半径大小就可以用圆规直接画出切口线的水平投影和侧面投影(请读者自己分析作图过程)。

8.2 平面立体和曲面立体相交

平面立体与曲面立体相交所得相贯线一般是由几段平面曲线结合而成的空间曲线。相贯线上每段平面曲线都是平面立体的一个棱面与曲面立体的截交线,相邻两段平面曲线的交点是平面立体的一个棱线与曲面立体的交点。因此,求平面立体与曲面立体的相贯线,就是求平面与曲面立体的截交线和求直线与曲面立体的交点。

技术提示:

求平面立体与曲面立体的相贯线方法是:

(1)求出平面立体棱线与曲面立体的交点;

(2)求出平面立体的棱面与曲面立体的截交线;

(3)判别相贯线的可见性,判别方法与两平面立体相交时相贯线的可见性判别方法相同。

【例 8.7】 求圆柱与四棱锥的相贯线(图 8.7)。

解 分析:从水平投影可知,相贯线是由四棱锥的四个棱面与圆柱相交所产生的四段一样的椭圆弧(前后对称,左右对称)组成的,四棱锥的四条棱线与圆柱的四个交点是四段椭圆弧的结合点。

由于圆柱的水平投影有积聚性,因此,四段椭圆弧以及四个结合点的水平投影都积聚在圆柱的水平投影上;对于正面投影,前后两段椭圆弧重影,左、右两段椭圆弧分别积聚在四棱锥左、右两棱面的正面投影;对于侧面投影,相贯线的左、右两段椭圆弧重影,前、后两段椭圆弧分别积聚在四棱锥前后两棱面的侧面投影上。作图时,应注意对称性,正面投影应与侧面投影相同。

作图:

(1)在水平投影上,用 2、4、6、8 标出四个结合点的水平投影,并在四段交线的中点处标出椭圆弧

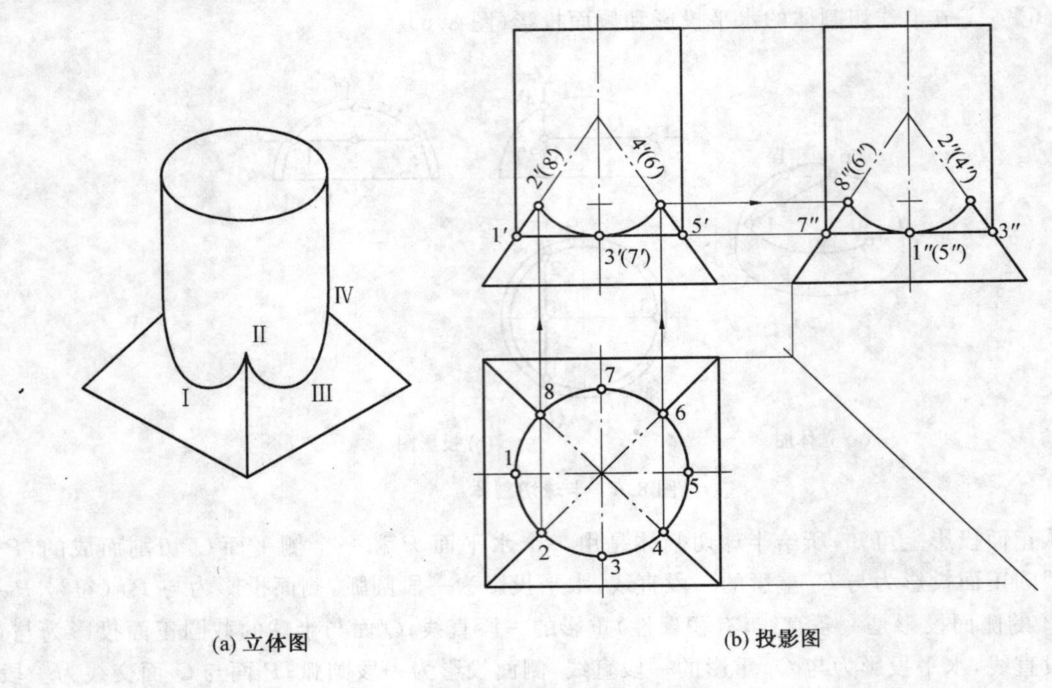

(a) 立体图　　(b) 投影图

图 8.7　圆柱与四棱锥相贯

最低点的水平投影 1、3、5、7；

(2)在正面投影和侧面投影上，求出这八个点的正面投影 1′、2′(8′)、3′(7′)、4′(6′)、5′和侧面投影 7″、8″(6″)、1″(5″)、2″(4″)、3″；

(3)在正面投影上，过 2′(8′)、3′(7′)、4′(6′)点画椭圆弧，在侧面投影上，过 8″(6″)、1″(5″)、2″(4″)点画椭圆弧。

【例 8.8】　求三棱柱与半球的相贯线(图 8.8)。

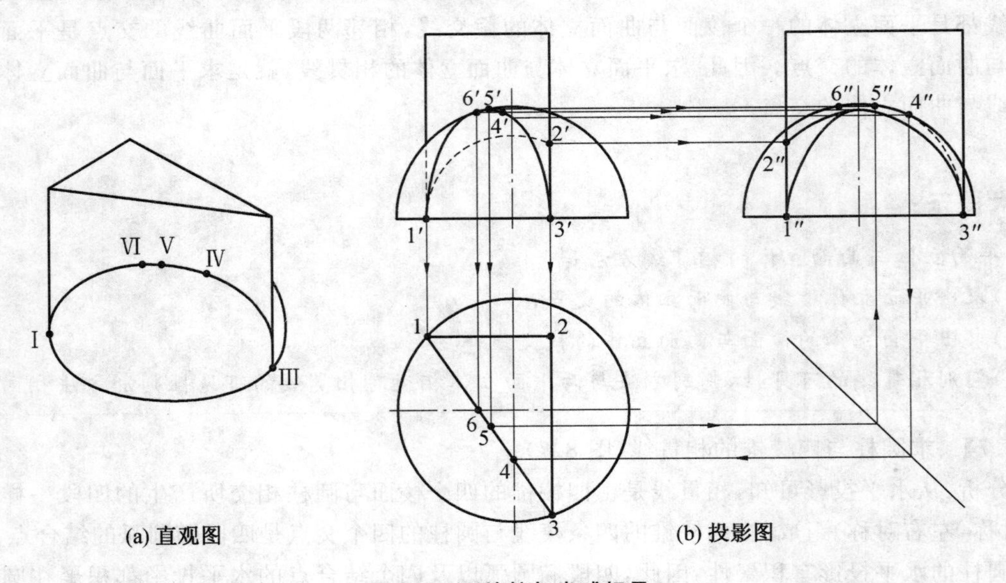

(a) 直观图　　(b) 投影图

图 8.8　三棱柱与半球相贯

解　分析：从水平投影中可以看出，三棱柱的三个棱面都与半球相交，且三棱柱的三个棱面分别是铅垂面、正平面和侧平面。因此，相贯线的形状应该是三段圆弧组成的空间曲线，棱柱的三条棱线与圆柱相交的三个交点是这三段圆弧的结合点。

由于棱柱的水平投影有积聚性，因此三段圆弧及三个结合点的水平投影是已知的，只需求出它们的正面投影和侧面投影。从图中可以看出，后面一段圆弧的正面投影反映实形，侧面投影应该积聚在后棱面上(后棱面是正平面)；右边一段圆弧的侧面投影反映实形，正面投影应该积聚在右棱面上(右棱面是侧平面)；左面一段圆弧的正面投影和侧面投影都应该变形为椭圆弧(左棱面是铅垂面)。

作图：

(1)在三棱柱的水平投影上标出三段圆弧的投影 12、23 和 34561；

(2)正面投影 1′2′应是一段圆弧，可用圆规直接画出(因看不见要画成虚线)，侧面投影 1″2″积聚在后棱面上；

(3)侧面投影 2″3″也是一段圆弧，也可用圆规直接画出(不可见，画成虚线)，正面投影 2′3′积聚在右棱面上；

(4)用球面上定点的方法求出Ⅳ、Ⅴ、Ⅵ点的正面投影 4′、5′、6′和侧面投影 4″、5″、6″，然后连成椭圆弧(其中 1′6′一段和 4″3″一段是不可见的，画成虚线)。

【例 8.9】 求出带有四棱柱孔的圆锥的水平投影和侧面投影(图 8.9)。

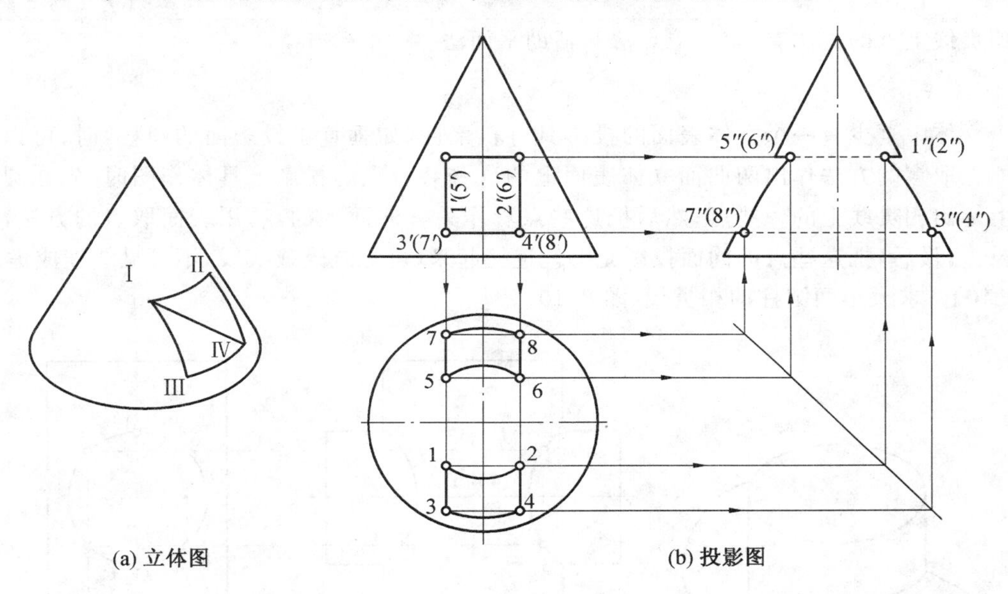

图 8.9 穿孔的圆锥

解 分析：四棱柱孔与圆锥表面的交线相当于四棱柱与圆锥的相贯线，它是前后对称，形状相同的两组曲线。每组曲线都是由四段平面曲线结合成的，上、下两段是圆弧，左、右两段是相同的双曲线弧。相贯线的正面投影积聚在四棱柱孔的正面投影上，水平投影和侧面投影需要作图求出。

作图：

(1)在正面投影上，注出各段曲线结合点的投影 1′(5′)、2′(6′)、3′(7′)、4′(8′)；

(2)在正面投影上，量取四棱柱孔的上、下棱面与圆锥的截交线——圆弧的直径，并在水平投影上直接画出其投影 12、56、34、78 四段圆弧，然后作出它们的侧面投影 1″(2″)、5″(6″)、3″(4″)、7″(8″)；

(3)在侧面投影上，作出双曲线弧 1″3″、5″7″、(2″4″)、(6″8″)，它们的水平投影 13、57 和 24、68 分别积聚在四棱柱孔的左、右两个棱面上；

(4)画出四条棱线的水平投影和侧面投影(虚线)，并擦掉被挖掉的侧面投影轮廓线部分。

8.3 两曲面立体相交

两曲面立体相交所得相贯线，在一般情况下是空间封闭的曲线；在特殊情况下，可以是平面曲线或直线。

8.3.1 两曲面立体相交的一般情况

两曲面立体的相贯线是两曲面立体表面的共有线，相贯线上的点是两曲面立体表面的共有点。求作两曲面立体相贯线的投影时，一般是先作出两曲面立体表面上一些共有点的投影，而后再连成相贯线的投影。

技术提示：

在求作相贯线上的点时，与作曲面立体截交线一样，应作出一些能控制相贯线范围的特殊点，如曲面立体投影轮廓线上的点，相贯线上最高、最低、最左、最右、最前、最后点等，然后按需要再求作相贯线上的一般点。在连线时，应表明可见性，可见性的判别原则是：只有同时位于两个立体可见表面上的相贯线才是可见的；否则不可见。

求作相贯线上点的方法有：表面取点法和辅助平面法。

1. 表面取点法

当两个立体中至少有一个立体表面的投影具有积聚性（如垂直于投影面的圆柱）时，可以用在曲面立体表面上取点的方法作出两曲面立体表面上的这些共有点的投影。具体作图时，先在圆柱面的积聚投影上标出相贯线上的一些点；然后把这些点看作另一曲面上的点，用表面取点的方法，求出它们的其他投影；最后，把这些点的同面投影光滑地连接起来（可见线连成实线、不可见线连成虚线）。

【例 8.10】 求大小两圆柱的相贯线（图 8.10）。

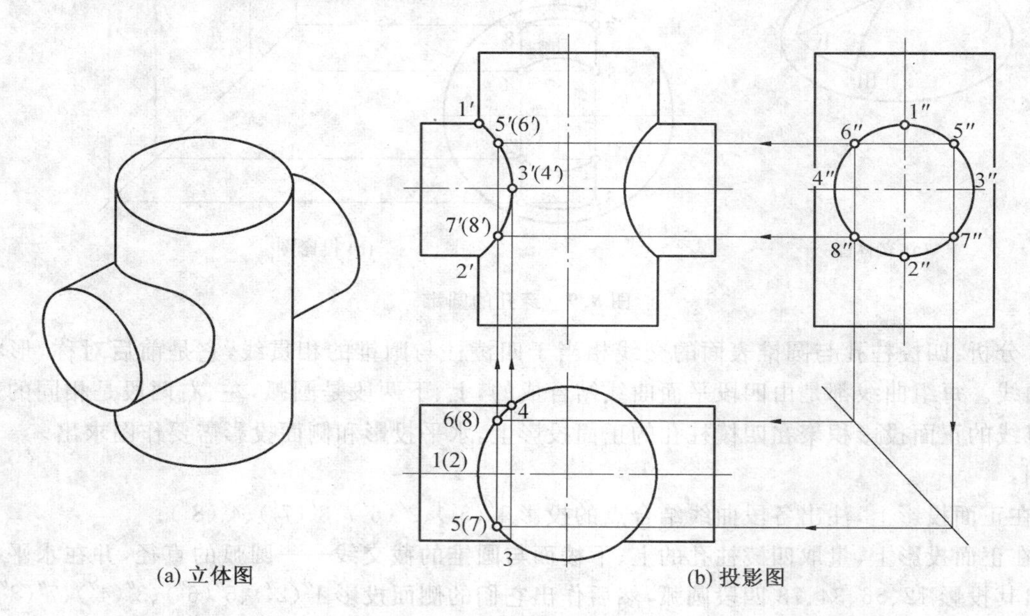

图 8.10 两圆柱相贯（表面取点法）

解 分析：从已知条件可知，两圆柱的轴线垂直相交，有共同的前后对称面和左右对称面，小圆柱横向穿过大圆柱。因此，相贯线是左、右对称的两条封闭空间曲线。

由于大圆柱的水平投影积聚为圆，相贯线的水平投影就积聚在小圆柱穿过大圆柱处的左右两段圆弧上；同样地，小圆柱的侧面投影积聚为圆，相贯线的侧面投影也就积聚在这个圆上。因此，只有相贯线的正面投影需要作图求得。因为相贯线前后对称，所以相贯线的正面投影为左、右各一段曲线弧。

作图：

(1)作特殊点。先在相贯线的水平投影和侧面投影上，标出左侧相贯线的最上、最下、最前、最后点的投影 1(2)、3、4 和 1″、2″、3″、4″，再利用“二补三”作图作出这四个点的正面投影 1′、2′、3′(4′)。

(2)作一般点。在相贯线的水平投影和侧面投影上标出前后、上下对称的四个点的投影 5(7)、6(8)和 5″、6″、7″、8″，然后利用“二补三”作图作出它们的正面投影 5′(6′)、7′(8′)。

(3)按 1′、5′、3′、7′、2′顺序将这些点光滑连接(与 1′6′4′8′2′一段曲线重影)，即得左侧相贯线的正面投影。

(4)利用对称性，作出右侧相贯线的正面投影。

【例 8.11】 作出带有圆柱孔的半球的正面投影和侧面投影(图 8.11)。

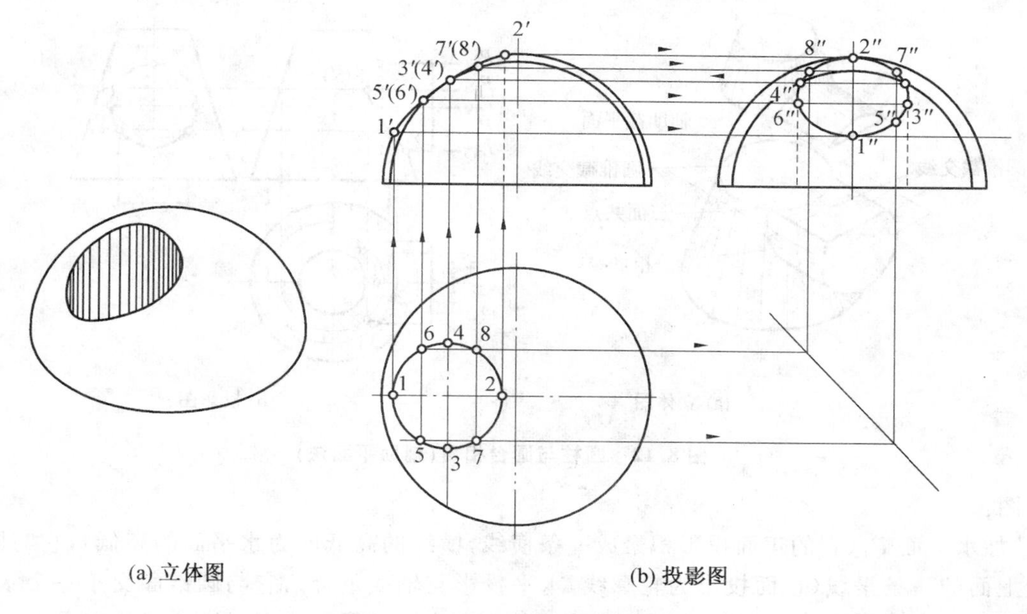

图 8.11 穿出半球(表面取点法)

解 分析：从三面投影图可以看出，圆柱孔在半球左侧、前后对称的位置上，竖向穿透半球。上部孔口线是球面与圆柱孔面的交线——一条闭合的空间曲线，它的水平投影积聚在圆柱孔面的水平投影轮廓圆上，正面投影为一段曲线弧(前后重影)，侧面投影为封闭的曲线(全部可见)；下部孔口线是圆柱孔面与半球底面的交线——一个水平圆，它的水平投影积聚在圆柱孔面的水平投影轮廓圆上，正面投影和侧面投影都积聚在半球底面上。由此可知，只要作出上部孔口线的正面投影和侧面投影，就完成了整个半球穿孔体的投影。

作图：

(1)作特殊点。在孔口线的水平投影上，标出最左、最右、最前、最后四个点的投影 1、2、3、4。然后由 1、2 向上引联系线与正面投影轮廓圆交于 1′、2′，向右引联系线与竖向中心线交于 1″、2″。用球面上定点的方法(图中过 3、4 作侧平圆，并作出该侧平圆的侧面投影)，在圆柱孔的轮廓线上找到 3″、4″，向左引联系线在圆孔轴线位置上找到 3′(4′)。

(2)作一般点。在孔口线的水平投影上，标出左、右和前、后对称的四个点的投影 5、6、7、8，然后把这四个点看作球面上的点，利用球面上定点的方法(图中过 5、7，6、8 作了两个相等的正平圆)，求出它们的正面投影 5′(6′)、7′(8′)和侧面投影 5″、6″、7″、8″。

(3)按孔口线水平投影上各点顺序，连接它们的正面投影和侧面投影，完成孔口线的作图。

2. 辅助截平面法

如图 8.12(a)所示，为求两曲面立体的相贯线，可以用辅助截平面切割这两个立体，切得的两组截交线必然相交，且交点为“三面共点”(两曲面及辅助截平面的共有点)，“三面共点”当然就是相贯线上的点。用辅助截平面求得相贯线上点的方法就是辅助截平面法。具体作图时，首先加辅助截平面(通常是水平面或正平面)；然后分别作出辅助截平面与两已知曲面的两组截交线(应为直线或圆)；最后找出两组截交线上的交点，即为相贯线上的点。

【例 8.12】 求圆柱和圆台的相贯线(图 8.12)。

解 分析：从图中可以看出，圆柱与圆台前后对称，整个圆柱在圆台的左侧相交，相贯线是一条闭合的空间曲线。由于圆柱的侧面投影有积聚性，所以相贯线的侧面投影积聚在圆柱的侧面投影轮廓圆上；又由于相贯线前后对称，所以相贯线的正面投影前后重影，为一段曲线弧；相贯线的水平投影为一闭合的曲线，其中处在上半个圆柱面上的一段曲线可见(画实线)，处在下半个圆柱面上的一段曲线不可见(画虚线)。此题适于用水平面作为辅助截平面进行作图。

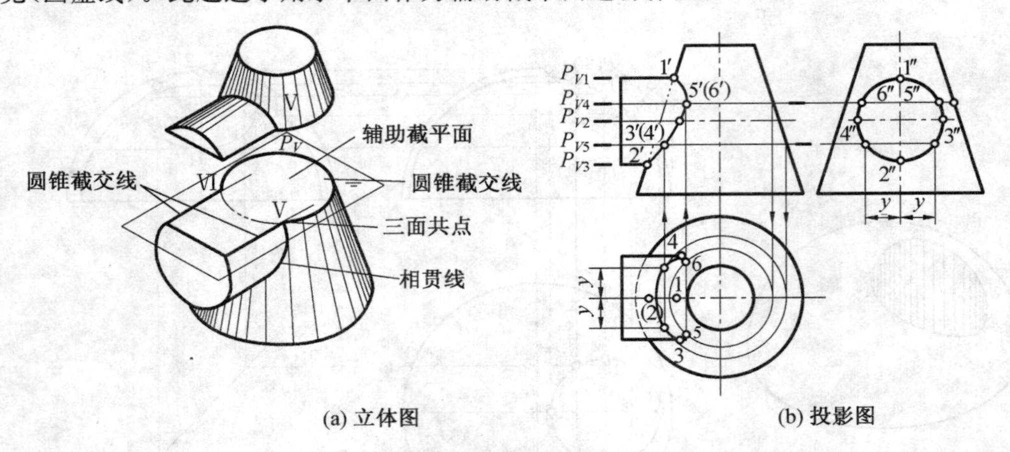

图 8.12 圆柱与圆台相贯(辅助平面法)

作图：

(1)加水平面 P_1(它的正面投影积聚成一条横线，横线的高低即为水平面的高低)，它与圆柱面相切于最上面的一条素线(正面投影为轮廓线，水平投影与轴线重合)，它与圆锥面交于一个水平圆(正面投影为垂直于圆锥轴线的横线，水平投影为反映真实大小的圆)，找到素线与圆的交点 1 和 1′(相贯线上的最高点)；

(2)过圆柱轴线加水平面 P_2，P_2 与圆柱面交于两条素线(水平投影为轮廓线)，与圆锥面交于一个水平圆，作出该圆的水平投影并找到素线与圆的交点 3 和 4，然后通过投影联系线在 P_{V2} 上找到 3′和 4′(相贯线上的最前点和最后点)；

(3)加水平面 P_3，它与圆柱面相切于最下面一条素线，与圆锥面相交于一个水平圆，找到素线和圆的交点 2 和 2′(相贯线上的最低点)；

(4)在适当位置上加水平面 P_4 和 P_5，重复上面作图，求出一般点的水平投影 5、6 和 7、8 以及正面投影 5′、6′和 7′、8′；

(5)依次连接各点的同面投影，正面投影 1′5′3′7′2′一段和 1′6′4′8′2′一段重影(连实线)，水平投影 46153 一段可见，连实线，48273 一段不可见，连虚线。

8.3.2 两曲面立体相交的特殊情况

在一般情况下，两曲面立体的相贯线是空间曲线。但是，在特殊情况下，两曲面立体的相贯线也可能是平面曲线或直线。下面介绍两曲面的相贯线为平面曲线的两种特殊情况。

1. 两回转体共轴

当两个共轴的回转体相贯时，其相贯线一定是一个垂直于轴线的圆。

如图 8.13(a)所示为圆柱与半球具有公共的回转轴(铅垂线)，它们的相贯线是一个水平圆，其正面投影积聚为直线，水平投影为圆(反映实形，与圆柱等径)。图 8.13(b)为球与圆锥具有公共的回转轴，其相贯线也为水平圆，该圆正面投影积聚为直线，水平投影为圆(反映实形)。

2. 两回转体公切于球

当两个回转体公切于一个球面时，它们的相贯线是两个椭圆。

如图 8.14(a)所示为两圆柱，其直径相等，轴线垂直相交，还同时外切于一个球面，它们的相贯线是两个正垂的椭圆，其正面投影积聚为两相交直线，水平投影积聚在竖直圆柱的投影轮廓圆上。图 8.14(b)为轴线垂直相交，还同时公切于球面的一个圆柱与一个圆锥相贯，它们的相贯线是两个正垂的椭圆，其正面投影积聚为两相交直线，水平投影为两个椭圆。

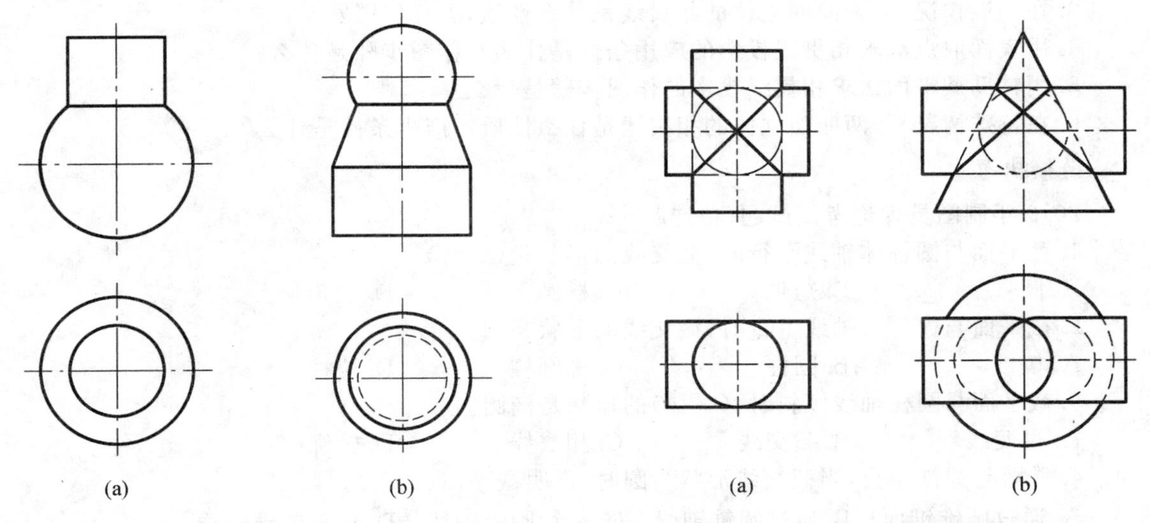

图 8.13　共轴的两回转体相交　　**图 8.14　公切于球面的两回转体相交**

【重点串联】

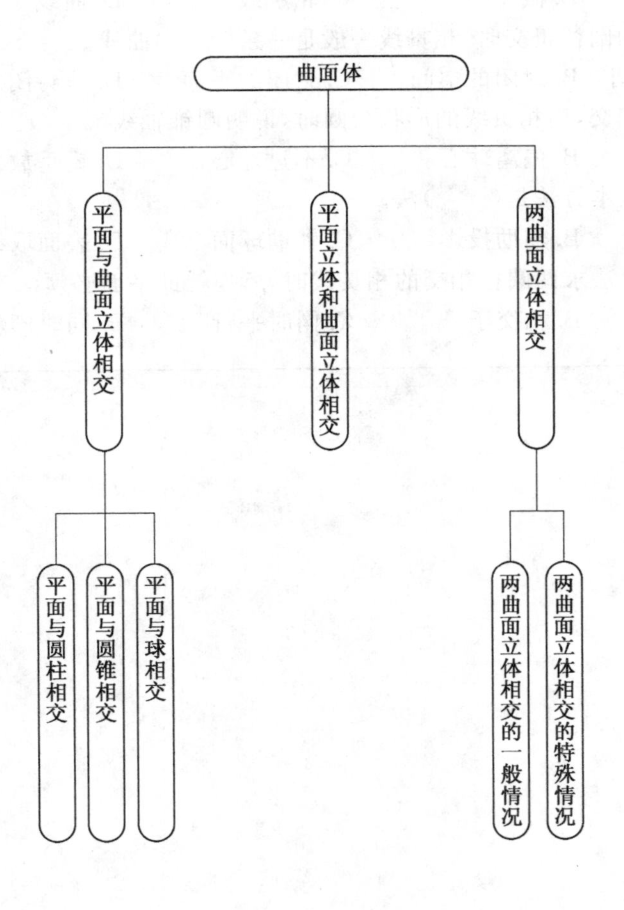

拓展与实训

基础训练

1. 圆柱、圆锥的截交线形状各有几种，怎样作图？
2. 平面立体与曲面立体的相贯线是什么样的线，怎样作图？
3. 在一般情况下，两曲面立体的相贯线是什么性质，怎样作图？
4. 用表面取点法求相贯线投影的应用条件是什么？作图步骤是什么？
5. 用辅助截平面法求相贯线投影的作图步骤是什么？
6. 在特殊情况下，两曲面立体的相贯线是什么性质？产生条件是什么？

链接执考

2010 年制图员理论考试试题(单选题)

1. 截平面与圆柱体轴线平行时，截交线的形状是(　　)。
A. 圆　B. 矩形　C. 椭圆　D. 三角形
2. 截平面与(　　)轴线垂直时，截交线的形状是圆。
A. 棱锥　B. 圆柱　C. 椭圆柱　D. 棱柱
3. 截平面与圆柱轴线倾斜时，(　　)的形状是椭圆。
A. 过渡线　B. 截交线　C. 相贯线　D. 轮廓线
4. 平面与圆锥相交，当截交线形状为圆时，说明截平面(　　)。
A. 通过圆锥锥面　B. 通过圆锥轴线　C. 平行圆锥轴线　D. 垂直圆锥轴线
5. (　　)是两立体表面的共有线，是两个立体表面的共有点的集合。
A. 相贯线　B. 截交线　C. 轮廓线　D. 曲线
6. 两直径不等的圆柱正交时，相贯线一般是一条(　　)曲线。
A. 非闭合的空间　B. 封闭的空间　C. 封闭的平面　D. 非封闭的平面
7. 球面与圆锥相交，当相贯线的形状为圆时，说明圆锥轴线(　　)。
A. 通过球心　B. 偏离球心　C. 不过球心　D. 铅垂放置
8. 求相贯线的基本方法是(　　)法。
A. 辅助平面　B. 辅助投影　C. 辅助球面　D. 表面取线
9. 利用辅助平面法求两圆柱相交的相贯线时，所作辅助平面必须(　　)两圆柱轴线。
A. 同时垂直　B. 相交于　C. 同时平行　D. 同时倾斜

模块 9

轴测投影

【模块概述】

轴测投影图简称轴测图，它是能在一个视图上表达立体的长、宽、高三个方向的形状和尺度的投影图。与同一物体的三面正投影图相比，轴测图的立体感强，直观性好，易于读懂，但一般不反映物体各表面的实形，同时作图较多面正投影复杂，是工程上常用的一种辅助图样。

本模块在介绍轴测投影的种类、投影方法的基础上，主要介绍正等轴测图、斜二测图的绘制方法，并论述了轴测投影选择的原则。

【知识目标】

1. 轴测投影的基本知识；
2. 正等轴测投影；
3. 斜轴测投影；
4. 轴测投影的选择。

【能力目标】

1. 掌握轴测投影的基本概念、基本知识、种类；
2. 掌握正等轴测图、斜二等轴测图的作图方法；
3. 了解正等轴测投影图和斜二等轴测投影图的形成及用途；
4. 了解轴测投影的选择方法。

【学习重点】

轴测投影的基本概念、投影方法、种类；正等轴测图的画法；斜二测图的画法。

【课时建议】

4～6 课时

9.1 轴测投影的基本知识

9.1.1 轴测投影的形成和作用

如图 9.1 所示，用平行投影法将物体连同确定物体空间位置的直角坐标系一起沿不平行于任一坐标面的方向投影到单一投影面，所得的具有立体感的图形称为轴测图。

要得到轴测投影图，可用以下两种方法：

(1) 使物体的三个坐标面与轴测投影面处于倾斜位置，然后用正投影法向该投影面上投射，所得的投影图称为正轴测投影图，简称正轴测图，如图 9.1(a)所示。

(2) 用斜投影的方法将物体的三个坐标面上的形状在一个投影面上表示出来，这种方法所获得的轴测图称为斜轴测投影图，简称为斜轴测图，如图 9.1(b)所示。

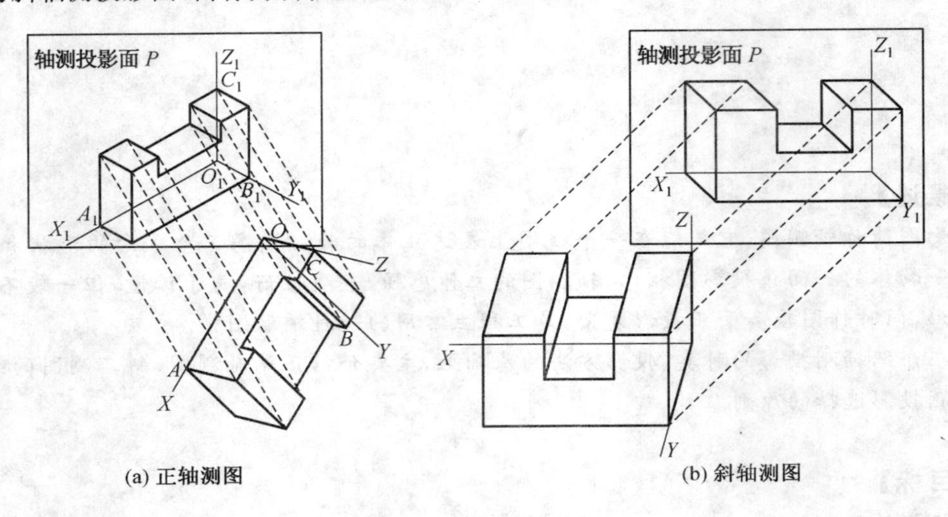

(a) 正轴测图　　(b) 斜轴测图

图 9.1　轴测图的形成

由于轴测图是用平行投影法得到的，因此具有以下投影特性：

(1) 空间相互平行的直线，它们的轴测投影互相平行。

(2) 立体上凡是与坐标轴平行的直线，在其轴测图中也必与轴测轴互相平行。

(3) 立体上两平行线段或同一直线上的两段长度之比，在轴测图上保持不变。

9.1.2 轴间角和轴向伸缩系数

如图 9.1 所示，投影面 P 称为轴测投影面。确定空间物体的坐标轴 OX、OY、OZ 在 P 面上的投影 O_1X_1、O_1Y_1、O_1Z_1 称为轴测投影轴，简称轴测轴。轴测轴之间的夹角 $\angle X_1O_1Y_1$、$\angle Y_1O_1Z_1$、$\angle Z_1O_1X_1$ 称为轴间角。把轴测轴上的线段与空间坐标轴上对应线段的长度比，称为轴向伸缩系数。如在图 9.1 中，在坐标轴 OX、OY、OZ 上分别取 A、B、C 三点，它们的轴测投影长度分别为 O_1A_1、O_1B_1、O_1C_1，由此得到：

X 轴的轴向伸缩系数 $p=O_1A_1/OA$；

Y 轴的轴向伸缩系数 $q=O_1B_1/OB$；

Z 轴的轴向伸缩系数 $r=O_1C_1/OC$。

9.1.3 轴测投影的分类

根据投射方向是否垂直于轴测投影面，轴测投影可分为两大类：当投射方向与轴测投影面垂直时，称为正轴测投影；当投射方向与轴测投影面倾斜时称为斜轴测投影，如图 9.1(a)所示，空间形体在

投影面 P 上的投影为正轴测投影，其投射方向与投影面垂直；如图 9.1(b)所示，空间形体在投影面上的投影为斜轴测投影，其投射方向与投影面倾斜。而且随着空间形体及其坐标轴对轴测投影面的相对位置的不同，轴间角与轴向伸缩系数也随之变化，从而得到各种不同的轴测图。正轴测投影和斜轴测投影各有三种：

正等测：$p=q=r$；

正二测：$p=r\neq q$ 或 $p=q\neq r$、$q=r\neq p$；

正三测：$p\neq q\neq r$。

斜等测：$p=q=r$；

斜二测：$p=r\neq q$ 或 $p=q\neq r$、$q=r\neq p$；

斜三测：$p\neq q\neq r$。

工程上常用正等测和正面斜二测（$p=r\neq q$）。

>>>

技术提示：

所谓"轴测"，就是轴向测量之意。所以作轴测图只能沿着与坐标轴平行的方向量取尺寸，与坐标轴不平行的直线，其伸缩系数不同，不能在轴测投影中直接作出，只能按坐标作出两端点后才能确定该直线。

9.2 正等轴测投影

9.2.1 轴间角和轴向伸缩系数

当投射方向与轴测投影面相垂直，且空间形体的三个坐标轴与轴测投影面的夹角相等时所得到的投影，称为正等轴测投影，简称正等测。如图 9.2 所示，三个轴间角$\angle X_1O_1Y_1=\angle Y_1O_1Z_1=\angle Z_1O_1X_1=120°$，正等测的轴向伸缩系数理论值为 $p=q=r=0.82$，为作图方便，常取简化值 1。

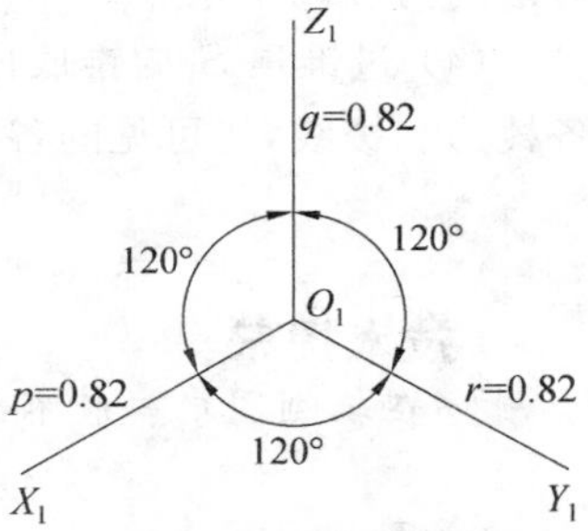

Z_1 q=0.82 120° 120° O_1 p=0.82 r=0.82 120° X_1 Y_1

图 9.2　正等轴测图的轴间角与轴向伸缩系数

9.2.2 正等轴测图的画法

画空间形体的正等轴测投影图时，通常将 O_1Z_1 轴画成竖直位置，其他两轴与水平线成 30°角，如图 9.2 所示。图 9.3 为空间形体的多面正投影图以及相应的正等轴测投影图。

在绘制空间形体的轴测投影图之前，首先要认真观察形体的结构特点，然后根据其结构特点选择合适的绘制方法。主要有坐标法、叠加法和切割法等。

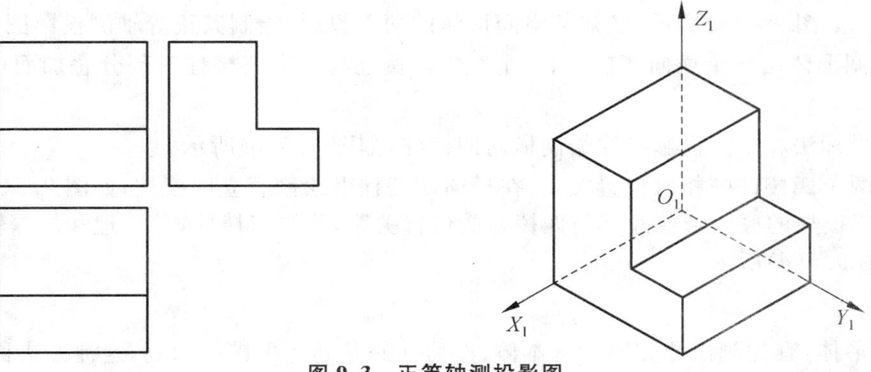

图 9.3　正等轴测投影图

1. 坐标法

根据物体上各顶点的坐标，确定其轴测投影，并依次连接，这种方法称为坐标法。

【例 9.1】 已知正六棱锥的两面投影图如图 9.4(a)所示，绘制其正等轴测投影图。

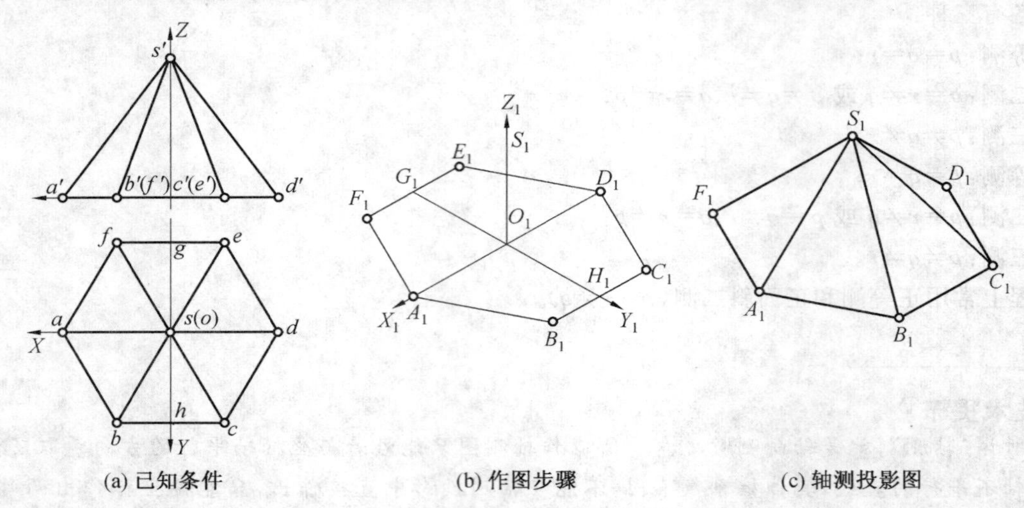

图 9.4 坐标法绘制正等轴测投影图

解 作图步骤如下：

(1) 建立坐标系，并确定轴间角和轴向伸缩系数(正等测轴间角均为 120°，轴向系数取 1)。

(2) 在对应轴测轴上截取 $O_1A_1=oa$，$O_1D_1=od$，$O_1G_1=og$，$O_1H_1=oh$，从而确定两顶点 A_1 与 D_1，以及两边中点 G_1 与 H_1。

(3) 过 G_1、H_1 作 X_1 轴平行线，并截取 $G_1F_1=gf$，$G_1E_1=ge$，$H_1B_1=hb$，$H_1C_1=hc$，从而确定正六边形的另外四个顶点 B_1、C_1、E_1、F_1，同时确定锥顶 S_1，如图 9.4(b)所示。

(4) 过锥顶 S_1 向锥底面的各个顶点作边线，并根据轴测投影图的可见性，擦去六棱锥中不可见的各棱边和棱线，将可见的各棱边和棱线加深，即完成六棱锥的正等轴测图，如图 9.4(c)所示。

>>>

技术提示：

在轴测图中一般不画不可见的轮廓线，最后的轴测轴也不需要画。

2. 叠加法

对于由多个基本体叠加而成的空间形体，宜在形体分析的基础上，在明确各基本体相对位置的前提下，将各个基本体逐个画出，并进行综合，从而完成空间形体的轴测投影图，这种画法称为叠加法。画图顺序一般是先大后小。

【例 9.2】 如图 9.5(a)所示，已知某空间形体的两面投影，绘制其正等轴测投影图。

解 该空间形体由一个横向四棱柱、一个直立四棱柱与一个三棱柱三部分叠加而成，其作图步骤如下：

(1) 根据坐标法和轴测投影特性绘制横向四棱柱，如图 9.5(b)所示。

(2) 根据两个四棱柱的相对位置关系，在横向四棱柱上绘制直立四棱柱，如图 9.5(c)所示。

(3) 根据三棱柱的底面形状及其与四棱柱的位置关系，绘制三棱柱，并处理和加深轮廓线，完成轴测投影图，如图 9.5(d)所示。

3. 切割法

对于有些形体，宜先画出原完整的基本体，然后在此基础上再进行切割，这种方法称为切割法。

【例 9.3】 如图 9.6(a)所示，已知某空间形体的两面投影，绘制其正等轴测投影图。

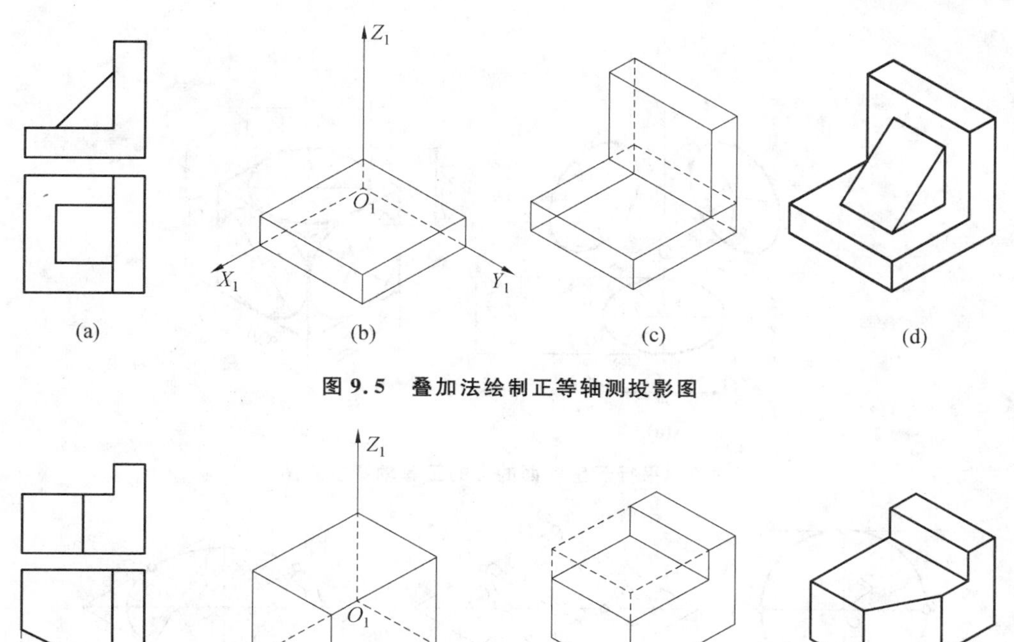

图 9.5 叠加法绘制正等轴测投影图

(a) (b) (c) (d)

图 9.6 切割法绘制正等轴测投影图

解 该形体可看成一个大的四棱柱在左上侧切去另外一个小的四棱柱，然后在左前侧再切去一个三棱柱而成。作图步骤如下：

(1) 绘制大四棱柱的轴测投影图，如图 9.6(b)所示。

(2) 在大四棱柱左上侧切去一个小四棱柱，如图 9.6(c)所示；并继续切去左前侧的三棱柱，从而完成空间形体的轴测投影图，如图 9.6(d)所示。

技术提示：

坐标法不但适用于平面立体，也适用于曲面立体；不但适用于正等测，也适用于其他轴测图的绘制。叠加法适用于绘制主要形体是由堆叠形成的形体轴测图，但应准确定位；切割法适用于切割方式构成的平面立体。

9.2.3 平行于坐标面的圆的正等轴测投影

圆的正等轴测投影为椭圆。由于三个坐标面与轴测投影面所成的角度相等，所以直径相等的圆，在三个轴测坐标面上的轴测椭圆大小也相等，且每个轴测坐标面上的椭圆的长轴垂直于第三个轴测轴。如图 9.7 所示。

1. 圆的正等轴测图画法

圆的正等测图可以采用四心圆法近似画出，它是用四段圆弧近似地代替椭圆弧，这样可大大提高画图速度。作图过程如图 9.8 所示。

(1) 画出圆外切正方形的轴测投影——菱形，并确定四个圆心，如图 9.8(b)所示。其中短对角线的两个端点 O_1、O_2 为两个圆心；O_1A_1、O_1D_1 与长对角线的交点 O_3、O_4 为另外两个圆心。

(2) 分别以 O_1、O_2 为圆心，O_1A_1 为半径画圆弧 A_1D_1 和 B_1C_1；以 O_3、O_4 为圆心，O_3A_1 为半径画圆弧 A_1B_1 和 C_1D_1，即完成全图，如图 9.8(c)所示。

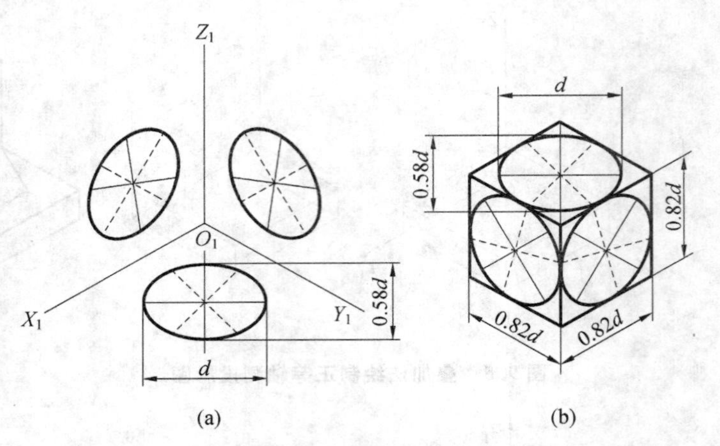

图 9.7　平行于坐标面的圆的正等轴测投影图

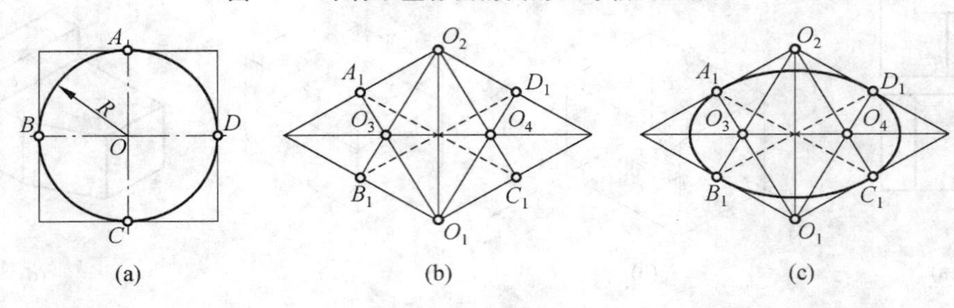

图 9.8　四心法绘制圆的正等轴测投影图

技术提示：

1. 绘制圆的正等轴测图也可采用弦线法(坐标法)。在圆上作若干弦线，在轴测图上按坐标法绘制出各弦线的正等测投影，依次光滑连接各端点即可。这种方法画出的椭圆较准确，但作图较复杂。

2. 用 CAD 画图只要给出长半径与短半径，即可精确地绘制出椭圆。

3. 绘制圆弧或圆角的正等测投影时，可按圆的正等测投影的画法，在椭圆上截取即可。

2. 圆柱体的正等轴测图画法

掌握了圆的正等测画法，圆柱体的正等测视图也就容易画出了，即只要分别作出其顶面和底面的椭圆，再作其公切线就可以了。绘制圆柱体正等测图的步骤如图 9.9 所示。

(1) 根据投影图定出坐标原点和坐标轴，如图 9.9(a)所示。

(2) 绘制轴测轴，作出侧平面内的菱形，求四心，绘出左侧圆的轴测图，如图 9.9(b)所示。

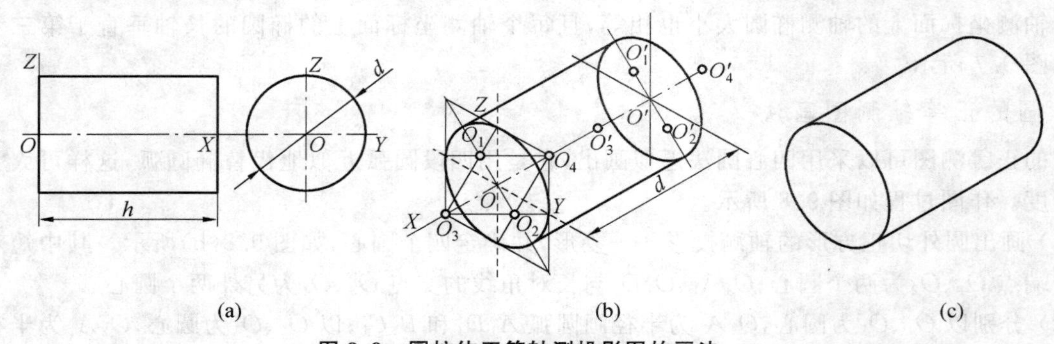

图 9.9　圆柱体正等轴测投影图的画法

(3) 沿 X 轴方向平移左面椭圆的四心，平移距离为圆柱体长度 h，用平移得到的四心绘制右侧面椭圆，并作左侧面椭圆和右侧面椭圆的公切线，如图 9.9(b)所示。

(4)擦除不可见轮廓线并加深结果，如图 9.9(c)所示。

9.3 斜轴测投影

9.3.1 轴间角和轴向伸缩系数

在绘制斜轴测投影时，为了作图方便，通常使形体的某个特征面平行于轴测投影面，其轴测投影反映实形，相应的有两个轴测轴的伸缩系数为 1，对应的轴间角仍为直角；而另一个轴测轴可以是任意方向(通常取与水平方向成 30°、45°或 60°等的特殊角)，对应的伸缩系数也可以取任意值，通常取 0.5，既美观又方便。

例如，当坐标面 XOZ 与轴测投影面 P 平行时，轴间角$\angle X_1O_1Z_1=90°$，相应的 $p=r=1$，$q=0.5$，O_1Y_1方向可任意选定，由此得到的轴测投影称为正面斜轴测投影；同样还有水平斜轴测投影和侧面斜轴测投影。

工程上常用的两种斜轴测图分别是正面斜二测图和水平斜等测图。

9.3.2 正面斜二测图

正面斜二测就是物体的正面平行轴测投影面，轴间角$\angle X_1O_1Z_1=90°$，轴向伸缩系数 $p=r=1$，$q=0.5$(也可以取任意值)。其轴测轴 O_1X_1 画成水平，O_1Z_1 画成竖直，轴测轴 O_1Y_1 则与水平成 45°角(也可画成 30°角或 60°角)。如图 9.10 所示。

当轴向伸缩系数 $p=q=r=1$ 时，则为正面斜等轴测投影。

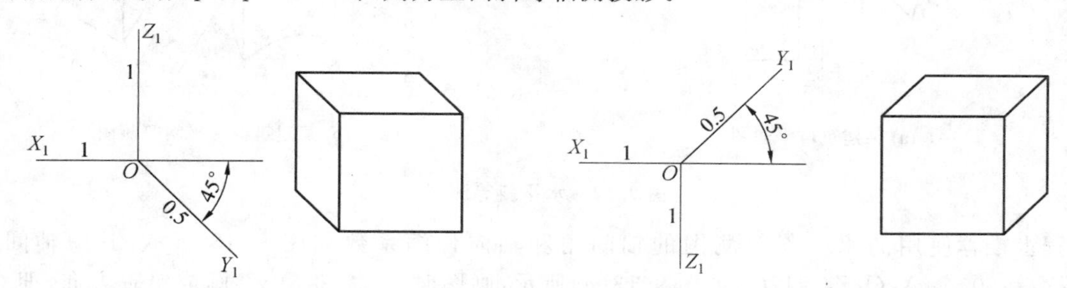

图 9.10 正面斜二测图坐标

【例 9.4】 如图 9.11(a)所示，已知某空间形体的两面投影，绘制其正面斜二测投影图。

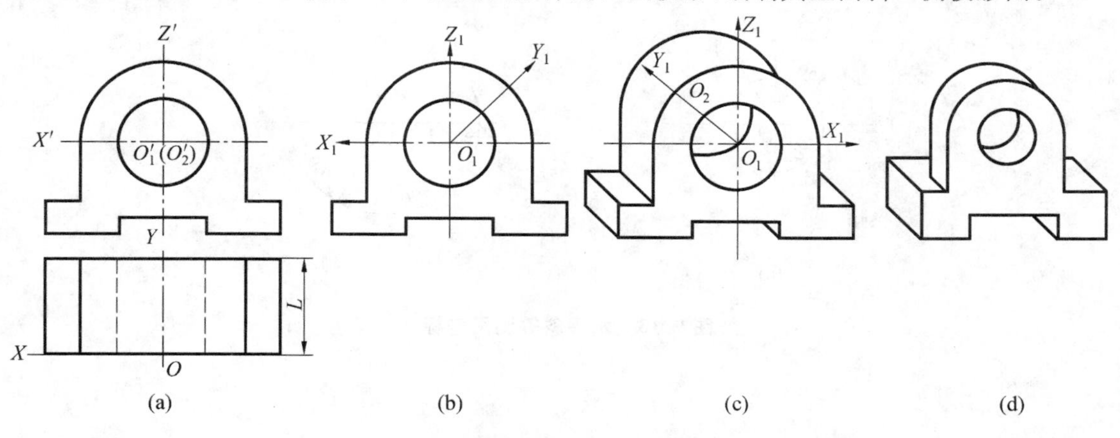

图 9.11 正面斜二测图的画法

解 作图步骤为：

(1) 选择坐标及坐标原点，如图 9.11(a)所示。

(2) 先画前端面的形状，与主视图完全一样，如图 9.11(b)所示。再在 Y_1 轴上取 $O_1O_2=L/2$，画出后端面形状，半圆柱面轴测投影的轮廓线按两圆弧的公切线画出，如图 9.11(c)所示。

(3) 擦去作图线，描深全图，如图 9.11(d)所示。

9.3.3 水平斜等测图

在实际工程中，水平斜等测图往往用于表达一个地区建筑群的布局、绿化和交通等情况。还可以用来绘制某房屋的水平剖视面等。它既有总平面图的特点，又富有立体感，而且作图方法要比透视图简便，所以在建筑工程中得到较多应用。如图 9.12 所示是一建筑群的总平面图的水平斜等测图。水平斜等测图是以 H 面为轴测投影面，而用倾斜于 H 面的平行线作投影所得的图形。因此，形体上凡平行于 H 面的各表面其水平斜轴测图仍反映它们的实形。

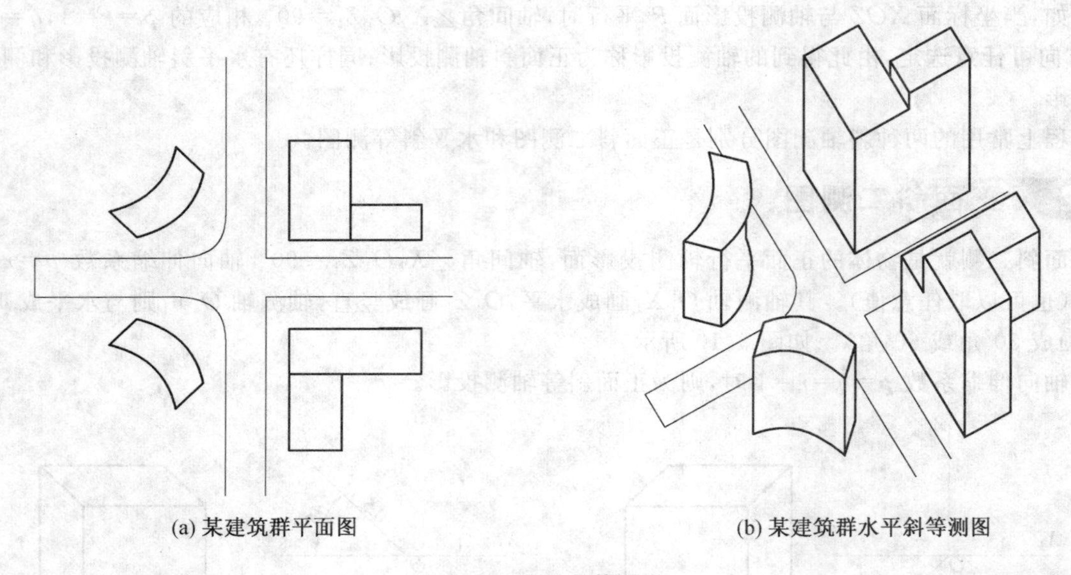

(a) 某建筑群平面图　　(b) 某建筑群水平斜等测图

图 9.12　水平斜等测图

工程上推荐使用的水平斜等测图的轴间角和轴向伸缩系数如图 9.13 所示，其中轴间角为 $\angle X_1O_1Y_1=90°$，$\angle X_1O_1Z_1=120°$，如图 9.13(a)所示，画图时，习惯将 O_1Z_1 画成铅垂方向，即 O_1X_1 和 O_1Y_1 分别与水平线成 30°和 60°，轴向伸缩系数 $p=q=r=1$，如图 9.13(b)所示。

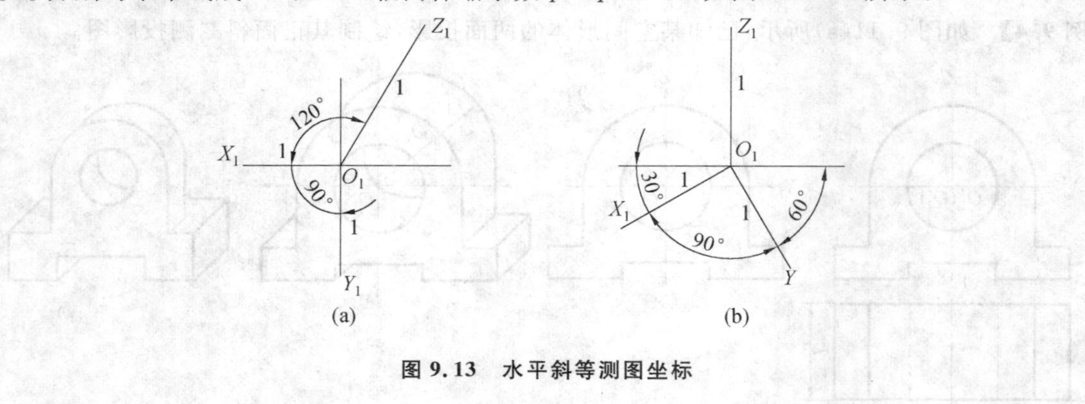

图 9.13　水平斜等测图坐标

9.4 轴测图的选择

轴测图的特点主要是立体感较强，使人们能比较容易地看懂形体各部分的结构和形式。由于投射线的方向、形体或坐标系与轴测投影面的相对位置不同，形成了不同的轴间角与轴向伸缩系数，进而产生了各种轴测图。选用轴测图时应考虑以下两方面基本因素：首先既要保证轴测图所表现的形体充分、鲜明、立体感强，又要使作图方法较为简便；其次，考虑轴测投影方向是很重要的。如图 9.14 所示为四种投影方向所得的轴测图，一般将上面两种称为俯视轴测图，重点表达顶面的结构形状，应用较多；下面两种称为仰视轴测图，重点表达底面的结构形状。

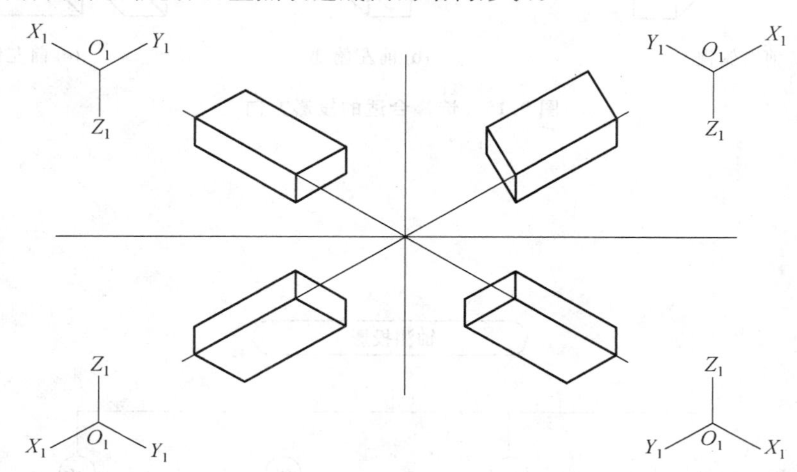

图 9.14　轴测图的投影方向选择

9.4.1 轴测投影类型的选择

1. 各种轴测图的比较

将正等测、正二等测和斜二等测的表现效果和作图过程稍加比较，不难发现：

(1) 正二等轴测图的直观性最好，但作图较繁琐；

(2) 斜二等轴测图中平行于某一坐标面的图形反映实形，因此尤其适用于画在某一方向上形状比较复杂的物体；

(3) 正等轴测图的直观性逊于正二等和斜二等轴测图，但作图方便，特别适用于表达几个方向上都有圆的物体。

所以，选择轴测图种类时一般是"先'正'后斜，先'等'后'二'"。

2. 选择轴测图种类时应注意的问题

(1)避免物体的表面或棱线在轴测图中积聚成直线或点。

(2)避免物体的表面被遮挡以影响表现效果。

9.4.2 轴测投影方向的选择

在确定了轴测投影图的类型之后，根据形体自身的特征，还需要进一步确定适当的投影方向，使轴测图能够清楚地反映物体所需表达的部分。具体来说，有如下原则：

(1) 当形体的左前上方比较复杂时，宜选择左俯视。

(2) 当形体的右前上方比较复杂时，宜选择右俯视。

(3) 当形体的左前下方比较复杂时，宜选择左仰视。

(4) 当形体的右前下方比较复杂时，宜选择右仰视。

图 9.15 为对同一物体采用三种不同的投影方向所画出的斜二等轴测图，图中分别列出前左俯视、前右俯视和前左仰视的轴测图。很明显，从本例可以看出，选择前左俯视和前左仰视的投影方向所绘制的轴测图效果是比较好的。

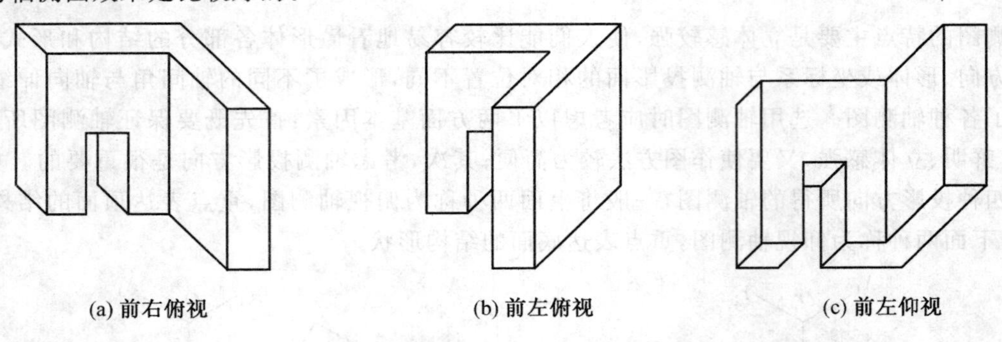

(a) 前右俯视　　(b) 前左俯视　　(c) 前左仰视

图 9.15　选择合适的投影方向

【重点串联】

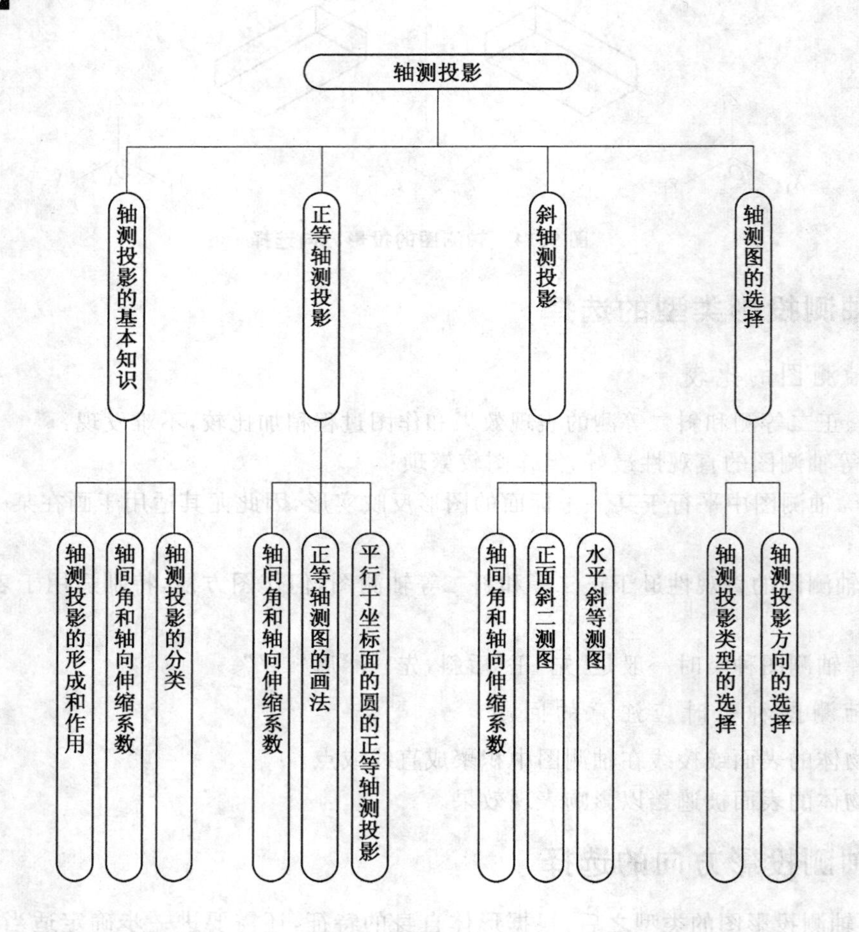

拓展与实训

基础训练

一、单选题

1. 相邻两轴测轴之间的夹角，称为(　　)。

A. 夹角　　B. 轴间角　　C. 两面角　　D. 倾斜角

2. 空间三个坐标轴在轴测投影面上轴向变形系数一样的投影，称为(　　)。

A. 正轴测投影　　B. 斜轴测投影　　C. 正等轴测投影　　D. 斜二轴测投影

3. 正等轴测图中，轴向变形系数为(　　)。

A. 0.82　　B. 1　　C. 1.22　　D. 1.5

4. 正等轴测图中，简化变形系数为(　　)。

A. 0.82　　B. 1　　C. 1.22　　D. 1.5

5. 正等轴测投影中，其中两个轴的轴向变形系数(　　)的轴测图称为正二等轴测图。

A. 相同　　B. 不同　　C. 相反　　D. 同向

二、判断题

1. 正轴测投影和斜轴测投影的区别在于投射线与轴测投影面的倾角不同。(　　)

2. 正轴测投影和斜轴测投影的变形系数是相同的。(　　)

3. 正二轴测作图时，首先要确定轴测轴。(　　)

4. 在正等轴测图中，轴向变形系数常简化为 1。(　　)

5. 在正等轴测图中，常简化轴向变形系数，这样绘制的图形和实物比例是 1∶1。(　　)

链接执考

2008 年制图员(土建)中级理论知识试题(单选题)

1. 在斜二等轴测图中，坐标面与轴测投影面平行，凡与坐标面平行的平面上的(　　)，轴测投影仍为圆。

A. 椭圆　　B. 直线　　C. 圆　　D. 曲线

2. 为作图方便，一般取 $p=r=1,q=0.5$ 作为正二测的(　　)简化轴向系数。

A. X 轴　　B. Y 轴　　C. Z 轴　　D. 轴向

3. 在正二等轴测投影中，由于 3 个坐标面都与轴测投影面倾斜，凡是与坐标面平行的平面上的圆，其轴测投影均变为(　　)。

A. 圆　　B. 直线　　C. 椭圆　　D. 曲线

4. 互相垂直的三根(　　)坐标轴在轴测投影面的投影称为轴测轴。

A. 倾斜　　B. 交叉　　C. 相交　　D. 直角

5. 正等轴测图的轴间角角度为(　　)。

A. 45°　　B. 60°　　C. 90°　　D. 120°

6. 三根轴测轴的轴向变形系数都相等的正轴测图称为(　　)轴测图。

A. 正二等　　B. 正三等　　C. 斜二等　　D. 正等

7. 正等轴测图的轴间角分别为(　　)。

A. 97°、131°、132°　　B. 120°、120°、120°　　C. 90°、135°、135°　　D. 45°、110°、205°

8. 看懂轴测图，按绘制(　　)的方法和步骤绘制三视图。

A. 轴测图　　B. 透视图　　C. 效果图　　D. 三视图

2010年制图员(土建)中级理论知识试题(单选题)

1. 在斜二等轴测图中,其中1个轴向角取(　　)。

A. 135°　　B. 120°　　C. 90°　　D. 97°

2. 在(　　)轴测图中,其中一个轴的轴向伸缩系数与另两个轴的轴向伸缩系数不同,取0.47。

A. 斜二等　　B. 正等　　C. 正二等　　D. 正三测

3. 在轴测投影中,物体上两平行线段的长度与轴测投影的长度比值是(　　)。

A. 2∶1　　B. 相等　　C. 1∶2　　D. 任意的

4. 正等轴测图的轴间角角度为(　　)。

A. 45°　　B. 60°　　C. 90°　　D. 120°

5. 正等轴测图中,简化变形系数为(　　)。

A. 0.82　　B. 1　　C. 1.22　　D. 1.5

6. 四心圆法画椭圆,小圆的圆心在(　　)。

A. 短轴上　　B. 长轴上　　C. 共轭直径上　　D. 圆心上

7. 看轴测图要看沿着轴方向的(　　)。

A. 变形系数　　B. 轴间角　　C. 标数　　D. 尺寸数字

8. 绘制(　　)的正等轴测图时,可采用基面法。

A. 椭圆　　B. 圆　　C. 视图　　D. 棱柱或圆柱体

9. 绘制(　　)的正等轴测图时,可采用叠加法。

A. 切割体　　B. 组合体　　C. 圆柱体　　D. 棱柱体

10. 画切割体的正等轴测图,可先画其基本体的正等轴测图,然后用(　　)逐一切割基本体。

A. 剖切平面　　B. 断面　　C. 辅助平面　　D. 切割平面

11. 画轴测剖视图,不论(　　)是否对称,均假想用两个互相垂直的剖切平面将物体剖开,然后画出其轴测剖视图。

A. 图形　　B. 左视图　　C. 正平面　　D. 物体

12. 绘制轴测剖视图的方法有先画(　　),再作剖视和先画断面形状,再画投影两种。

A. 主视图　　B. 透视图　　C. 剖切面　　D. 外形

13. 画圆柱的正等轴测图,要知道圆柱的(　　)。

A. 直径、高度　　B. 直径　　C. 高度　　D. 变形系数

14. 画圆锥台的正等轴测图,两侧轮廓线与(　　)。

A. 两椭圆长轴相连　　B. 两椭圆相切　　C. 两椭圆短轴相连　　D. 两椭圆共轭直径相连

模块 10

标高投影

【模块概述】

土木工程建筑物是修建在地面上的，它与地面的形状有着密切关系。因此，工程上常需绘制出地形图，并在地形图上进行工程规划、设计等各项工作。由于地面形状复杂，起伏不平，且长度方向的尺寸比高度方向的尺寸要大得多，如仍采用多面正投影法或轴测投影法是难以表达清楚的。标高投影则是适用于表达地形面和复杂曲面的一种投影方法。

本模块以标高投影的方法为切入点，以不同类型的平面与曲面及地形为实例。主要介绍标高投影的基本方法，点、线、平面、曲面的标高投影表示方法，并以实例介绍了坡面交线的求法、地形断面图的表示方法等。

【知识目标】

1. 标高投影的概念；
2. 点、直线的标高投影；
3. 平面的标高投影；
4. 曲面的标高投影。

【能力目标】

1. 了解标高投影的基本概念；
2. 掌握标高投影平面与平面、坡面与地面交线的求法；
3. 掌握标高投影中圆锥面、地形面标高投影的画法；
4. 掌握地形断面图的作法。

【学习重点】

标高投影平面与平面、坡面与地面交线的求法。

【课时建议】

4～6 课时

【工程导入】

要了解建筑物，就要能看懂建筑物的相关图纸，要了解建筑图，就要了解图纸上的各类符号，以及专业的术语，如建筑标高和结构标高，但在了解这些之前，我们应了解什么是标高？这样才会一步步深入探究。标高表示建筑物各部分的高度，是建筑物某一部位相对于基准面（标高的零点）的竖向高度，是竖向定位的依据。

标高可分为绝对标高和相对标高。绝对标高又称海拔标高，是全国统一使用的标高，以黄海的海平面为零点引测到全国各地统一使用的。是法定的、正规的、使用最多的高程系统。而相对标高，即是以建筑物室内首层主要地面高度为零作为标高的起点，所计算的标高称为相对标高。

通过上面两个例子你明白标高的概念了吗？

10.1 概 述

建筑物总要和地面发生关系，因此常常需要绘制地面形状的地形图。地面的形状比较复杂，毫无规则可言，而且平面方向的尺度比铅垂高度的变化大得多，如仍采用前述的多面正投影来表达地面形状，不仅作图困难，也不易表达清楚。在生产实践中，人们创造了一种与地形面相适应的表达方法——标高投影法。

用两个投影表示形体时，当水平投影确定后，正面投影只起到了提供形体各部分高度的作用。因此，如果在水平投影图上加注形体上某些点、线、面的高程，以高程数字代替立面图的作用，也完全可以确定形体在空间的形状和位置。工程上常用一组平行、等距的水平面与地面截交，截得一系列的水平曲线，并在这些水平曲线上标注相应的高程，便能清楚地表达地面起伏变化的形状，如图 10.1 所示。

这种在水平投影上加注高程的方法称为标高投影。这些加注了高程的水平曲线称为等高线，其上每一点距某一水平基准面的高度相等。这种单面的水平正投影图便称为标高投影图。

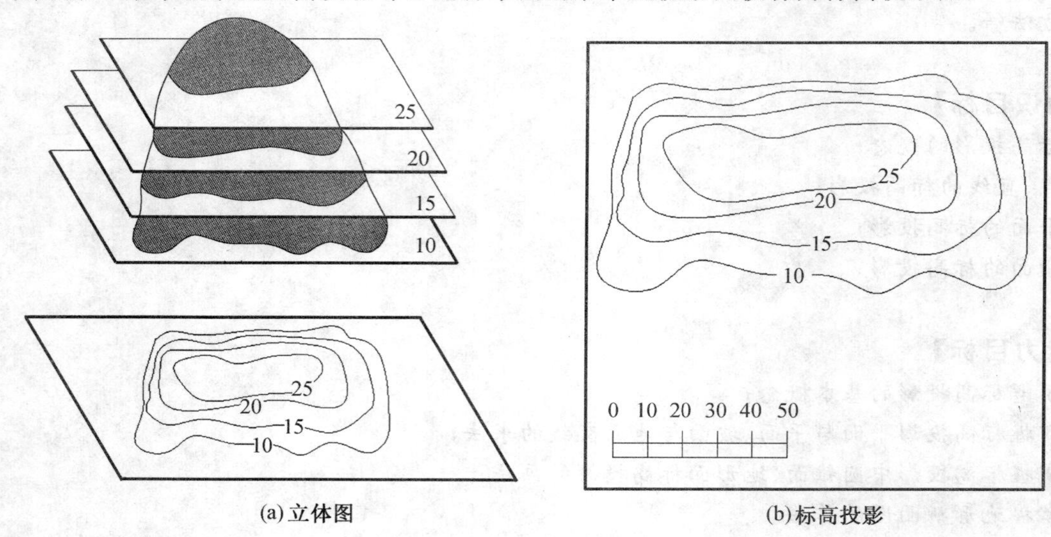

图 10.1 标高投影的概念

>>>

技术提示：

在标高投影图中，必须标明比例或画出比例尺，基准面一般为水平面。

☆**知识拓展**

除了地形这样复杂的曲面外，在土木工程中一些平面相交或平面与曲面、曲面与曲面相交的问题，也常用标高投影法表示，如填、挖方的坡脚线和开挖线等。

10.2 点、直线的标高投影

10.2.1 点的标高投影

如图10.2(a)所示，设点A位于已知的水平面H的上方4个单位处，点B位于H上，点C位于H下方3个单位处，那么A、B、C的水平投影a、b、c旁边注上相应的高度值4、0、−3等，即得点A、B、C的标高投影图，如图10.2(b)所示。这时，4、0、−3等高度值称为各点的标高。

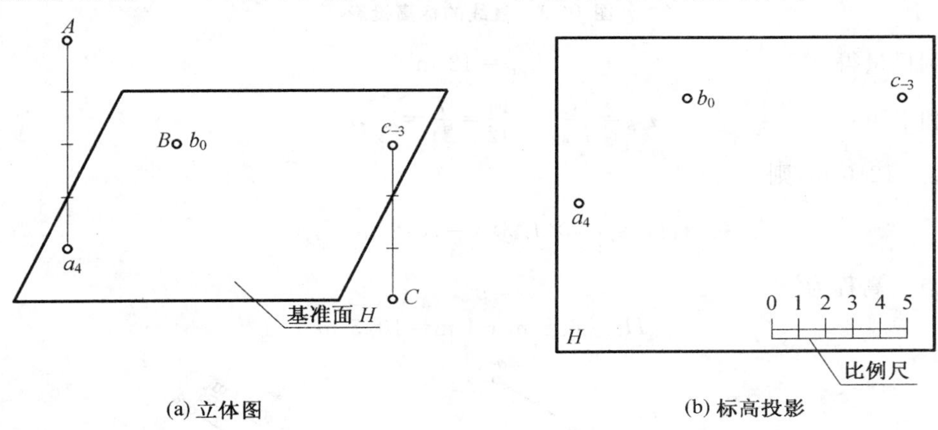

(a) 立体图　　(b) 标高投影

图10.2　点的标高投影

通常以H面作为基准面，它的标高为零。高于H面标高为正，低于H面标高为负。为了实际应用方便，选择基准面时，最好使各点的标高都是正的。

☆**知识拓展**

在地形测量中，以青岛市外黄海海平面(大地水准面)作为零标高的基准面。

在建筑工程中，常以室内首层地面高度作为零标高的基准面，记作±0。

10.2.2 直线的标高投影

1. 直线的表示方法

直线可由直线上两点或直线上一点及该直线的方向来确定。因此，直线的标高投影有以下两种表示方法：

(1)直线的水平投影并加注其上两点的标高，如图10.3(b)所示。

(2)直线上一点的标高投影，并加注该直线的坡度和方向，如图10.3(c)所示。并规定直线的方向用箭头表示，箭头指向下坡。

2. 直线的坡度和平距

直线上任意两点的高差与其水平距离之比，称为该直线的坡度，用i表示。

直线上任意两点的高差为一个单位时的水平距离，称为该直线的平距，用l表示。

由上面两式可知，坡度和平距互为倒数，即$i=1/l$。坡度越大，平距越小；反之，坡度越小，平距越大。

【例10.1】　求如图10.4所示直线AB的坡度与平距，并求出直线上点C的高程。

解　由图可知：　　$H_{AB}=20.5\ \text{m}-6.5\ \text{m}=14\ \text{m}$

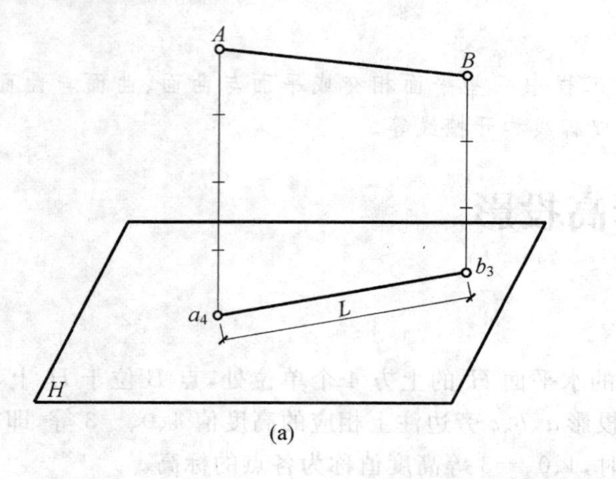

(a)

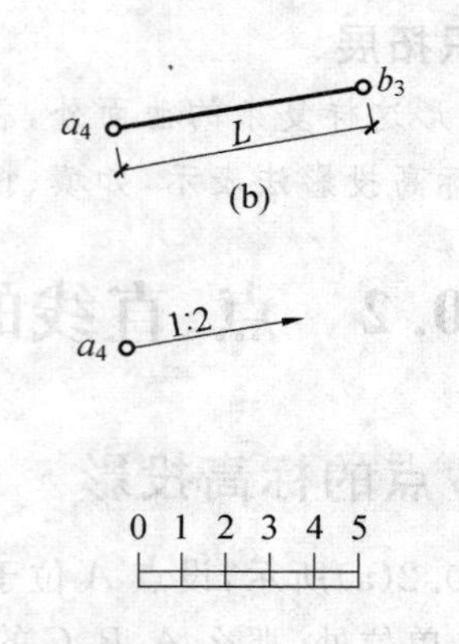

(b) (c)

图 10.3　直线的标高投影

根据比例尺量得

$$L_{AB}=42\ \mathrm{m}$$

求坡度和平距：

$$i_{AB}=\frac{H_{AB}}{L_{AB}}=\frac{14}{42}=\frac{7}{21}=\frac{1}{3},l=3$$

量取 $L_{AC}=12.0\ \mathrm{m}$，则

$$H_{AC}=i_{AB}\times L_{AC}=\frac{1}{3}\times 12\ \mathrm{m}=4\ \mathrm{m}$$

所以 C 点的高程为

$$H_C=6.5\ \mathrm{m}+4\ \mathrm{m}=10.5\ \mathrm{m}$$

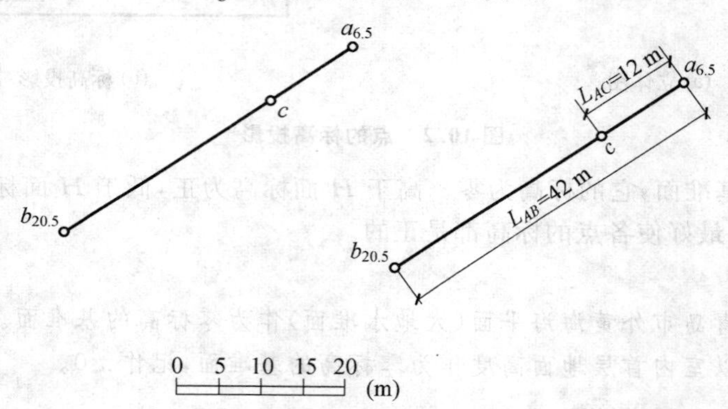

图 10.4　求直线的坡度、平距和点的高程

3. 直线段的实长

当已知一直线的标高投影时，求线段的实长可用直角三角形法或一次换面法来解决。

(1) 直角三角形法求线段实长。

已知直线 AB 的标高投影如图 10.5(a)所示，以线段的标高投影 a_8b_4 为直角三角形的一直角边，另一直角边是线段两端点距 H 面的高度差，其斜边 AB 即为实长。作图时，高差与标高投影应采用同一比例尺，如图 10.5(b)所示。

(2) 换面法求实长。

在适当位置作标高投影 a_8b_4 的平行线 O_1X_1 作为新轴，并将 O_1X_1 轴作为高程为整数 4 的起始线，然后按比例尺再绘出每相隔一个单位高差的 O_1X_1 轴的平行线，在此平行线上得到 $a_1'b_1'$ 即为 AB 的实长，如图 10.5(c)所示。

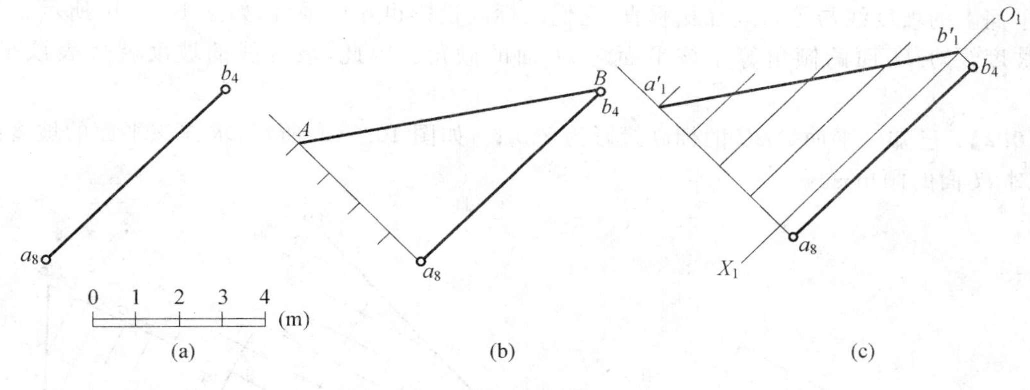

图 10.5 直线的标高投影

10.3 平面的标高投影

10.3.1 平面上的等高线和坡度线

1. 直线段的实长

平面上的水平线称为平面的等高线。等高线就是该平面与水平面的交线。等高线上各点到基准面的距离(高程)相等。平面上的各等高线彼此平行,并且各等高线间的高差与水平距离成同一比例。当各等高线的高差相等时,它们的水平距离也相等,如图 10.6(a)所示。

由此可知平面上的等高线有以下特征:

(1) 平面上的等高线是直线。

(2) 等高线彼此平行。

(3) 等高线的高差相等时,其水平间距也相等。

2. 平面上的等高线

平面上垂直于等高线的直线称为平面的坡度线。坡度线就是平面上对基面(H 面)的最大斜度线,它的坡度代表了该平面的坡度。如图 10.6(a)所示,P 平面上每一条直线对 H 面都有一个倾角,其中垂直于 P 面上等高线的直线 EF 对 H 面的倾角为最大,于是称 EF 为平面 P 对 H 面的最大斜度线。最大斜度线对 H 面的倾角 α 代表平面 P 对 H 面的倾角。

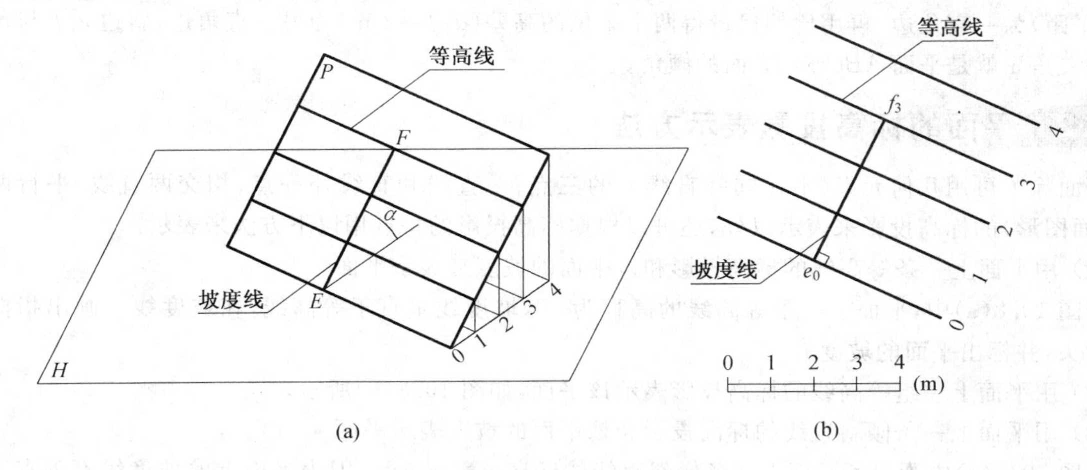

图 10.6 平面上的等高线、坡度线

由此可知平面上的坡度线有如下特征:

(1) 平面上的坡度线与等高线互相垂直，它们的标高投影也互相垂直，如图 10.6(b)所示。

(2) 坡度线对 H 面的倾角等于该平面对 H 面的倾角。因此，坡度线的坡度就代表该平面的坡度。

【例 10.2】 已知一平面 ABC 的标高投影为 $a_5b_9c_4$，如图 10.7(a)所示，求作该平面的坡度线，以及该平面对 H 面的倾角 α。

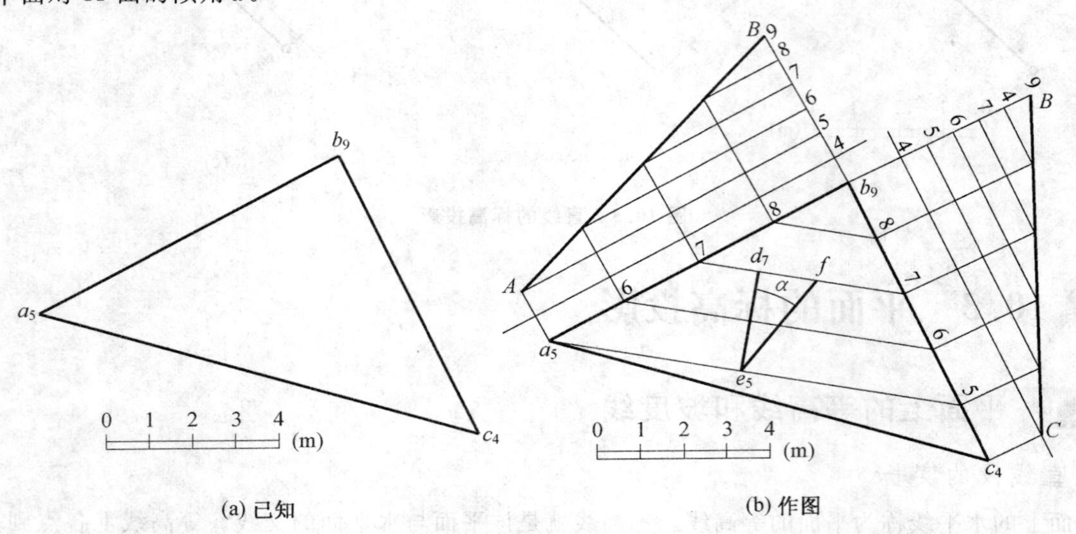

图 10.7 求平面上的坡度线及倾角 α

解 因平面的坡度线对 H 面的倾角就是该平面对 H 面的倾角，所以要先作出平面的坡度线。为此，必须先作出平面上的等高线。

(1) 作平面上的等高线。

在 $a_5b_9c_4$ 上任选两条边 a_5b_9 和 b_9c_4，用换面法分别在 a_5b_9 和 b_9c_4 定出整数标高点 8、7、6、5。连接相同标高的点就得到该平面上各等高线的标高投影。如图 10.7(b)所示。

(2) 作平面上的坡度线。

根据一边平行于投影面的直角投影特性，在适当位置任作等高线的垂线，如 d_7e_5 为 ABC 平面上坡度线 DE 的标高投影。

(3) 求平面对 H 面的倾角。

坡度线 DE 对 H 面的倾角就是 ABC 平面对 H 面的倾角 α。α 角可用直角三角形法求得，以 d_7e_5(两个平距)为一直角边，再用比例尺量得两个单位的高差($d_7f=2$ m)为另一直角边，斜边 e_5f 与 d_7e_5 之间的夹角 α 就是平面 ABC 对 H 面的倾角。

10.3.2 平面的标高投影表示方法

平面除了可用几何元素(不在同一直线上的三点、一直线和直线外一点、相交两直线、平行两直线、平面图形)的标高投影来表示以外，还可以根据标高投影的特点用以下方法来表示。

(1) 用平面上一条等高线的标高投影和该平面的坡度来表示平面。

在图 10.8(a)中，平面上一条等高线的高程为 10，坡度线垂直于等高线，在坡度线上画出指向下坡的箭头，并标出平面的坡度 i。

(2) 用平面上一组等高线的标高投影表示该平面，如图 10.8(b)所示。

(3) 用平面上一条倾斜直线的标高投影和该平面的坡度表示平面。

在图 10.8(c)中画出了平面上一条倾斜直线的标高投影 a_5b_{10}。因为平面上的坡度线不垂直于该平面上的倾斜直线，所以在平面的标高投影中坡度线不垂直于倾斜直线的标高投影 a_5b_{10}。通常，把坡度线画成带箭头的虚线或弯折线，箭头指向下坡。

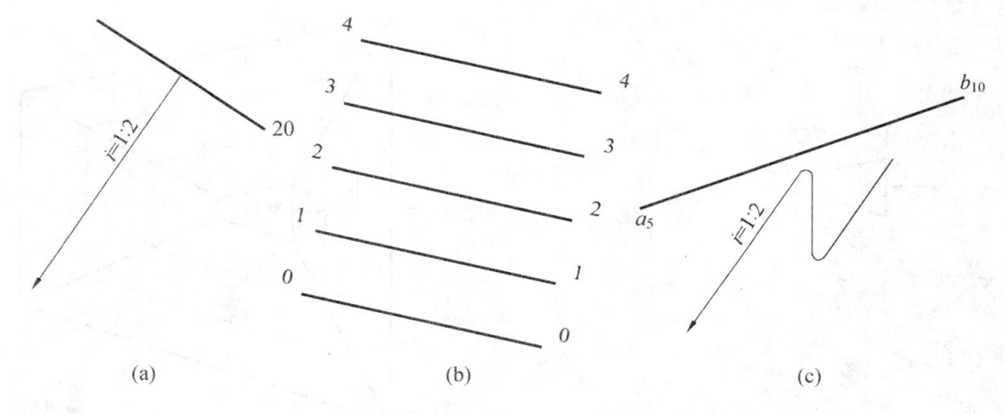

图 10.8　平面的标高投影表示方法

10.3.3 平面与平面的交线

在标高投影中，平面与平面的交线可用两平面上两对相同高程的等高线相交后所得交点的连线表示，如图 10.9(a)所示，水平辅助面与 P、Q 两平面的截交线是相同高程的等高线 15 m 和 20 m，它们分别相交于交线上的 A、B 两点，其作图过程如图 10.9(b)所示。

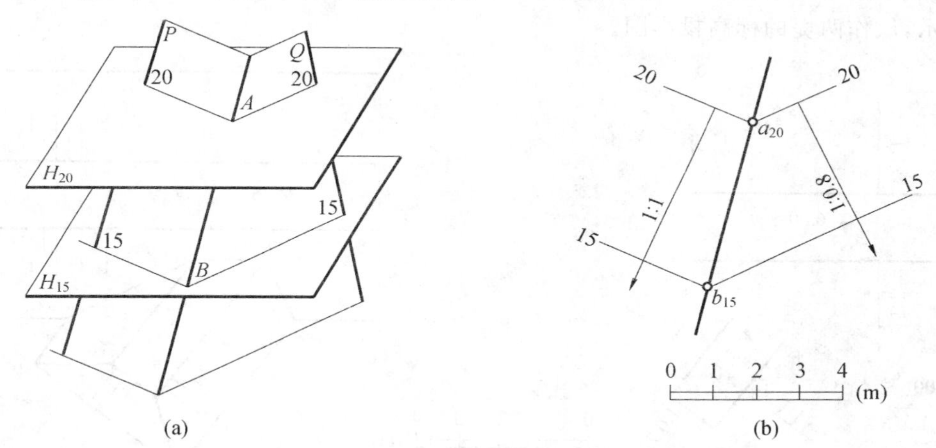

图 10.9　两平面交线的标高投影

☆知识拓展

在工程中，通常把建筑物相邻两坡面的交线称为坡面交线，坡面交线与地面的交线称为坡脚线(填方)或开挖线(挖方)。

【例 10.3】　在高程为 4 m 的地面上挖一基坑，坑底高程为 1 m；坑底的形状、大小以及各坡面坡度如图 10.10(a)所示，求作开挖线和坡面交线，并在坡面上画出示坡线。

解　作图结果，如图 10.10(b)所示。具体作图步骤为：

(1) 作开挖线。

地面高程为 4 m，因此开挖线就是各坡面上高程为 4 m 的等高线，它们分别与坑底相应的边线平行。由平距 $l=1/i$，计算出 $l_1=1$ m；$l_2=1.5$ m；$l_3=2$ m。根据比例尺在各坡度线上取平距 l 后，得到各坡面的等高线。高程为 4 m 的等高线就是各坡面的开挖线。

(2) 作坡面交线。

相邻两坡面上标高相同的两等高线的交点，是两坡面的共有点，也是坡面交线上的点。因此，分别连接开挖线(高程为 4 m 的等高线)的交点与坡底边线(高程为 1 m 的等高线)的交点，即得四条坡面交线。

(3) 画出各坡面的示坡线。

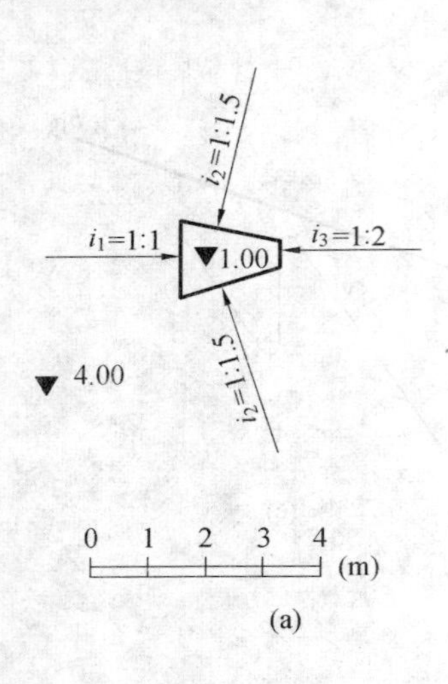

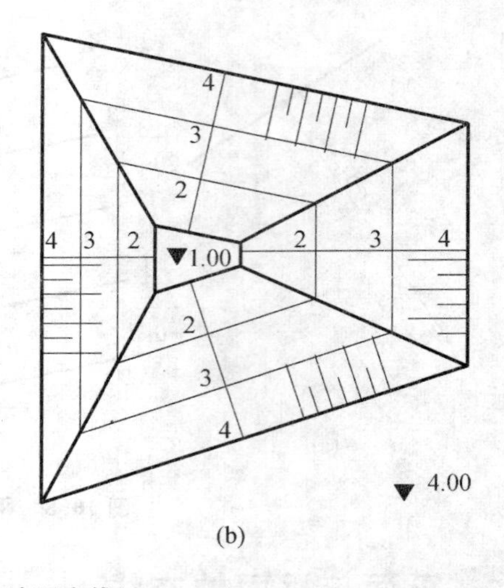

图 10.10　求作开挖线和坡面交线

为了加强图形的明显性，可在坡面上高的一侧按坡度线方向画示坡线。示坡线用长短相间的细线从坡顶画出。

【例 10.4】　已知两土堤相交，顶面标高分别为 6 m 和 5 m，地面标高为 3 m，各坡面坡度如图 10.11(a)所示，试作两堤的标高投影图。

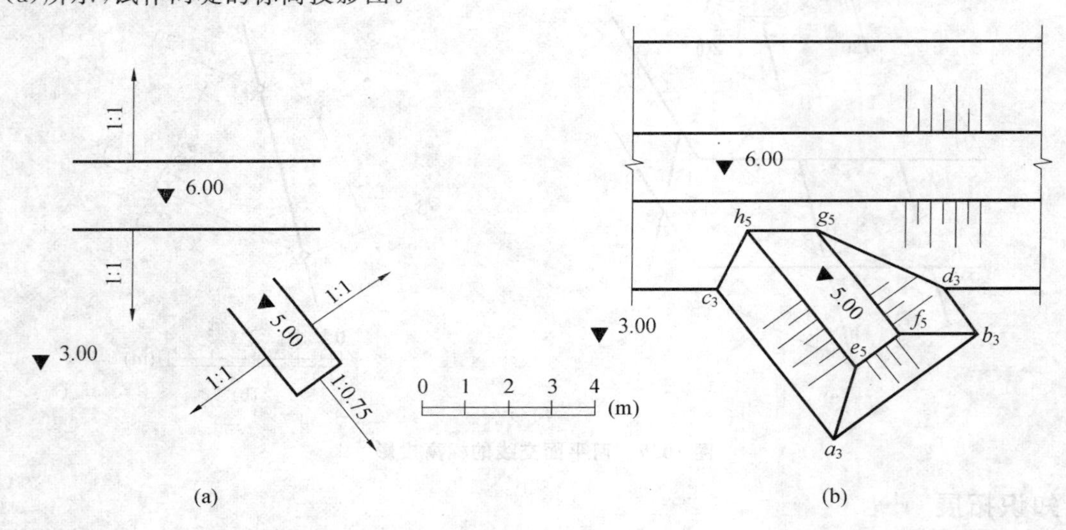

图 10.11　求两堤相交的标高投影

解　作相交两堤的标高投影图，需求三种线：各坡面与地面的交线，即坡脚线；支堤顶面与主堤坡面的交线；两堤坡面的交线。具体步骤如下：

(1) 求各坡面与地面的交线。

以主堤为例，先求堤顶边缘到坡脚线的水平距离 $L=H/i=(6\ \text{m}-3\ \text{m})/1=3\ \text{m}$，再沿两侧坡面坡度线方向按比例量取，作顶面边缘的平行线，即得两侧坡面的坡脚线。同样方法作出支堤的坡脚线。

(2) 求支堤顶面与主堤坡面的交线。

支堤顶面与主堤坡面的交线就是主堤坡面上高程为 5 m 的等高线中的 g_5h_5 一段。

(3) 求两堤坡面的交线。

它们的坡脚线交于 c_3、d_3，连接 c_3、h_5 和 d_3、g_5 即得坡面交线 c_3h_5 和 d_3g_5。

(4) 示坡线为长、短相间的平行线，与等高线垂直，由高到低画，如图 10.11(b)所示。

10.4 曲面的标高投影

10.4.1 圆锥面的标高投影

图 10.12(a)为正圆锥面的正面投影。当圆锥面的底圆为水平面时,用一组高差相同的水平面与圆锥面相交,其截交线都为水平圆,它们就是锥面的等高线。作出各等高线在 H 面的水平投影,并标出各等高线的高程就得到圆锥面的标高投影。各等高线的标高投影为同心圆,且间距相等,如图10.12(b)所示。

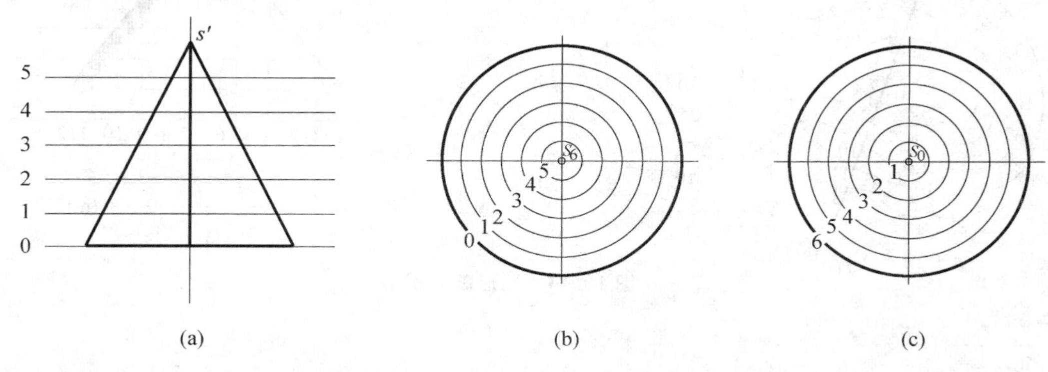

图 10.12 圆锥面的标高投影

当正圆锥面正立时,等高线越靠近圆心,高程越大,当正圆锥面倒立时,等高线越靠近圆心,高程越小,如图 10.12(c)所示。

10.4.2 地形面的标高投影

地形面是不规则曲面,用一系列整数标高的水平面与地面相交,就得到地面的各等高线,将各等高线向 H 面作正投影,便得一系列不规则形状的曲线,注上相应的标高值,就是地形面的标高投影。

图 10.13 是山地的标高投影图,称为地形图。看地形图时,要注意根据等高线间的间距去想象地势的陡峭或平缓程度。若在图上等高线间距密,则表示该处地形坡度大,反之,则坡度小,即平缓。

学习地形图时要掌握山峰、山脊、山谷、鞍部等基本地形及等高线的特征。山峰是山地的最高部分,等高线成环形,环形越小,标高越大。两山峰之间的低洼处,称为鞍部。高于两侧并连续延伸的山地称为山脊,其等高线凸出部分指向下坡方向。低于两侧并连续延伸的山地称为山谷,其等高线凸出部分指向上坡方向。

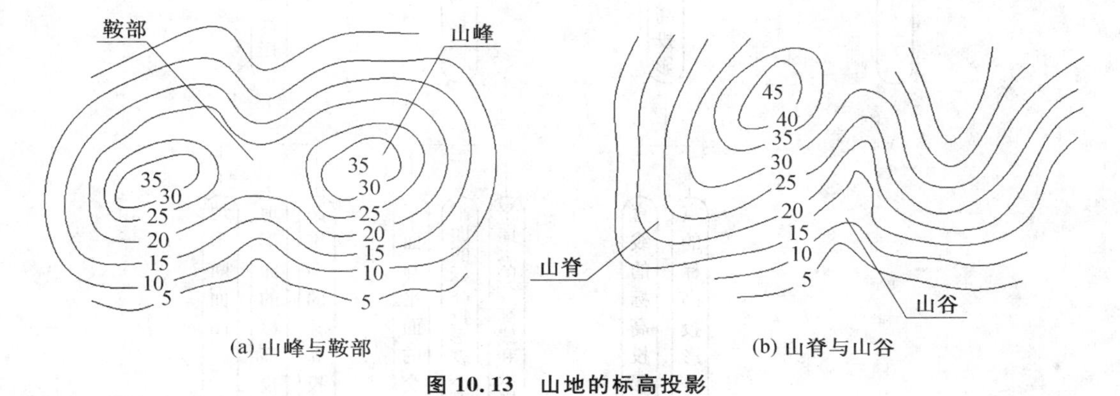

图 10.13 山地的标高投影

10.4.3 地形断面图

用铅垂面剖切地形面,剖切平面与地形面的截交线就是地形断面图。如图 10.14 所示,作图方法如下：

(1) 过 $A—A$ 作铅垂面，它与地面上各等高线的交点为1，2，3，…，如图10.14(a)所示。

(2) 以 $A—A$ 剖切线的水平距离为横坐标，以高程为纵坐标，按照等高距和比例尺画出一组平行线。

(3) 将图10.14(a)中的1，2，3，…，各点按其相应的高程绘制到图10.14(b)的坐标系中。

(4) 光滑连接各交点，并根据地质情况画出相应的材料图例，即得到地形断面图。

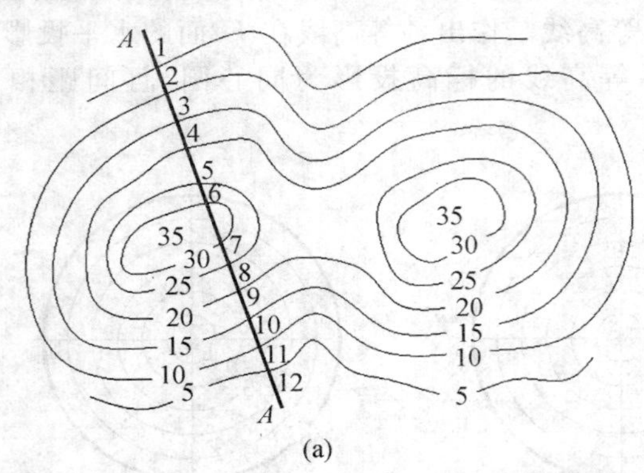

(a)　　(b)

图10.14　地形断面图

技术提示：

在地形断面图中，为清晰地表达地面的起伏状况，纵横坐标可取不同的比例。一般水平距离远大于高差，故纵坐标比例尺一般取横坐标比例尺的10～20倍。

【重点串联】

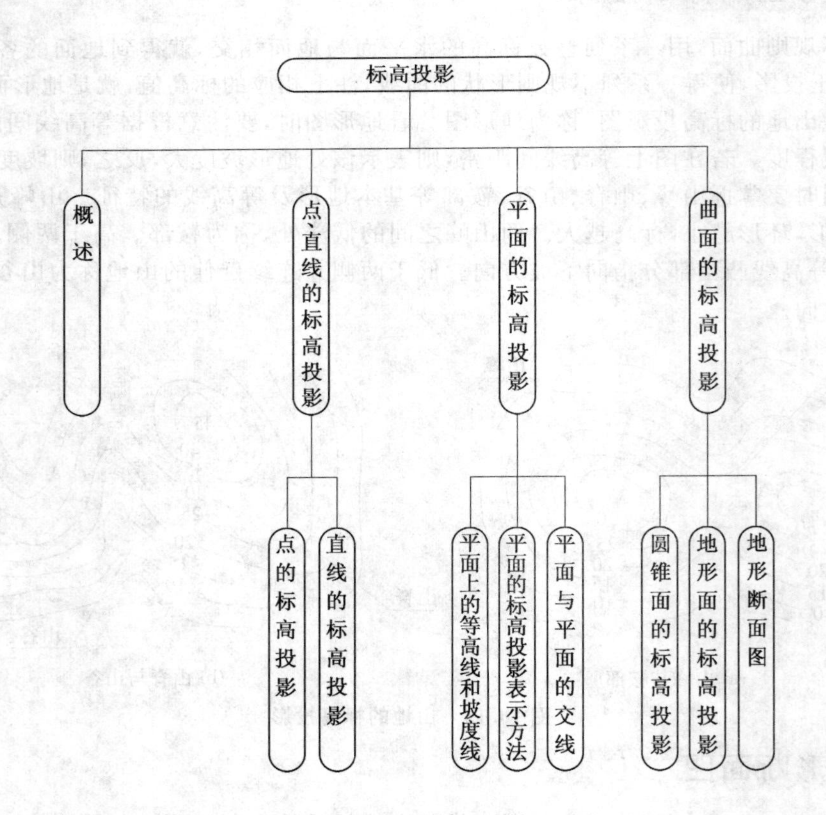

拓展与实训

基础训练

填空题

1. 标高投影法是________加注________表示物体的方法。
2. 直线的坡度是直线上任意两点的________与________之比。
3. 直线的坡度与平距的关系是________。
4. ________称为坡面交线。
5. ________称为坡脚线。
6. 挖方形成的坡面与地面的交线称为________。
7. 曲面的标高投影用曲面上一系列________表示。
8. 地形图是地形面的________投影图。
9. 地形断面图是用________剖切地+形面，切平面与地形面的交线。

链接执考

2010 年制图员理论考试试题(单选题)

我国的(　　)是以青岛黄海海平面的平均高度作为零点标高。

A. 基面标高　　B. 海面标高　　C. 相对标高　　D. 绝对标高

模块 11

制图基本知识与技能

【模块概述】

图样是工程技术人员表达设计思想，进行技术交流的工具，是指导生产的重要技术文件，是工程界的技术语言。每个工程技术人员都必须熟练地掌握这种语言，掌握制图的基本知识与技能，培养画图和读图能力。要完整、清晰、准确地绘制出建筑图样，除需要耐心细致和认真负责的工作态度外，还要求掌握正确的作图方法、熟练地使用绘图工具及仪器，同时还必须遵守现行国家制图标准中的各项规定。

【知识目标】

1. 掌握基本制图标准；
2. 掌握基本制图工具的使用及一些基本几何作图方法；
3. 掌握平面图形及综合问题的分析；
4. 了解画图的基本步骤、方法及注意事项。

【能力目标】

能正确使用绘图工具及仪器，按照国家制图标准的基本规定正确完成平面图形的绘制。

【学习重点】

基本制图标准；几何作图；平面图形的绘制步骤。

【课时建议】

4～6 学时

11.1 基本制图标准

11.1.1 图幅、图框、标题栏与会签栏

1. 幅面尺寸

图幅是图纸幅面的简称，图纸的基本幅面有五种，分别用幅面代号 A0、A1、A2、A3、A4 表示。幅面及图框尺寸应符合表 11.1 的规定。

表 11.1　幅面及图框尺寸　　mm

尺寸代码 \ 幅面代号	A0	A1	A2	A3	A4
$b\times l$	841×1 189	594×841	420×594	297×420	210×297
c	10			5	
a	25				

从图中可以看出，A1 幅面是 A0 幅面的对裁，A2 幅面是 A1 幅面的对裁，其余类推。

>>>

技术提示：

同一项工程中的图纸，不宜多于两种幅面。必要时可选用加长幅面，图纸短边不应加长，A0～A3幅面长边可加长，但应符合表 11.2 的规定。

表 11.2　图纸长边加长尺寸　　mm

幅面代号	长边尺寸	长边加长后的尺寸
A0	1 189	1 486　1 635　1 783　1 932　2 080　2 230　2 378
A1	841	1 051　1 261　1 471　1 682　1 892　2 102
A2	594	743　891　1 041　1 189　1 338　1 486　1 635　1 783　1 932　2 080
A3	420	630　841　1 051　1 261　1 471　1 682　1 892

2. 图框格式与图纸形式

图框是图纸上绘图范围的边线。图框尺寸符合表 11.1 的规定。

以短边作竖直边的图纸称为横式幅面(图 11.1(a))，以短边作为水平边的图纸称为立式幅面(图 11.1(b))。一般 A0～A3 图纸宜横式使用。

3. 标题栏与会签栏

图纸的标题栏和会签栏的位置、尺寸和内容如图 11.1～图 11.3 所示。涉外工程的标题栏应在内容下方附加译文，设计单位名称应加“中华人民共和国”字样。

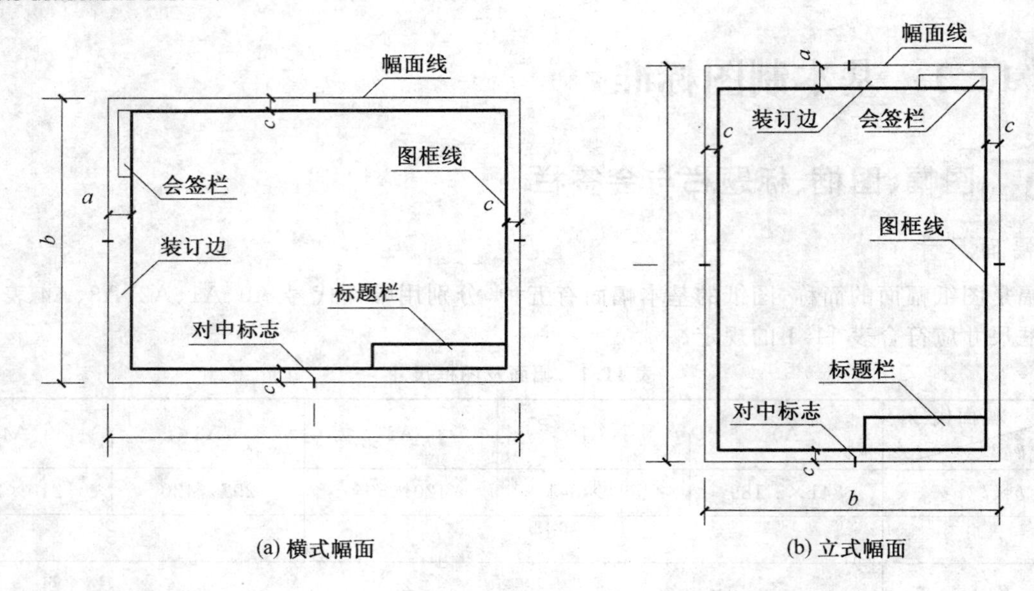

图 11.1 图纸形式

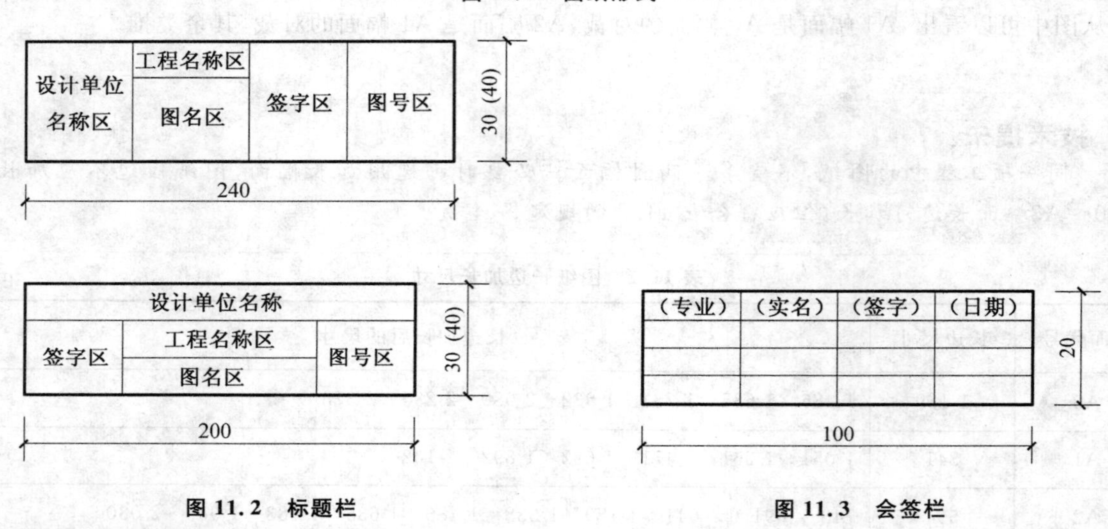

图 11.2 标题栏

图 11.3 会签栏

11.1.2 图 线

1. 线宽与线宽组

每个图样应根据形体的复杂程度和比例的大小，先确定基本线宽 b(b 值可以从以下的线宽系列中选取，即 0.35 mm、0.5 mm、0.7 mm、1.0 mm、1.4 mm、2.0 mm，常用的 b 值为 0.35～1 mm)，再选用表 11.3 中相应的线宽组。

表 11.3 线宽组

mm

线宽比	线宽组			
b	1.4	1.0	0.7	0.5
$0.7b$	1.0	0.7	0.5	0.35
$0.5b$	0.7	0.5	0.35	0.25
$0.25b$	0.35	0.25	0.18	0.13

2. 线宽与线型

画在图纸上的线条统称为图线。制图标准规定的图线的名称、形式、线型和用途见表 11.4。图纸的图框和标题栏线，可采用表 11.5 中的线宽。

表 11.4 图线的名称、线型、线宽及一般应用

名称		线型	线宽	一般用途
实线	粗	————	b	主要可见轮廓线
	中粗	————	$0.7b$	可见轮廓线
	中	————	$0.5b$	可见轮廓线、尺寸起止线
	细	————	$0.25b$	尺寸线、尺寸界线、图例填充线、家具线
虚线	粗	— — — —	b	见各有关专业制图标准
	中粗	— — — —	$0.7b$	不可见轮廓线
	中	— — — —	$0.5b$	不可见轮廓线、图例线
	细	— — — —	$0.25b$	图例填充线、家具线
单点画线	粗	—— · ——	b	见各有关专业制图标准
	中	—— · ——	$0.5b$	见各有关专业制图标准
	细	—— · ——	$0.25b$	中心线、对称线、轴线等
双点画线	粗	—— ·· ——	b	见各有关专业制图标准
	中	—— ·· ——	$0.5b$	见各有关专业制图标准
	细	—— ·· ——	$0.25b$	假想轮廓线、成形前原始轮廓线
波浪线	细	～～～	$0.25b$	断开界线
折断线	细	—\/—\/—	$0.25b$	断开界线

表 11.5 图框线、标题栏线的宽度 mm

幅面代号	图框线	标题栏外框线	标题栏分格线
A0、A1	b	$0.5b$	$0.25b$
A2、A3、A4	b	$0.7b$	$0.35b$

3. 图线画法

(1)虚线、单点画线或双点画线的画和间隔宜各自相等。虚线的画长约 3～6 mm，间隔约 0.5～1 mm。单点画线或双点长画线的画长约 15～20 mm。

(2)虚线与虚线、单(双)点画线与单(双)点画线、虚线或单(双)点长画线与其他线相交时，应交于画线处。虚线为实线的延长线时，应留一定间隔。它们的正确画法和错误画法如图 11.4 所示。

(3)单点画线或双点画线的两端不应是点。

(4)相互平行的图线，其间距不宜小于其中的粗线宽度，且不小于 0.7 mm。

(5)图线不得与文字、数字或符号重叠、相交。不可避免时，应首先保证文字的清晰。

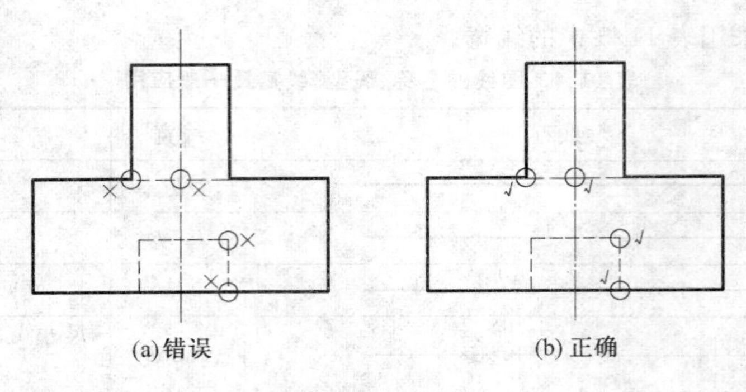

图 11.4　图线画法

11.1.3 字　体

1. 汉字

汉字应采用国家公布的简化汉字，采用长仿宋体。长仿宋体的字高与字宽的比例大约为 1∶0.7，见表 11.6。字体的高度又称字号，分 20 mm、14 mm、10 mm、7 mm、5 mm、3.5 mm 等六级，汉字的高度不应小于 3.5 mm。书写长仿宋体的要领是：横平竖直、起落分明、填满方格、结构均匀。如图 11.5 所示。

表 11.6　长仿宋体字高宽关系　mm

字高	20	14	10	7	5	3.5
字宽	14	10	7	5	3.5	2.5

10 号字

字体工整　笔画清楚　间隔均匀　排列整齐

7 号字

横平竖直　注意起落　结构均匀　填满方格

5 号字

技术制图机械电子汽车航空船舶土木建筑矿山井坑港口纺织服装

图 11.5　长仿宋汉字示例

2. 数字和字母

在图样中，字母和数字可写成斜体或直体，斜体字头向右倾斜，与水平基准线成 75°。在技术文件中字母和数字一般写成斜体。字母和数字的高度不应小于 2.5 mm。如图 11.6 所示。

(a)B型大写斜体

(b)B型小写斜体

(c)B型斜体

(d)B 型直体

图 11.6 数字和字母示例

11.1.4 比 例

图形与实物相对应的线性尺寸之比称为图样的比例。比例符号为“∶”,比例应用阿拉伯数字表示,如 1∶1、1∶20、1∶100 等。比例的大小指比值的大小,如 1∶20 大于 1∶100。书写时,比例的字高应比图名的字高小一号或二号,字的基准线应取水平,写在图名的右侧。如图 11.7 所示。

平面图 1:100 ⑥ 1:20

图 11.7 比例的注写

绘制图样所用的比例,应根据图样的用途与被绘对象的复杂程度,从表 11.7 中选用,并优先选用表中的常用比例。

表 11.7 绘图所用的比例

常用比例	1∶1, 1∶2, 1∶5, 1∶10, 1∶20, 1∶30,1∶50, 1∶100, 1∶150,1∶200, 1∶500, 1∶1 000, 1∶2 000
可用比例	1∶3, 1∶4,1∶6,1∶15, 1∶25, 1∶40, 1∶60, 1∶80,1∶250, 1∶300, 1∶400, 1∶600, 1∶5 000, 1∶10 000, 1∶20 000, 1∶50 000, 1∶100 000, 1∶200 000

11.1.5 尺寸标注

图样除了画出物体的投影外,还必须有完整的标注尺寸。

图样上的尺寸由尺寸界线、尺寸线、尺寸起止符号和尺寸数字组成(图 11.8)。

尺寸界线应用细实线绘制,一般与被注长度垂直,其一端离开图样的轮廓不小于 2 mm,另一端超出尺寸线 2～3 mm,必要时可用轮廓线作为尺寸界线(图 11.8 中的尺寸 3 060)。

尺寸线也用细实线绘制,且与被注长度平行,图样本身的任何图线都不得用作尺寸线。

尺寸起止符号一般用中实线绘制,其倾斜方向应与尺寸界线顺时针成 45°角,长度宜为 2～3 mm。

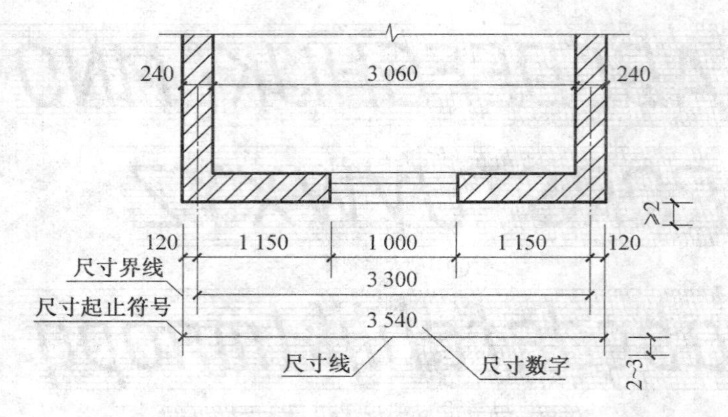

图 11.8　尺寸的组成

尺寸数字必须是物体的实际大小，图样上的尺寸单位，除标高和总平面图宜用 m(米)为单位外，其他一律以 mm(毫米)为单位。

标注尺寸时应注意的一些问题见表 11.8。

表 11.8　尺寸标注应注意的问题

说明	正确	错误
尺寸数字应写在尺寸线的中间，在水平尺寸线上的，应从左到右写在尺寸线上方，在竖直尺寸线上的，应从下到上写在尺寸线左方	31 60 80	31 60 80
大尺寸在外，小尺寸在内	31 80	80 31
不能用尺寸界线作为尺寸线	80 36	80 36
轮廓线、中心线可以作为尺寸界线，但不能用作尺寸线	37 57	37 57
尺寸线倾斜时数字的方向应便于阅读，尽量避免在 30°斜线范围内注写尺寸	30° 24 24 24 24 24 24 24 24 30°	30° 24 24 24 24 24 24 24 24 30°

续表 11.8

说明	正确	错误
同一张图纸内尺寸数字应大小一致		
在断面图中作标注，应留空不画剖面线		
两尺寸界线之间比较窄时，尺寸数字可注写在尺寸界线外侧，或上下错开		
桁架式结构的单线图，宜将尺寸直接注写在杆件的一侧		

11.1.6 常用的建筑材料图例

当建筑物或构配件被剖切时，通常在图样断面轮廓内画出建筑材料图例，表 11.9 中列出《房屋建筑制图统一标准》GB 50001—2010 中所规定的部分常用建筑材料图例，其余可查该标准。画图例时应注意下列事项：

(1)图例线应间隔均匀，疏密适度，做到图例正确，表示清楚；

(2)不同品种的同类材料使用同一图例(如某些特定部位的石膏板必须注明是防水石膏板)时，应在图上附加必要的说明；

(3)两个相同的图例相接时，图例线宜错开或使倾斜方向相反如图 11.9 所示；

(4)两个相邻的涂黑图例(如混凝土构件、金属件)间，应留有空隙。其宽度不得小于 0.7 mm，如图 11.10 所示。

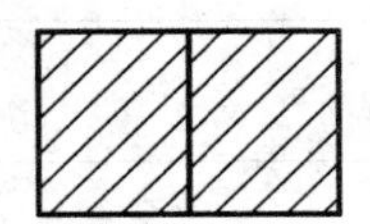
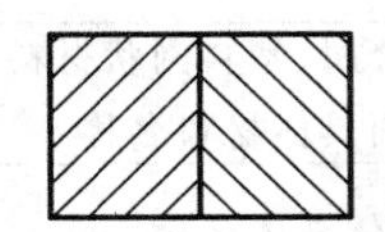

图 11.9 相同的图例相接时画法

图 11.10 相邻涂黑图例的画法

当一张图纸内的图样只用一种图例或图形较小无法画出建筑材料图例时，可不加图例，但需加文字说明。

表 11.9 常用的建筑材料图例

序号	名称	图例	备注
1	自然土壤		包括各种自然土壤
2	夯实土壤		
3	砂、灰土		靠近轮廓线绘较密的点

续表 11.9

序号	名称	图例	备注
4	砂砾石、碎砖三合土		
5	石材		
6	毛石		
7	普通砖		包括实心砖、多孔砖、砌块等砌体。断面较窄不易绘出图例线时，可涂红，并在图纸备注中加注说明，画出该材料图例
8	耐火砖		包括耐酸砖等砌体
9	空心砖		指非承重砖砌体
10	饰面砖		包括铺地砖、马赛克、陶瓷锦砖、人造大理石等
11	焦砟、矿渣		包括与水泥、石灰等混合而成的材料
12	混凝土		(1)本图例指能承重的混凝土及钢筋混凝土 (2)包括各种强度等级、骨料、添加剂的混凝土 (3)在剖面图上画出钢筋时，不画图例线 (4)断面图形小，不易画出图例线时，可涂黑
13	钢筋混凝土		
14	多孔材料		包括水泥珍珠岩、沥青珍珠岩、泡沫混凝土、非承重加气混凝土、软木、蛭石制品等
15	纤维材料		包括矿棉、岩棉、玻璃棉、麻丝、木丝板、纤维板等
16	泡沫塑料材料		包括聚苯乙烯、聚乙烯、聚氨酯等多孔聚合物类材料
17	木材		(1)上图为横断面，上左图为垫木、木砖或木龙骨 (2)下图为纵断面
18	胶合板		应注明为×层胶合板
19	石膏板		包括圆孔、方孔石膏板、防水石膏板等
20	金属		(1)包括各种金属 (2)图形小时，可涂黑
21	网状材料		(1)包括金属、塑料网状材料 (2)应注明具体材料名称
22	液体		应注明具体液体名称
23	玻璃		包括平板玻璃、磨砂玻璃、夹丝玻璃、钢化玻璃、中空玻璃、加层玻璃、镀膜玻璃等
24	橡胶		
25	塑料		包括各种软、硬塑料及有机玻璃等
26	防水材料		构造层次多或比例大时，采用上面图例
27	粉刷		本图例采用较稀的点

注：序号 1、2、5、7、8、13、14、16、17、18 图例中的斜线、短斜线、交叉线等一律为 45°

11.2 制图工具及其使用

11.2.1 图板、丁字尺、三角板

如图 11.11 所示，图板用于铺放图纸，其表面要求平整、光洁。图板的左侧为导边，必须平直。丁字尺用于绘制水平线，使用时将尺头内侧紧靠图板左侧导边上下移动，自左向右画水平线。

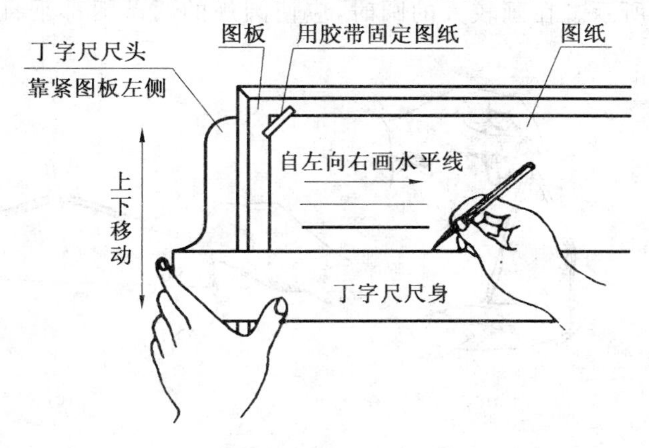

图 11.11 丁字尺绘制水平线

三角板用于绘制各种方向的直线。将其与丁字尺配合使用，可画垂直线以及与水平线成 30°、45°、60°夹角的倾斜线。用两块三角板可以画与水平线成 15°、75°夹角的倾斜线，如图 11.12 所示。还可以画任意已知直线的平行线和垂直线，如图 11.13 所示。

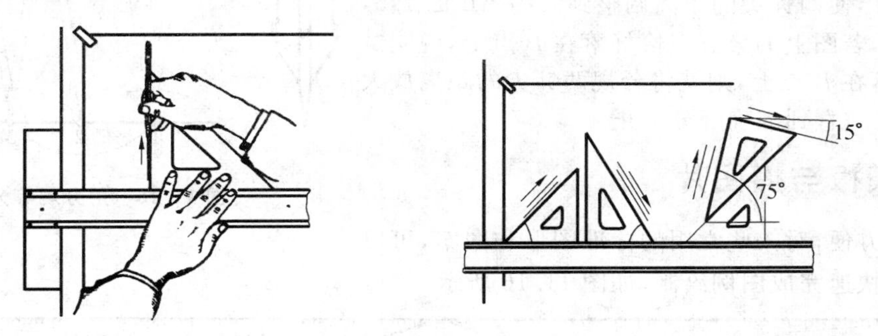

图 11.12 三角板绘制特殊角

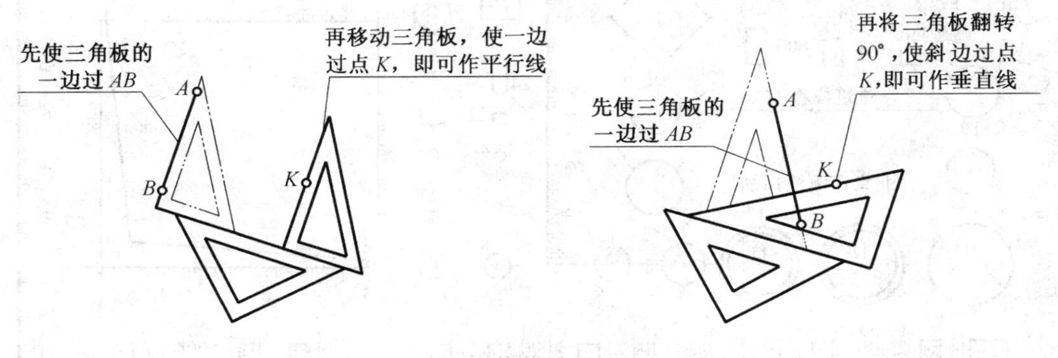

图 11.13 三角板绘制已知直线的平行线和垂直线

11.2.2 圆规与分规

圆规是画圆、圆弧的主要工具，常见的是三用圆规。定圆心的一条腿为钢针，两端都为圆锥形，应选用有台肩的一端放在圆心处，并按需要适当调节长度；另一条腿的端部可按需要装上有铅芯的插腿、有墨线的笔头或有钢针的插腿，分别用来绘制铅笔线的圆或圆弧、墨线的圆或圆弧及当分规用。

在画圆或圆弧前，应将定圆心的钢针的台肩调整，使其与铅芯的端部平齐，铅芯伸出芯套 6～8 mm，如图 11.14(a)所示。在一般情况下画圆或圆弧时，应使圆规按照顺时针方向转动，并稍向画线方向倾斜，如图 11.14(b)所示。在画较大的圆时，应使圆规的两条腿都垂直于纸面，如图 11.14(c)所示。

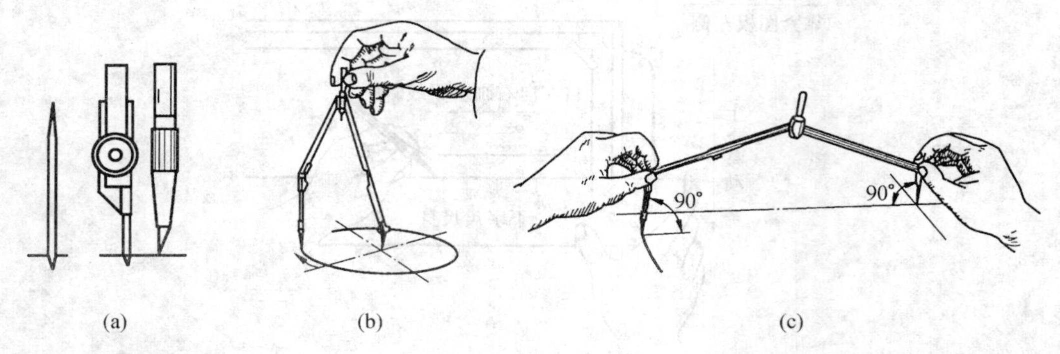

图 11.14　圆规的用法

分规主要用于量取尺寸和截取线段，分规的形状与圆规相似，但两腿都装有钢针，可用它量取线段长度或等分线段，如图 11.15 所示，用试分法五等分线段 AB，作法为：先目测估计，使两针尖的距离调整到大约 AB 的 1/5，在线段上试分，若图上的第五点恰好落在 B 点上，说明试分准确；若没落在 B 点上，则就将分规两针尖的距离放大 b/5，在重复试分，直到准确等分为止。

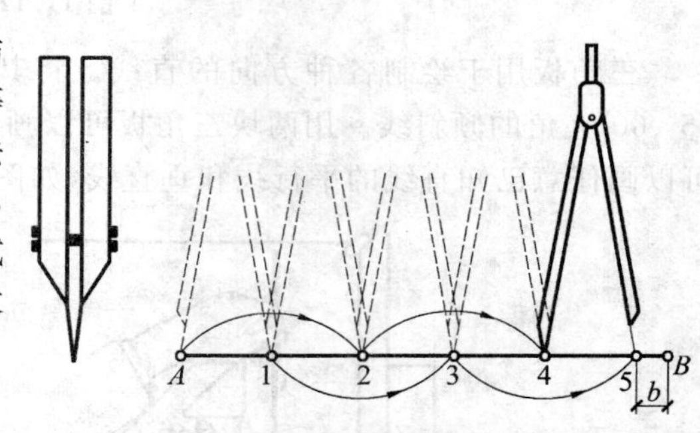

图 11.15　用分规等分线段

11.2.3 模板与擦图片

为了作图方便，对一些常用的标准图形和图案，可以选用模板图案快速完成图例绘制，如图 11.16 所示。

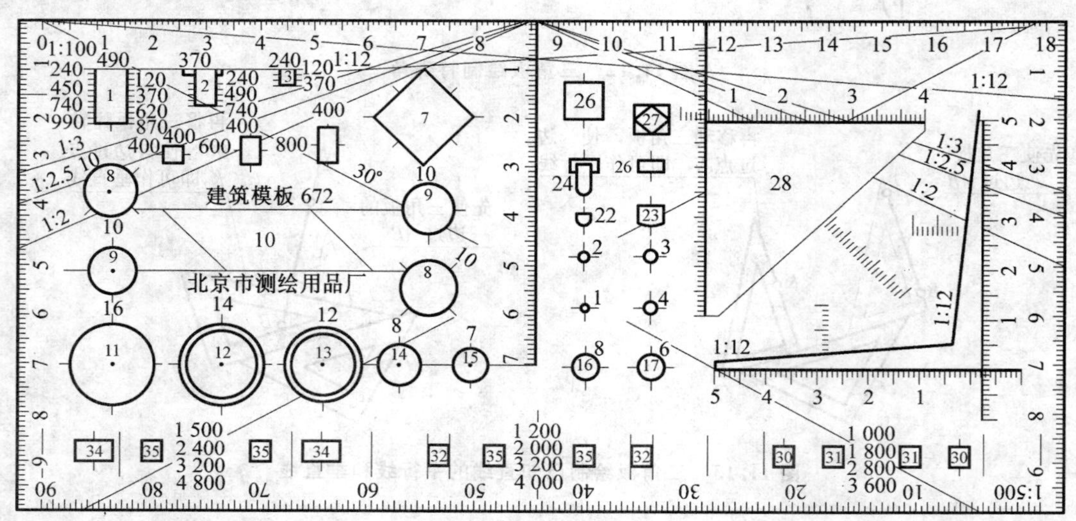

图 11.16　模板

为了保护有用的图线，可以使用擦图片对部分要清理的图线进行清除，用橡皮擦拭图纸，会产生许多橡皮屑，要用排笔及时清除干净，如图 11.17 所示。

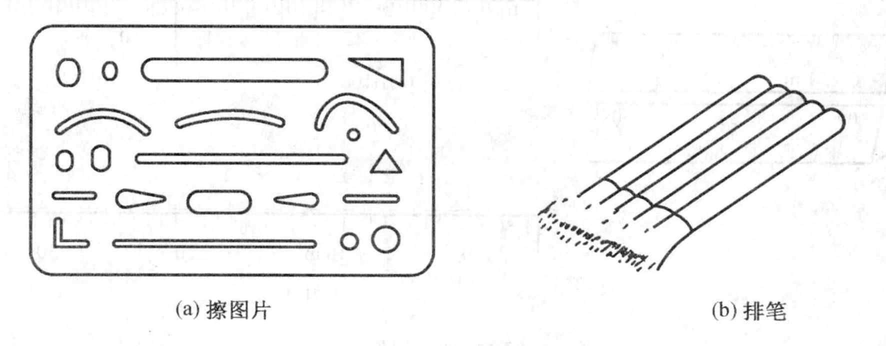

(a) 擦图片　　(b) 排笔

图 11.17　擦图片和排笔

11.2.4 铅　笔

铅笔用于画底稿线和描深图线。根据作图过程选择不同硬度的铅芯，用 H 和 B 代表铅芯的软硬。“H”表示硬性铅笔，色浅淡，H 前的数字越大，表示铅芯越硬。一般情况下，画底稿线用 2H 或 3H。“B”表示软性铅笔，色浓黑，B 前的数字越大，表示铅芯越软。描深图线用 B、2B 或 HB。“HB”是中性铅笔，铅芯软硬适当，写字时用 HB。

铅笔要削成一定的规格，以保证图线的平整一致，铅芯太短不容易控制图线宽度，太长容易断裂，不利于作图，铅笔笔芯可以削成楔形、尖锥形和圆锥形等。尖锥形铅芯用于画稿线、细线和注写文字等；楔形铅芯可削成不同的厚度，用于加深不同宽度的图线。如图 11.18 所示。

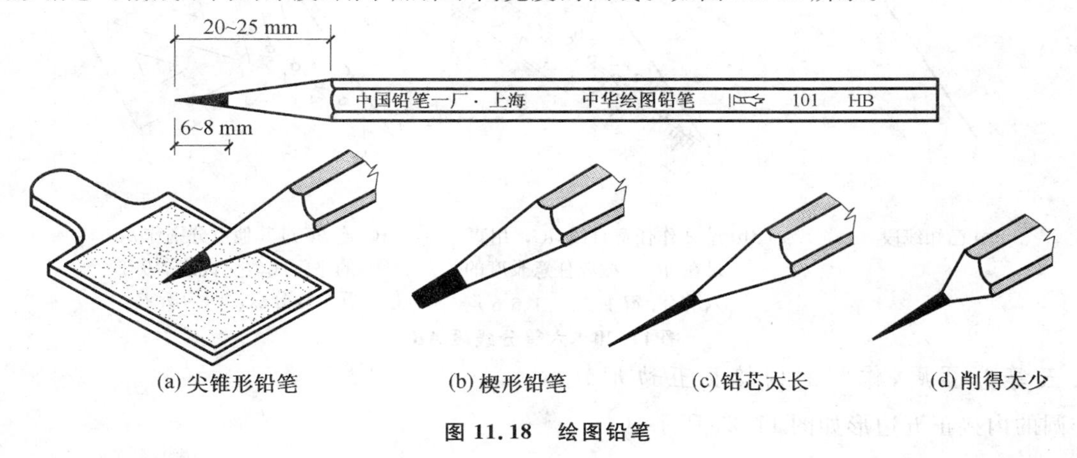

(a) 尖锥形铅笔　　(b) 楔形铅笔　　(c) 铅芯太长　　(d) 削得太少

图 11.18　绘图铅笔

11.2.5 比 例 尺

比例尺是绘图时用来缩小线段长度的尺子，比例尺通常呈三棱柱状，故又称为三棱尺，如图 11.19 所示。使用方法为：在比例尺上先找到所需的比例，然后根据单位长度所表示的相应长度，在比例尺上量取相应的长度即可。

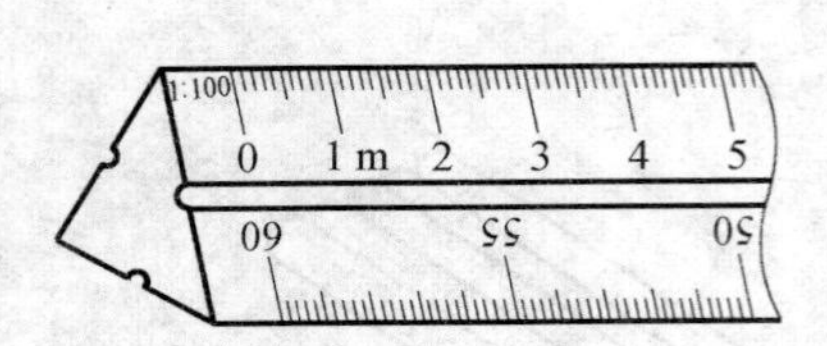

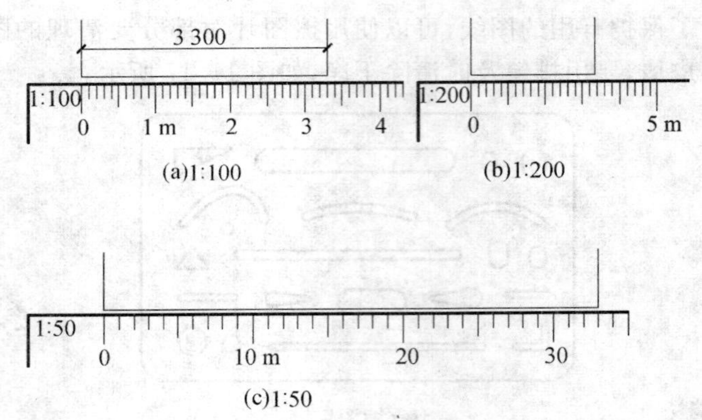

图 11.19　比例尺

11.3　几何作图

1. 等分线段

等分线段如图 11.20 所示。

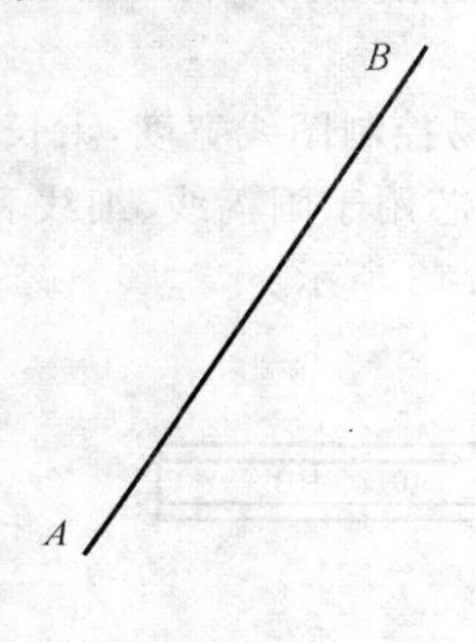

(a) 已知线段

(b) 过 A 作任意直线 AC，用直尺在 AC 上截取任意长度的六等分，得 1、2、3、4、5、6 点

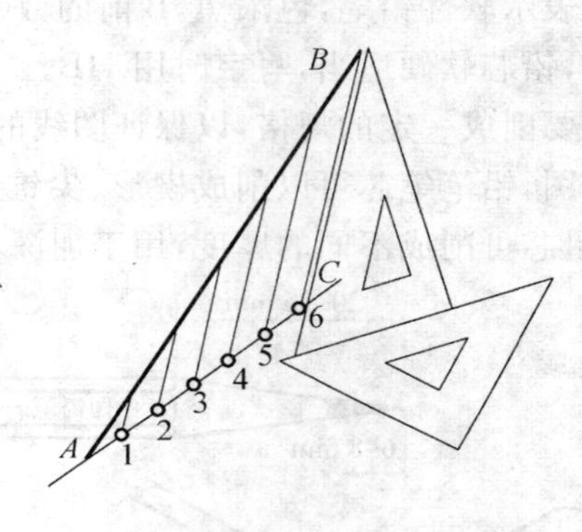

(c) 连 $B6$ 过其他点分别作 $B6$ 的平行线，交直线 AB 于五个等分点，即为所求

图 11.20　六等分线段 ***AB***

2. 五等分圆周，作圆的内接正五边形。

作圆的内接正五边形如图 11.21 所示。

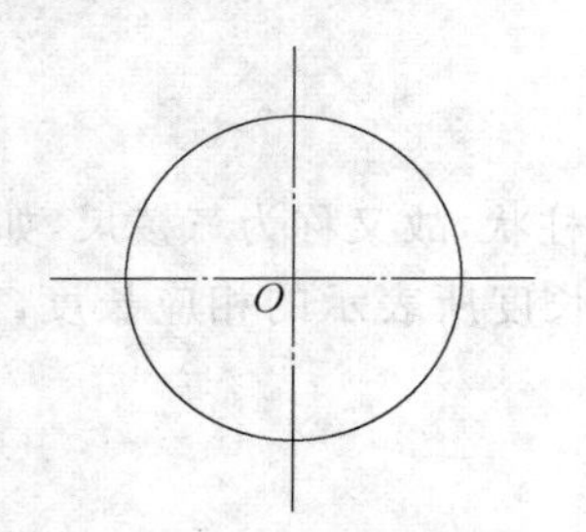

(a) 已知圆 O

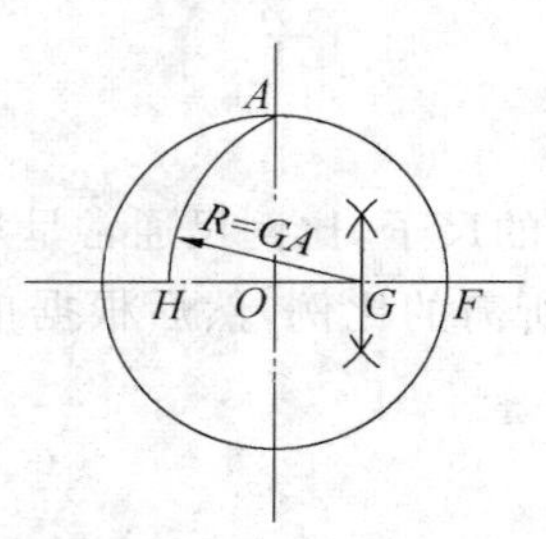

(b) 作半径 OF 的中点 G, 以 G 为圆心,GA 为半径作圆弧，交半径于点 H

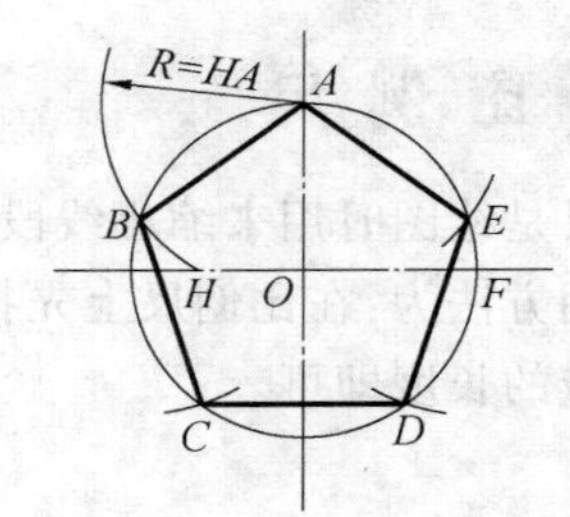

(c) 以 A 为圆心,HA 为半径，分圆周为五等分。依次连 A、B、C、D、E, 即为所求

图 11.21　作圆的内接正五边形

3. 六等分圆周，作圆的内接正六边形。

作圆内接正六边形如图 11.22 所示。

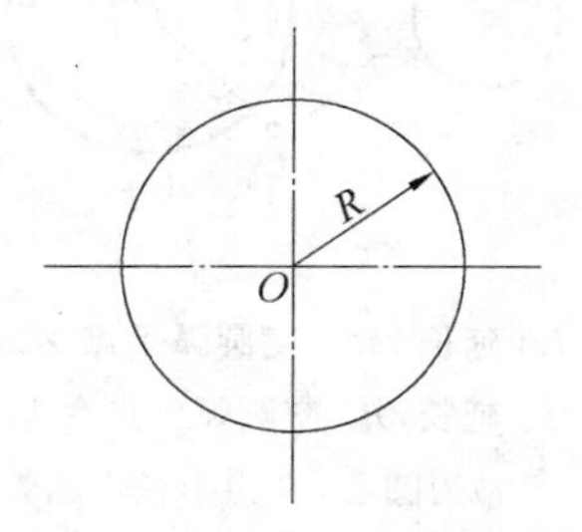

(a) 已知半径为 R 的圆

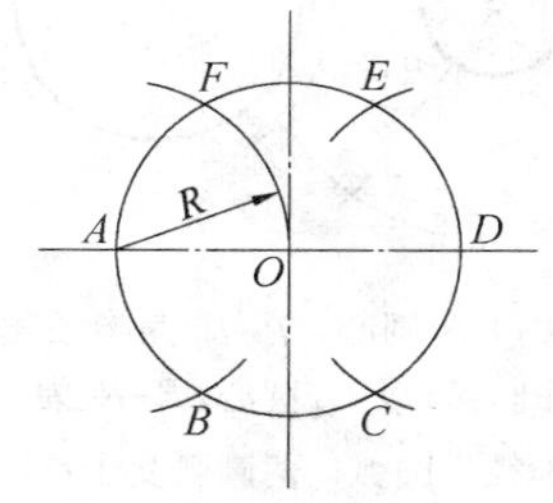

(b) 用 R 分圆周为六等分

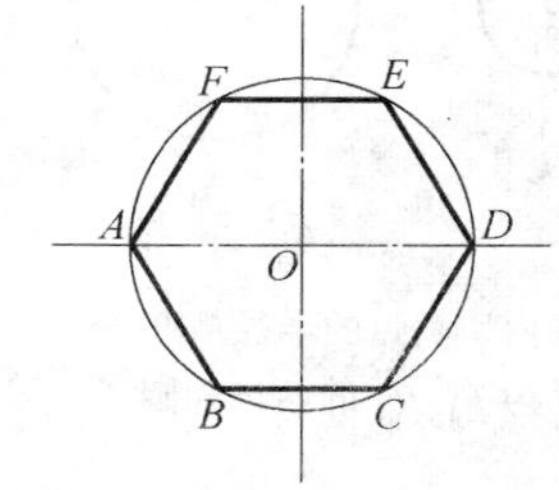

(c) 依次连 A、B、C、D、E、F，即为所求

图 11.22　作圆的内接正六边形

4. 作圆弧与相交两直线连接

作半径为 R 的圆弧，连接相交两直线如图 11.23 所示。

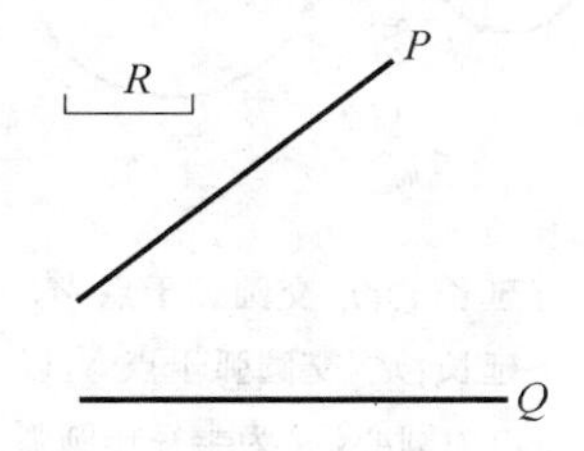

(a) 已知半径 R 和相交两直线 P、Q

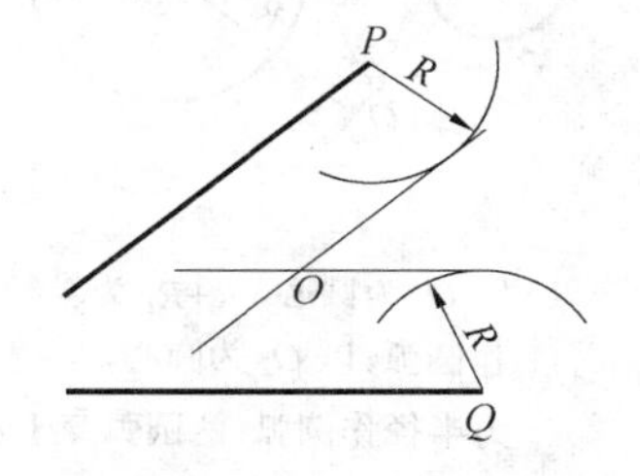

(b) 分别作出与 P、Q 相距为 R 的两直线，交点 O 即为所求圆弧的圆心

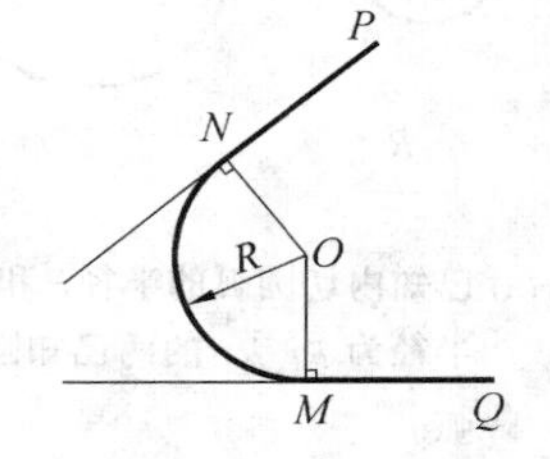

(c) 过点 O 分别作 P、Q 的垂线，垂足 N 和 M 即为所求的切点。以 O 为圆心，R 为半径作圆弧 NM，即为所求

图 11.23　作半径为 R 的圆弧，连接相交两直线

5. 作圆弧与一直线和一圆弧外连接

作半径为 R 的圆弧连接直线 L 和圆弧 O_1 如图 11.24 所示。

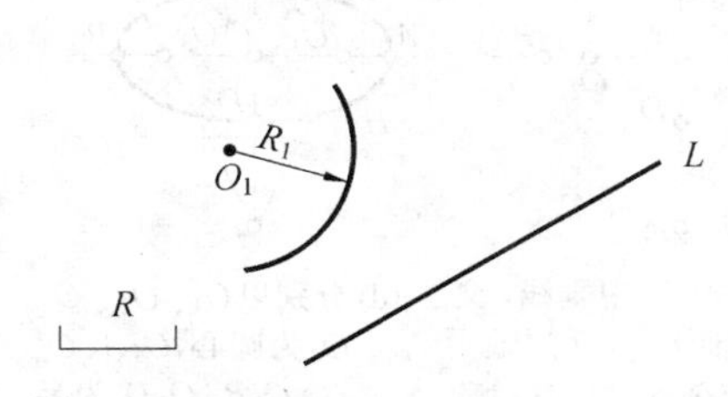

(a) 已知直线 L、半径 R_1 的圆弧和连接圆弧的半径 R

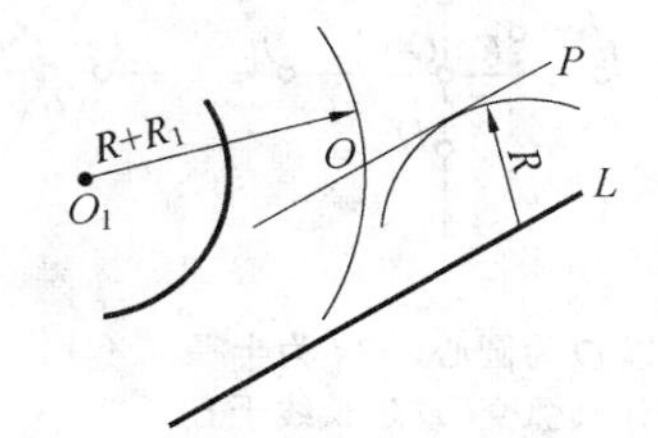

(b) 作直线 P 平行于 L 且相距为 R；以 O_1 为圆心，R_1+R 为半径作圆弧，交直线 P 于点 O

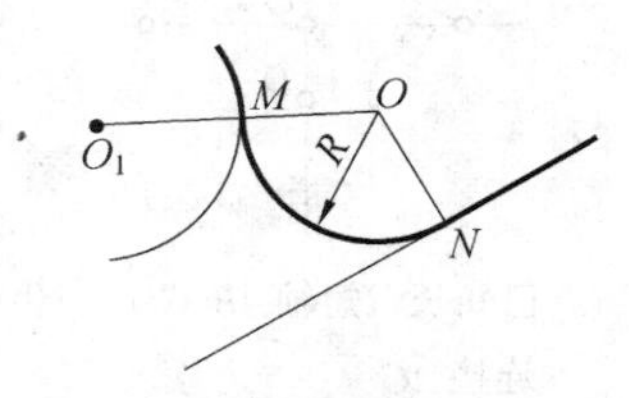

(c) 连 OO_1 交已知圆弧于点 M，作 ON 垂直于 L，得点 N，以 O 为圆心，R 为半径作圆弧 MN

图 11.24　作半径为 R 的圆弧连接直线 L 和圆弧 O_1

6. 作圆弧与两已知圆弧内连接

作半径为 R 的圆弧与圆弧 O_1、O_2 内连接如图 11.25 所示。

7. 作圆弧与两已知圆弧外连接

作半径为 R 的圆弧与圆弧 O_1、O_2 外连接如图 11.26 所示。

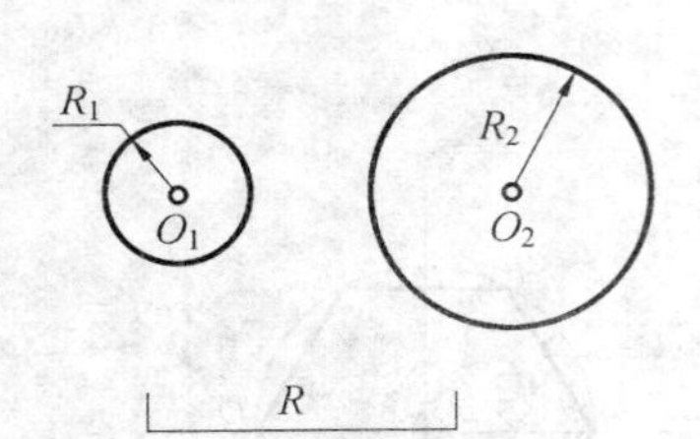

(a) 已知内切圆弧的半径R和半径为R_1、R_2的两已知圆弧

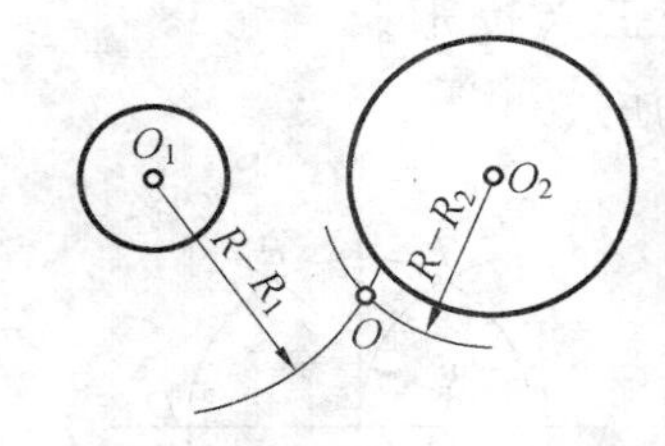

(b) 以O_1为圆心，$R-R_1$为半径作圆弧，以O_2圆心，$R-R_2$为半径作圆弧，两圆弧交于O

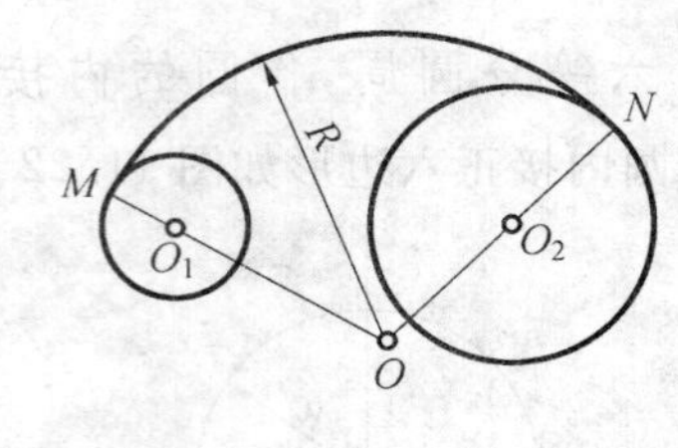

(c) 延长OO_1交圆弧于点M，延长OO_2交圆弧于点N，以O为圆心，R为半径作圆弧MN，即为所求

图 11.25　作半径为 R 的圆弧与圆弧 O_1、O_2 内连接

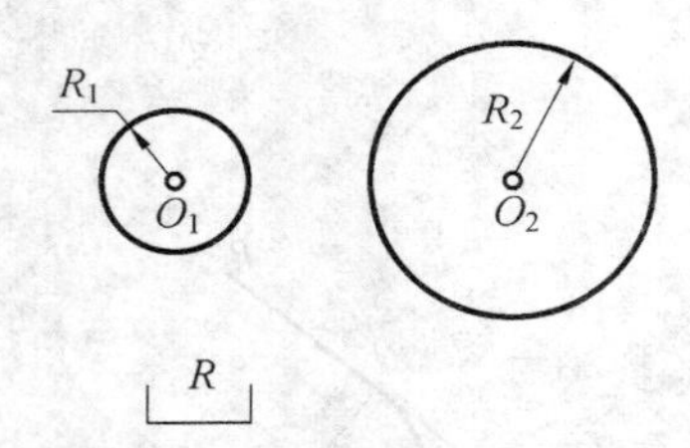

(a) 已知内切圆弧的半径R和半径为R_1、R_2的两已知圆弧

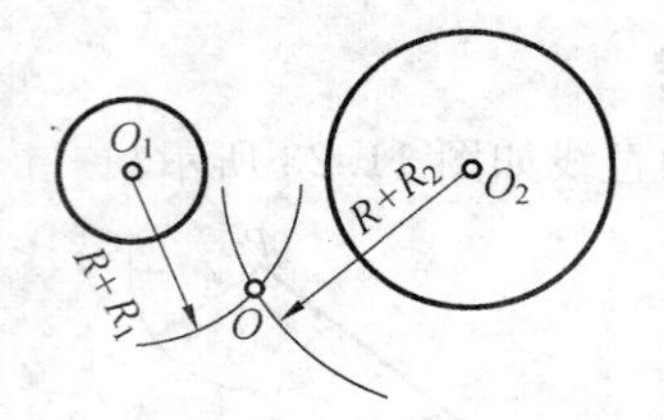

(b) 以O_1为圆心，$R+R_1$为半径作圆弧，以O_2为圆心，$R+R_2$为半径作圆弧，两圆弧交于O

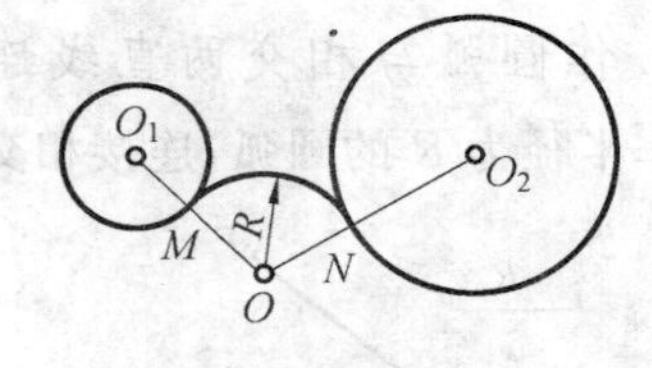

(c) 延长OO_1交圆弧于点M，延长OO_2交圆弧于点N，以O为圆心，R为半径作圆弧MN，即为所求

图 11.26　作半径为 R 的圆弧与圆弧 O_1、O_2 外连接

8. 根据长短轴作近似椭圆——四心法

四心法作近似椭圆如图 11.27 所示。

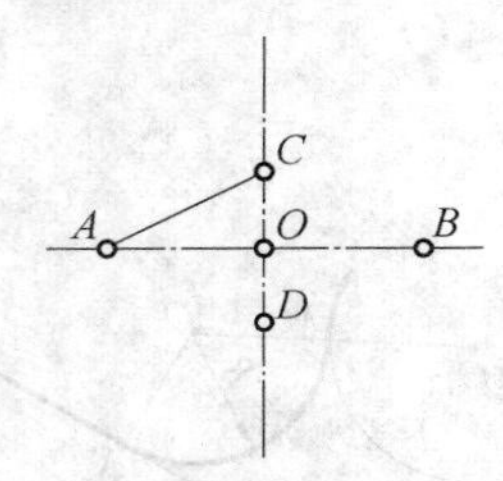

(a) 已知长、短轴AB、CD，连接AC

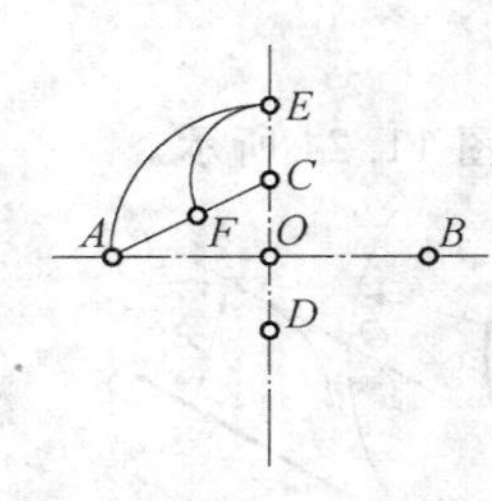

(b) 以O为圆心，OA为半径作圆弧交CD延长线于E。以C为圆心，CE为半径作圆弧，交AC于F

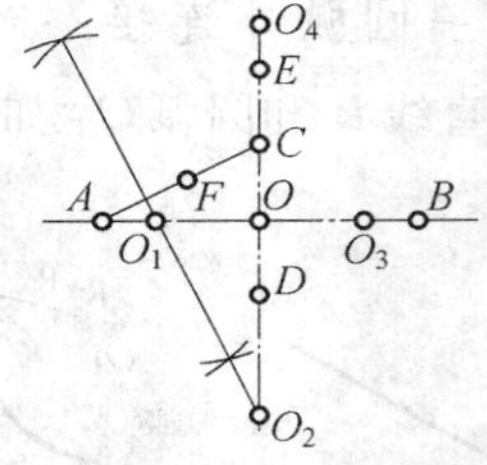

(c) 作AF的中垂线，交长轴于O_1，交短轴于O_2，分别作出其对称点O_3、O_4

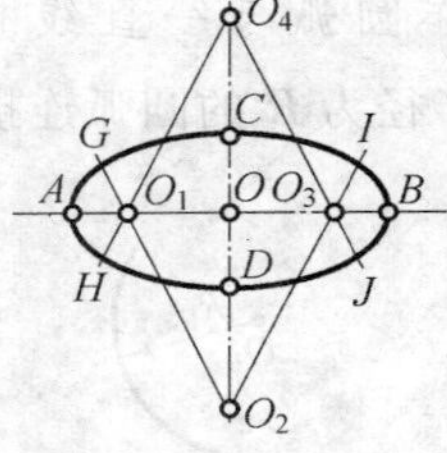

(d) 分别以O_1、O_2、O_3、O_4为圆心，O_1A、O_2C、O_3B、O_4D为半径作圆弧

图 11.27　四心法作近似椭圆

11.4　平面图形的分析

1. 尺寸分析

平面图形中的尺寸按其作用可分为定形尺寸和定位尺寸：

(1)定形尺寸——确定各组成部分的形状和大小的尺寸。

(2)定位尺寸——确定各组成部分之间相对位置的尺寸。

尺寸基准为标注尺寸的起点。

注：在平面图形中，水平与竖直方向各有一个主要基准。通常选取图形的对称线、圆的中心线、重要端线等作为尺寸基准。

2. 线段分析

平面图形中的线段按其尺寸是否完整可分为三类：

(1)已知线段——尺寸完整(有定形、定位尺寸)，能直接画出的线段。如图 11.28 所示的长度 6、30、52、76、80 和 $R98$、$\phi30$ 等圆弧。

(2)中间线段——有定形尺寸，但定位尺寸不齐全。必须依赖附加的几何条件才能画出的线段，如图 11.28 所示的 52 和 80 之间线段。

(3)连接线段——只有定形尺寸，没有定位尺寸的线段。如图 11.28所示的 $R16$、$R14$ 的圆弧。

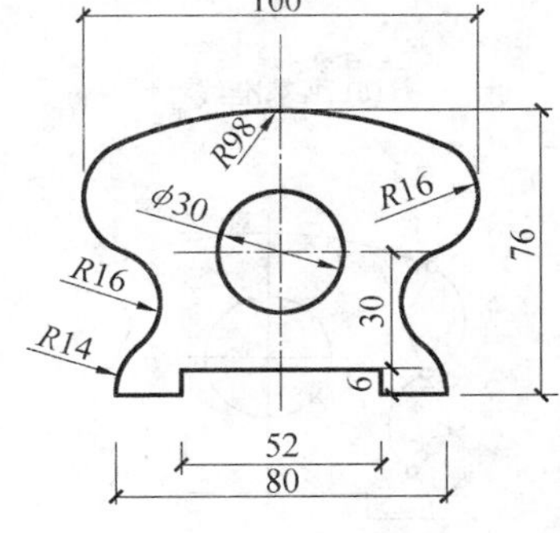

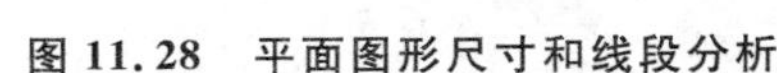
图 11.28 平面图形尺寸和线段分析

11.5 作图的方法和步骤

11.5.1 尺规作图的步骤

(1)绘图前的准备工作。准备好圆规、铅笔、橡皮等绘图工具和用品；将图纸用胶带纸固定在图板的左下方(图纸下方留足放置丁字尺的位置)。

(2)选比例、定图幅，画图框及标题栏。根据平面图形的尺寸大小和复杂程度，选择比例并定出图幅的大小。按国家标准规定的幅面尺寸和标题栏位置，绘制图框和标题栏。

(3)分析图形、绘制底稿。通过尺寸分析与线段分析，确定作图的基准线和绘图顺序。对每个图形应先画出基准线，如图 11.29(a)所示，再画主要轮廓线及细部，如图 11.29(b)～11.29(d)所示，另外还需在打底稿阶段就画出尺寸界线和尺寸线，如图 11.29(e)所示。

(4)检查加深。在加深前必须对底稿仔细检查、改正，直至确认无误。用铅笔加深的顺序是：自上而下、自左至右依次画出同一线宽的图线；先画曲线后画直线；对于同心圆宜先画小圆后画大圆。画圆时，圆规的铅芯应比画相应直线的铅芯软一号。

(5)标注尺寸。按制图标准的要求画尺寸起止符号、填写尺寸数字。标出所有的定形尺寸和定位尺寸，完成全图，如图 11.29(f)所示。

(6)填写标题栏。仔细检查图纸后，填写标题栏中的各项内容，完成全部绘图工作。

11.5.2 徒手作图

用绘图仪器画出的图称为仪器图；不用仪器，徒手作出的图称为草图。草图是技术人员交流、记录、构思、创作的有力工具。技术人员须熟练掌握徒手作图的技巧。

草图是按目测比例进行徒手绘制的工程图样，草图中的“草”并不是潦草的含义。草图主要是画直线，有时也要画圆或椭圆等曲线，画草图时的线条也要粗细分明，基本平直，方向正确，长短大致符合比例，线型符合国家标准。画草图的铅笔要用软性笔，例如 B 或 2B。

画水平线、竖直线、斜线的方法如图 11.30 所示。

画圆时，可通过圆心作均匀分布的径向射线，在各射线上以目测半径长画出圆周上的各点，然后连接成圆，如图 11.31 所示。

画椭圆时，可利用长、短轴作椭圆，先在互相垂直的中心线上定出长、短轴的端点，然后过各端点作一矩形，并画出其对角线，按目测将对角线分为六等份，最后用光滑的曲线连接长、短轴的端点和对角线上接近矩形四个角顶的等分点，如图 11.32 所示。

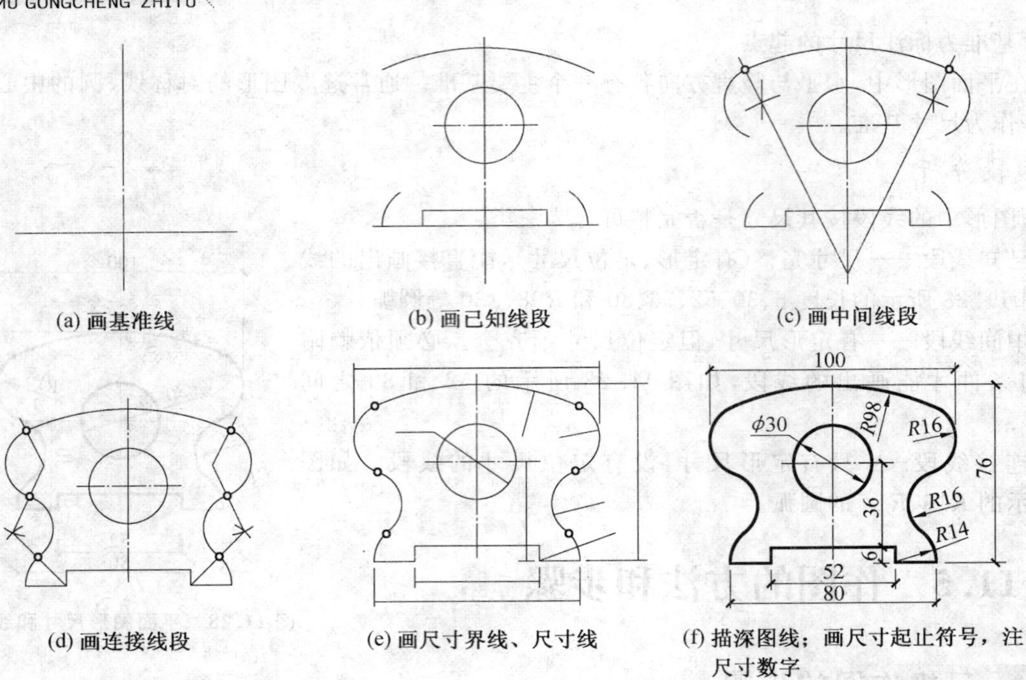

(a) 画基准线　(b) 画已知线段　(c) 画中间线段

(d) 画连接线段　(e) 画尺寸界线、尺寸线　(f) 描深图线；画尺寸起止符号，注尺寸数字

图 11.29　绘制平面图形的方法与步骤

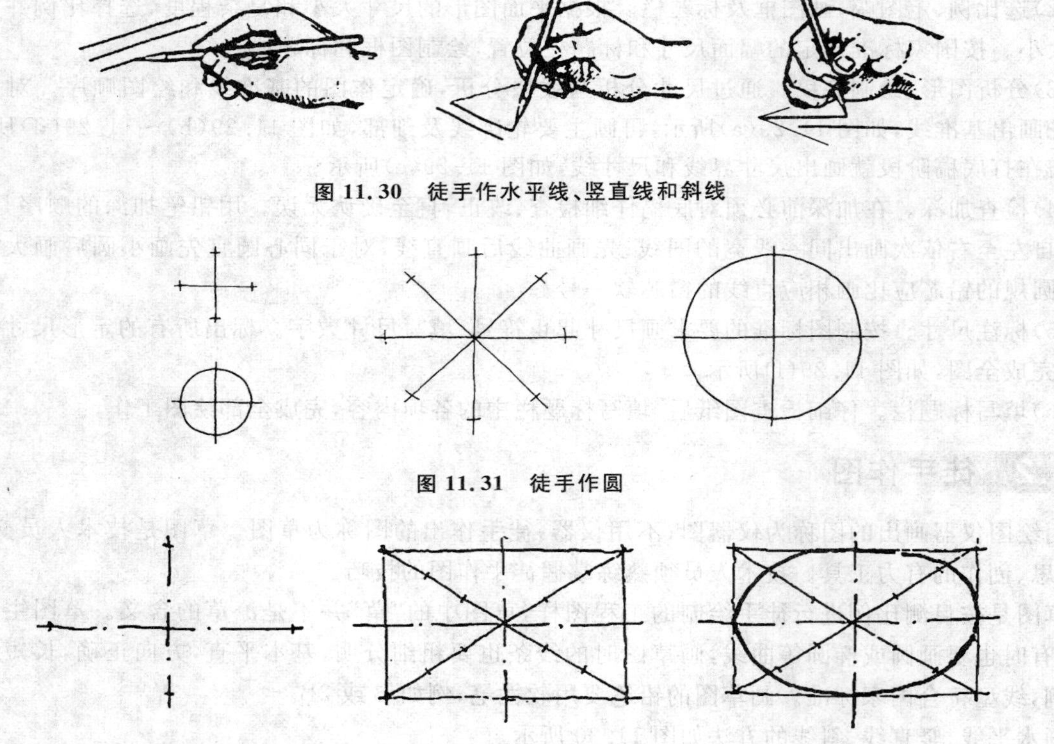

图 11.30　徒手作水平线、竖直线和斜线

图 11.31　徒手作圆

图 11.32　徒手作椭圆

【重点串联】

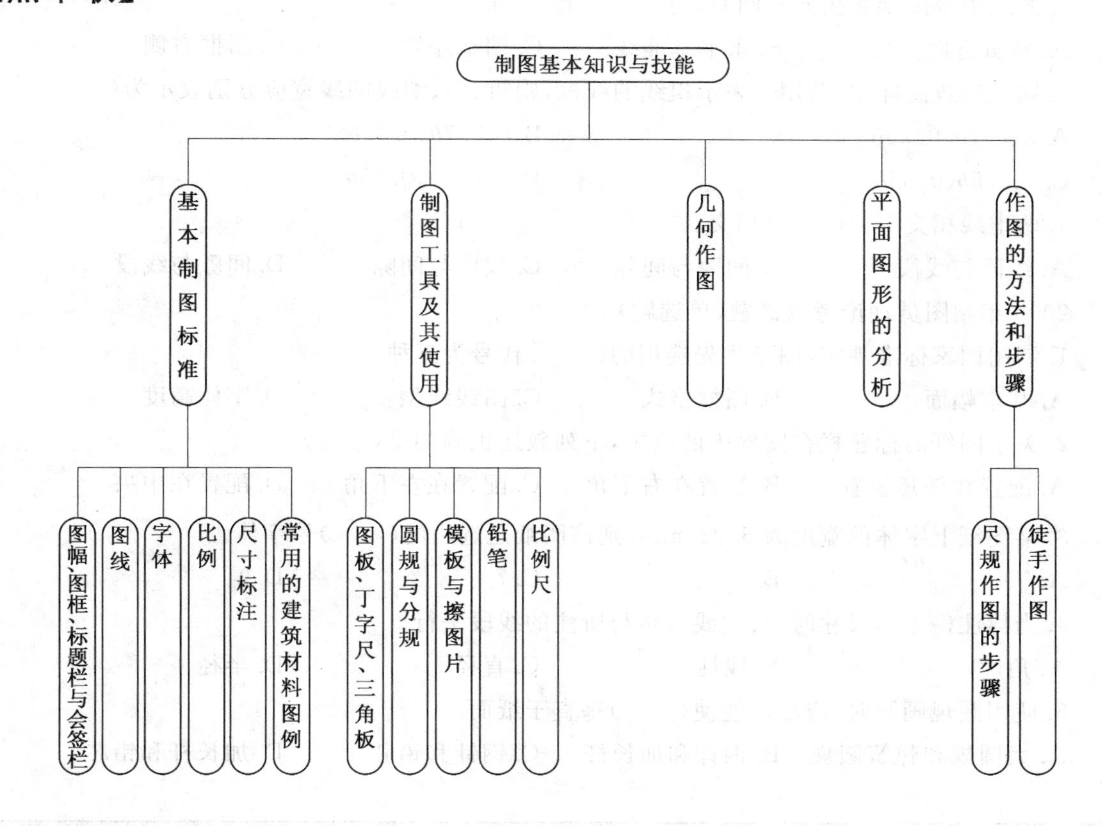

拓展与实训

基础训练

1. 国家《房屋建筑制图统一标准》规定，图纸幅面有哪(　　)种。

A. A0　A1　A2　A3　A4　　　B. 0　1　2　3　4

C. A0　A1　A2　A3　A4　A5　　　D. 0　1　2　3　4　5

2. 图样上的尺寸由(　　)组成。

A. 尺寸数字、尺寸线、尺寸起止符号

B. 尺寸线、尺寸界线、尺寸起止符号、尺寸数字

C. 尺寸线、尺寸界线、尺寸起止符号

D. 尺寸界线、尺寸起止符号、尺寸数字

3. 已知正方形的实际面积是 36 m^2，按照 1∶2 的比例画在图上，则图样的面积为(　　)。

A. 18　　　B. 9　　　C. 72　　　D. 144

链接执考

2010 年制图员理论考试试题(单选题)

1. 下列等式正确的是(　　)。

A. 1 张 A2 幅面图纸＝2 张 A1 幅面图纸　　　B. 1 张 A4 幅面图纸＝2 张 A3 幅面图纸

C. 2 张 A2 幅面图纸＝1 张 A1 幅面图纸　　　D. 2 张 A1 幅面图纸＝1 张 A2 幅面图纸

2.图纸中斜体字字头向右倾斜，与(　　)成75°角。

A.竖直方向　　B.水平基准线　　C.图纸左端　　D.图框右侧

3.同一建筑图样中，若用b表示粗线的线框，则粗、中、细线的线宽应分别表示为(　　)。

A. b、$0.7b$、$0.25b$　　B. b、$0.7b$、$0.35b$

C. b、$0.5b$、$0.35b$　　D. b、$0.5b$、$0.25b$

4.两虚线相交应使(　　)相交。

A.线段与线段　　B.间隙与间隙　　C.线段与间隙　　D.间隙与线段

2008年制图员理论考试试题(单选题)

1.制图国家标准规定，图纸优先选用的(　　)代号为五种。

A.基本幅面　　B.图框格式　　C.图线线型　　D.字体高度

2.关于图纸的标题栏在图框中的位置，下列叙述正确的是(　　)。

A.配置在任意位置　　B.配置在右下角　　C.配置在左下角　　D.配置在中央

3.某图纸上字体的宽度为$5/\sqrt{2}$ mm，则该图纸是选用的(　　)号字体。

A. 3　　B. 5　　C. 7　　D. 9

4.当标注(　　)尺寸时，尺寸线必须与所注的线段平行。

A.角度　　B.线性　　C.直径　　D.半径

5.使用圆规画圆时，应尽可能使(　　)垂直于纸面。

A.大圆规和弹簧圆规　　B.钢针和加长杆　　C.钢针和铅芯　　D.加长杆和铅芯

模块 12

组合体的三视图

【模块概述】

本模块主要以叠加型组合体及切割型组合体为例介绍绘制组合体草图的主要过程；运用形体分析法、线面分析法正确阅读组合体的三视图；能够掌握物体轴测图的形成过程及画法。

【知识目标】

1. 组合体投影图的画法；
2. 组合体投影图的识读。

【能力目标】

1. 由较复杂的立体图准确地绘出正投影图；
2. 能由一般形体的已知两投影分析明确立体的形状，补画出第三投影图；
3. 能正确标注形体的尺寸。

【教学重点】

组合体的读图、制图和形体的尺寸标注。

【课时建议】

4～6 学时

12.1 组合体投影图的画法

12.1.1 组合体的三视图

1. 组合体的组合形式

我们通常所研究的建筑物及其构配件都可以假想成由简单的基本集合体通过一定的组合形式组合而成的。这种组合主要有叠加型、切割型和既有叠加又有切割的混合型三种形式。

(1) 叠加型组合体。

叠加型组合体是由两个或两个以上的基本形体叠加而成的。如图 12.1 所示，就是由四个基本形体组成的。

(2)切割型组合体。

切割型组合体是指由一个初始形体切割掉若干个基本形体而形成的组合体。如图 12.2 所示，是由一个四棱柱经过四部分的切割而形成的组合体。

(3)综合型组合体。

形状较为复杂的立体。通常由叠加和切割两种组合形式共同形成。如图 12.3 所示。

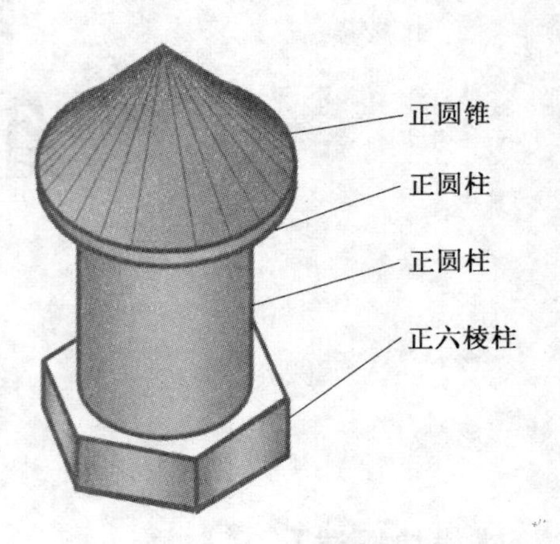

图 12.1 叠加型组合体

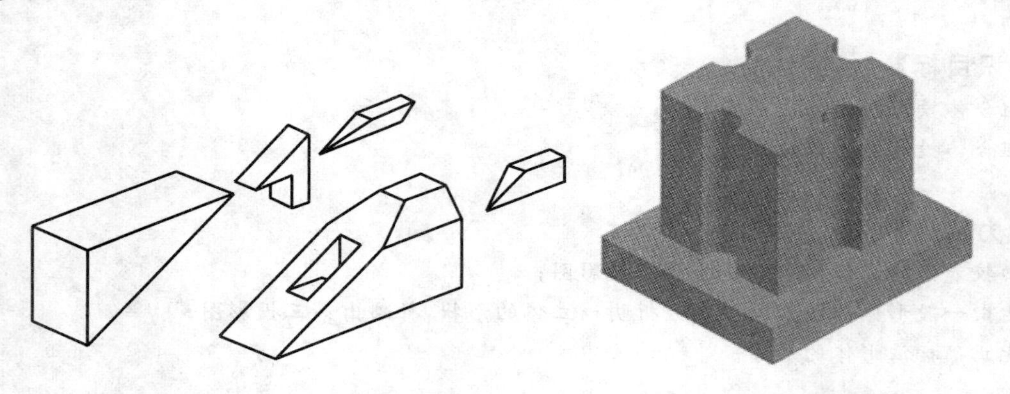

图 12.2 切割型组合体　　图 12.3 综合型组合体

2. 形体分析法

通常我们所研究的组合体都是一个整体，因此，将物体看作由叠加或者切割而形成只是一种假设，是为了更好地理解各个基本形体的形状、相对位置和衔接方式。以便顺利地阅读并绘制组合体的投影图。这种化繁为简、化大为小、化难为易的思考方式和分析方法称为形体分析法。

如图 12.4 所示，在叠加型组合体中，由于基本形体的形状和组合形式不同，其画法也不同。

3. 视图和投影

建筑工程制图中，根据有关标准和规定，用正投影法绘制的物体的投影图称为视图，如图 12.5(a)所示。物体的正面投影图称为正立面图，物体的水平投影图称为平面图，物体的侧面投影图称为左侧立面图。如图 12.5(b)所示是根据正投影法所绘制的三视图。

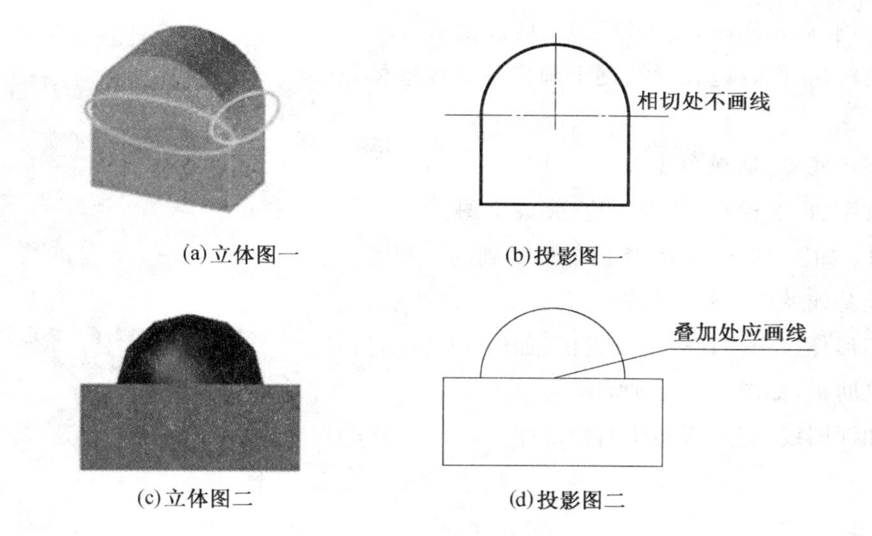

图 12.4 组合体投影图画法

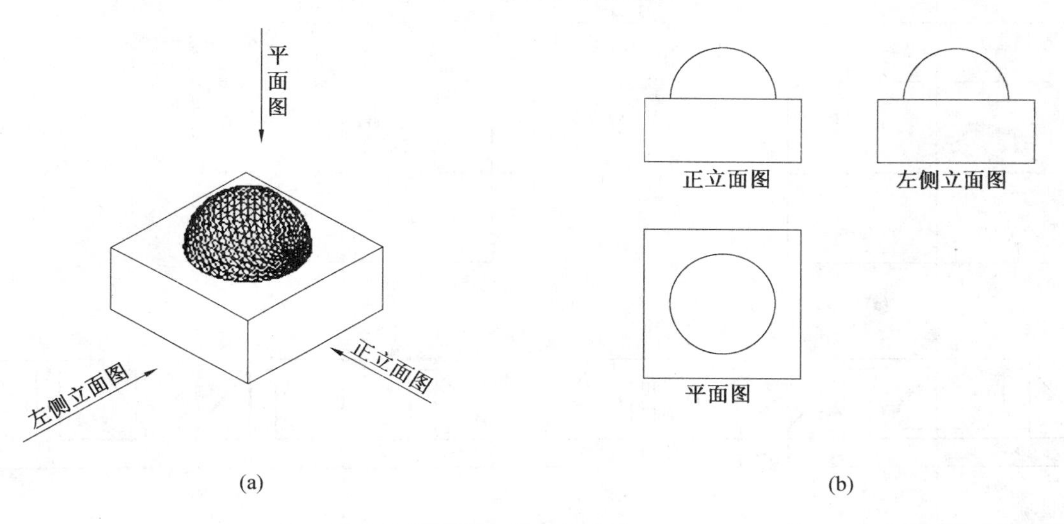

图 12.5 视图和投影

>>>

技术提示：

组合体的三视图仍应保持投影图中的投影关系。即正立面图与平面图长对正，正立面图与左侧立面图高平齐，平面图与左侧立面图宽相等，前后对应。

12.1.2 三视图的画法

1. 绘制组合体三视图的一般步骤

(1)形体分析。

(2)投影选择。

①选择安放位置。

②选择正面投影方向。

③选择投影图的数量。

(3)先选比例、后定图幅，或先定图幅、后选比例。

(4)画底稿线(布图、画基准线、逐个画出各基本形体投影图)。

(5)检查整理底稿、加深图线。

(6)书写文字、再次检查、裁去图边、完成全图。

图 12.6　杯形基础

【例 12.1】　如图 12.6 所示，作出杯形基础的三视图。

解　(1)画基线及底板的三视图，如图 12.7(a)所示。

(2)画带楔形杯口中间棱柱的三视图，如图 12.7(b)所示。

(3)画六块肋板，如图 12.7(c)所示。

(4)整理加深图线，完成该实体的投影图，如图 12.7(d)所示。

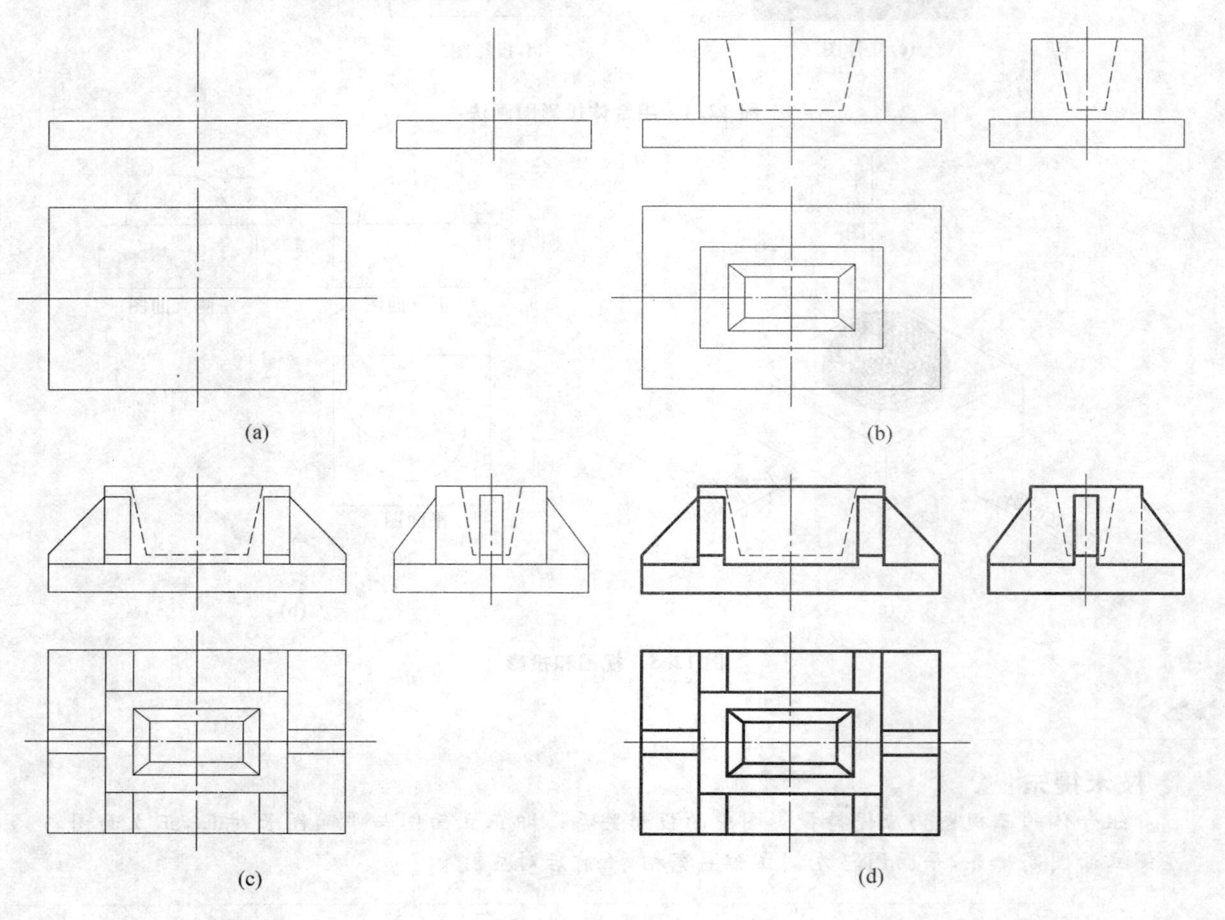

图 12.7　杯形基础三视图画法

2. 组合体的尺寸标注

(1)基本几何体的尺寸标注。

常见的基本几何体是棱柱、棱锥、圆柱、圆锥、球等。基本几何体的尺寸只需标注出长、宽、高三个方向的定形尺寸。如图 12.8 所示。

(2)组合体的尺寸标注。

组合体的尺寸分为三类：定形尺寸、定位尺寸和总尺寸，如图 12.9 所示。

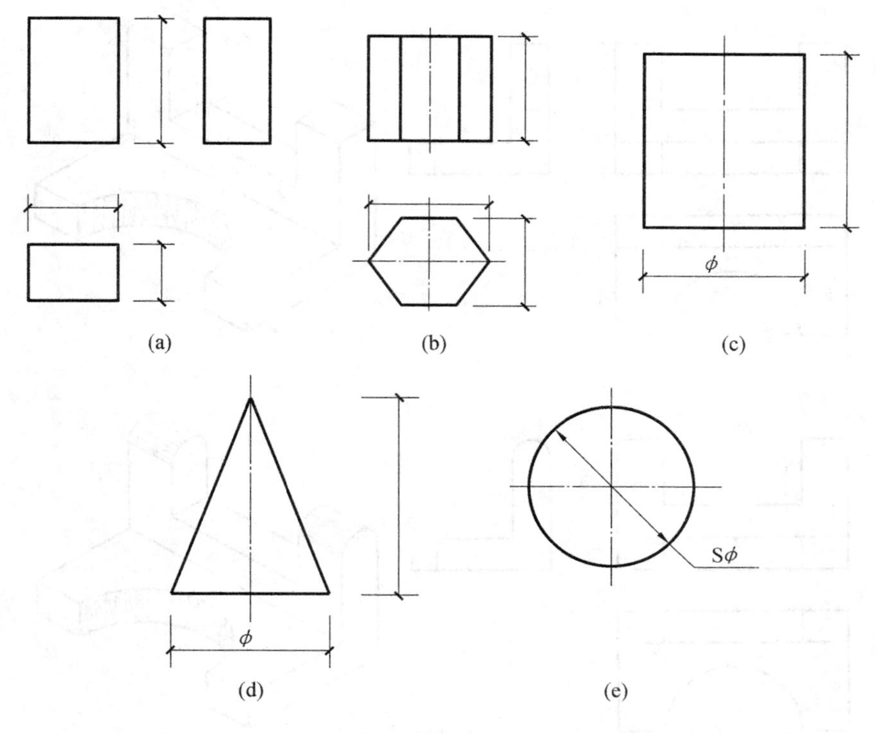

图 12.8　基本几何体尺寸标注

(3)合理布置尺寸。

组合体的尺寸标注,除了应该遵守尺寸标注的基本规定之外,还应做到:

①尽可能地将尺寸标注在反映基本体形状特征明显的视图上;

②为了使幅面清晰,尺寸应注写在图形之外;

③为了使标注的尺寸清晰和明显,尽量不在虚线上标注尺寸;

④一般不允许标注重复尺寸。

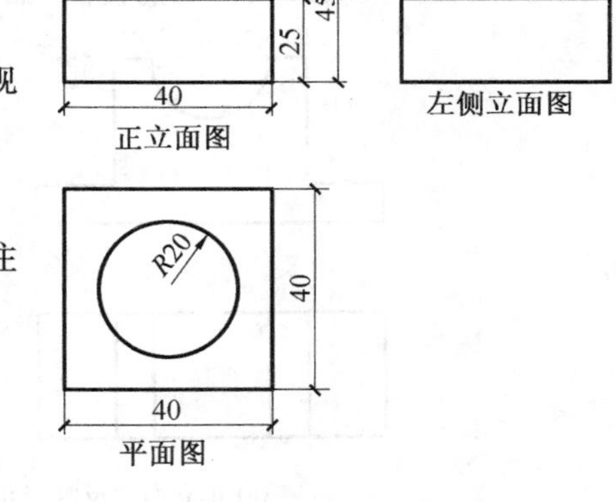

图 12.9　组合体尺寸标注

12.2　组合体投影图的识读

组合体的读图,主要是根据图纸上的三视图的形状及尺寸,想象出该组合体的空间形状、大小、组合形式和构造特点。阅读组合体的三视图,是工程技术人员阅读专业图纸的重要基础。

通常,阅读组合体三视图的方法有形体分析法和线面分析法。

1. 读图过程中都应该注意的问题

(1)将物体的三个视图联系起来读图。

一般情况下,一个视图不能反映形体的基本形状,每个视图只能反映物体长、宽、高三个方向中的两个方向,因此,读图时,不能只看一个视图,需要把每个视图联系起来,才能读懂。如图 12.10 所示。

(2)找出特征视图。

组合体可以看作由基本几何体经过切割或叠加组合而成。读这些组合体的投影图时,应按投影

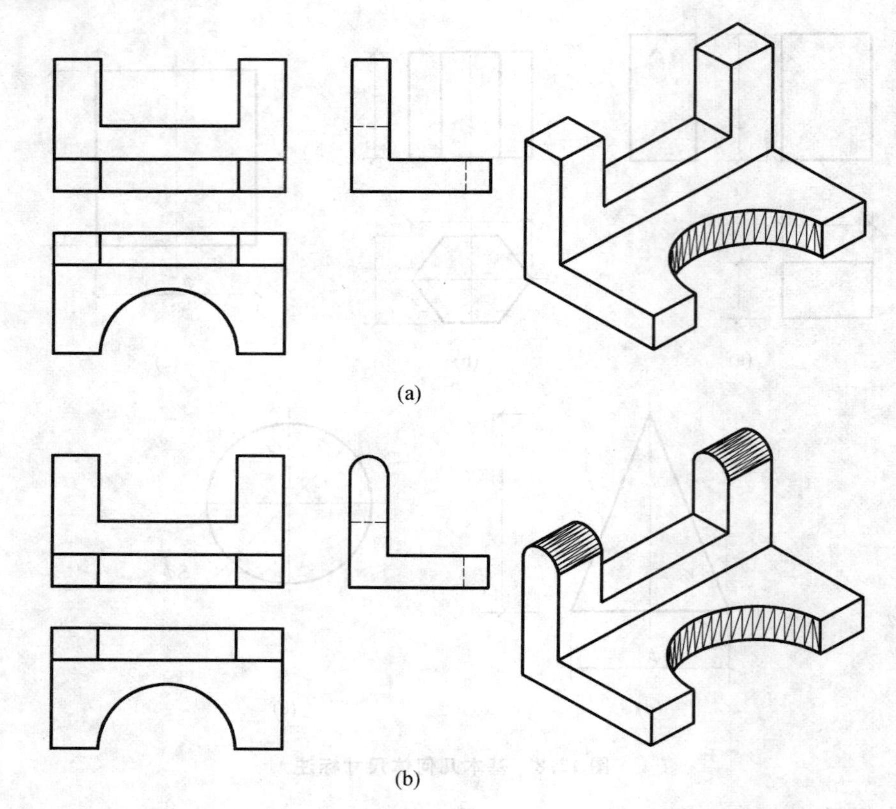

(a)

(b)

图 12.10　物体的三视图

关系抓住明显反映形状特征的视图，如图 12.11 所示。

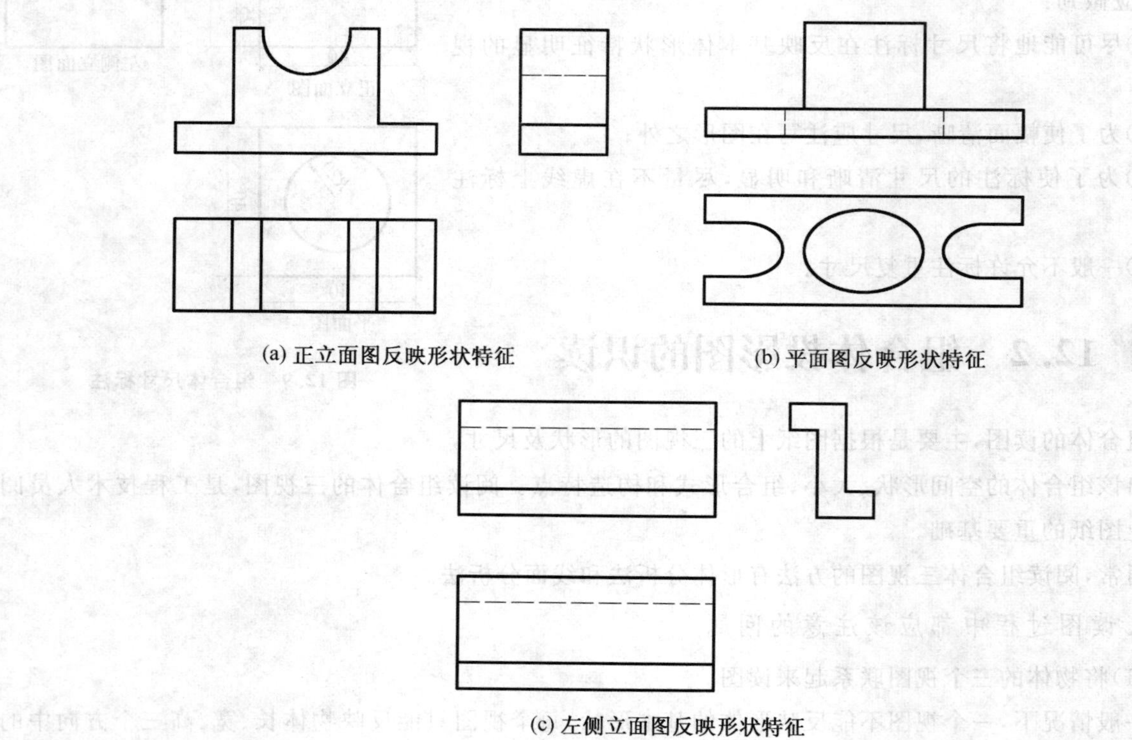

(a) 正立面图反映形状特征　　(b) 平面图反映形状特征

(c) 左侧立面图反映形状特征

图 12.11　反映形状特征视图

(3)读懂每条图线及线框所代表的含义。

图线有以下几种含义：①表示有积聚性的平面或曲面；②表示两个平面的交线；③表示平面的投影外形线。

线框有以下几种含义：①表示一个投影为真形或类似形的平面；②表示一个曲面；③表示一个平面立体或曲面立体；④表示某一形体上的一个孔洞或坑槽。

2. 用形体分析法读图

在实际读图过程中，主要应用的是形体分析法。

【例 12.2】 根据某物体的三视图，分析该物体的基本形状。

解 （1）想象物体由以下四部分组成

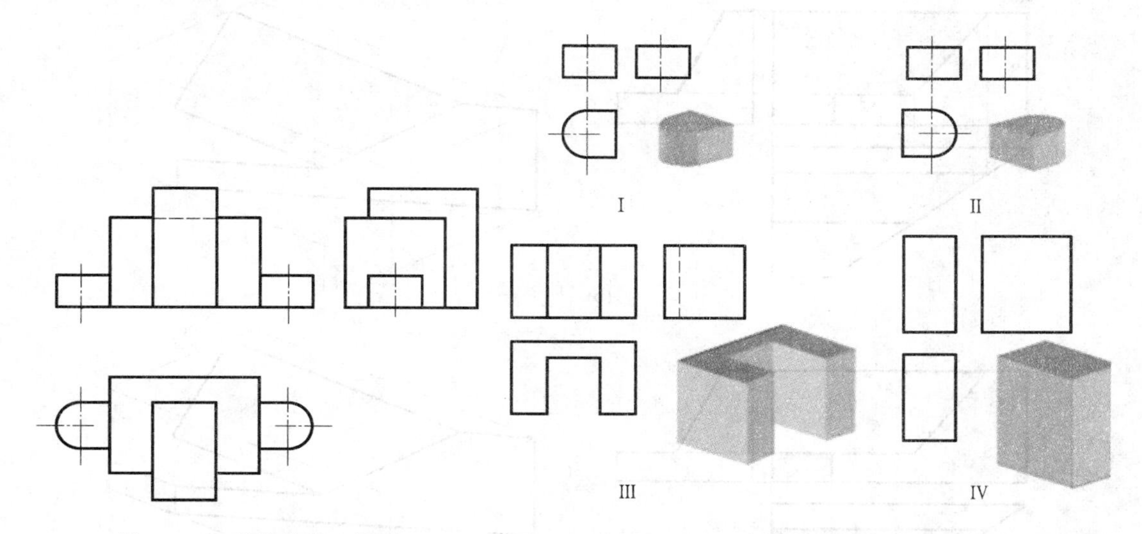

图 12.12 某物体的三视图 **图 12.13 想象物体由四部分组成**

（2）将这四个组成部分按要求叠加在一块。

3. 用线面分析法读图

当使用形体分析法读图有一定困难的时候可以采用线面分析法。线面分析法就是分析建筑物上某些表面及其表面交线的空间形状及位置，从而在形体分析法的基础上，想象出建筑物的整体形状。

图 12.14 四个组成部分按要求叠加在一块

【例 12.3】 如图 12.15 所示，根据组合体的投影图，用线面分析法想象该实体的空间形状。

解 （1）想象图 12.16(a)所示多边形的空间形状。由投影图中的一个线框，找其另一投影图时，遵循不积聚，必类似。

（2）想象图 12.16(b)所示多边形的空间位置。

（3）想象图 12.16(c)所示矩形的空间位置。

（4）想象图 12.16(d)所示梯形的空间位置。

（5）由组成物体的线、面综合想象该组合体的空间形状，如图 12.16(e)所示。

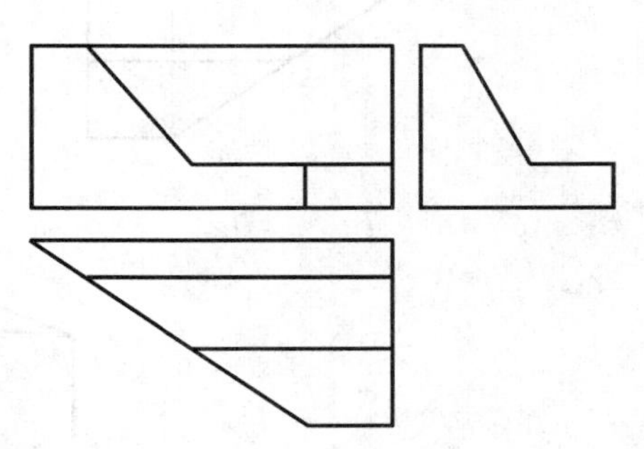

图 12.15 某组合体的投影图

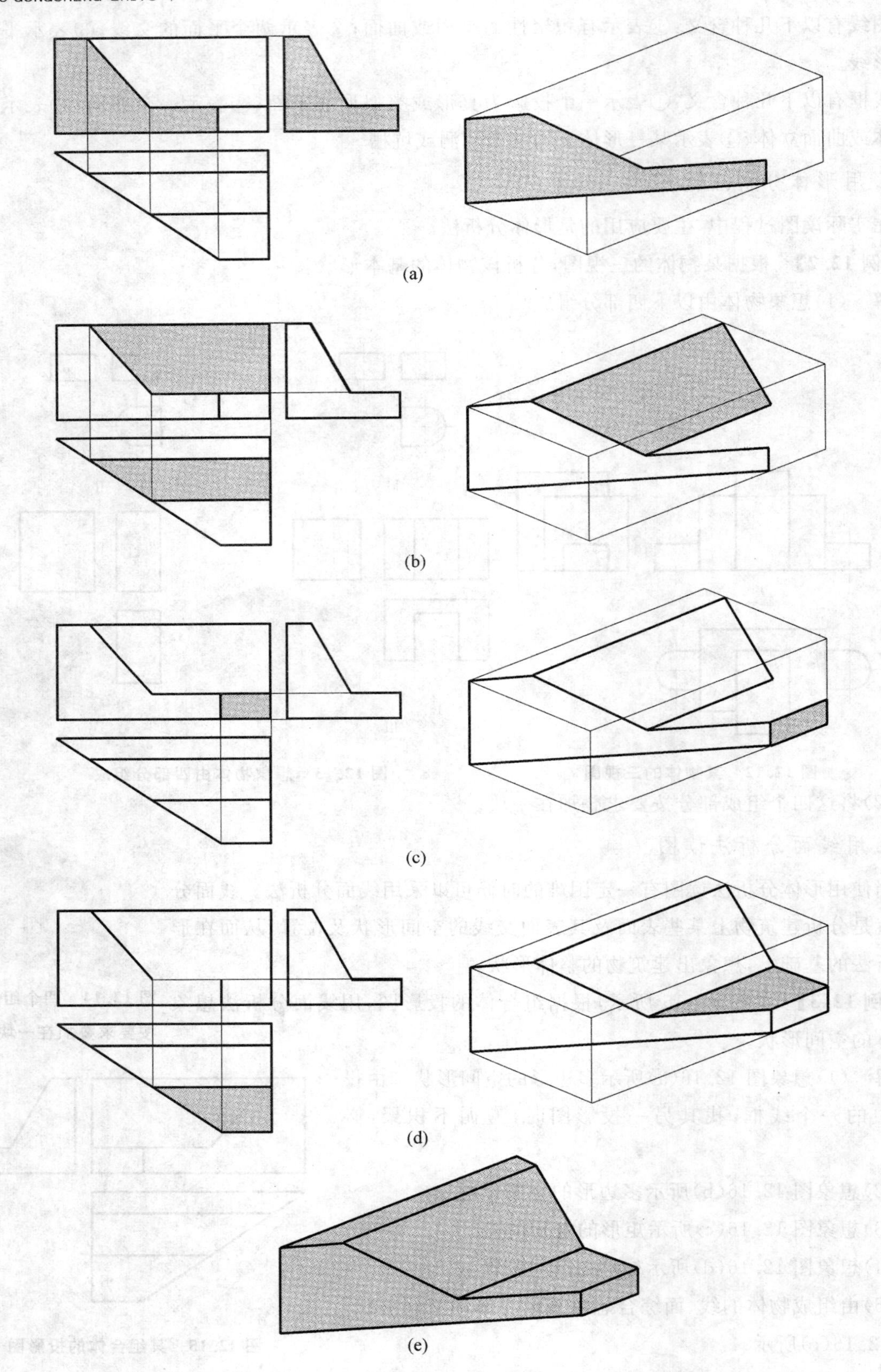

图 12.16　某组合体空间形状

【重点串联】

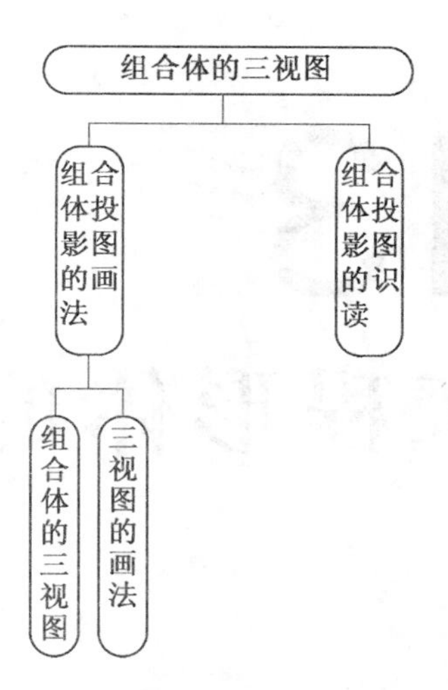

拓展与实训

基础训练

填空题

1. 主视图所在的投影面称为________，简称________，用字母________表示。俯视图所在的投影面称为________，简称________，用字母________表示。左视图所在的投影面称为________，简称________，用字母________表示。

2. 主视图是由________向________投射所得的视图，它反映形体的________和________方位，即________方向；俯视图是由________向________投射所得的视图，它反映形体的________和________方位，即________方向；左视图是由________向________投射所得的视图，它反映形体的________和________方位，即________方向。

3. 三视图的投影规律是：主视图与俯视图________；主视图与左视图________；俯视图与左视图________。远离主视图的方向为________方，靠近主视图的方向为________方。

4. 立体分为________和________两种，所有表面均为平面的立体称为________，包含有曲面的立体称为________。

5. 组合体的组合类型有________型、________型、________型三种。

6. 形体表面间的相对位置有________、________、________、________四种。

7. 组合体形体分析的内容有分析________、________、________、________。

8. 看组合体三视图的方法有____________和____________。

9. 平面立体一般要标注________三个方向的尺寸，回转体一般只标注________和________的尺寸。切割体应标注________和________，而相贯体则应标注____________和________。截交线和相贯线处________尺寸。

10. 组合体的视图上，一般应标注出________、________和________三种尺寸，标注尺寸的起点称为尺寸的________。

链接执考

2010年制图员理论考试试题（单选题）

视图中的一条图线，可以是（　　）的投影。

A. 长方体　　B. 圆柱体　　C. 圆锥体　　D. 投影面垂直面

模块 13

工程形体的表达方法

【模块概述】

土木工程实体的结构形状是多种多样的，要想完整、清晰地表达工程形体的内外结构形状，仅用三个视图往往不能满足要求，因此需要采用多种视图表达方法。本章将介绍土木工程图中常用的几种表达方法，通过讲解各种视图、剖面图和断面图的应用，使读者掌握表示工程形体的方法，并学会用视图、剖视图、断面图等多种视图组合来表示工程形体。

【知识目标】

1. 各种视图表示方法；
2. 各种剖视图的画法、种类和剖切方法及标注；
3. 断面图的画法；
4. 规定画法和简化画法；
5. 形体表达方法综合举例。

【能力目标】

1. 能够利用多种视图来表达工程实体；
2. 能够深入理解和运用建筑剖面图和断面图，并理解两者区别与联系；
3. 能够结合工程实体对各种视图进行识读。

【学习重点】

掌握表示工程形体的方法，并学会用视图、剖视图、断面图等表示工程形体；理解剖面图和断面图的区别与联系。

【课时建议】

8～10 学时

13.1 建筑施工图概述

物体向投影面投射所得到的视图主要用来表达工程形体的外部结构形状，一般仅画出工程形体的可见部分轮廓线和必要的不可见轮廓线。视图分为基本视图、向视图、局部视图和斜视图。

1. 基本视图

工程形体向基本投影面投射得到的视图，称为基本视图。制图标准规定用正六面体的六个棱面作为六个基本投影面，将物体放在其中，分别向六个基本投影面投射，即得到六个基本视图。六个基本视图的名称如下：

①主视图：由前向后投射所得视图。

②俯视图：由上向下投射所得视图。

③左视图：从左向右投射所得视图。

④右视图：从右向左投射所得视图。

⑤仰视图：从下向上投射所得视图。

⑥后视图：从后向前投射所得视图。

六个基本视图的展开方法如图 13.1(a)所示，正面投影不动其余各投影面按图中箭头所指方向旋转至与正面投影面同面。展开后，六个视图的相互位置如图 13.1(b)所示。若在同一张图纸内按图 13.1(b)配置时，可不标注视图的名称。

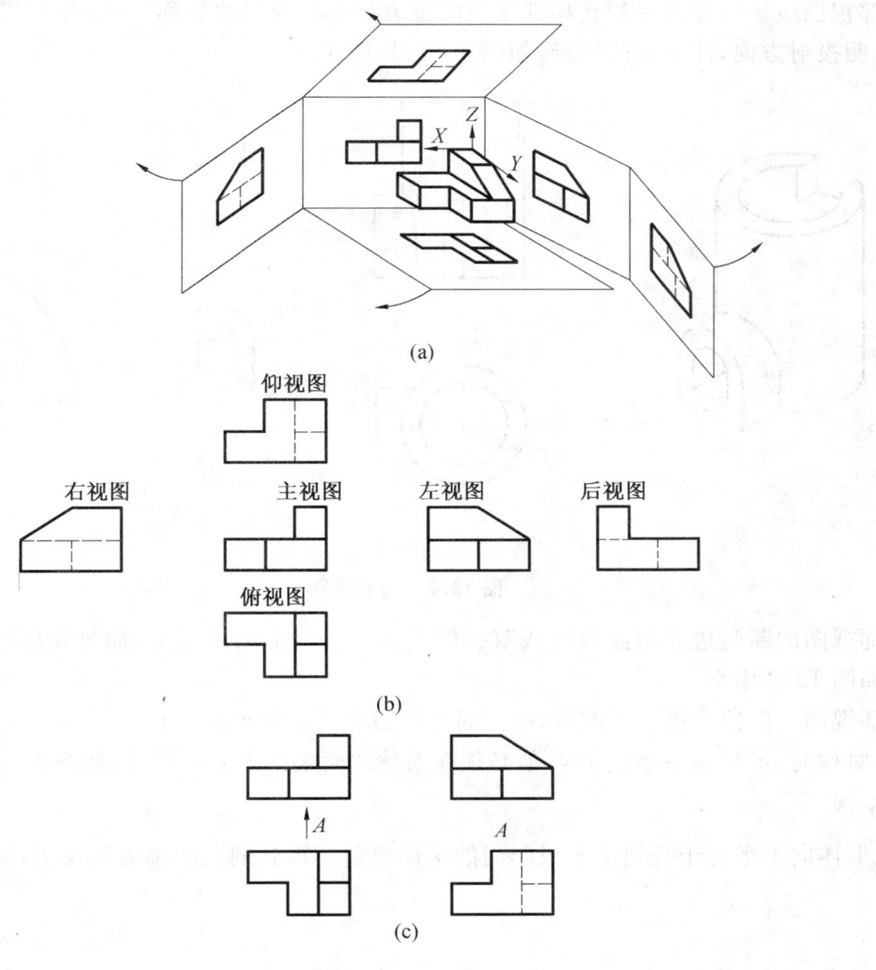

图 13.1　基本视图

六个基本视图反映工程形体的前后位置关系是：右、仰、左、俯视图靠近主视图一侧的是工程形体的后面，远离主视图一侧是工程形体的前面，而主视图与后视图的左右位置关系相反。

技术提示：

在实际绘图时，并不需要六个视图全部画出来，应根据工程形体复杂程度选用。

2. 向视图

当六个基本视图自由配置时，称为向视图，必须标注清楚。标注方式为：在向视图的上方标注“×”(“×”为大写字母)，在相应视图的附近用箭头指明投射方向，并标注相应的字母，如图 13.1(c)所示。

3. 局部视图

将工程形体的任一部分向基本投影面投射所得到的视图，称为局部视图。如图 13.2 所示为集水井。

☆知识拓展

工程形体的大部分形状用主视图和俯视图已经表示清楚，只有左右两个局部形状还没表达，可以只画出没有表达清楚的部分，不需再画完整的左视图和右视图。

画局部视图时注意：

(1)局部视图应该标注。一般在局部视图的上方标注出视图的名称“×”，并在相应基本视图附近标上箭头指明投射方向，注上相同字母，如图 13.2 中的 A。

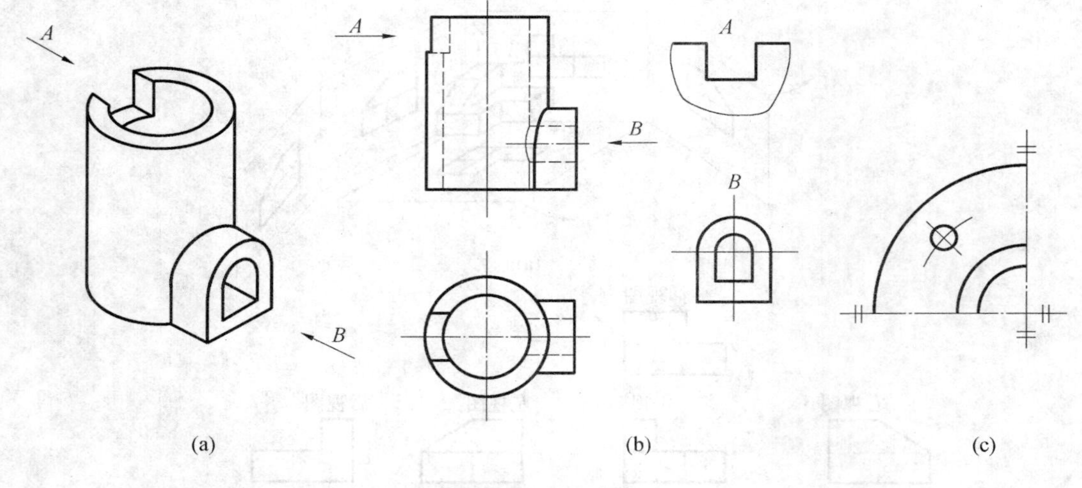

图 13.2 局部视图

(2)局部视图的断裂边界用波浪线或双折线表示。当局部结构完整，而且轮廓线封闭时，可以省略波浪线，如图 13.2 中 B。

(3)局部视图一般按投影关系配置，必要时也可以配置在其他适当位置。

当图形对称时，可只画一半或 1/4，但必须在对称线两端画上对称符号，如图 13.2(c)所示。

4. 斜视图

将工程形体向不平行于任何基本投影面的平面投射所得到的视图称为斜视图，如图 13.3 所示。

技术提示：

为了表达工程形体上倾斜表面（不平行于基本投影面的表面）的实际形状，可以将其投射在和倾斜表面平行的辅助投影面上。

画斜视图时应注意：

(1)斜视图一般按投影关系配置，必要时可以配置在其他位置，或将图形旋转后摆正画出。旋转后的斜视图其标注方法为：在图形上方以字高为半径旋转画一圆弧箭头，表示该视图的大写拉丁字母应靠近旋转符号的箭头端，也可以将旋转角度写在字母之后，如图 13.3 所示。

(2)因为斜视图是用来表达工程形体倾斜部分的形状，所以其余部分不必完全画出，用波浪线或双折线断开即可。

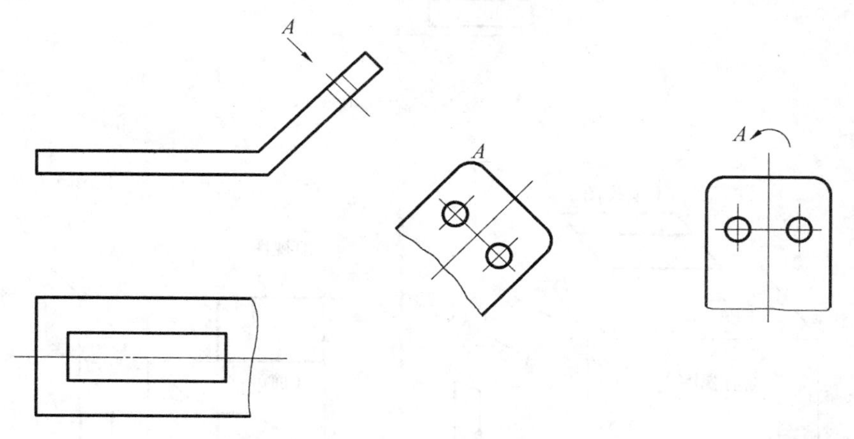

图 13.3 斜视图

5. 第三角投影

如图 13.4 所示，相互垂直的三个投影面 V、H、W 将空间分为八个分角。我国采用第一分角投影，将物体置于第一分角内，投影顺序是：人—物体—投影面。

有些国家采用第三角投影，即把物体放在第三分角内，假定投影面是透明的，投射顺序是：人—投影面—物体，如图 13.5 所示。

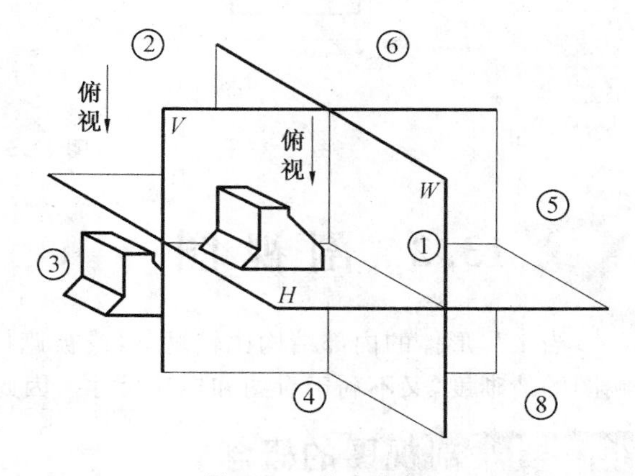

图 13.4 八个分角

投影图展开的方法如图 13.5(b)所示。V 面不动，H 面向上转动，W 面向右转动，展开后三视图的位置如图 13.5(c)所示。V 面投影是由正面向后看得到的视图，称为前视图；H 面投影是由上向下看得到的视图，称为顶视图；W 面投影是由右向左看所得到的视图，称为右视图。由于物体和投影面的位置关系、投影面的展开方法不同，所以三视图上反映出来的物体前后位置关系也不相同。如图 13.5(c)所示，右视图和顶视图靠近前视图的一侧表示物体的前方，远离前视图的一侧表示物体的后方。

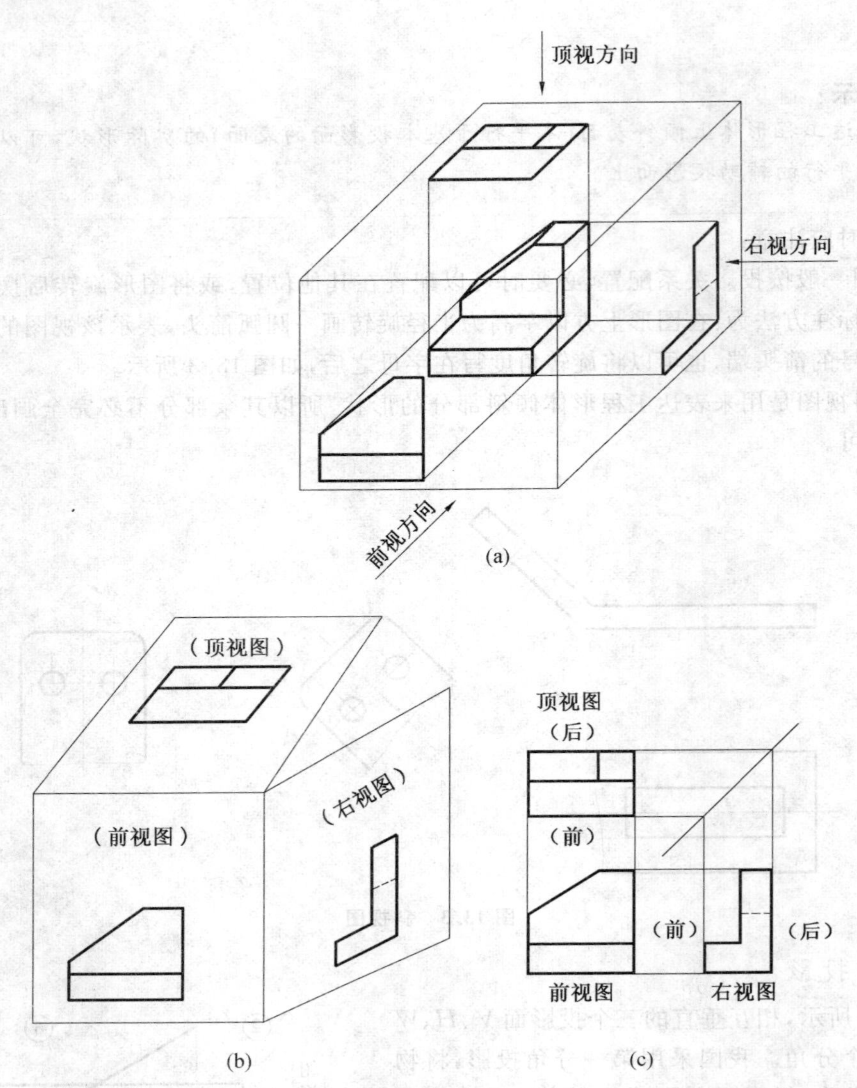

图 13.5　第三角投影法

13.2　剖视图

当工程形体的内部结构比较复杂，或被遮挡部分较多时，视图中就会出现较多的虚线，这样既影响图的清晰度，又不利于看图和标注尺寸。因此，工程上常用剖视图的方法。

13.2.1　剖视图的概念

1. 剖视图的形成

如图 13.6(a)是消力池的一组视图，主视图上消力池底板和尾坎的投影是用虚线表示的。如图 13.6(b)所示，假想用一个正平面将消力池“切开”，并把剖切平面前边的部分移去，将剩余部分向投影面投射，并将剖切平面与消力池接触部分（断面）画上材料符号，这种视图称为剖视图，如图 13.6(c)所示。

2. 剖视图的标注

用剖视图配合其他视图来表达工程形体时，为了明确视图之间的投影关系，便于看图，一般应进行标注。标注的内容是：剖切位置、投射方向、剖视图名称。其标注如图 13.7 所示。

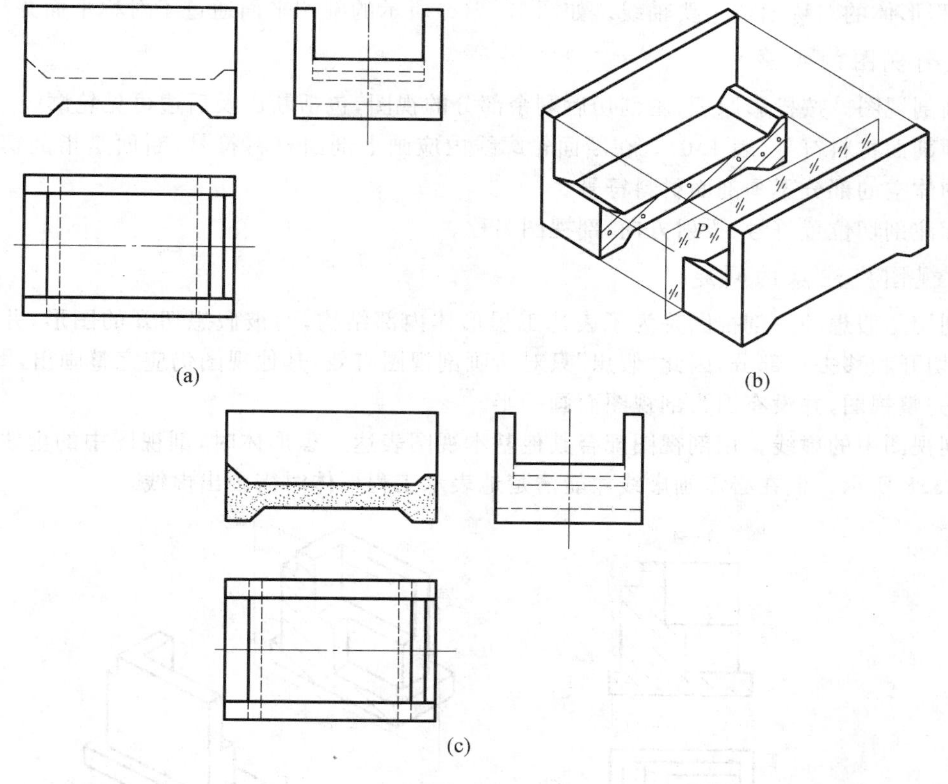

图 13.6　全剖视图

(1)剖切位置。在剖切平面的起讫处各画一段粗实线,每段线长约 5～10 mm,表示剖切位置。剖切位置线应画在与剖视图有明显联系的视图上,并不与轮廓线相交。

(2)投射方向。画在剖切位置线两端的外侧且与其垂直,用箭头或短粗线表示剖切后的投射方向。

(3)剖视图名称。用相同的一对字母(大写拉丁字母或阿拉伯数字)写在剖视图的上方,中间用细短线隔开“×—×”。在相应的剖切位置线的外端和转折处注写相同的字母或数字,转折处可省略。如果在一张图纸上有几个剖视图时,应采用不同字母按顺序从左向右,由下向上连续编号,以示区别。

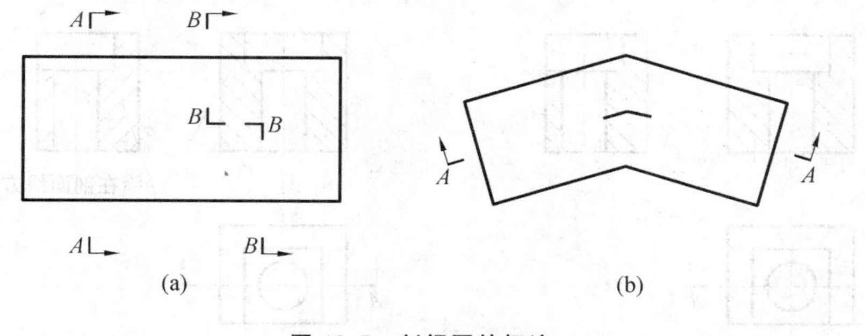

图 13.7　剖视图的标注

上述标注内容在某些情况下可全部或部分省略。当剖视图是按投影关系配置的基本视图,切剖切平面是物体的对称面时,可全部省略标注;仅当剖视图是按投影关系配置的基本视图时,可省略投射方向,如图 13.6(c)所示。

13.2.2 剖视图画法

1. 确定剖切平面位置

为了在剖视图上能表示出工程形体内部结构的真实形状,剖切平面一般应平行于基本投影面,并应通过工程形体的对称面或主要轴线。如图 13.6(c)所示的剖切平面通过了对称平面并与 V 面平行。

2. 画剖视图的步骤

(1)画剖视图。按投影原理,画剖切后剩余部分的视图,包括断面及后边可见轮廓线。

(2)画剖面材料符号(表 1.6)。在断面轮廓线内应画上剖面材料符号,断面是指剖切面与物体接触部分,物体空的部分不画剖面材料符号。

(3)标注剖切位置符号、投射方向、剖视图名称。

3. 剖视图应注意的问题

(1)剖切是假想的。剖视图是为了表达工程形体内部结构,而被假想切开的图形,并不是工程形体真的被切开和移去一部分,因此"假想"只对所画剖视图有效,其他视图仍应完整画出,图 13.6(c)中俯视图是完整视图,并没有因为剖视图而画一半。

(2)剖视图中的虚线。用剖视图配合其他基本视图表达工程形体时,剖视图中的虚线一般省略不画,如图 13.8 所示。但在必需画虚线才能清楚地表示工程形体时需画出虚线。

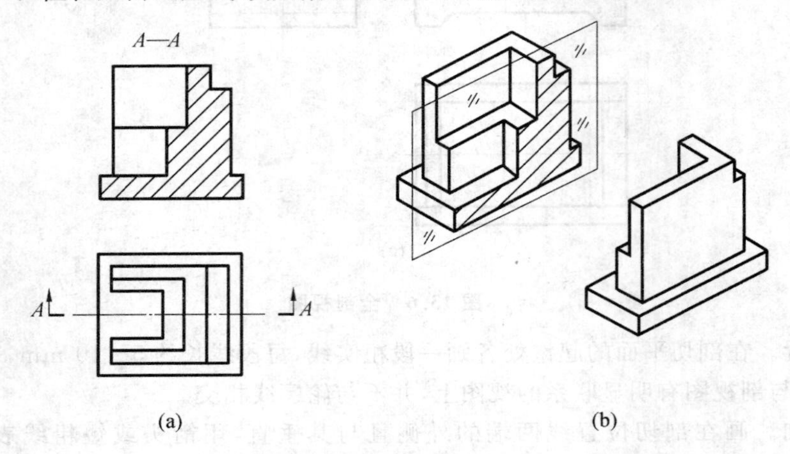

(a) (b)

图 13.8 桥台全剖视图

(3)剖面材料符号一致。在剖视图上画剖面材料符号时,几个剖视图上的材料符号画法要一致,如图 13.9(a)所示。剖面线的倾斜方向(45°)与间隔距离应相同(这种剖面线通常表示金属材料)。

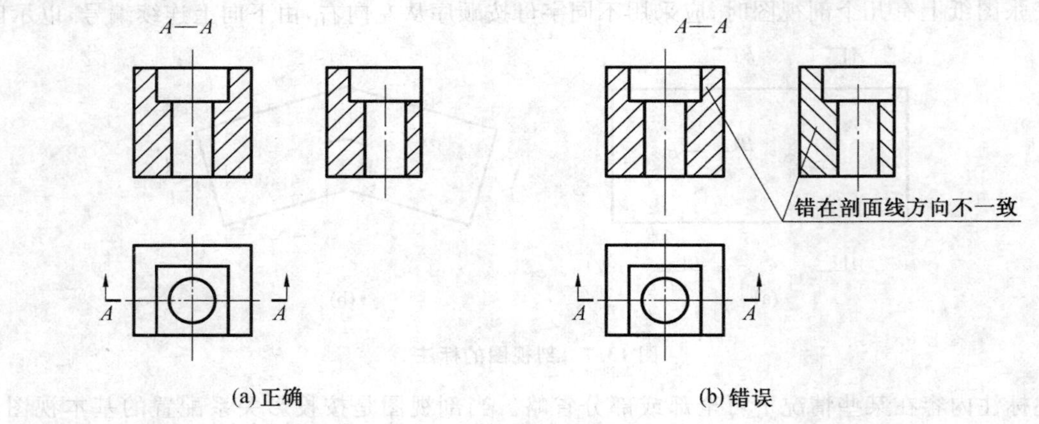

(a) 正确 (b) 错误

图 13.9 剖视图正、误比较

13.2.3 剖切面种类

用来剖开物体的剖切面的数量和位置有三种:

(1)一个剖切面。指用一个剖切面剖切得到的剖视图。常见的有:全剖视图(图 13.8)、半剖视图(图 13.15)、局部剖视图(13.16)。

(2)几个平行的剖切平面。指用两个或两个以上平行的剖切平面剖切物体得到的剖视图,如阶梯剖视图(图 13.10)。

(3)几个相交的剖切面。指用两个或两个以上相交(交线垂直于某一投影面)的剖切平面剖切物体得到的剖视图,如旋转剖视图(图 13.13)和复合剖视图(图 13.14)。

按剖切范围的大小可以将剖视图分成全剖视图、半剖视图和局部视图三种。

采用上述三种剖切面均可得到三种剖视图。

1. 全剖视图

用一个或几个剖切面将物体完全剖开所得的剖视图称为全剖视图。

技术提示:

全剖视图一般适用于外形简单,内部结构复杂的物体,或主要为表达物体内部结构时采用。

全剖视图一般应按投影关系配置在与剖切符号相对应的位置,必要时也允许配置在其他适宜位置。

下面介绍一些用不同的剖切面得到的全剖视图。

(1)用与基本投影面平行的单一剖切面剖开物体得到的全剖视图,如图 13.8(a)所示。

(2)用几个互相平行的剖切平面剖开物体得到的全剖视图。

如图 13.10 所示水箱进水孔和出水孔轴线不在同一平面内,为了表达水箱和两个孔的内部结构,用两个同时平行于同一投影面的平面经过孔的轴线剖开水箱得到全剖视图。这种剖视图通常称为阶梯剖视图,显然它适用于物体内部有较多结构层次的物体。

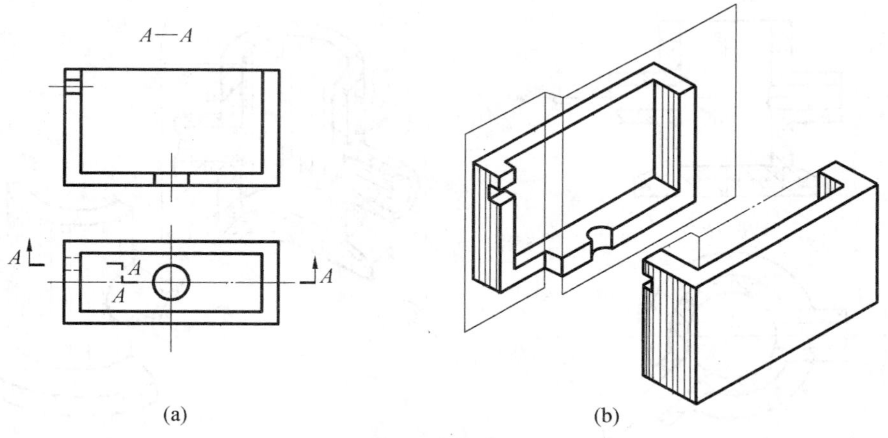

图 13.10 阶梯剖视图

画阶梯剖视图时应注意:

①剖切是假想的,所以在剖视图上,剖切平面的转折处不应画线,图 13.11 所示的画法是错误的。

②剖切平面的起讫和转折处均应画出剖切位置符号和相同的字母。当剖切位置明显时,在其转折处允许省略字母。

阶梯剖在水工图中应用较多,如图 13.12 所示为消力池与下游渠道的连接处,主视图是单一剖切面的全剖视图,右视图采用了阶梯剖视图。

(3)用两个相交的剖切平面(交线垂直 H 投影面)剖开工程形体得到的全剖视图。如图 13.13 所示集水井,两个进水管的轴线

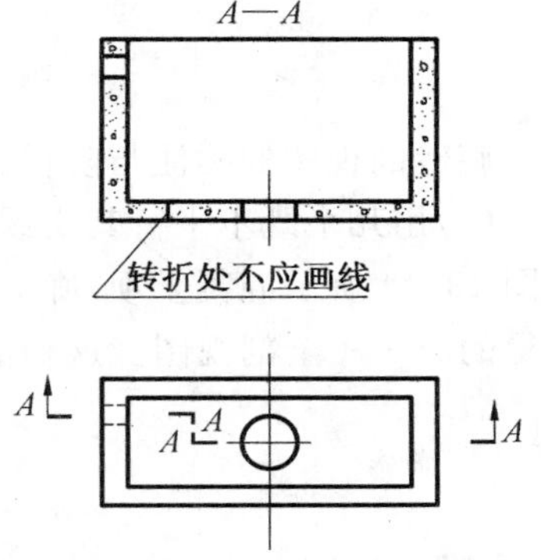

图 13.11 阶梯剖视图错误画法

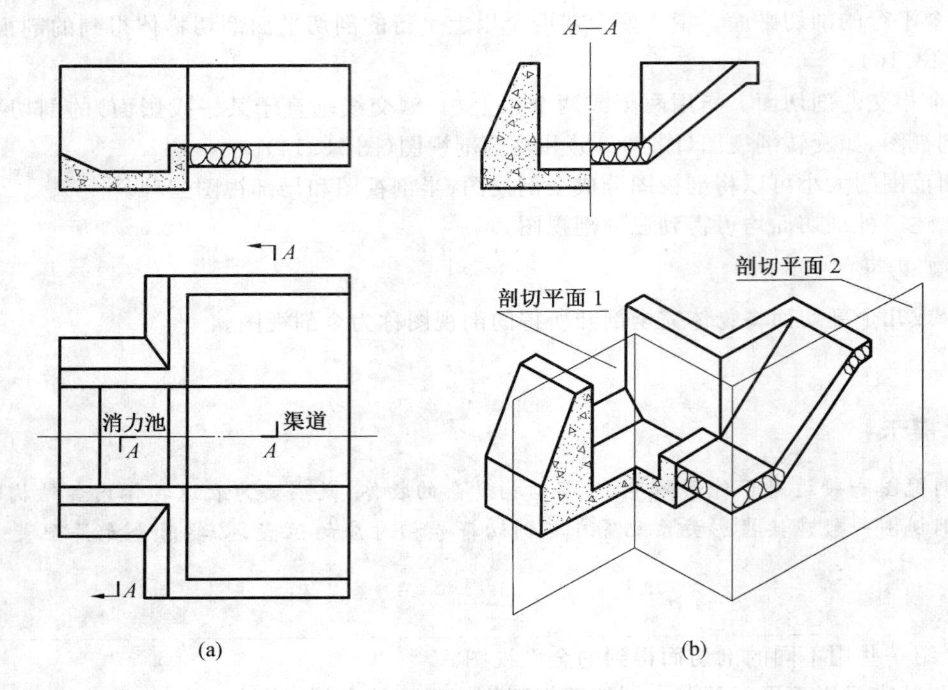

图 13.12　阶梯剖应用举例

是斜交的，为了表达其内部结构，用一个正平面和一个铅垂面，沿两个水管的轴线把集水井剖开，并假想与 V 面倾斜的水管绕两剖切平面交线旋转到与 V 面平行后，再进行投射得到 $A—A$ 剖视图。这种剖视图通常称为旋转剖视图。它适用于有回转轴的工程形体，而且轴线恰好是两个剖切平面的交线。

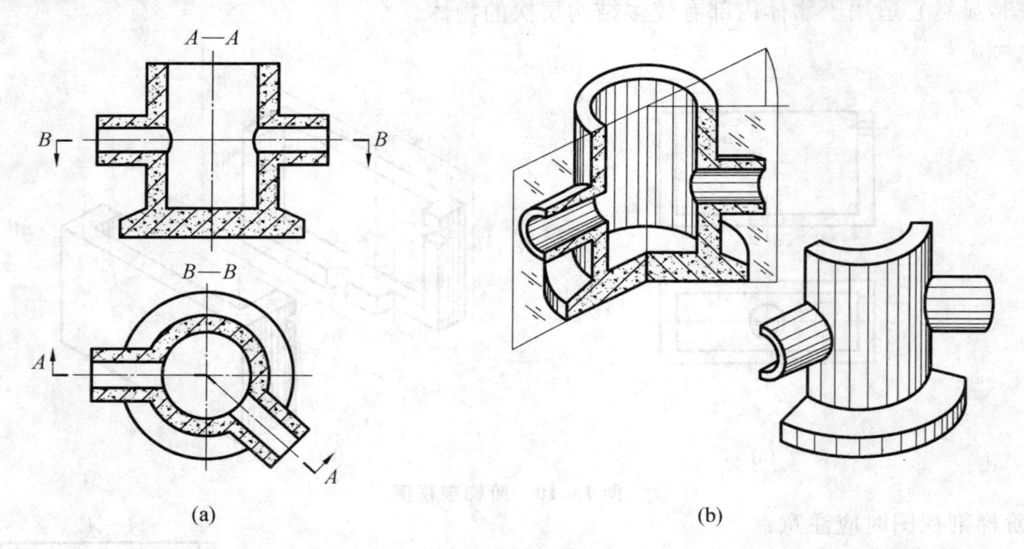

图 13.13　旋转剖视图

旋转剖视图的标注与阶梯剖视图的标注相同。

(4)用几个既不平行其交线也不是轴线的剖切面(包括曲面)剖开工程形体所得到的全剖视图。如图 13.14 所示混凝土坝，廊道是坝体内的结构，俯视图就是采用了两个水平面与一个正垂面剖切而获得的 $A—A$ 全剖视图。这种剖视图通常称为复合剖视图，其标注与阶梯剖视的标注相同。

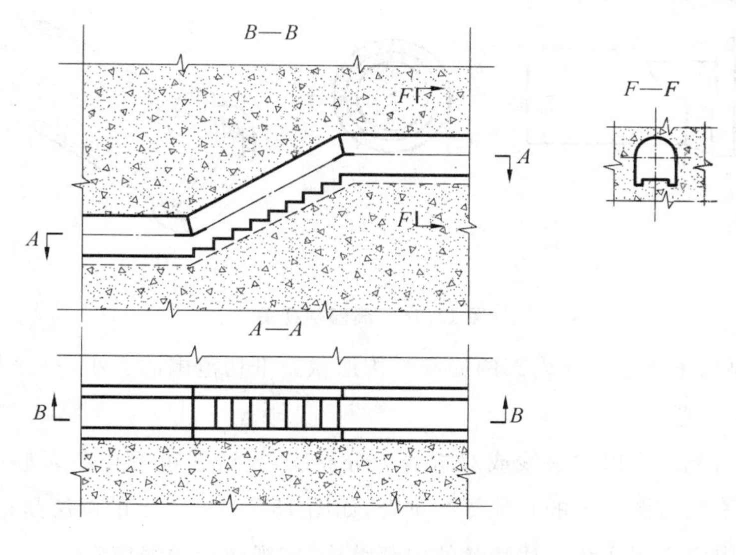

图 13.14 复合剖视图

2. 半剖视图

当工程形体具有对称平面时，在垂直于对称平面的投影面上投影，可以以中心线为界，一半画成剖视，另一半画成视图，称为半剖视图，如图 13.15 所示。

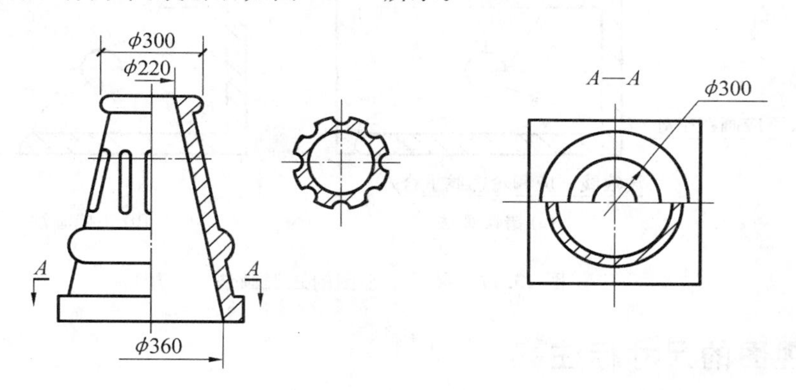

图 13.15 半剖视图

>>>

技术提示：

半剖视图适用于物体对称，内外结构都较复杂的工程形体。

如图 13.15 所示，墩帽前后左右都对称，内外结构较复杂均需表达，因此主视图和俯视图采用半剖视图表示，工程上习惯将半个剖视图画在右边或下边。看图时从半个视图可以想象出整个形体的外部形状，从半个剖视图可以想象整个形体的内部结构。

画半剖视图应注意：

(1)半剖视图与半个视图的分界线是图形的对称线(点画线)。

(2)由于半剖视图的形体是对称的，因此半剖视图上虚线一般均省略不画。

(3)半剖视图的标注方法与全剖视图的标注方法相同，如图 13.15 所示。

3. 局部剖视图

用剖切平面局部剖开工程形体所得到的剖视图，称为局部剖视图。如图 13.16 所示为混凝土水管的一组视图，用局部剖视图表达了接口处内部结构形状。

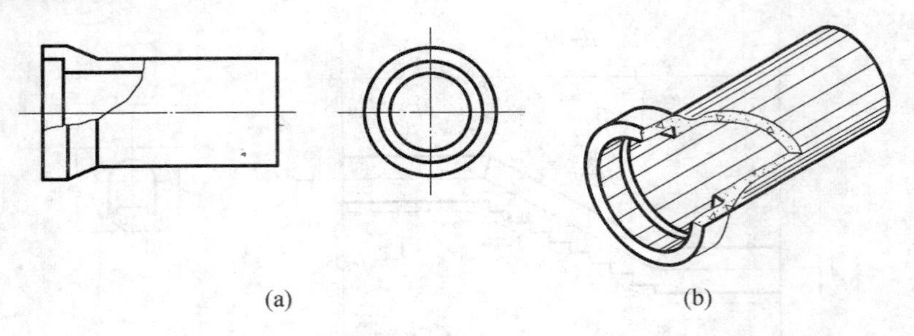

(a) (b)

图 13.16　局部剖视图

局部剖视图主要用于表达物体内部的局部结构形状。剖切范围的大小，根据实际需要确定。

画局部剖视图应注意：

(1)局部剖视图与视图应以波浪线或双折线为分界线，波浪线可看作断裂痕迹的投影，因此波浪线只能画在实体处，不能与图形上的其他图线重合，如图 13.17(a)所示的画法是错误的。

(2)局部剖视图中已用粗实线表达清楚的内部结构，在视图中虚线应省略。

(3)剖切位置明显的局部剖视图，一般不标注。

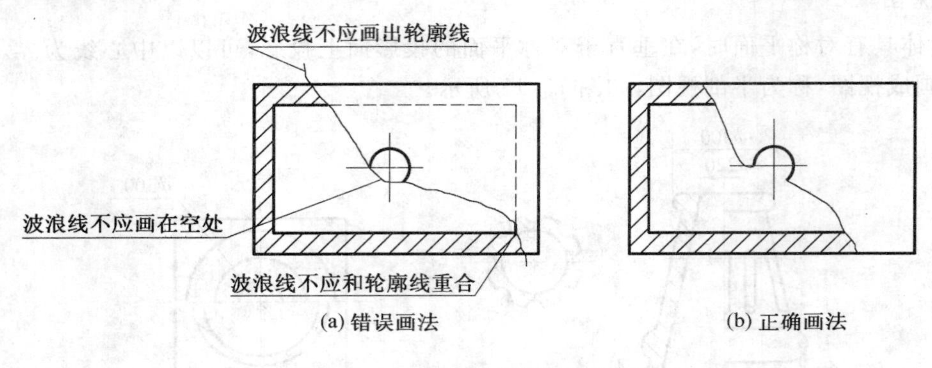

(a) 错误画法　　(b) 正确画法

图 13.17　局部剖视图的正误画法

13.2.4 剖视图的尺寸标注

在剖视图上标注尺寸的方法和规则与组合体的尺寸注法相同，为使尺寸清晰，应根据剖视图的表达特点进行标注。

(1)外形尺寸和内部结构尺寸应分开标注。如图 13.18 所示，物体的外形尺寸应尽量标注在视图附近，如长度方向尺寸 60、40、450 是外形尺寸。表达内部结构的尺寸应尽量标注在剖视图附近，如标在另一侧的尺寸 50 是内部结构尺寸。

(2)在半剖视图和局部剖视图上，由于图上对称部分省去了虚线，注写相关的内部结构尺寸时，只画一边的尺寸界线和箭头。这些尺寸线要稍超过对称中心线，但尺寸数字应注写整个结构的尺寸，如图 13.18 所示的 ϕ210、ϕ150，如图 13.19 所示的杯口尺寸 600、杯底尺寸 550。

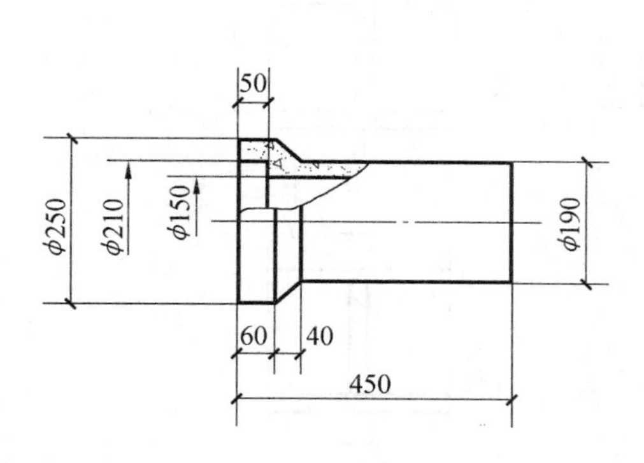

图 13.18 局部剖视图尺寸标注

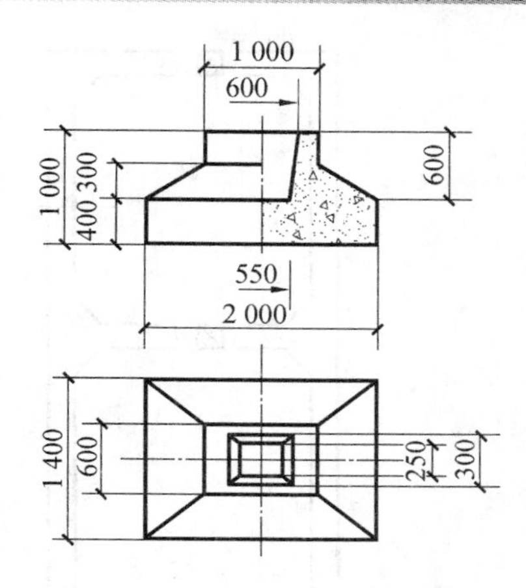

图 13.19 半剖视图尺寸标注

13.3 断面图

13.3.1 断面图的基本概念

假想用剖切平面将物体“切开”后，仅画出剖切平面与物体接触部分的图形，并画上剖面材料符号，这种图形称为断面，如图 13.20 所示。

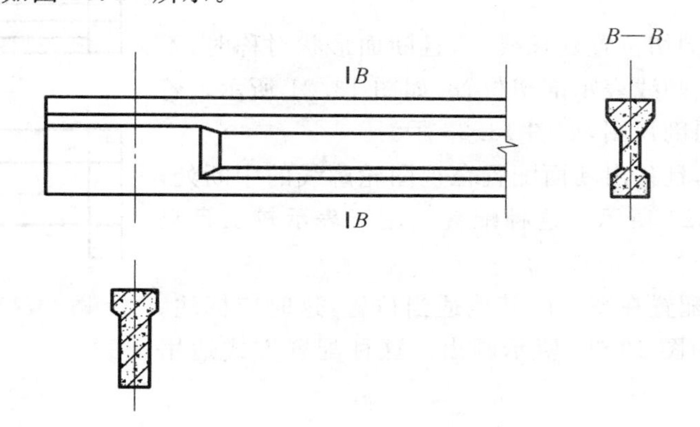

图 13.20 断面图

从图中显然可以看出断面图与剖视图是不同的图形，它们的区别如下：

(1)表达的对象不同：剖视图不仅要画工程形体剖切到的断面形状，还要画出剖切平面后边工程形体的投影。而断面图则只画出工程形体被剖开后的投影。

(2)两图形的作用不同：剖视图主要用于表达工程形体的内部结构，而剖面图常用来表达工程形体某局部的截断面形状。

13.3.2 断面图的分类

根据断面图所在的位置不同，可分成移出断面图和重合断面图两种。

1. 移出断面

画在视图轮廓线之外的断面称为移出断面。如图 13.21 所示。

2. 重合断面

画在视图轮廓线内的断面称为重合断面。如图 13.22 所示。

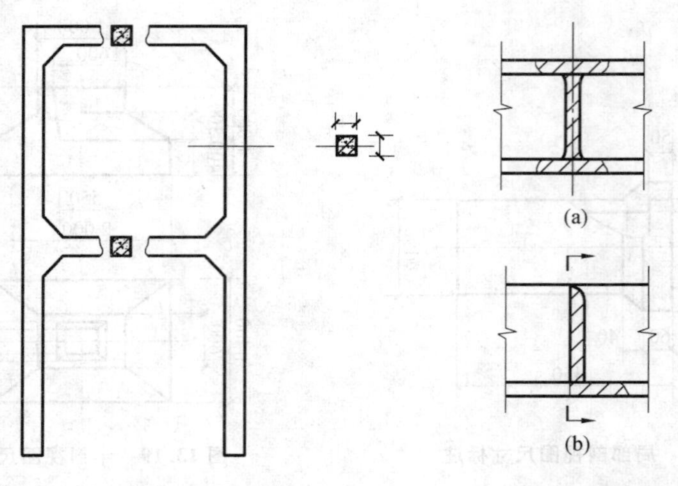

图 13.21 移出断面　　图 13.22 重合断面

13.3.3 断面图的画法与标注

画断面图时，首先确定剖切面位置，按投射方向向投影面投射，再在截断面图形上画出材料符号，最后进行标注。

(1)移出断面轮廓线用粗实线绘制，根据其配置的位置不同，标注的方法也不相同。

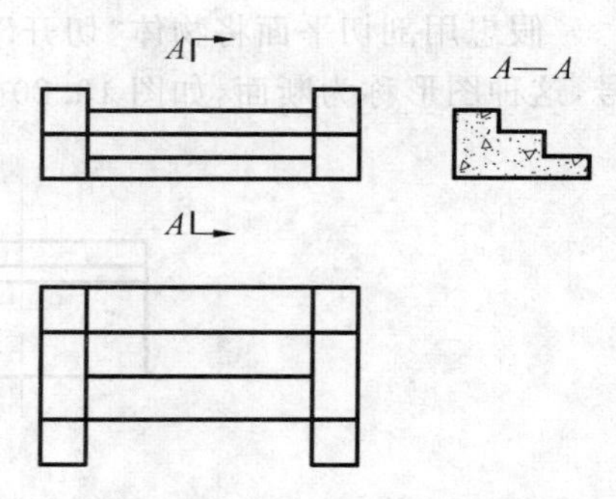

图 13.23 应标注的移出断面

①移出断面配置在剖切位置延长线上，且断面形状对称时，不用标注，仅在视图中用点画线表示剖切位置，如图 13.21 所示。若断面形状不对称，标注同剖视图，如图 13.23 示。

②当断面图形对称，且移出断面配置在视图轮廓线的中断处，这时可不标注，如图 13.24 所示。这种配置适用于表示较长且只有单一截面的杆件。

③移出断面也可以配置在图纸的其他适当位置，这时应标注。若断面图形对称，可按如图 13.25 所示画出。这种配置方式适用于断面多变的构件。

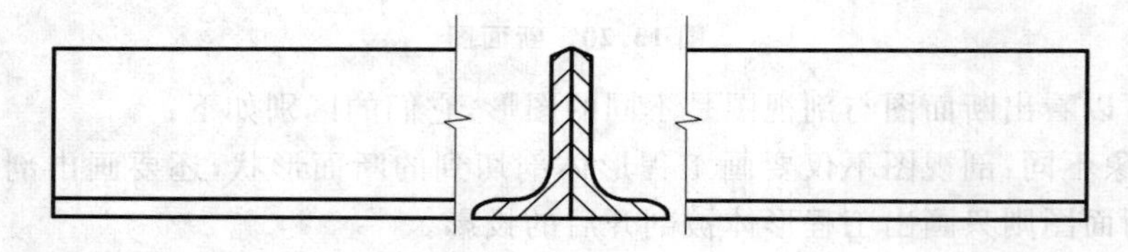

图 13.24 画在图断开处的移出断面

(2)重合断面的轮廓线用细实线绘制。当重合断面轮廓线与视图的轮廓线重合时，视图的轮廓线仍应完整地画出，不可以间断。

对称的重合断面可以不标注，不对称的重合断面应标注剖切位置和投射方向，但可不标注字母，如图 13.22 所示。

①当用一个公共剖切平面将工程形体切开，而得到两个不同投射方向的断面图时，应按图 13.25 中“1—1”、“2—2”的形式标注。

②在断面图上标注尺寸时，有关截断面的尺寸，应尽量标注在断面图上，如图 13.21 所示。

工程中常用的断面是移出断面，只有在不影响视图清晰和可增强被表达部位效果时采用重合断面。

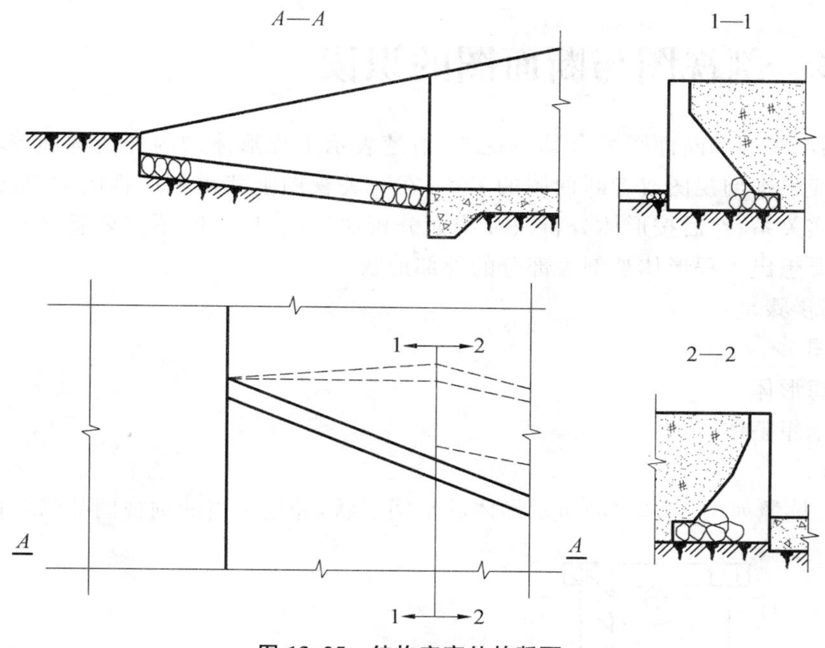

图 13.25 结构突变处的断面

13.3.4 规定画法

制图标注对某些特殊条件下断面图的画法作了如下规定：

(1)对于构件上的支撑板、肋板等薄板结构和实心的轴、杆、柱梁等，当剖切平面通过其对称面或轴线时，其断面内可以不画剖面材料符号，而用粗实线将其与邻接部分分开，如图 13.26 所示。

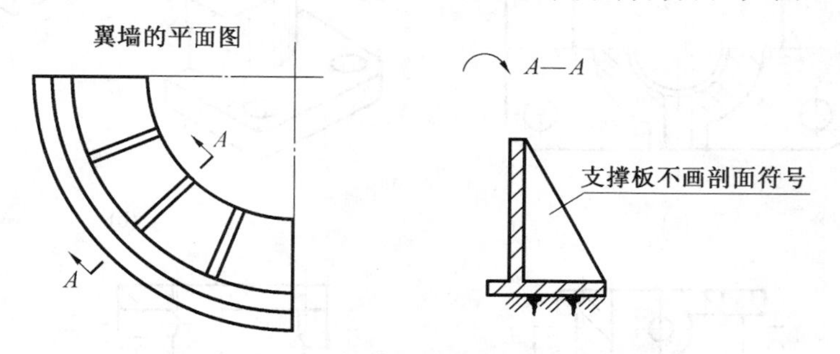

图 13.26 薄壁的规定画法

(2)当剖切平面通过由回转体形成的孔轴线时，或者当剖切平面通过非圆孔会导致出现完全分离的两个断面时，这些结构亦应按剖视图画出，如图 13.27 所示。

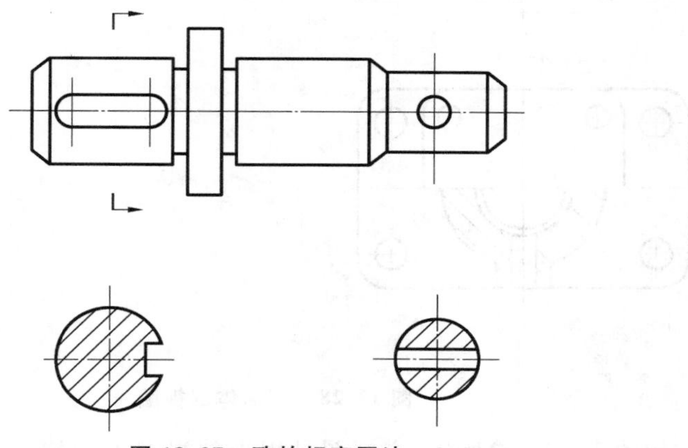

图 13.27 孔的规定画法

13.4 剖视图与断面图的识读

工程上常用剖视图和断面图配合其他视图，清楚表示工程形体的内外结构和形状。读剖视图和断面图时，首先应根据剖视图或者断面图的名称，在有关视图上找出相应视图的投影关系，看懂截断面形状，弄清空实关系，然后按形体分析法和线面分析法读图，读图时不仅要看懂工程形体被剖切后的内部形状，还要想出工程形体被剖去部分的外部形状。

一般的读图步骤是：

(1)分析视图。

(2)逐部分想形体。

(3)综合起来想整体。

现举例说明。

【例 13.1】 读懂如图 13.28(a)所示形体的空间形状，并用适当的剖视图补画左视图。

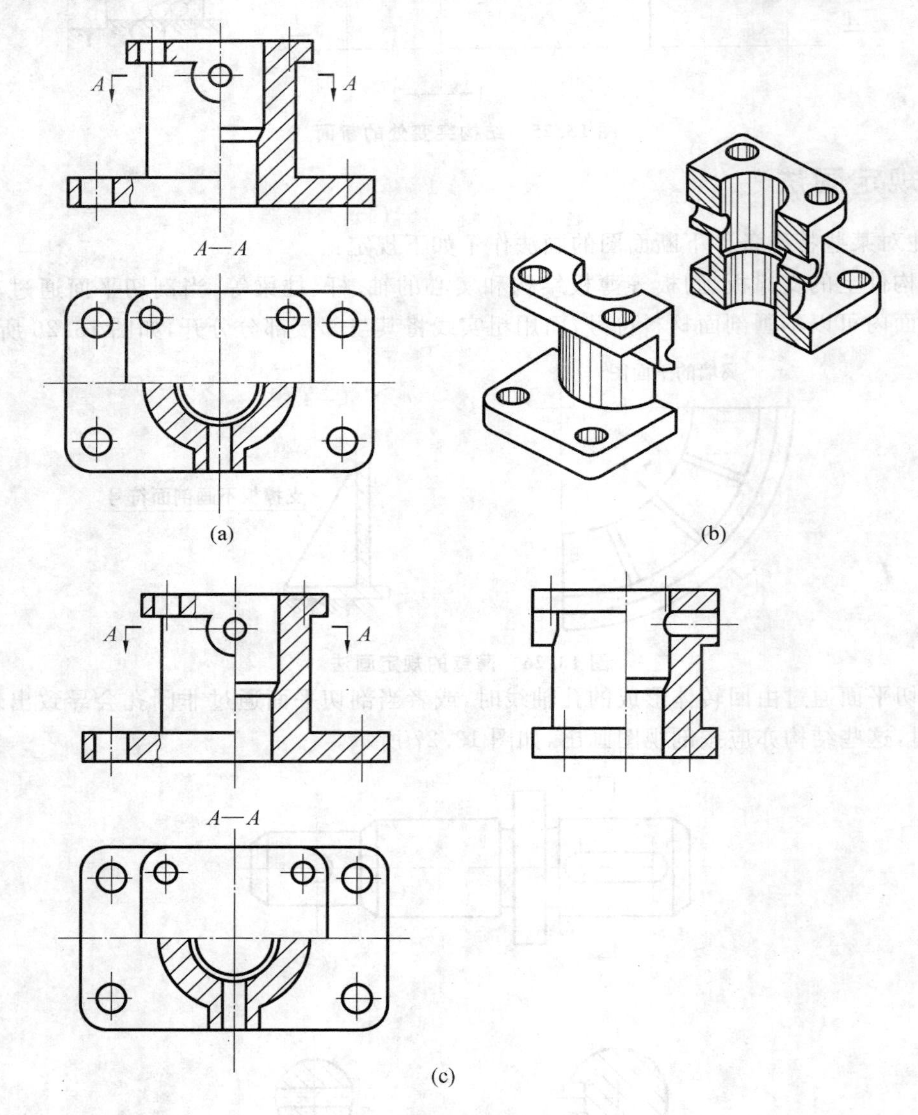

图 13.28 读形体剖视图

解 分析视图：如图 13.28(a)所示，主视图是用半剖视图表示的，从俯视图图形前后对称可以看出剖切平面的位置通过对称平面。主视图的半个视图上，左上角和左下角采用两个局部剖视图来表达上、下两个板上的圆孔;俯视图表达方法是采用 A—A 半剖视图,剖切平面位置是通过凸台上圆柱孔的轴线,表达凸台上通孔的真实形状。

分部分想形体:由于主、俯视图均采用半剖视图,可知物体前后、左右是对称的。从主、俯视图的半个视图中可以看出该物体可分成上、中、下三部分。根据投影关系,可知上部为一带圆角的方形顶板,板的四个角有四个圆孔,前后还有两个组合柱凸台与其相连;下部为一带圆角的长方形底板,板上四个角也有四个圆孔;中部是空心圆柱。从主、俯视图中的两个半剖视图上,可以看出物体内部上、下有两个大、小同轴的圆柱孔相通。

综合起来想整体:根据对视图和剖视图的分析,物体上部为有圆角并带有四个圆柱孔的正方形顶板,中部为空心圆柱,圆柱表面上部前后对称地帖有组合柱凸台与顶板相连,工程形体下部为有圆角并带四个圆孔与其相通。该物体的空间形状如图 13.28(b)所示。

补图:该形体前、后对称,因此左视图可以采用半剖视图表达。补画左视图时,按形体分析方法,先画外形的底板、圆柱、顶板和凸台,再画内部结构的小圆柱、倒圆锥和大圆柱及凸台上的圆柱孔,最后画材料符号,如图 13.28(c)所示。

画图时注意:左视图上有内、外两条相贯线,内部一条是凸台上的小圆孔与空心圆柱内壁的相贯线。外部一条是组合柱凸台与形体中部圆柱表面的相贯线。

【例 13.2】 如图 13.29(a)所示为 U 形薄壳渡槽槽身的一组视图。

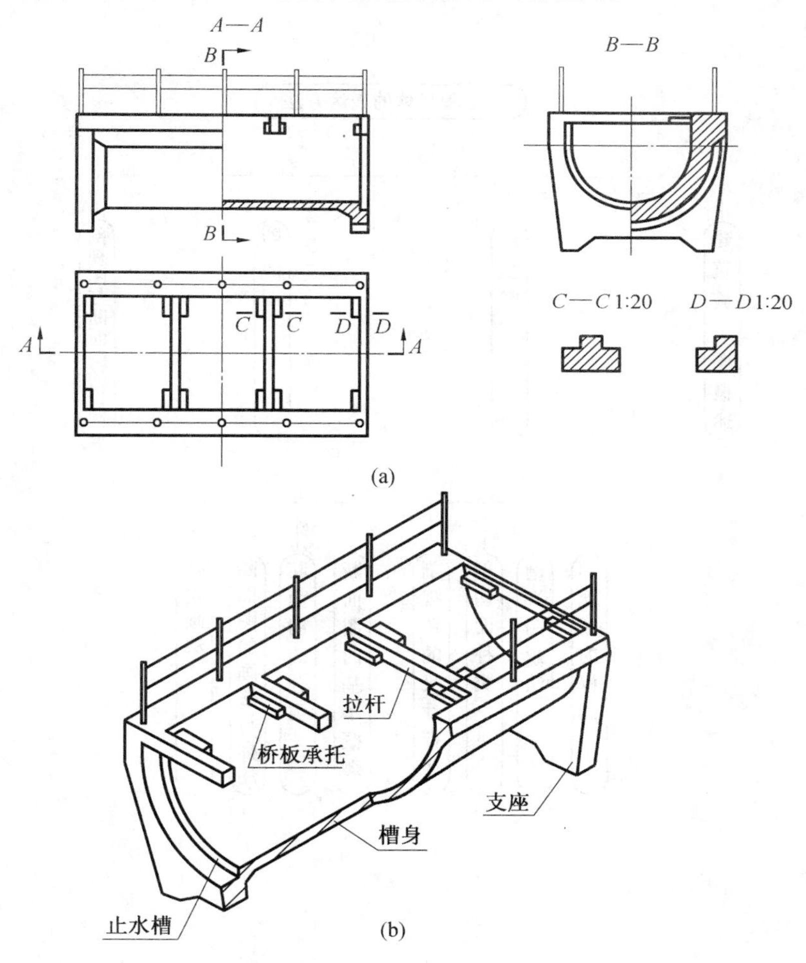

图 13.29　U 形薄壳渡槽

解 渡槽是过水的桥，是一种交叉建筑物。槽身是渡槽建筑物的一部分，其各部分的名称、构造如图13.29(b)所示。

分析视图：如图13.29(a)所示渡槽槽身的正视图、左视图采用半剖视图，说明了槽身前后、左右对称，表达了槽身内、外形状；俯视图及两个移出断面表达了槽身各部分平面布置情况及各断面的形状和大小。

逐部分想形体：根据正、左视图的半个视图可以看出槽身外形轮廓，槽身采用倒梯形支座及支座端接头处止水槽形状。通过两个半剖视图表达了U形槽身薄壳厚度、材料，还可以得出拉杆的位置及其断面形状。拉杆旁边还连接着人行桥板承托，形状为长方形，俯视图表示了桥面栏杆的平面位置和个数，*C*—*C*、*D*—*D* 移出断面表达了桥板承托形状、材料。

综合起来想整体：根据正、左视图对应可以得出U形薄壳渡槽槽身形状；正、俯视图对应可以弄清槽身各部分位置。通过运用视图、剖视图、断面图等一组图形的表达方式，清晰、完整地表达了渡槽槽身的形状和结构，如图13.29(b)所示为轴测图。

【重点串联】

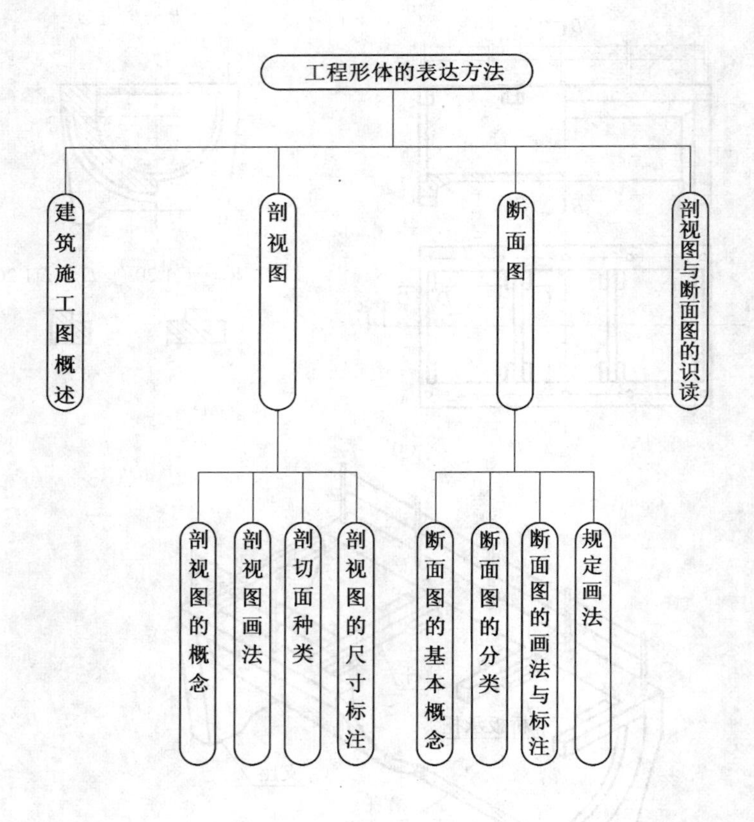

拓展与实训

基础训练

填空题

1. 在剖面图的标注中，我们用________表示剖切平面的位置。

2. 剖切位置线的长度为________，剖切方向线的长度为________。

3. 在半剖面绘制时，一般对称中心线是竖直方向时，半剖面画在中心线的________侧；当中心线是水平方向时，剖面图一般画在________侧。

4. 画剖面图时，一般根据建筑形体的不同特点和要求，有以下几种剖面图的处理方式：________、________、________、________、________。

5. 对称图形可以只画一半，但是要加上________符号。

6. 在剖面图中，非断面部分的轮廓线一般仍用________画出，也可用________画出，以突出断面部分。

7. 在断面图中，如果不指明材料，可以用等间距、同方向的 45°________线来表示断面。

链接执考

2010 年制图员理论考试试题(单选题)

1. 视图中的一条图线，可以是(　　)的投影。

A. 长方体　　B. 圆柱体　　C. 圆锥体　　D. 投影面垂直面

2. 六个基本视图的投影关系是(　　)视图高平齐。

A. 主、俯、后、右　　B. 主、俯、后、仰　　C. 主、俯、后、仰　　D. 主、左、右、后

3. 六个基本视图的配置中，(　　)视图在主视图的左方且高平齐。

A. 仰视图　　B. 右视图　　C. 左视图　　D. 后视图

4. 将机件的某一部分向基本投影面投影所得的视图称为(　　)。

A. 基本视图　　B. 向视图　　C. 斜视图　　D. 局部视图

5. 剖视图中剖切面分为单一剖切面、几个平行的剖切面、(　　)、组合剖切面和斜剖剖切面五种。

A. 全剖切面　　B. 旋转剖切面　　C. 局部剖切面　　D. 两相交剖切面

6. 一般应在剖视图的上方用大写字母标出剖视图的名称“×－×”，在相应视图上用剖切符号表示剖切位置，用(　　)表示投影方向，并注上相同的字母。

A. 粗短线　　B. 细短线　　C. 粗实线　　D. 箭头

模块 14

建筑施工图

【模块概述】

在房屋建筑工程开工之前，首先必须完成房屋建造的指导性文件——建筑施工图，否则将无法进行房屋的建造工作。建筑施工图是土建工程施工的主要指导依据之一，是其他各类施工图设计和施工的基础。

本章主要介绍建筑施工图的基本知识、建筑平面图、立面图、剖面图的图示方法和图示内容。

【知识目标】

1. 建筑施工图概述；
2. 施工总说明及建筑总平面图；
3. 建筑平面图；
4. 建筑立面图；
5. 建筑剖面图；
6. 建筑详图、楼梯图画法；
7. 建筑施工图的绘制。

【能力目标】

1. 了解房屋建筑图内容、分类和图示特点；
2. 掌握建筑施工图中总平面图和建筑平、立、剖面图及建筑样图的图示方法；
3. 掌握建筑平、立剖面图及详图的画图与看图。

【学习重点】

建筑平面图的图示方法和图示内容；平面图的尺寸标注规则及注意事项；建筑剖面图图示方法和图示内容；剖切平面的数量选择和位置选择；建筑剖面图的尺寸标注规则及注意事项；楼梯、墙身详图的图示。

【课时建议】

6～8 课时

14.1 建筑施工图概述

建筑施工图是设计者运用正投影的投影原理将建筑物的内外形状和大小、平面布置、楼层层高以及各部分的结构、构造、装饰做法、设备等内容，依照国标的相关规定，详细、准确地绘制出来的图样。它是建筑工程项目进行审批和施工的依据，是工程竣工进行质量验收和编制工程概算、预算和结算的依据。

建筑物是用建筑材料构筑的空间和实体，是供人们居住和进行各种活动的场所。按使用功能的不同，建筑物一般分为：工业建筑（如仓库、厂房等）、农业建筑（如饲养场、谷仓等）以及民用建筑。民用建筑可以分为居住建筑（如公寓、别墅等）和公共建筑（如商场、体育馆等）。我们日常生活中所使用的房屋（包括学生宿舍、食堂、医院、幼儿园等）在建筑工程行业内习惯上称为大量性民用建筑。

14.1.1 民用建筑的基本组成

大部分的民用建筑的基本构造组成内容是相似的，如图 14.1 所示为某住宅楼的轴测剖切图。从图中可以看出这栋住宅楼由基础、墙或柱、楼面与地面、楼梯、屋顶、门窗等六大部分组成。

（1）基础。

基础位于房屋的最下部，直接与土壤接触，负责承受整个建筑物的全部荷载，并将其传递给地基与基础接触的土壤（地基不属于房屋的组成部分）。

（2）墙或柱。

墙或柱子属于房屋的承重构件。墙体是房屋的围护构件，位于房屋外围一圈的墙体称为外墙，位于房屋内部起分隔空间作用的墙体称为内墙。墙或柱是垂直构件，主要承受屋顶、楼面及地面传给它的荷载。

（3）楼面与地面。

楼面与地面是房屋水平方向的承重构件，主要作用是将房屋垂直空间进行分层，并把在其表面上的人、家具和设备等的荷载传递给墙柱。

（4）楼梯。

楼梯是房屋的垂直交通工具，把楼房的每一层联系起来，起到交通和疏散的作用。

（5）屋顶。

屋顶位于房屋的顶部，把房屋和外界隔绝开，起围护和承重作用，可分为上人屋顶和不上人屋顶两种。它由屋面层、防水层、保湿隔热层等构成。

（6）门窗。

门的作用是供人进出房间，起疏散、交通和分隔房间的作用，窗户是采光和通风的构件。门和窗也属于房屋的围护构件。

除了以上六大组成部分外，房屋还有散水、台阶、雨篷、阳台、天沟、雨水管等构件设施。

14.1.2 建筑施工图的设计

房屋建筑施工图的设计过程大致分为两个阶段：第一阶段是初步设计阶段；第二阶段是施工图设计阶段。

1. 初步设计阶段

设计人员根据建设单位提供的项目设计任务书，明确设计要求，收集资料，进行实地勘察、调查研究，结合地质勘察资料及房屋的类型风格和数量作出若干个合理的设计方案。建设单位将方案确定后，建筑设计人员按一定的比例把方案绘制出来，绘制出来的图称为初步设计图，并报送有关部门进行审批。

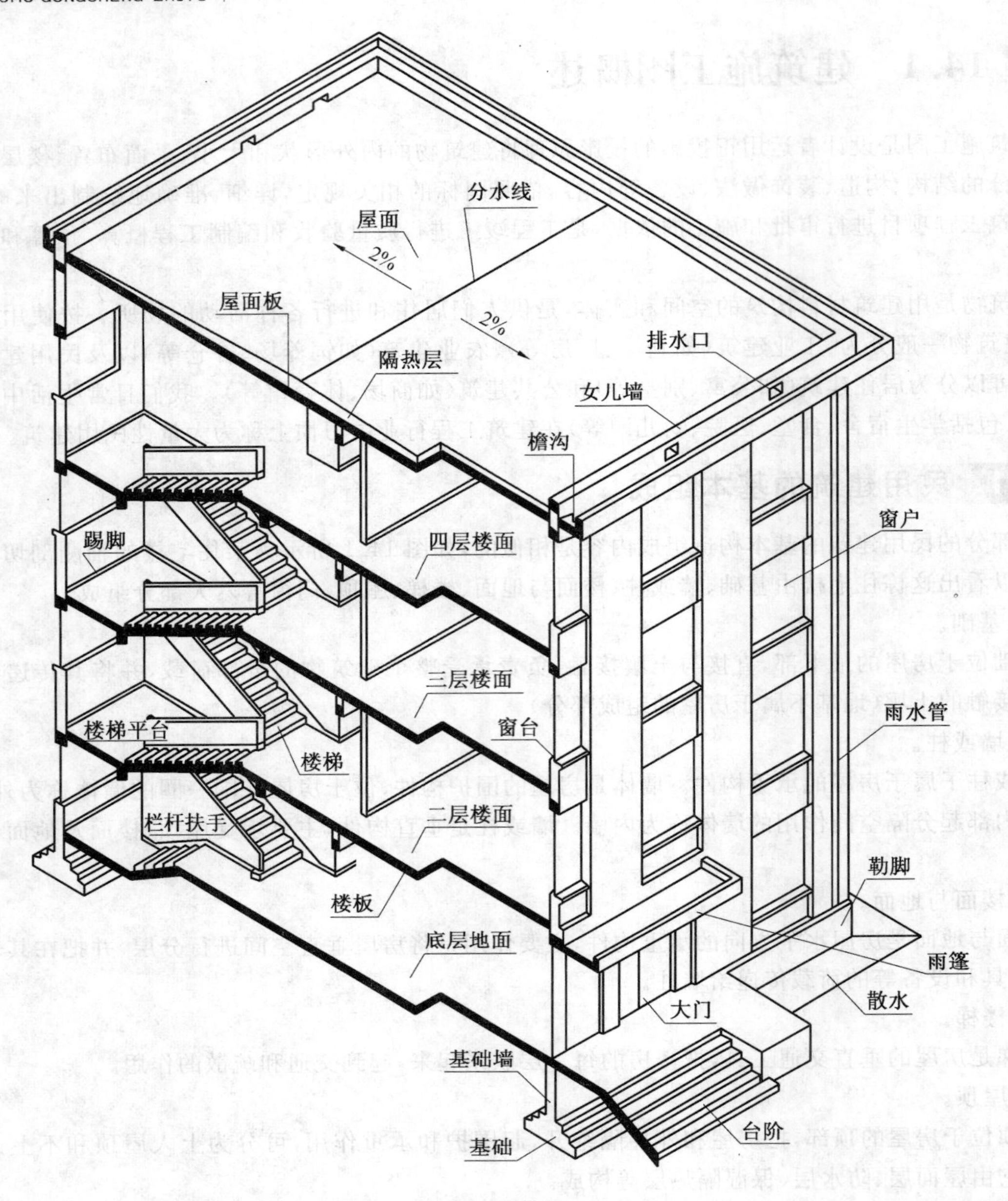

图 14.1　某住宅楼的轴测剖切图

2. 施工图设计阶段

审批通过的初步设计再进行深入设计，在建筑、结构、水电等工种相互协调、配合下解决各类技术问题。经过多次修改和协调后，得出一套能反映房屋整体和细部构造并能够满足施工中各种要求的图纸，称为施工图。

14.1.3 建筑施工图的分类

一套完整的施工图纸按其专业的不同可分为建筑施工图、结构施工图和设备施工图。

建筑施工图又简称建施，主要表示建筑物外部造型、内部格局、细部构造、装修及施工要求等。一套建施图包括建筑总平面图、平面图、立面图、剖面图、构造详图（包括墙身、楼梯、门窗、厨房卫生间、屋面及各种装修、构造的详细做法）。

14.1.4 建筑施工图的图示方法

建筑施工图在绘制时必须严格遵守《房屋建筑制图统一标准》(GB/T 50001—2001)、《总图制图标准》(GB/T 50103—2001)和《建筑制图标准》(GB/T 50104—2001)等制图标准中的有关规定。

1. 比例

(1)施工图样的比例为图形与实物相对应的线性尺寸之比。比例的符号为":",比例应以阿拉伯数字表示。

(2)比例宜注写在图名的右侧,字的基准线应取平;比例的字高宜比图名的字高小一号或二号,如图 14.2 所示。

(3)绘图所用的比例应根据图样的用途与被绘对象的复杂程度,从表 14.1 中选用,并应优先采用表中常用比例。

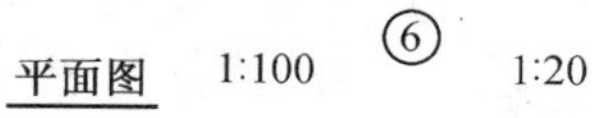

平面图 1:100　　⑥ 1:20

图 14.2 比例的注写

表 14.1 绘图所用的比例

常用比例	1∶1、1∶2、1∶5、1∶10、1∶20、1∶30、1∶50、1∶100、1∶150、1∶200、1∶500、1∶1 000、1∶2 000
可用比例	1∶3、1∶4、1∶6、1∶15、1∶25、1∶40、1∶60、1∶80、1∶250、1∶300、1∶400、1∶600、1∶5 000、1∶10 000、1∶20 000、1∶50 000、1∶100 000、1∶200 000

2. 定位轴线

定位轴线是建筑物墙、柱、梁等承重构件的定位线,是进行施工测量的主要依据。定位轴线的画法规定如下:

(1)定位轴线应用细单点画线绘制。

(2)定位轴线应编号,编号应注写在轴线端部的圆内。圆应用细实线绘制,直径为 8～10 mm。定位轴线圆的圆心应在定位轴线的延长线或延长线的折线上。

(3)轴线的横向编号应用阿拉伯数字,按从左至右的顺序编写;竖向编号应用大写拉丁字母,从下至上顺序编写。如图 14.3 所示。

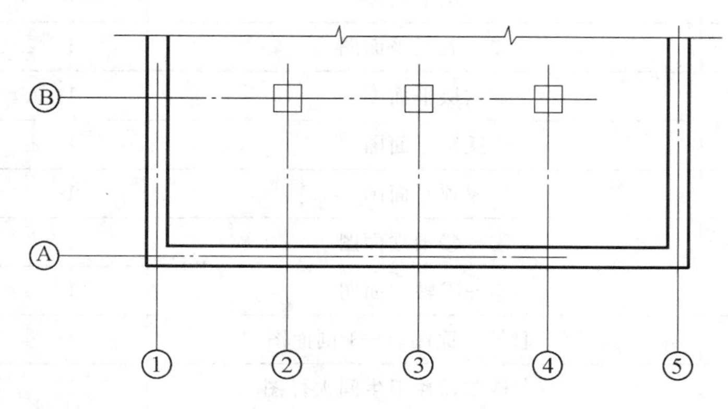

图 14.3 轴线的编号方法

(4)拉丁字母作为轴线号时,应全部采用大写字母,不应用同一个字母的大小写来区分轴线号。拉丁字母的 I、O、Z 不得用作轴线编号。当字母数量不够用时,可增用双字母或单字母加数字脚注。

(5)附加定位轴线的编号,应以分数形式表示,并应符合下列规定:

①两根轴线的附加轴线,应以分母表示前一轴线的编号,分子表示附加轴线的编号。编号宜用阿拉伯数字按顺序编写;

②1 号轴线或 A 号轴线之前的附加轴线的分母应以 01 或 0A 表示。

(6)一个详图适用于几根轴线时，应同时注明各有关轴线的编号，如图14.4所示。

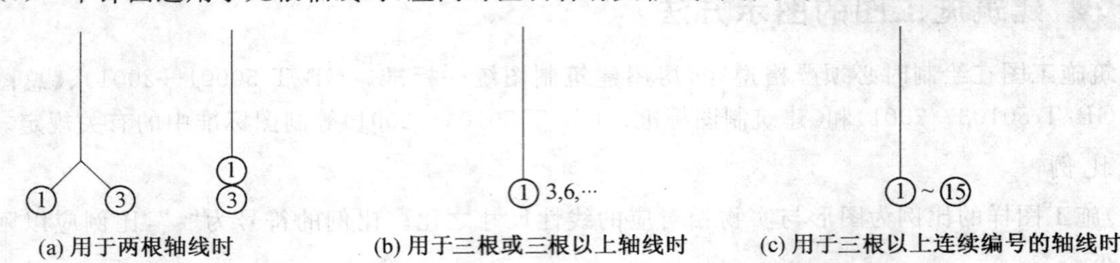

(a) 用于两根轴线时　(b) 用于三根或三根以上轴线时　(c) 用于三根以上连续编号的轴线时

图14.4　一个详图适用于几根轴线时的轴线编号方法

14.2　施工总说明及建筑总平面图

14.2.1　施工总说明

施工总说明一般放在整套施工图纸的首页，首页图包括施工图封面、图纸目录和施工总说明等内容。

施工图封面由工程项目名称、编制单位名称、设计编号、编制单位各专业负责人及法人的签字及盖章、编制日期等内容组成。

图纸目录按"施工总说明—建筑总平面图—建筑平面图—建筑立面图—建筑剖面图—建筑详图"的顺序来排列。图纸目录的作用在于方便图纸的查阅，排列在所有图纸的最前面。表14.2是某住宅楼图纸目录。

表14.2　某住宅楼图纸目录

序号	图名	图纸名称	张数	备注
1	JZ—01	施工图设计说明	1	
2	JZ—02	图纸目录、门窗说明表、装修构造做法表	1	
3	JZ—03	地下室平面图	1	
4	JZ—04	一层平面图	1	
5	JZ—05	二～五层平面图	1	
6	JZ—06	六层平面图	1	
7	JZ—07	跃层平面图	1	
8	JZ—08	屋顶平面图	1	
9	JZ—09	①～㉕轴立面图	1	
10	JZ—10	㉕～①轴立面图	1	
11	JZ—11	Ⓐ～Ⓗ轴立面图、1—1剖面图	1	
12	JZ—12	户型大样图、2＃卫生间大样图	1	
13	JZ—13	楼梯详图(一)、门窗大样图	1	
14	JZ—14	楼梯详图(二)	1	
15	JZ—15	节点详图一	1	
16	JZ—16	节点详图二	1	
17	JZ—17	节点详图三	1	

建施图的施工总说明也称建筑设计说明，主要介绍工程概况、设计依据、结构类型、地质勘察情

况、装修做法及工程的构造等内容。

(1)工程概况。包括项目名称、项目地点、建筑面积、占地面积、建设单位、建筑性质、建筑层数、设计年限、耐火等级、抗震设防烈度、结构类型、建筑防水等级等内容。

(2)设计依据:

①现行的国家规范与地方有关法规及实施细则。

②建设单位对于本工程的设计委托和设计要求文件。

(3)建筑主要用材及构造要求,墙体、楼地面、屋面、门窗、防水、防潮等主要材料和做法。

(4)装修做法,可用表格形式表达或文字说明。

(5)其他说明,包括各专业之间衔接的内容等。

14.2.2 建筑总平面图

建筑总平面图是新建或拟建房屋所在地在一定范围内对周围所有建筑物和构筑物的总体布局,反映建筑物标高、占地面积、位置、绿化、道路系统、朝向等内容。它也是建筑物施工放线、定位、土方施工及施工平面布置图绘制、给排水管、室外电缆管线敷设等的依据。如图 14.5 所示,为某小区局部总平面图。

建筑总平面图常用图例见表 14.3,结合表 14.3 识读总平面图的方法如下:

(1)查看图纸比例,一般常用的比例为 1∶500、1∶1 000、1∶2 000。读图时要对照“国标”规定的常用图例进行识读,特别注意一些未使用“国标”规定的图例所代表的意义,这些图例将在图中有关文字说明里备注。

(2)从图中了解工程用地范围,规模,新建建筑物和原有建筑物的位置,周边地形及环境,道路布局等内容。

(3)查看建筑物室内和室外地面高差,地势走向,排水方向。

(4)识读新建的建筑物的朝向,从风玫瑰图上表示出朝向及此区域常年风和季候风的大小。

(5)查看总平面图上建筑物的坐标,有施工坐标和测量坐标两种。坐标表示建筑物及附属设施(如道路、管线、绿化等)的位置,是施工中放线的依据。

表 14.3 总平面图图例

名称	图例	说明
新建的建筑物	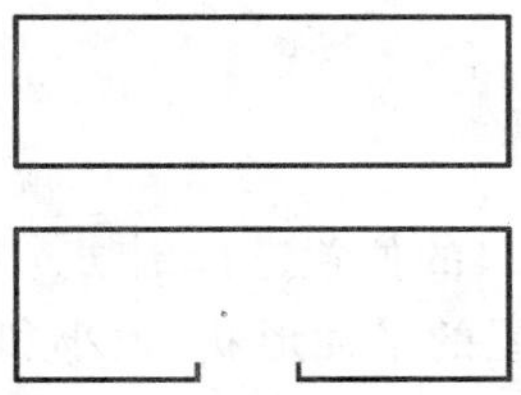	1. 上图为不画出入口的图例,下图为画出入口的图例 2. 需要时,可在图形右上角以点数或数字(高层宜用数字)表示层数 3. 用粗实线表示
原有的建筑物	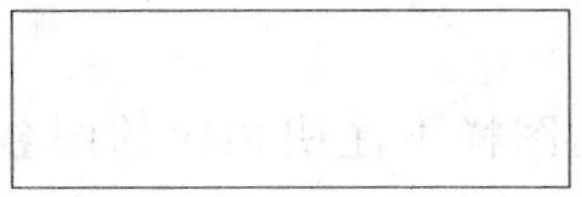	1. 应注明拟利用者 2. 用细实线表示
计划扩建的预留地或建筑物		用中虚线表示
拆除的建筑物	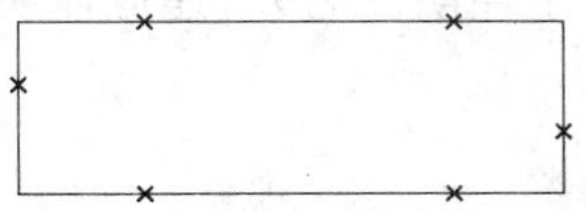	用细实线表示

续表 14.3

名称	图例	说明
围墙及大门		此图为砖石、混凝土或金属材料的永久性围墙
散装材料露天堆场		可注明材料名称
挡土墙		被挡土在“突出”一侧
水塔、贮罐		水塔或立式贮罐
烟囱		实线为下部直径，虚线为基础
雨水井		
消火栓井		
坐标	X=9 452 Y=10 490	
室外地坪	154.20	
新建的道路		用粗实线表示
原有的道路		用细实线表示
计划扩建的道路		用中虚线表示

14.3 建筑平面图

14.3.1 建筑平面图的图示方法

建筑平面图是用一假想的水平剖切面沿房屋门窗洞口的位置进行剖切。从上向下对房屋进行水平投影所得到的水平剖面图简称为平面图，它能反映房屋的平面形状、大小和房间的内部布局，墙和柱子的尺寸及材料，门窗的尺寸和类型，楼梯和走廊的位置等关系。建筑平面图属于建施图三大基本图样之一。

一般规定房屋有几层应画几个平面图，并在绘制的图样下注明相应的图名，如一层（通常叫作首层）平面图、二层平面图、……、顶层平面图等。习惯上如果中间的几层房间的所有布置和大小完全一样时，可将相同楼层的图样用一个平面图表示，命名为标准层平面图。如果建筑物是左右对称的，也可将上下两层平面图画在一张图纸上，一边画下面一层的一半，另一边画上面一层的一半，中间用对称符号作为分界线，并在图样的下方分别注明图名。除了注明图名外，还应注明图样使用的比例。

14.3.2 建筑平面图的图示内容

下面我们以某住宅楼一层平面图 14.6 为例，阐述建筑物平面图的识图方法和图示内容。

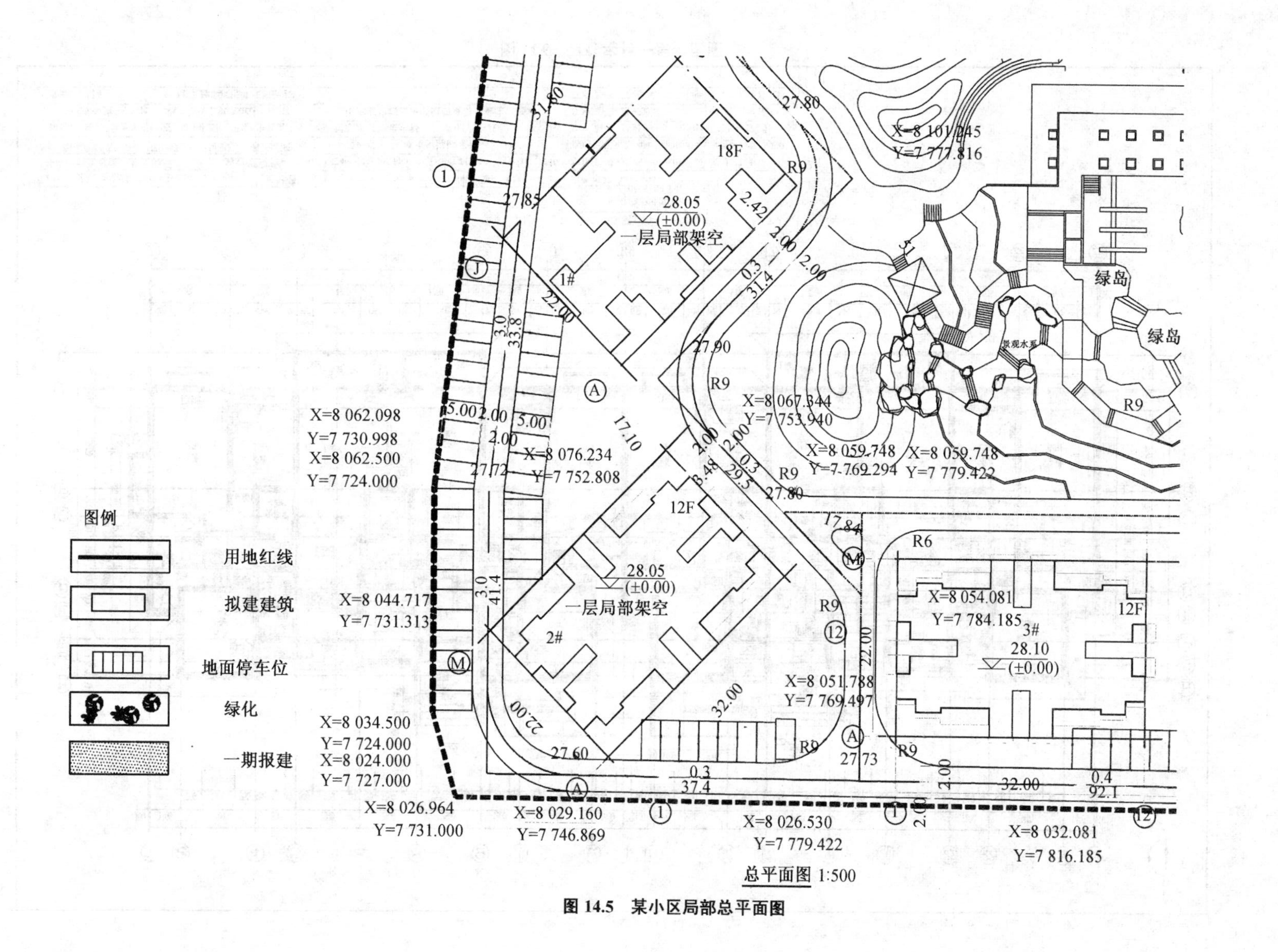

图 14.5 某小区局部总平面图

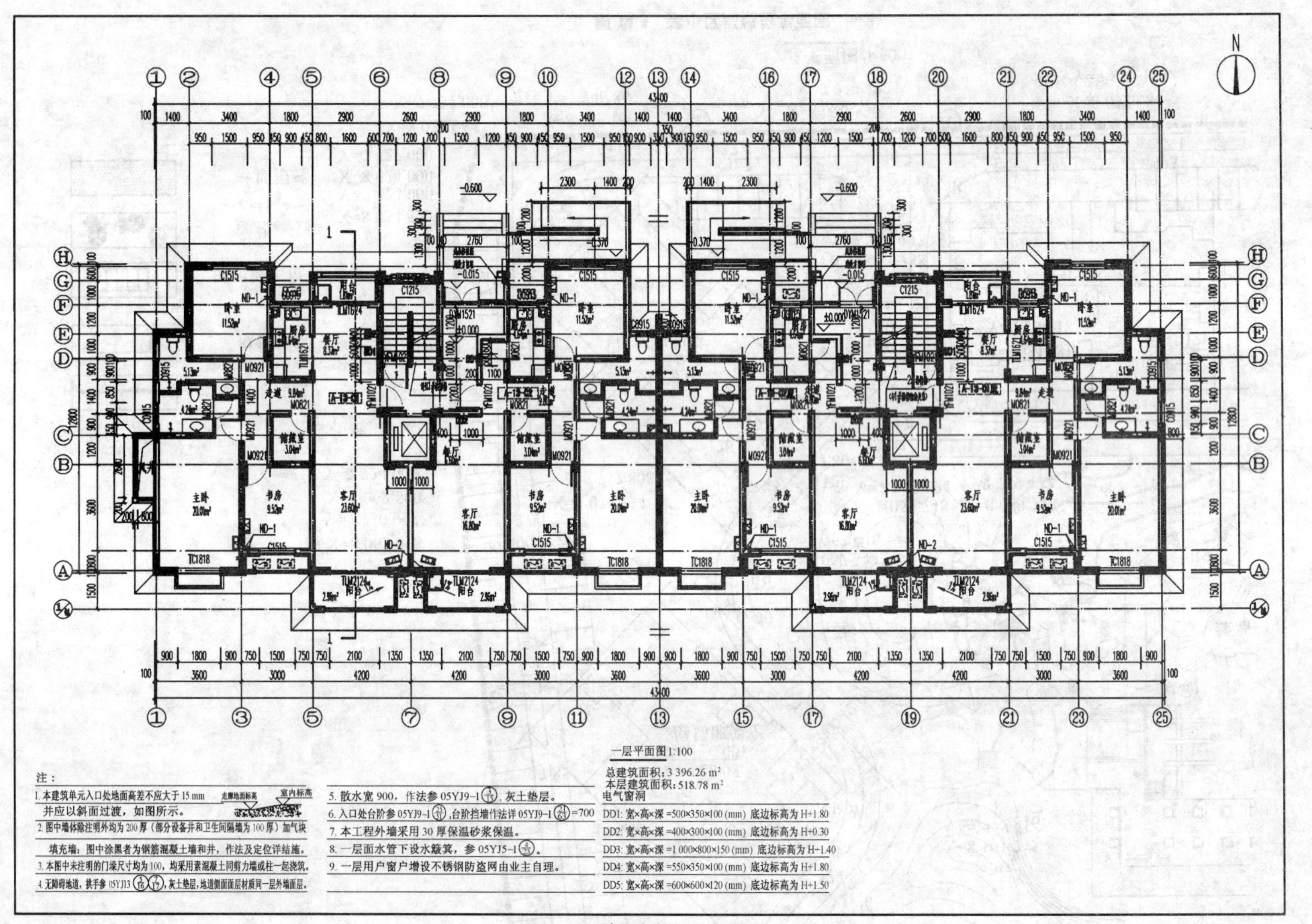

图 14.6　某住宅楼一层平面图

(1)从图中查阅图名,比例,朝向,外围形状。从该平面图的图名可知该图是一层的平面图,图样的比例是 1∶100。在平面图的右上角画了一个指北针的符号,表明房屋的朝向是坐北朝南。

(2)从图中墙体的位置和房间的名称,了解房屋的内部布局、各房间的数量和用途,及它们之间的联系。

(3)根据图中的定位轴线,可确定墙柱的位置、轴间距及房间的大小。本图中横向定位轴线为①～㉕轴,纵横轴线为Ⓐ～Ⓗ轴。

(4)识读尺寸。

标注在外墙外围的尺寸称为外部尺寸,外部尺寸一般按三道尺寸来标注。

①第一道尺寸表示的是外轮廓的总长度,指的是外墙一边到另一边的总长和总宽。本图中房屋的总长为 43 400,总宽为 12 800,尺寸的单位均为 mm。

②第二道尺寸表示轴间距离,称为轴线尺寸,表示房间的开间和进深尺寸。图中①～②轴间的距离 3 600 称为开间,Ⓐ～Ⓒ轴间的距离 5 600 称为进深。

③第三道尺寸表示的是细部尺寸,比如墙柱的大小和位置、门窗洞口的宽度和位置,窗间墙体的宽度等。本图中③～⑤轴间的窗 C1515,宽度为了 1 500,窗边距轴线距离为 750。

标注在外墙内部的尺寸称为内部尺寸。内部尺寸的作用是标注出房间的净长和净宽、门窗洞口、孔洞、墙体厚度、各种设备等的尺寸。

(5)识读楼层标高。平面图里应标明室内楼地面标高和室外地坪标高,卫生间、厨房、阳台地面标高,楼梯休息平台标高,室外台阶标高等。本图中室内地面标高为±0.000,室外地坪标高为－0.600,室外台阶标高为－0.150,负值表明此处地面比室内地面低 60 mm 和 15 mm。

(6)识读门窗的图例和编号,了解门窗的类型和位置。门窗的图例画法须使用国标规定的图例,门的代号是 M,窗的代号是 C,在代号后面加上编号,如图中的 M0821 和 C1515。门窗虽然使用图例来表示,但门窗洞口的大小和形式都应按投影关系画出,如①～③轴间的窗户为凸窗,图例画出的投影为凸窗的投影。一般情况下,还应在建筑设计说明或总平面图上附上门窗表,本工程的门窗表附在 02 号图纸上。至于门窗的具体构造,则由门窗大样图来表示。表 14.4 是常用材料符号与构配件的图例符号。

表 14.4　构造及配件图例

序号	名称	图　例	备　注
1	墙体		1. 上图为外墙,下图为内墙 2. 外墙细线表示有保温层或有幕墙 3. 应加注文字、涂色或图案填充表示各种材料的墙体 4. 在各层平面图中防火墙宜着重以特殊图案填充表示
2	隔断		1. 加注文字、涂色或图案填充表示各种材料的轻质隔断 2. 适用于到顶与不到顶隔断
3	玻璃幕墙		幕墙龙骨是否表示由项目设计决定
4	栏杆		

续表 14.4

序号	名称	图例	备注
5	楼梯	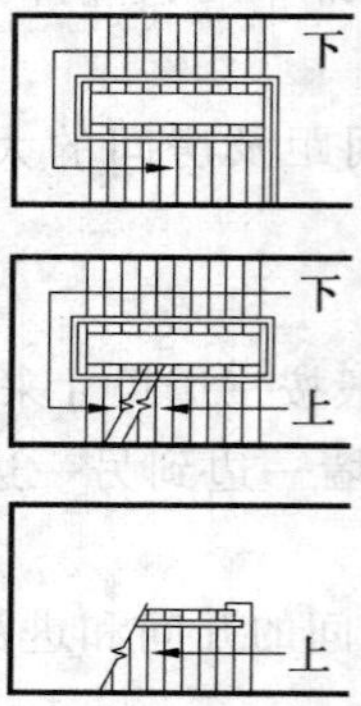 下 下 上 上	1. 上图为顶层楼梯平面，中图为中间层楼梯平面，下图为底层楼梯平面 2. 需设置靠墙扶手或中间扶手时，应在图中表示
		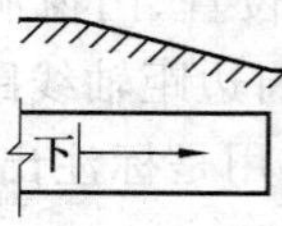 下	长坡道
6	坡道	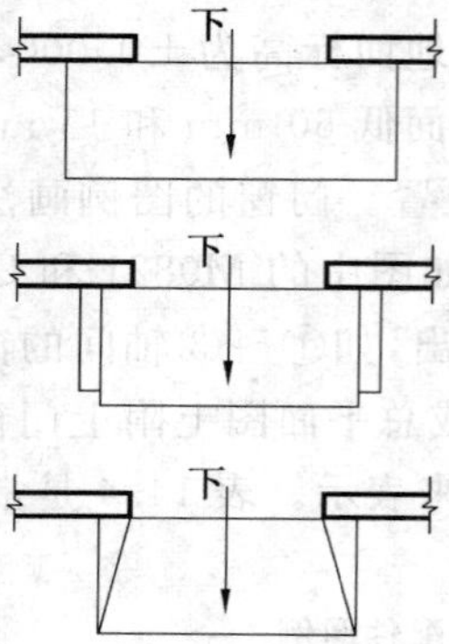 下 下 下	上图为两侧垂直的门口坡道，中图为有挡墙的门口坡道，下图为两侧找坡的门口坡道
7	台阶	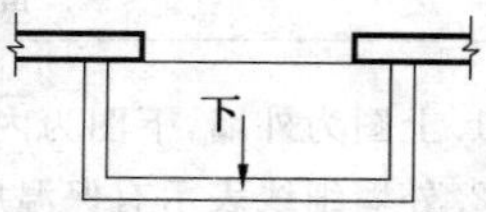 下	
8	平面高差	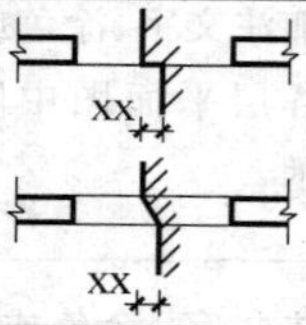 XX** XX**	用于高差小的地面或楼面交接处，并应与门的开启方向协调
9	检查口		左图为可见检查口，右图为不可见检查口
10	孔洞		阴影部分亦可填充灰度或涂色代替
11	坑槽		

续表 14.4

序号	名称	图例	备注
12	墙预留洞、槽	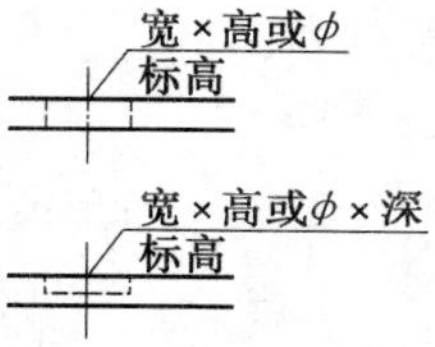 宽×高或ϕ 标高 宽×高或ϕ×深 标高	1. 上图为预留洞，下图为预留槽 2. 平面以洞(槽)中心定位 3. 标高以洞(槽)底或中心定位 4. 宜以涂色区别墙体和预留洞(槽)
13	烟道	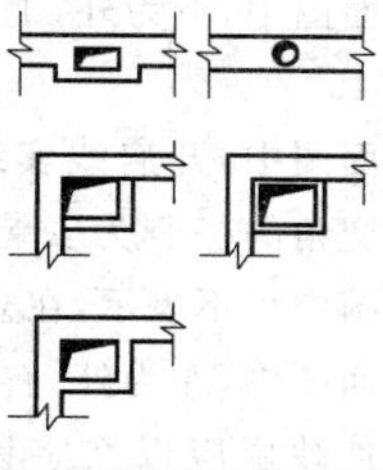	1. 阴影部分亦可涂色代替 2. 烟道、风道与墙体为相同材料，其相接处墙身线应连通 3. 烟道、风道根据需要增加不同材料的内衬
14	风道	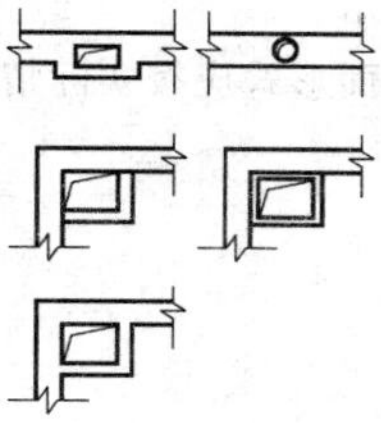	
15	新建的墙和窗	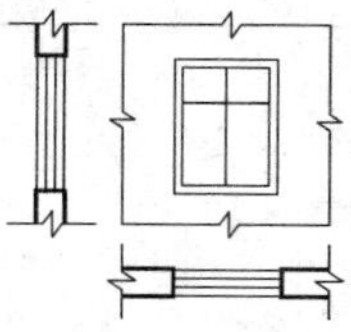	
16	拆除的墙	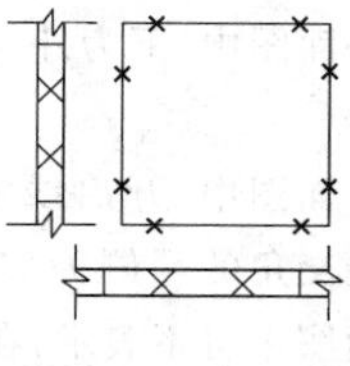	
17	空门洞	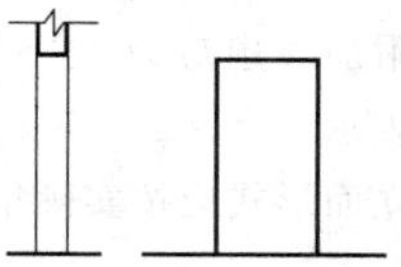 $h=$	h 为门洞高度

续表 14.4

序号	名称	图例	备注
18	单扇平开门或单向弹簧门	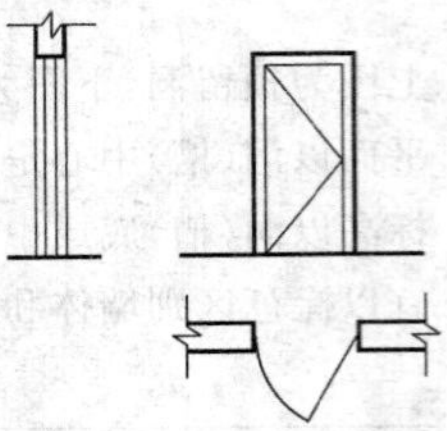	1. 门的名称代号用 M 表示 2. 平面图中，下为外，上为内门开启线，大小为 90°、60°或 45° 3. 立面图中，开启线实线为外开，虚线为内开。开启线交角的一侧为安装合页一侧。开启线在建筑立面图中可不表示，在立面大样图中可根据需要绘出 4. 剖面图中，左为外，右为内 5. 附加纱扇应以文字说明，在平、立、剖面图中均不表示 6. 立面形式应按实际情况绘制
	单扇平开门或双向弹簧门	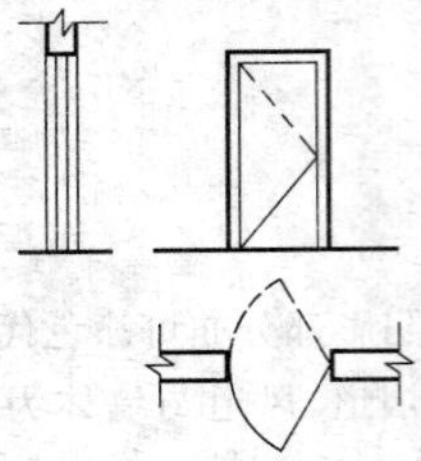	
	双层单扇平开门	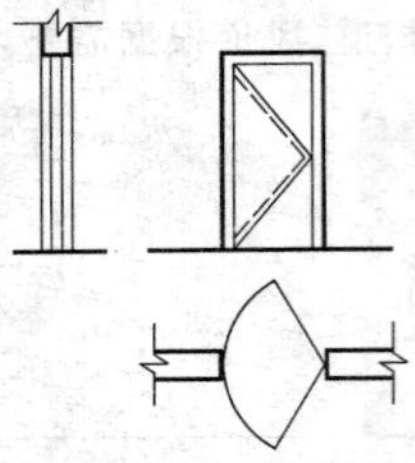	
19	单面开启双扇门(包括平开或单面弹簧)	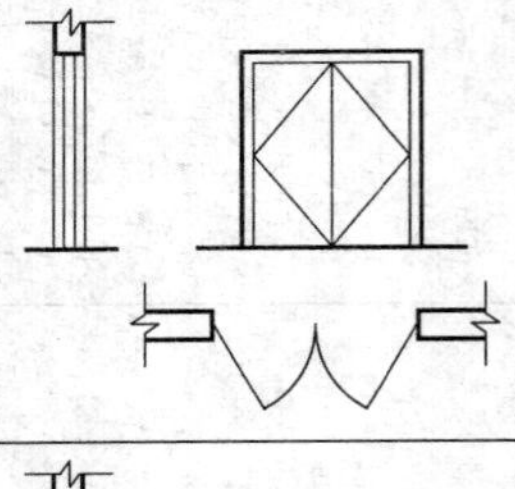	1. 门的名称代号用 M 表示 2. 平面图中，下为外，上为内门开启线，大小为 90°、60°或 45° 3. 立面图中，开启线实线为外开，虚线为内开。开启线交角的一侧为安装合页一侧。开启线在建筑立面图中可不表示，在立面大样图中可根据需要绘出 4. 剖面图中，左为外，右为内 5. 附加纱扇应以文字说明，在平、立、剖面图中均不表示 6. 立面形式应按实际情况绘制
	双面开启双扇门(包括双面平开或双面弹簧)	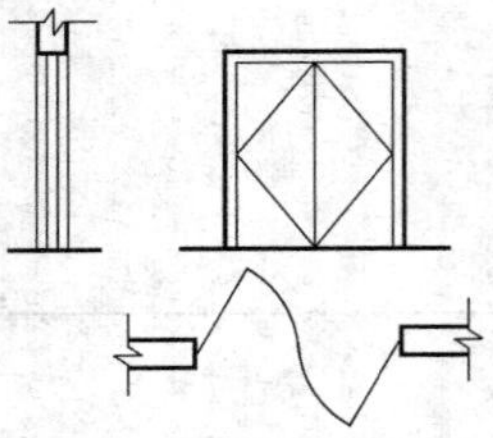	
	双层双扇平开门	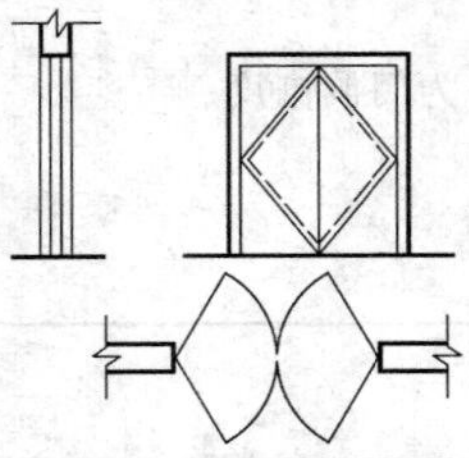	

续表 14.4

<table>
<tr><th>序号</th><th>名称</th><th>图例</th><th>备注</th></tr>
<tr><td>20</td><td>自动门</td><td> 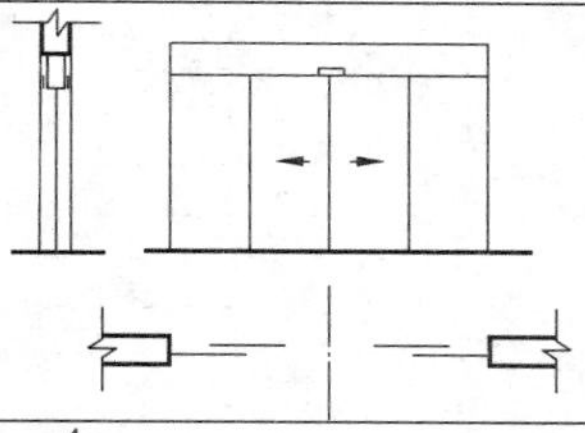</td><td>1. 门的名称代号用 M 表示
2. 立面形式应按实际情况绘制</td></tr>
<tr><td>21</td><td>单层推拉窗</td><td> 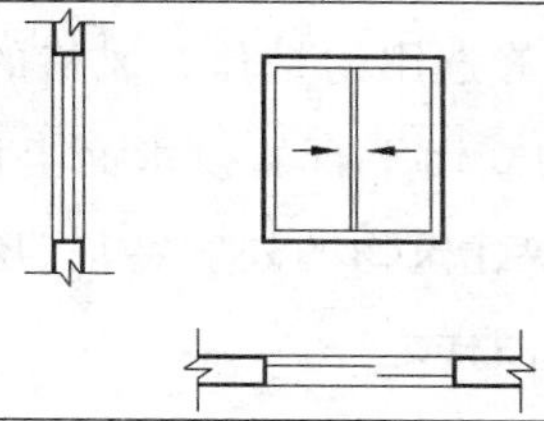</td><td>1. 窗的名称代号用 C 表示
2. 立面形式应按实际情况绘制</td></tr>
<tr><td>22</td><td>固定窗</td><td> 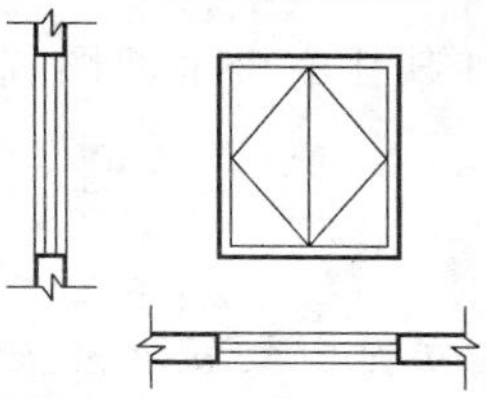</td><td rowspan="4">1. 窗的名称代号用 C 表示
2. 平面图中，下为外，上为内
3. 立面图中，开启线实线为外开，虚线为内开。开启线交角的一侧为安装合页一侧。开启线在建筑立面图中可不表示，在门窗立面大样图中需绘出
4. 剖面图中，左为外，右为内，虚线仅表示开启方向，项目设计不表示
5. 附加纱窗应以文字说明，在平、立、剖面图中均不表示
6. 立面形式应按实际情况绘制</td></tr>
<tr><td>23</td><td>单层外开平开窗</td><td></td></tr>
<tr><td>24</td><td>单层内开平开窗</td><td></td></tr>
<tr><td>25</td><td>双层内外开平开窗</td><td></td></tr>
<tr><td>26</td><td>上推窗</td><td> 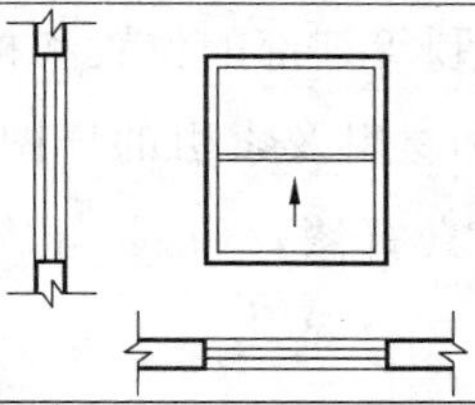</td><td>1. 窗的名称代号用 C 表示
2. 立面形式应按实际情况绘制</td></tr>
<tr><td>27</td><td>百叶窗</td><td> 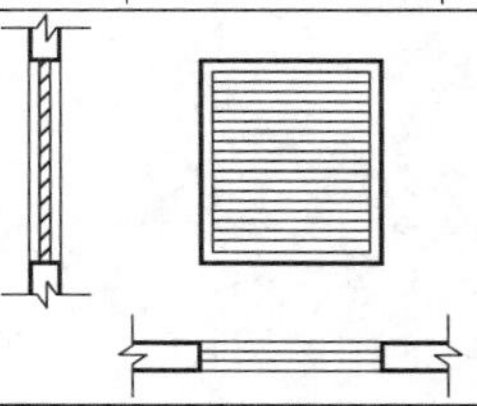</td><td>1. 窗的名称代号用 C 表示
2. 立面形式应按实际情况绘制</td></tr>
</table>

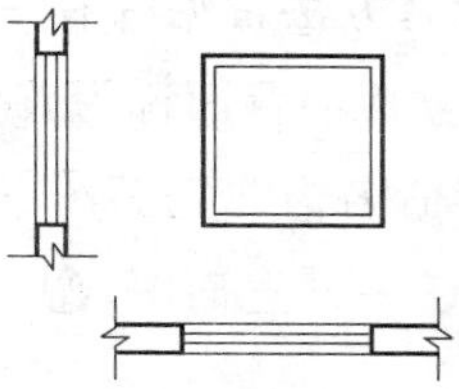

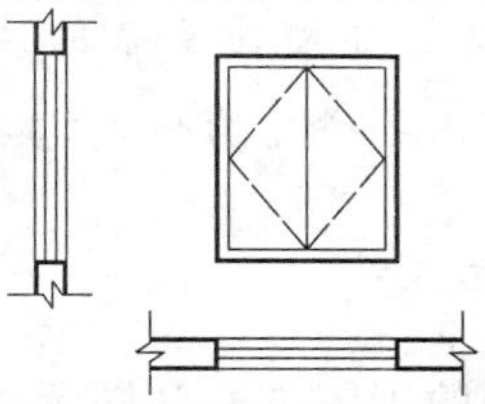

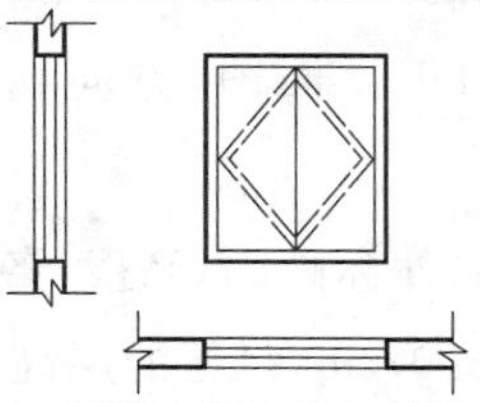

(7)其他内容。在一层平面图上还应画出剖切符号,室外台阶、散水的位置并标注其尺寸。如有关部位有索引详图或采用标准图集的,还要标注索引符号及采用标准图集的构件编号及文字说明。

14.4 建筑立面图

14.4.1 建筑立面图的图示方法

建筑物的外观是否美观,外貌特征如何,造型和装修选用的是什么风格的,艺术处理是否恰当,很大程度是由建筑物的立面图决定的。那么在与建筑物立面平行的投影面上用正投影法画出的图样,就称为建筑立面图,简称立面图。建筑立面图主要反映建筑物的外貌特征、层高、高度和长度、外墙面的装修构造等内容。建筑立面图属于建施图三大基本图样之一。

一般一栋建筑物的立面用四个立面图来表示,其命名方法常见的有三种。第一种方法通常把反映建筑物主要外观和主入口的那一面称为正立面图,正立面的背面称为背立面图,左右两个立面称为侧立面图。第二种表示法是按建筑物的朝向来命名,可命名为北立面图、南立面图、西立面图和东立面图等。第三种命名法是按定位轴线编号进行命名,如①～㉕立面图,㉕～①立面图,Ⓐ～Ⓗ立面图,Ⓗ～Ⓐ立面图等。

立面图选用的图样比例一般应和平面图上一致。如某住宅楼平面图选用的是 1∶100 的比例,那么立面图上的比例也应选用 1∶100。

☆知识拓展

根据投影原理,建筑物上所有看得见的细部都应在立面图上表示出来。但是由于立面图选用的比例较小,因此,许多细部如门、窗扇、阳台栏杆、檐口构造和墙面复杂的装修等,只需用图例表示出来。对于细部构造完全相同的构件,在立面图上只需画出一个作为代表,其余的用轮廓线表示即可。

14.4.2 建筑立面图的图示内容

以某住宅楼㉕～①立面图为例,阐述建筑物立面图的识图方法和图示内容。如图 14.7 所示。

(1)从图名或定位轴线编号可知该图是住宅楼的正立面图,方向朝南,比例与平面图一致为 1∶100。此楼地上共六层,局部为七层。

(2)从图上分析建筑物的外貌特征,了解建筑物室内外标高、总高度、各层层高。本栋楼室外地坪为−0.600 m,室内外高差为 600 mm,房屋总高度为 23.07 m,每层的层高为 2.9 m。

(3)从图中了解建筑物的台阶、雨篷、门窗、阳台、屋顶等细部的位置和构造形状。

(4)阅读图上的文字说明,了解外墙面的装修做法和材料及索引的详图。本楼中一层外墙面使用的是仿石材真石漆,二～五层使用的是深褐色仿面砖真石漆,六层以上使用的是黄色仿面砖真石漆等。

图 14.7 某住宅楼㉕~①立面图

14.5 建筑剖面图

14.5.1 建筑剖面图的图示方法

建筑剖面图是用一个或者是多个垂直于外墙面的剖切面，将建筑物剖开后得到的正投影图，简称剖面图。用它来表示建筑物内部的结构形式，细部构造，楼层之间的联系关系和各构件的高度尺寸等。所使用的比例与平面图和立面图一致，并且与平面图、立面图相配合组成建筑施工图三大基本图样。

剖切的位置一般选在室内结构复杂的部位，并应通过门窗、楼梯间或高度有变化等部位，剖切平面的位置一般平行于横墙，如有需要也可平行于纵墙。剖面图的数量是根据建筑物的复杂程度和施工中实际需要而决定的。剖切符号在一层平面图已标出，图名应与平面图上标注的剖切编号一致，如1—1剖面图，2—2剖面图。

14.5.2 建筑剖面图的识读方法

(1)识读图名，根据轴线编号对照一层平面图，确定剖切位置。如图14.8所示，将1—1剖面图与平面图中轴线的编号和剖切位置线相对应，可得出1—1剖面是用一个剖切平面通过阳台、客厅、餐厅剖切后向左投影后得到的剖面图。图样比例与平面图和立面图一致，为1：100。

(2)识读房屋楼地面、屋面的构造做法和结构形状。从1—1剖面图中画出的构件材料图例可知，此住宅楼的梁和板是钢筋混凝土构件。

(3)查看各部位标高尺寸，了解房屋的层高和总高度，门窗洞口的尺寸，窗台的高度，室内外高差等内容。从1—1剖面图标注尺寸上可读出，阳台的标高比室内标高低0.020 m，每层的层高均为2.9 m，六层以上是跃层。室内外高差为0.600 m，地下室的层高为5.3 m。

(4)根据图中的文字说明和索引符号，进一步了解房屋细部的构造和做法，一般用引出线说明。如本图例已画有节点详图，剖面图也可不作任何标注，只需查阅装修表或节点详图即可。

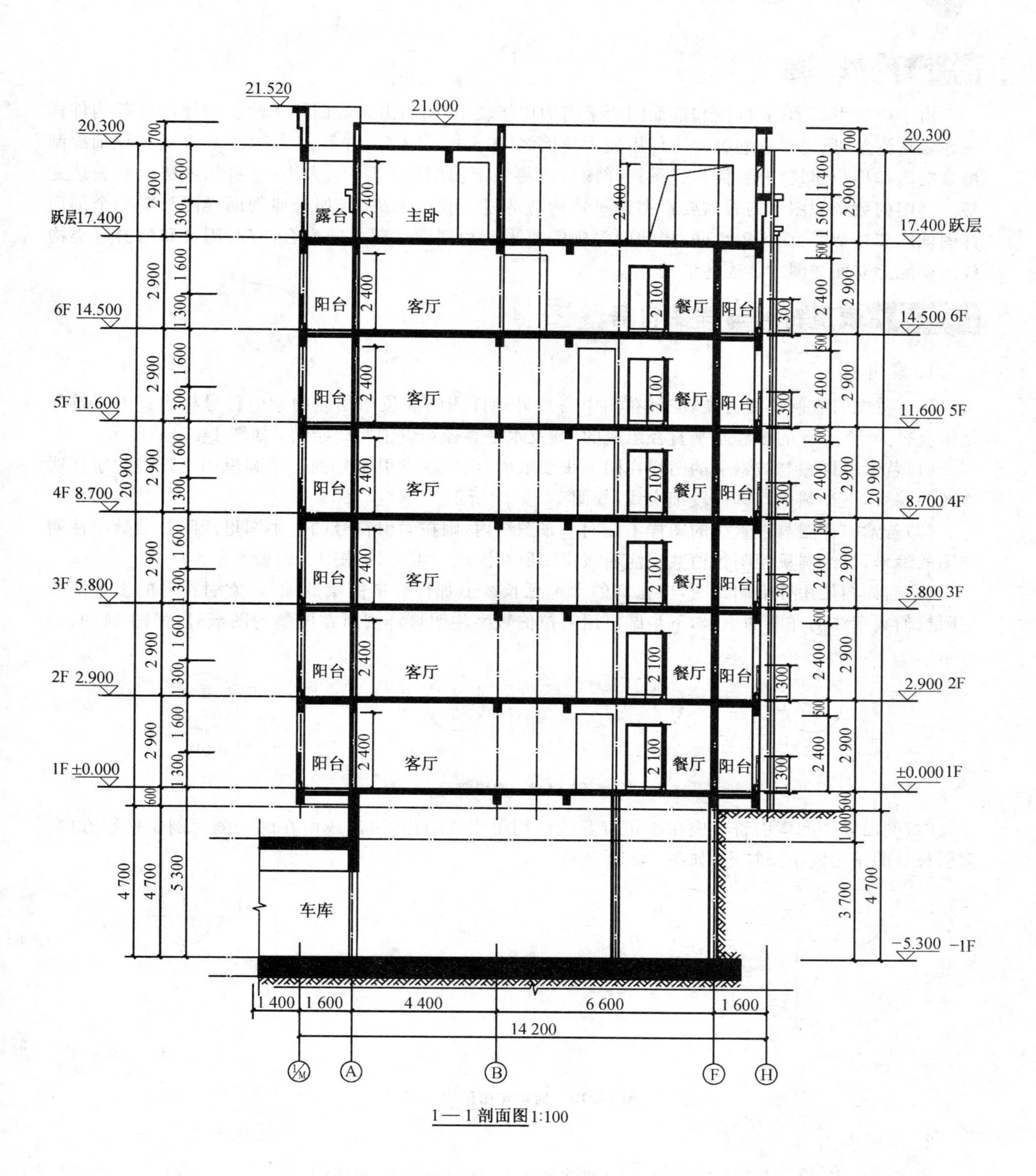
21.520
21.000
20.300
跃层17.400
6F 14.500
5F 11.600
4F 8.700
3F 5.800
2F 2.900
1F ±0.000
−5.300 −1F
露台
主卧
阳台
客厅
餐厅
车库
1 400
1 600
4 400
6 600
14 200
20 900
1—1 剖面图1:100

图 14.8 1—1 剖面图

14.6 建筑详图

14.6.1 概　述

由于建筑平面图、立面图和剖面图所采用的比例较小，绘制出来的图样无法将房屋的细部构件详细地表达清楚，所以对这些细部构件用较大的比例，如1∶1、1∶5、1∶10、1∶20、1∶50等。详细绘制出来的图样称为建筑详图，简称详图。详图可以将细部构配件的形状、大小、材料和做法一一表达完整。详图的数量和图示内容需要根据建筑物构造的复杂程度来决定，如外墙剖面详图只要一个剖面详图就能表达清楚，而像卫生间、楼梯间等则需要平面和剖面详图共同配合，有时阳台和门窗这类构件还要配上立面详图才能表达清楚。

14.6.2 索引符号与详图符号

1. 索引符号

为了读图时查阅详图方便，应该在图中需要另画详图的部位用相应的索引符号标出。索引符号是由直径为10 mm的圆和水平直径组成的，圆及水平直径均以细实线绘制，如图14.9(a)所示。

(1)若索引详图与被索引的图样在同一张图纸内，则应在索引符号的上半圆里用阿拉伯数字注明详图的编号，下半圆中间画一段细实线，如图14.9(b)所示。

(2)若索引详图与被索引的图样不在同一张图纸内，则在索引符号的上半圆里用阿拉伯数字注明详图的编号，下半圆里用阿拉伯数字注明该详图所在图纸的编号，如图14.9(c)所示。

(3)当详图使用标准图集时，应在圆的水平延长线上加注标准图集的编号，索引符号的上半圆里用阿拉伯数字注明详图的编号，下半圆里用阿拉伯数字注明该详图所在图集的图纸号，如图14.9(d)所示。

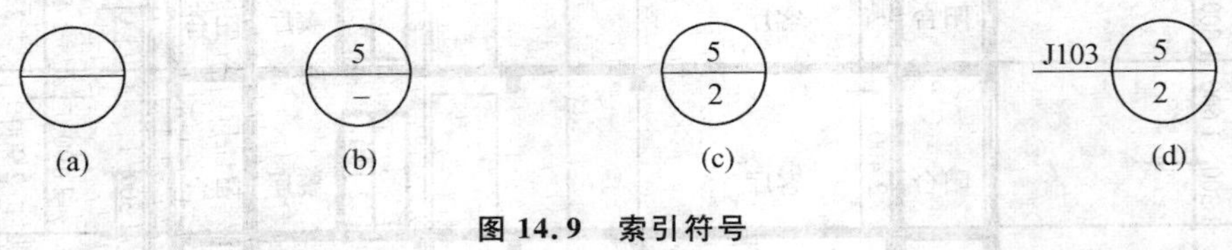

图14.9　索引符号

(4)剖面详图的索引符号应在剖切位置线处用引出线引出，引出线所在的一侧为剖切投影方向，索引符号的编写同上条规定，如图14.10所示。

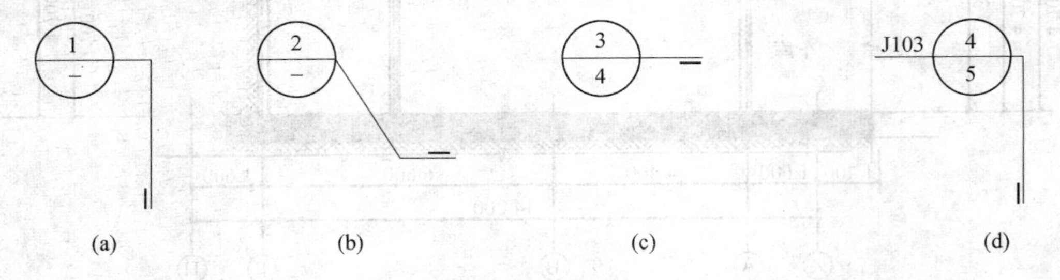

图14.10　剖切详图的索引符号

2. 详图符号

详图符号表示详图的位置和编号，以粗实线直径为14 mm的圆绘制。

(1)详图与被索引的图样在同一张图纸内的，直接在详图符号内用细实线用阿拉伯数字注明详图编号，如图14.11(a)所示。

(2)详图与被索引的图样不在同一张图纸内的，则在详图符号的上半圆里用阿拉伯数字注明详图的编号，下半圆里用阿拉伯数字注明该详图被索引的图纸编号，如图 14.11(b)所示。

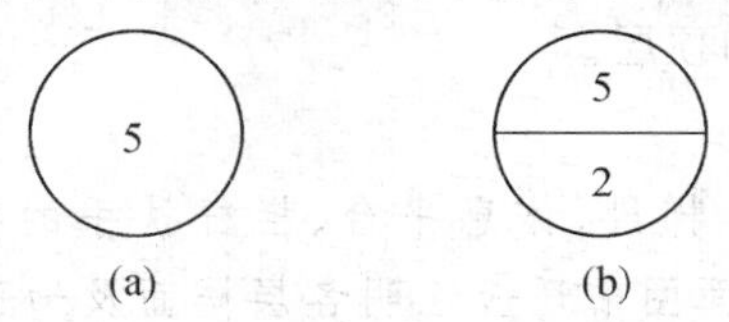

图 14.11 详图符号

14.6.3 外墙剖面详图

外墙剖面详图是将建筑剖面图的外墙部位局部放大之后所画出的图样，一般使用 1∶20 的比例绘制，它主要表示外墙与地面、楼面、屋面的构造、材料、施工要求及勒脚、窗台、檐口等细部的尺寸、材料、做法等内容。它是砌墙、室内装修、门窗洞口施工及编制工程预算的重要依据。

技术提示：

在详图的绘制中，建筑材料的种类需用图例符号画出，多层建筑中，对于相同的构造层数，只需画出底层、中间层和屋面层即可，在窗洞口处用细折断线断开，组合成几个节点详图。外墙剖面详图的标高要求标注出室内、室外地面、楼面，窗台、檐口、屋顶等部位，还应标注出各细部构造的详细尺寸和做法。

14.6.4 楼梯详图

楼梯是楼层间上下的主要交通设施，必须有疏散人流、便于行走、坚固耐久的性质。楼梯主要由梯段(包括踏步、梯板或斜梁)、休息平台(包括平台板和梁)、栏杆扶手等组成。目前大部分民用建筑主要采用现浇钢筋混凝土楼梯。

由于楼梯的构造较为复杂，所以需要另外绘制详图。楼梯详图一般由平面图、剖面图以及踏步、栏杆详图等组成，并尽量绘制在同一张图纸内。平面、剖面详图的比例要一致，可使用 1∶20、1∶30、1∶50等，以便于对照查阅。而踏步和栏杆详图则比例要大些，这样才能更清楚地表示该部位的构造情况。楼梯详图主要表示楼梯的类型、结构形式、尺寸和装修做法，是楼梯施工的重要依据。对于较为简单的楼梯，可以将建筑详图和结构详图一并绘制，但对于较为复杂的楼梯要分别绘制建筑详图和结构详图。

下面说明楼梯的内容和绘制方法。

1. 楼梯平面图

楼梯平面图是通过每层楼梯的门窗洞口或往上走的第一个梯段休息平台下的任意位置做水平剖切后，由上向下投影得到的图样。在底层和中间层中被切到的梯段，在平面图中用一根 45°折断线表示剖切位置。每一梯段处用一长箭头注明楼梯的走向，走向标注“上”或“下”，表示以本层地面或楼面为起点上下楼梯的方向。

楼梯平面图中要画出轴线，并在底层平面图上注明剖面图的剖切符号。尺寸标注除了将进深和开间尺寸、楼地面和休息平台标高尺寸注明外，还要将细部尺寸逐一标注出来，如梯段的长度(用“踏面宽×踏面数”表示)和宽度、休息平台和梯井的宽度、门窗洞口的尺寸、墙体的厚度等。一般每一层楼梯都应绘制楼梯平面图，但是通常对于三层以上的多层建筑物，如果中间各层的楼梯构造完全相同时，通常只用画出底层、中间层和顶层三个平面图即可。

2. 楼梯剖面图

楼梯剖面图是用一假想的铅垂面，通过每层的一个梯段和门窗洞口，将楼梯剖开后向另一未剖到的梯段方向投影得到的剖面图。剖面图的画法与平面图类似，在多层建筑中，若中间层的结构完全相同时，剖面图可只画底层、中间层和顶层。

☆知识拓展

楼梯剖面图要完整地表示出各梯段、休息平台、栏杆扶手的构造及相互关系、房屋的层楼、梯段数、踏步级数和楼梯的材料等。剖面图中还应注明各层楼面及地面、休息平台的标高，栏杆扶手、梯段的尺寸和高度。梯段高度等于踏步高度与踏步级数的积。栏杆扶手、踏步等细部构造的具体做法须用更大比例的放大图样的可用索引符号在图中标明。

3. 楼梯详图的画法

(1)楼梯平面图的画法。

①根据楼梯间的开间和进深尺寸画定位轴线；然后确定平台深度、梯段宽度和踏面宽度；最后确定梯段长度、梯井宽度和踏步级数。

②画踏面投影、墙体、门窗洞口以及楼梯走向箭头。

③加深图线，标注尺寸、标高和图名、比例等，完成楼梯平面图。

(2)楼梯剖面图的画法。

①根据楼梯平面图里所示的剖切位置，区分投影方向，选用与楼梯平面图一致的比例。

②画定位轴线，定位楼面、休息平台的位置。

③画梯段和踏步。

④画门窗、梁、板和栏杆等细部构件，剖切到部位画上材料图例。

⑤加深图线，标注尺寸、标高和图名、比例等，完成楼梯剖面图。

14.7 建筑施工图的绘制

前面几节的内容主要介绍了建筑施工图的内容和图示方法，通过施工图的绘制，能进一步掌握房屋的构造，提高识图能力。施工图纸的绘制是一个严谨的过程，只有始终保持高度负责的工作态度和认真、耐心、细致的工作作风才能做好施工图纸的绘制工作。绘制图纸时要使用正确的投影、合理的技术，对尺寸、线型、字体、图例等内容严格按照制图标准来绘制，这样画出的图纸才能满足施工需求。

下面就对绘制建筑施工图的步骤和方法做简单介绍。

(1)首先确定所要绘制图样的数量。根据建筑物的外形、布局和构造的难易程度确定绘制的图样数量。

(2)选择合适的比例。根据图样的要求选用恰当的比例，所选用比例必须保证图样清晰。

(3)对图面进行布置，要做到分布合理、主次分明，将同类型的、内容有密切关联的图样集中排列，使内容表达清晰，布局整齐。

(4)绘制图样，其绘制顺序为平面图—立面图—剖面图—详图。

绘制平面图步骤大致有如下几点：

①确定定位轴线，画墙身和柱子。

②画门窗的位置、楼梯、卫生间、散水、台阶等细部构件。

③标注轴线编号、尺寸、门窗编号、剖切符号、图名、比例、文字说明等内容。

绘制立面图步骤大致有如下几点：

①画建筑物外墙两道定位轴线、室外地坪线和外形轮廓线。

②画门窗洞口、阳台、栏杆、檐口等内容。

③标注标高尺寸、轴线编号、索引符号、图名、比例、文字说明等内容。

【重点串联】

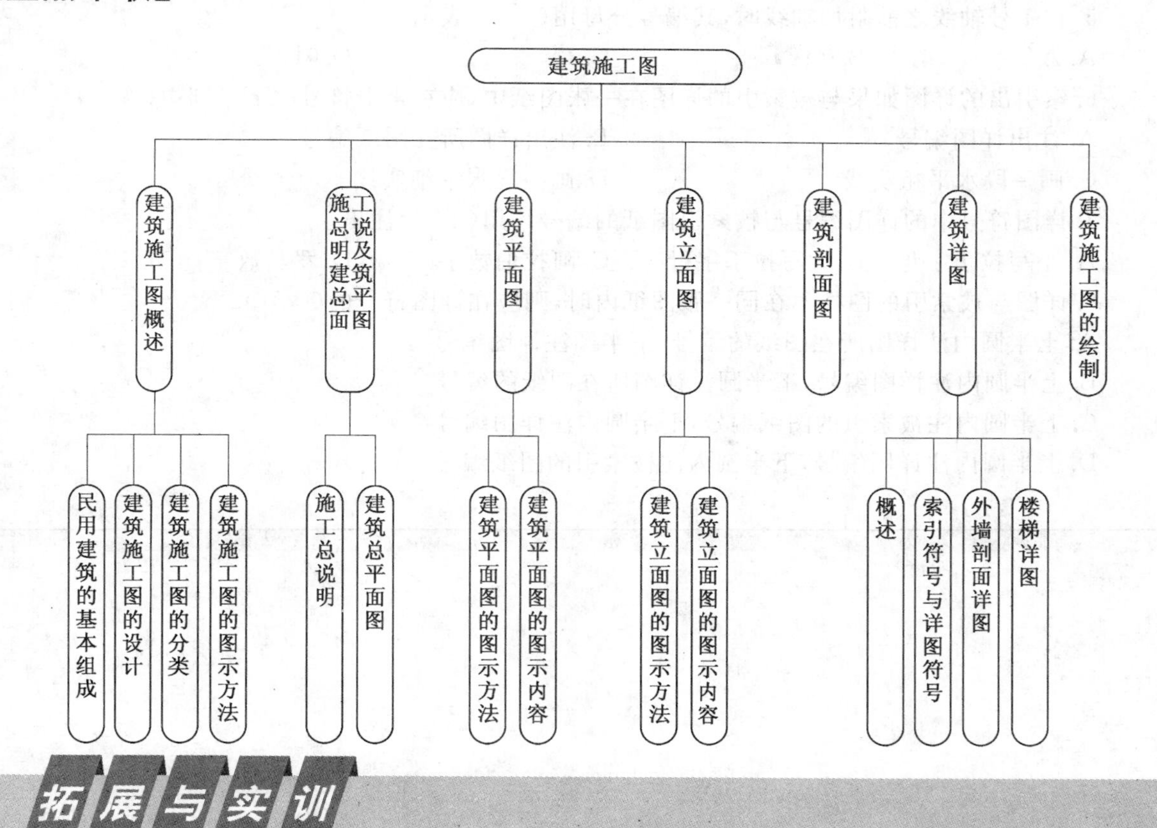

拓展与实训

基础训练

1. 一套完整的房屋建筑施工图由哪些内容组成的?
2. 房屋建筑施工图的特点是什么?
3. 房屋建筑施工图的识读方法?
4. 总平面图的主要内容有哪些? 怎样阅读?
5. 建筑平面图的主要内容有哪些? 怎样阅读?
6. 简述建筑立面图的命名方法。立面图主要内容有哪些?
7. 什么是建筑详图? 其作用是什么?
8. 楼梯详图是由哪些图样所组成的,怎样阅读楼梯详图?

链接执考

2010年制图员理论考试试题(单选题)

1. 绘制房屋总平面图时,用(　　)作为投影面。

A. 正平面　　B. 侧平面　　C. 垂直面　　D. 水平面

2. 在房屋的总平面图中用粗实线绘制(　　)。

A. 新建构筑物　　B. 新建房屋　　C. 新建道路　　D. 场地分割线

3. 房屋的总平面图中,轮廓线画上"×"号的建筑物表示要(　　)的建筑物。

A. 加固　　B. 装修　　C. 拆除　　D. 扩建

4. 房屋总平面图中的标高值以(　　)为单位。

A. 毫米　　B. 厘米　　C. 分米　　D. 米

5. 在 1 号轴线之前附加轴线时，其编号分母用(　　)表示。

A. A　　B. 0 A　　C. 1　　D. 01

6. 索引出的详图如果与被索引的详图在一张图纸中，应在索引符号的下半圆中(　　)。

A. 注出详图编号　　B. 注出详图所在图纸编号

C. 画一段水平粗实线　　D. 画一段水平细实线

7. 详图符号中的详图编号与被索引图纸的编号均用(　　)注出。

A. 小写拉丁字母　B. 大写拉丁字母　C. 阿拉伯数字　D. 罗马数字

8. 详图与被索引的图样不在同一张图纸内时，则应在详图符号的(　　)。

A. 上半圆内注详图所在图纸的编号，下半圆注详图编号

B. 上半圆内注详图编号，下半圆注详图所在图纸的编号

C. 上半圆内注被索引的图纸编号，下半圆内注详图编号

D. 上半圆内注详图编号，下半圆内注被索引的图纸编号

模块 15

结构施工图

【模块概述】

房屋的基础、墙、柱、梁、楼板、屋架和屋面板等是房屋的主要承重构件，它们构成支撑房屋的自重和外荷载的结构系统，也就是承受建筑物重量的骨架，这种骨架称为房屋的建筑结构，简称结构，这些部件称为结构构件，简称构件。.

在房屋设计中，除用建筑施工图表达了房屋的外形、内部房间布置、建筑构造及内外装饰等内容外，还要用结构施工图来表达建筑物结构构件的布置、形状、尺寸、材料、构造及其相互关系等内容，结构施工图简称“结施”。

【知识目标】

1. 钢筋混凝土结构图中钢筋的布置与画法；
2. 钢筋断面与立面图的位置关系、构件断面图的画法；
3. 钢筋表的表达；
4. 基础平面图和基础详图的表达与阅读。

【能力目标】

1. 了解各种钢筋的作用，掌握钢筋混凝土结构图的图示内容和读图要点；
2. 掌握基础平面图与基础详图的图示特点和读图要点；
3. 了解结构施工图的图示内容和常用的构件代号。

【学习重点】

熟悉钢筋混凝土结构图的有关知识；掌握钢筋混凝土结构图的图示内容和读图要点；掌握基础平面图与基础详图的图示特点和读图要点。

【课时建议】

6～8 课时

【工程导入】

某小区四层住宅楼，抗震烈度为7度，地震加速度为0.15g，房屋高度为18.75 m。由专业结构设计人员本着安全可靠、经济适用、就地取材的设计原则，以建筑施工图的平、立、剖面图及建筑详图为资料工种图，决定本工程主体结构采用砖混结构，基础采用毛石基础，并通过计算和有关规范的构造确定各部位结构构件的材料强度、截面大小和相互关系等内容，最后绘制完成结构施工图图样，从而指导施工现场各承重构件的制作、安装。

通过上面的例子你能了解结构施工图的图示内容和绘制程序吗？它在房屋的整个营造过程中发挥着哪些重要作用？我们该如何识读结构施工图呢？

15.1 结构施工图基本知识

15.1.1 结构施工图的内容和作用

1. 主要内容

结构施工图主要包括下列内容。

(1)结构设计说明。

以文字叙述为主，主要说明结构设计的依据、结构形式、构件材料及要求、构造做法、施工要求等内容。一般包括以下内容：

①建筑物的结构形式、层数和抗震的等级要求。

②结构设计依据的规范、图集和设计所使用的结构程序软件。

③基础的形式、采用的材料及其强度等级。

④主体结构采用的材料及其强度等级。

⑤构造连接的做法及要求。

⑥抗震的构造要求。

⑦对本工程施工的要求。

(2)结构平面图。

结构平面图主要表示结构构件的位置、数量、型号及相互关系，一般包括：基础平面布置图、楼层结构平面布置图、屋面结构平面图、柱网平面图等。

(3)构件详图

构件详图主要表示单个构件的形状、尺寸、材料、构造及工艺方面的情况，一般包括：梁、板、柱及基础结构详图，楼梯结构详图，屋架结构详图等。

2. 主要作用

结构施工图主要用来作为施工放线、开挖基槽、支模板、绑扎钢筋、设置预埋件、浇捣混凝土等承重构件的制作安装和现场施工的依据，也是编制预算与施工组织计划等的依据。

15.1.2 结构施工图中常用构件的表示方法

在结构施工图中，常需要注明构件的名称。结构构件的种类繁多，布置复杂，一般用汉字表达不方便，为了图示简明，便于查阅，要用国标规定的构件代号来表示。构件的代号通常以构件名称的汉语拼音的第一个大写字母表示。常用结构件的代号见表15.1。

表 15.1　常用结构构件的代号

序号	名称	代号	序号	名称	代号	序号	名称	代号
1	板	B	14	屋面梁	WL	27	支架	ZJ
2	屋面板	WB	15	吊车梁	DL	28	柱	Z
3	空心板	KB	16	圈梁	QL	29	基础	J
4	槽型板	CB	17	过梁	GL	30	设备基础	SJ
5	折板	ZB	18	连系梁	LL	31	桩	ZH
6	密肋板	MB	19	基础梁	JL	32	柱间支撑	ZC
7	楼梯板	TB	20	楼梯梁	TL	33	垂直支撑	CC
8	盖板或沟盖板	GB	21	檩条	LT	34	水平支撑	SC
9	挡雨板或檐口板	YB	22	屋架	WJ	35	雨篷	YP
10	吊车安全走道板	DB	23	托架	TJ	36	梁垫	LD
11	墙板	QB	24	天窗架	CJ	37	预埋件	M
12	天沟板	TGB	25	框架	KJ	38	天窗端壁	TD
13	梁	L	26	刚架	GJ	39		

注：1. 预制钢筋混凝土构件、现浇钢筋混凝土构件、钢构件和木构件，一般可直接采用本表中的构件代号。在设计中，当需要区别上述构件种类时，应在图纸中加以说明

2. 预应力钢筋混凝土构件代号，应在构件代号前加注“Y－”，如 Y－KB 表示预应力钢筋混凝土空心板

15.1.3 钢筋混凝土结构图的有关知识

1. 钢筋混凝土的概念

混凝土是由水泥、砂、石子和水按一定比例混合，经搅拌、浇筑、凝固和养护而制成的人工石料。用混凝土制作的构件称为混凝土构件，其特点是抗压能力强，抗拉能力较低，常因受拉而断裂。由于钢筋的抗拉能力较强，因此，为了提高混凝土构件的承载能力，常在其受拉区配置一定数量的钢筋共同承受荷载。这种由混凝土和钢筋两种材料构成的整体构件称为钢筋混凝土构件。

2. 混凝土与钢筋的等级

(1)混凝土的等级。

混凝土按其抗压强度划分等级，一般有 C15、C20、C25、C30、C35、C40、C45、C50、C55、C60、C65、C70、C75、C80 十四个等级，数字越大，表示混凝土抗压强度越高。C20 表示混凝土的标准抗压强度为 20 MPa，即 20 N/mm^2。

(2)钢筋等级。

钢筋按其强度和品种分成不同的等级。常见的热轧钢筋有以下几种：

① Ⅰ级钢筋。外形光圆，用符号φ表示，材料为普通碳素钢。

② Ⅱ级钢筋。外形为螺纹或人字纹，用符号Φ表示，材料为 16 锰硅钢。

③ Ⅲ级钢筋。外形为螺纹或人字纹，用符号Φ表示，材料为 25 锰硅钢。

④ Ⅳ级钢筋。用代号Φ表示。

3. 钢筋的种类和作用

如图 15.1 所示，按钢筋在构件中所起的作用不同，一般可分为下列几种。

(1)受力筋。

受力筋为承受拉力、压力或扭矩的主要受力钢筋，也称纵筋或主筋，承受拉力的钢筋称为受拉筋；承受压力的钢筋称为受压筋；承受扭矩的钢筋称为抗扭钢筋。图 15.1 中钢筋混凝土梁中的 2 φ 20 便是受力筋。

(2)箍筋。

箍筋为用来固定纵向受力钢筋的位置,承受剪力或扭矩的钢筋,一般与受力筋垂直。图 15.1 中钢筋混凝土梁中的ϕ 8@200 便是箍筋。

(3)构造筋。

构造筋包括架立筋、分布筋以及由于构造要求和施工安装需要而配置的钢筋。

① 架立筋。一般用于梁内,固定箍筋位置,并与受力筋一起构成钢筋骨架。图 15.1 中的钢筋混凝土梁中的 2ϕ 10 便是架立筋。

②分布筋。一般用于板类构件中,并与受力筋垂直布置,与板内受力筋一起构成钢筋骨架而配置的钢筋。图 15.1 中单元入口雨篷板的ϕ 8@200 便是分布筋。

③其他构造筋。因构造要求或施工安装需要而配置的钢筋。如腰筋、预埋件锚固筋等。

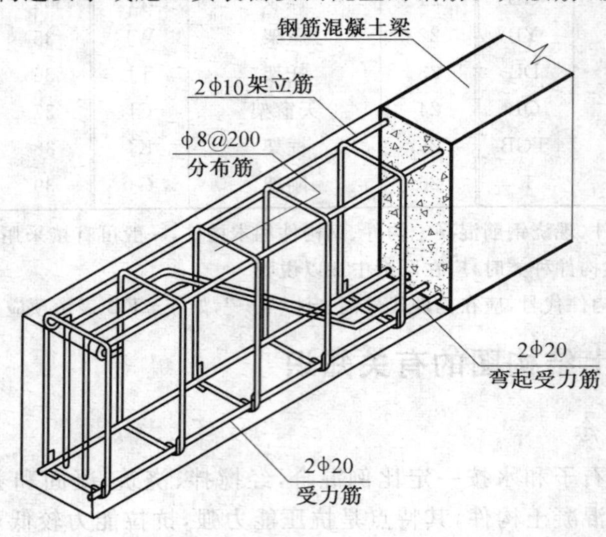

图 15.1 钢筋混凝土构件中钢筋的配置

4. 保护层

为了防止钢筋锈蚀和保证钢筋与混凝土之间的黏结力,需在钢筋外缘至构件表面之间留置一定厚度的混凝土,称为保护层。一般梁柱保护层厚度为 20～35 mm,板保护层厚度为 15～25 mm,保护层厚度在图上一般不需标注。各种构件混凝土保护层厚度的具体要求可参见混凝土结构设计规范(GB 50010—2010)。

5. 钢筋的弯钩

钢筋按其表面特征分为光圆钢筋和带肋钢筋两大类。通常Ⅰ级钢筋为光圆钢筋,Ⅱ级及以上的钢筋为带肋钢筋。若构件中采用Ⅰ级钢筋时,为了加强钢筋与混凝土的黏结力,钢筋的端部常做成弯钩形式,如图 15.2 所示。带肋钢筋与混凝土黏结力强,两端不必加弯钩。

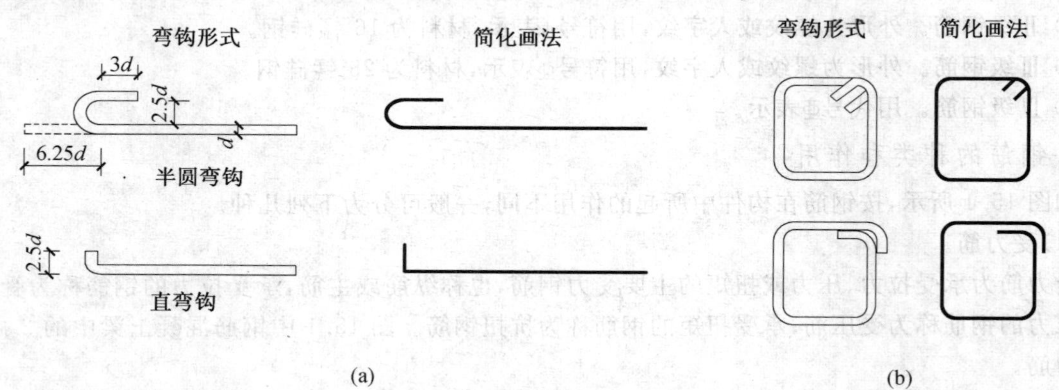

图 15.2 钢筋和箍筋的弯钩

6. 钢筋的表示方法

为了表达构件中的配筋情况，在配筋图中，钢筋用比构件轮廓线粗的单线画出，钢筋的横断面用粗黑圆点表示。普通钢筋的常用图例见表15.2。

表15.2 普通钢筋常用图例

名称	图例	说明
钢筋横断面	●	—
无弯钩的钢筋端部		下图表示长短钢筋投影重叠时，可在短钢筋的端部用45°短画线表示
带半圆形弯钩的钢筋端部		
带直弯钩的钢筋端部		
无弯钩的钢筋搭接		
带半圆形弯钩的钢筋搭接		
带直弯钩的钢筋搭接		
带丝扣的钢筋端部		
预应力钢筋横断面	+	
预应力钢筋或钢绞线		用粗双点画线表示

7. 钢筋的画法

在结构施工图中，钢筋的常用画法见表15.3。

表15.3 钢筋的常用画法

序号	说明	图例
1	在平面图中配置双层钢筋时，底层钢筋弯钩应向上或向左，顶层钢筋则向下或向右	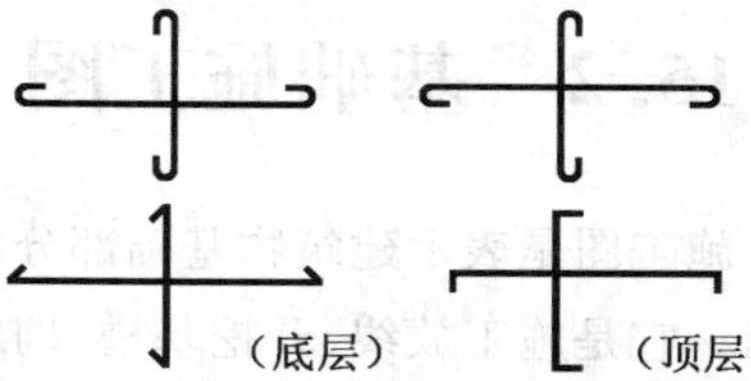 （底层） （顶层）
2	钢筋混凝土墙体配双层钢筋时，在配筋立面图中，远面钢筋的弯钩应向上或向左，而近面钢筋则向下或向右(JM—近面，YM—远面)	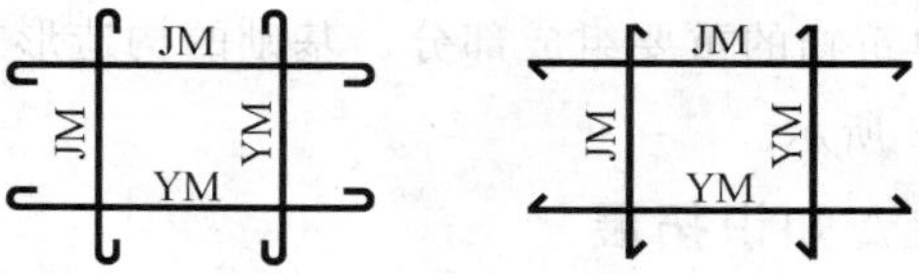 JM JM YM YM JM JM YM YM
3	如在断面图中不能表示清楚钢筋布置，应在断面图外面表示	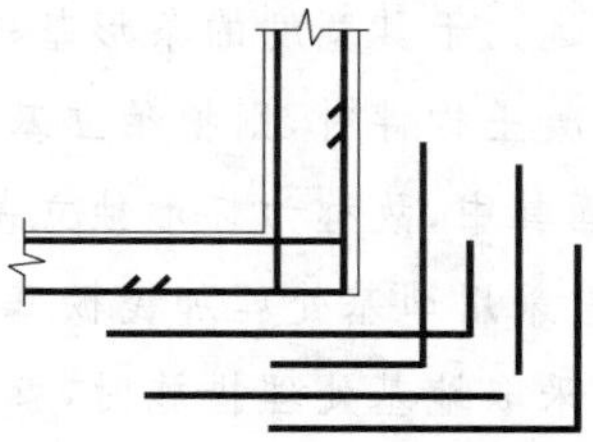

续表 15.3

序号	说明	图例
4	图中所示的箍筋、环筋，如布置复杂，应加画钢筋大样	
5	每组相同的钢筋、箍筋或环筋，可以用粗实线画出其中一根来表示，同时用横穿的细线表示其余的钢筋、箍筋或环筋，横线的两端带斜短画表示该号钢筋的起止范围	

8. 钢筋的标注

构件中钢筋（或钢丝束）的标注应包括钢筋的编号、数量或间距、级别、直径及所在位置，通常应沿钢筋的长度标注或标注在有关钢筋的引出线上。标注方法有以下两种。

(1)标注钢筋的级别、根数和直径。

例如 2ϕ10——分别表示钢筋根数（2 根）、Ⅰ级钢筋直径、钢筋直径（10 mm）。

(2)标注钢筋级别、直径和相邻钢筋中心距离。

例如ϕ8@200——分别表示Ⅰ级钢筋直径符号、钢筋直径（8 mm）、相等中心距离符号、相邻钢筋中心距（≤200 mm）。

15.2 基础施工图

基础施工图是表示建筑物基础部分的平面布置和详细构造的图样。通常包括基础平面图和基础断面详图。它是施工放线、开挖基槽、砌筑基础的依据。

基础是位于建筑物底层地面以下，承受着房屋全部荷载的结构构件，它将荷载传递给地基。基础是建筑物的重要组成部分。基础的构造形式一般包括条形基础、独立基础、筏板基础、桩基础等，如图 15.3 所示。

☆知识拓展

基础的构造形式一般取决于上部承重结构的形式。由砖墙和钢筋混凝土楼板构成的砖混结构通常采用长度远大于其宽度的条形基础；多层框架结构多采用现浇独立基础；厂房排架结构中柱如采用预制钢筋混凝土构件时，则把独立基础做成杯口形，待柱子插入口后，用细石混凝土将柱周围缝隙填实，使其嵌固其中，故称为杯形独立基础；而高层建筑，由于建筑物上部荷载大，对地基不均匀沉降要求严格，通常采用地基处理加筏板基础，当浅层地基上不能满足建筑物对地基承载力和变形的要求，而又不适宜采取地基处理措施时，就要考虑以下部坚实土层或岩层作为持力层的深基础，即桩基础。

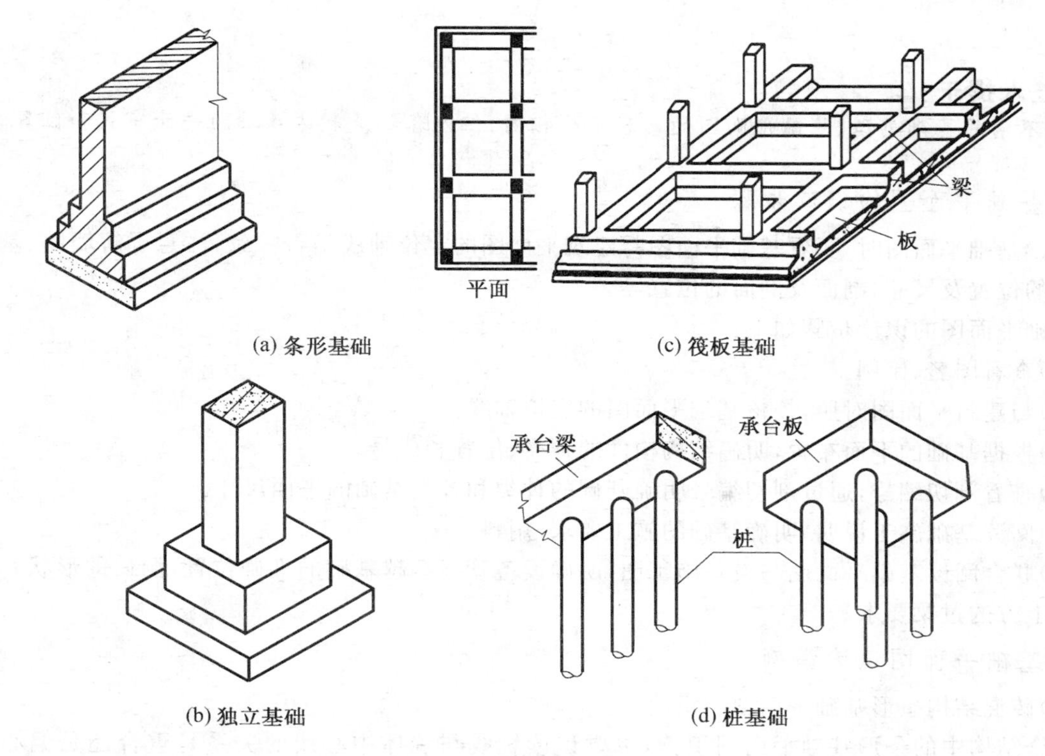

(a) 条形基础 (c) 筏板基础

(b) 独立基础 (d) 桩基础

图 15.3 基础的形式

15.2.1 基础平面图

基础平面图是假想用一个水平剖切面，沿室内地面与基础之间将建筑物剖开，移去上部的房屋结构及其基坑回填土后，向下所作出的水平正投影图。它主要表示基础的平面布置以及墙、柱与轴线的关系，为施工放线、开挖基槽或基坑和砌筑基础提供依据。

1. 基础平面图的图示方法

在基础平面图中只需画出基础墙、基础梁、柱以及基础底面的轮廓线。基础墙、基础梁的轮廓线为粗实线，基础底面的轮廓线为细实线，柱子的断面一般涂黑，基础细部的轮廓线通常省略不画，各种管线及其出入口处的预留孔洞可用虚线表示。

2. 基础平面图的主要内容

(1)图名、比例一般与对应建筑平面图一致，如 1∶100。

(2)纵横向定位轴线及编号、轴线尺寸须与对应建筑平面图一致。

(3)基础墙、柱的平面布置，基础底面形状、大小及其与轴线的关系。

(4)基础梁的位置、代号。

(5)基础编号、基础断面图的剖切位置线及其编号。

(6)条形基础边线。每一条基础最外边的两条实线表示基础底的宽度。

(7)基础墙线。每一条基础最里边两条粗实线表示基础与上部墙体交接处的宽度，一般同墙体宽度一致，凡是有墙垛、柱的地方，基础应加宽。

(8)施工说明，即所用材料的强度等级、防潮层做法、设计依据以及施工注意事项等。

技术提示：

不同的基础类型、基础平面图的内容不尽相同，但内容都是表达基础的平面布置和位置。

3. 基础平面图的识读步骤

阅读基础平面图时，要看基础平面图与建筑平面图的定位轴线是否一致，注意了解墙厚、基础宽、预留洞的位置及尺寸、剖面及剖面的位置等。

基础平面图的识读步骤如下：

(1)查看图名、比例。

(2)与建筑平面图对照，校核基础平面图的定位轴线。

(3)根据基础的平面布置，明确结构构件的种类、位置和代号。

(4)查看剖切编号，通过剖切编号明确基础的种类和各类基础的平面尺寸。

(5)阅读基础施工说明，明确基础的施工要求、用料。

(6)联合阅读基础平面图与设备施工图，明确设备管线穿越基础的准确位置，洞口的形状、大小以及洞口上方的过梁要求。

4. 基础平面图识读举例

(1)砖混结构条形基础平面图的识读。

混合结构中的条形基础平面图识读，主要识读轴线与墙体中心线的关系是重合还是偏心布置。如图 15.4 所示为某住宅楼条形基础平面图，比例为 1∶100，标注的纵横向定位轴线间距均与建筑平面图一一对应，基础墙的轮廓线为粗实线，基础底面的轮廓线为细实线。标出了基础断面图的剖切位置线及其编号，如 1—1，2—2、3—3，以①轴线为例，基础宽度为 1 200 mm，基础墙厚为 370 mm，基础墙的定位尺寸为 250 mm 和 120 mm，偏心布置，基础的定位尺寸为外 665 mm 和内 535 mm，洞口上方的过梁、基础施工及材料要求可在结构设计总说明中明确。

(2)框架结构所示独立基础平面图的识读。

如图 15.5 所示为某住宅区配套商业的钢筋混凝土独立基础的平面图。绘图比例为 1∶100，横向轴线编号为①～⑤，纵向轴线编号为Ⓐ～Ⓓ，核对其编号与建筑施工图轴线相一致。图中表达了独立基础、基础梁和柱三种构件的外部轮廓线、平面相对位置关系、尺寸及代号。独立基础有五种类型 J1～J5。基础梁有 DL1～DL5 五种。

15.2.2 基础详图

基础详图是假想用一个垂直的剖切面在指定的位置剖切基础所得到的断面图。它主要反映单个基础的形状、尺寸、材料、配筋、构造以及基础的埋置深度等详细情况。基础详图要用较大的比例(如 1∶40)绘制。

1. 基础详图的图示方法

构造不同的基础应分别画出其详图。当基础构造相同，而仅部分尺寸或配筋不同时，也可用一个详图，再加上附表，相应列出不同基础底宽及配筋表示即可。基础断面图的边线一般用粗实线画出，断面内应画出材料图例；若是钢筋混凝土基础，则只画出配筋情况，不画出材料图例。

2. 基础详图的图示内容

(1)图名为剖断编号、基础代号及其编号，如 1—1 或 J1，比例如 1∶40。

(2)定位轴线及其编号与对应基础平面图一致。

(3)基础断面的形状、尺寸、材料以及配筋。

(4)室内外地面标高及基础底面的标高。

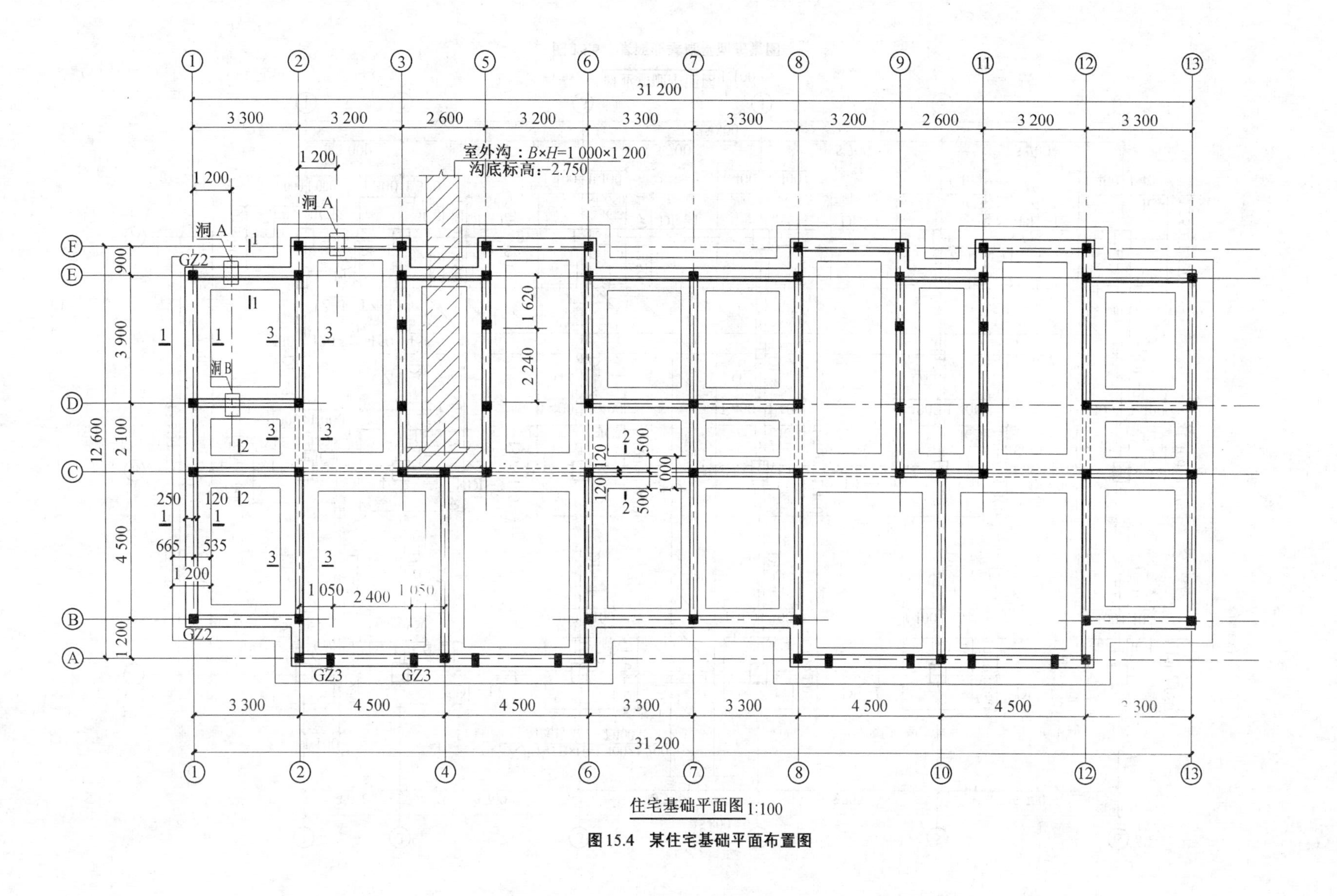

住宅基础平面图 1:100

图15.4 某住宅基础平面布置图

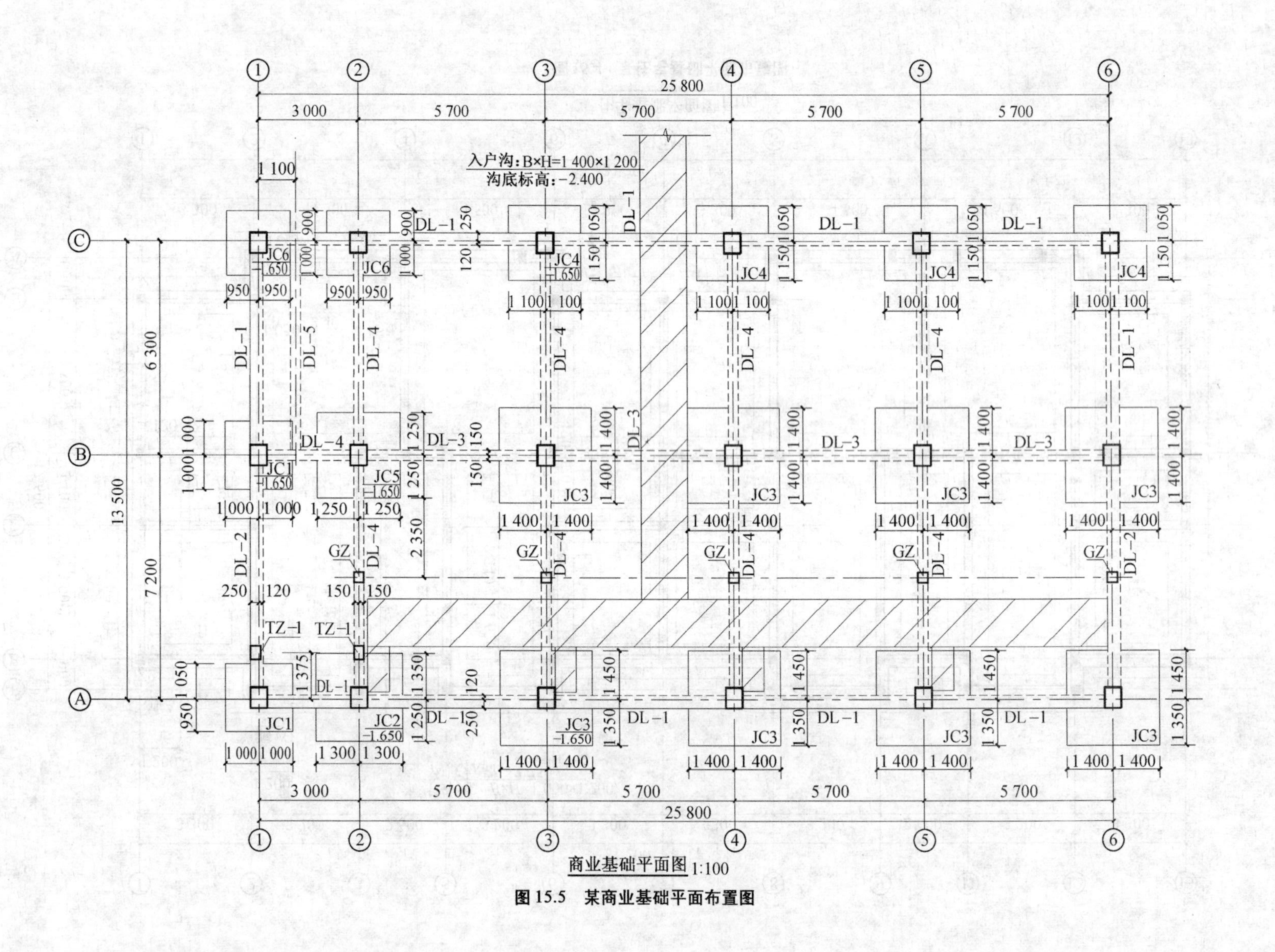

商业基础平面图 1:100

图 15.5　某商业基础平面布置图

(5)基础墙的厚度、防潮层的位置和做法。

(6)基础梁或圈梁的尺寸及配筋。

(7)垫层的尺寸及做法。

(8)施工说明等。

技术提示:

不同的基础类型、基础详图表达的内容不尽相同,可能是其中的几项。

3. 基础详图的识读

基础详图的识读步骤如下:

(1)查看图名与比例,因基础的种类往往比较多,读图时,将基础详图的图名与基础平面图的剖切符号、定位轴线对照,了解该基础在建筑中的位置。

(2)明确基础的形状、大小与材料。

(3)明确基础各部位的标高,计算基础的埋置深度。

(4)明确基础的配筋情况。

(5)明确垫层的厚度尺寸与材料。

(6)明确基础梁或圈梁的尺寸及配筋情况。

(7)明确管线穿越洞口的详细做法。

4. 基础详图识读举例

(1)砖混结构条形基础详图的识读。

如图 15.6 所示为某住宅楼毛石条形基础详图。该图是对应于基础平面图(图 15.4)中的 1—1 和 2—2 基础断面图,比例为 1:20,从标注的图例可以看出,为毛石砌筑的条形基础。1—1 为外墙基础详图,呈阶梯状,有三个台阶,每步 400 mm 高,基础宽度为 1 200 mm。基础底面标高为−1.800 m,基础上面设有圈梁 QL−1,圈梁上面为基础墙。室内外地面标高各为±0.000 m 和−0.600 m。防潮层设在−0.060 m 处。

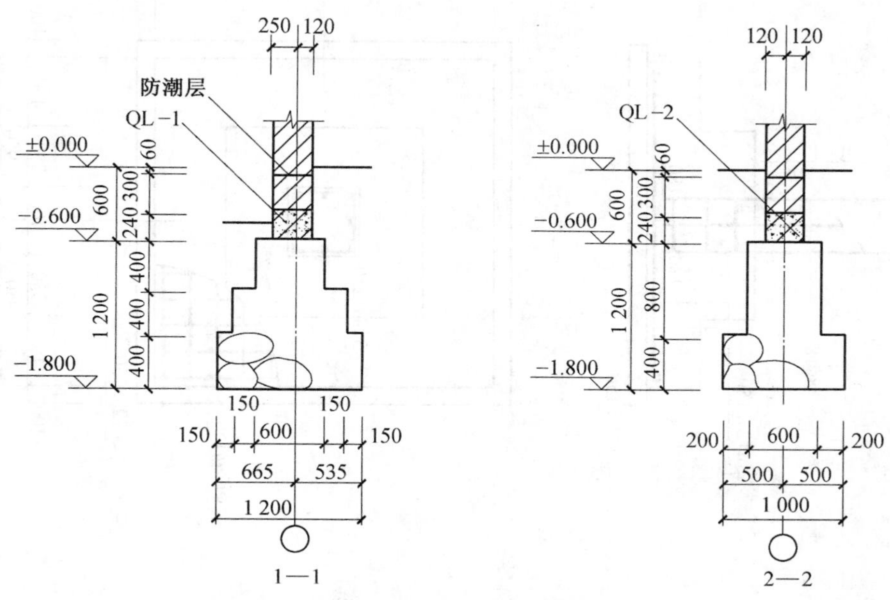

图 15.6 某住宅楼毛石条形基础详图(1:20)

(2)框架结构独立基础详图的识读。

如图 15.7 所示为该配套商业独立基础的详图,从详图中可以看出基础的详细尺寸与配筋。以 JC4

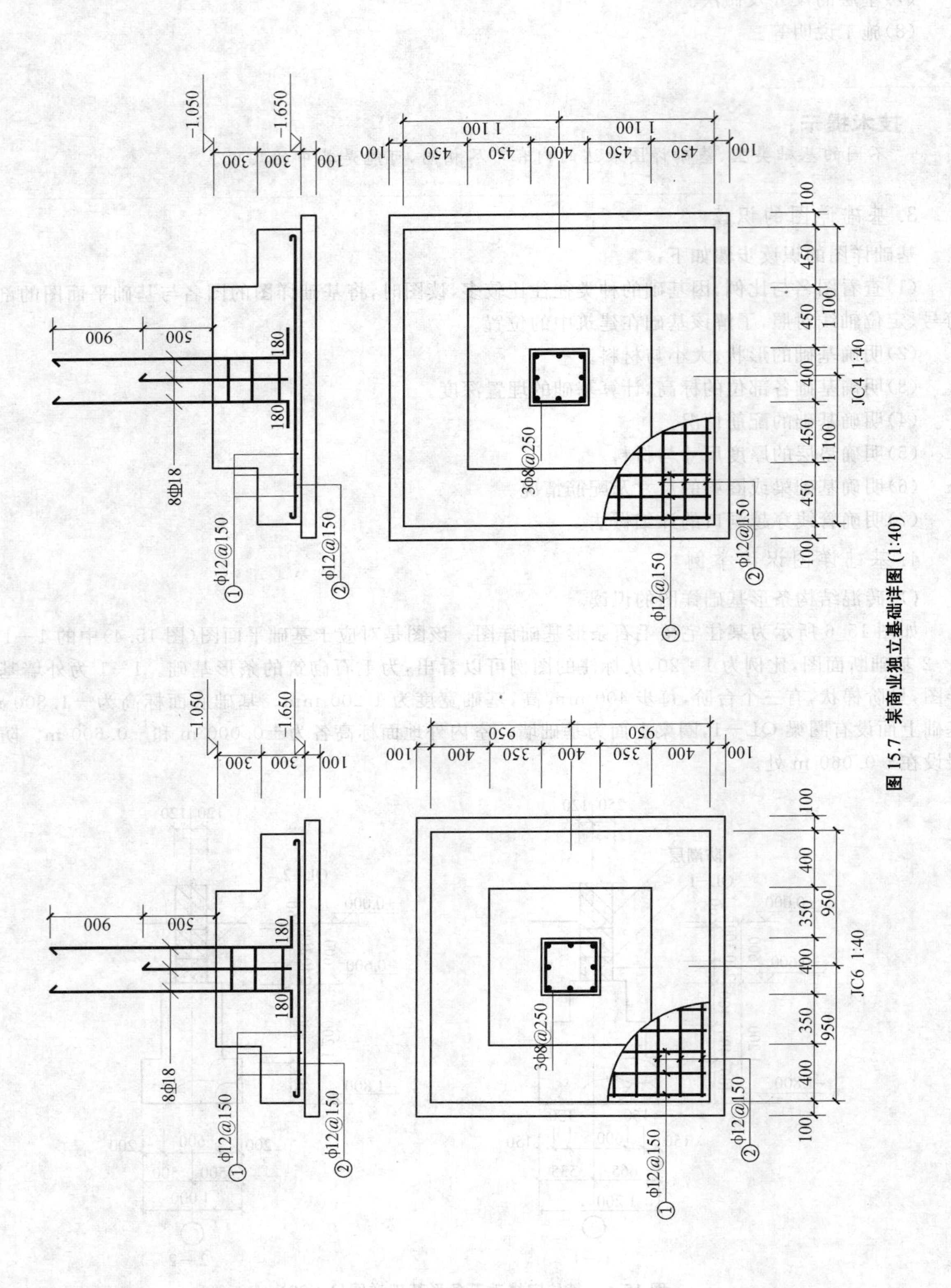

图 15.7 某商业独立基础详图 (1:40)

为例，从图中可知，JC4 为阶形独立基础，每阶高 300 mm，总高 600 mm；基底长宽为 2 200 mm×2 200 mm，与平面图相一致；基础底部双向配置直径为 12 mm，间距为 150 mm 的Ⅰ级钢筋，竖向埋置八根直径为 18 mm 的Ⅱ级钢筋，与柱连接，其中四根角筋伸出基础顶面 1 400 mm，下端弯折 180 mm，其余四根钢筋伸出基础顶面 500 mm，并设三根直径为 8 mm 的Ⅰ级箍筋，间距为 250 mm；基础下设 100 mm 厚素混凝土垫层，垫层每边宽出基础 100 mm；基础底部标高为－1.650 m，基础的埋置深度为 1.65 m。JC6 与 JC4 只是基底尺寸不同，其余均相同。

15.3 结构平面图

结构平面图用来表示各楼层结构构件（如墙、梁、板、柱等）的平面布置情况。现浇混凝土构件构造尺寸与配筋，以及它们之间的结构关系的图纸，是建筑结构施工时构件布置、安装的重要依据。

15.3.1 楼层结构平面图概述

1. 楼层结构平面图的图示方法

楼层结构平面图是假想沿每层楼板面将建筑物水平剖切后，向下所作的水平投影图。

结构平面图中墙身的可见轮廓用中粗线表示，被楼板挡住而看不见的墙、柱和梁的轮廓用中虚线表示，钢筋混凝土柱断面用涂黑表示，梁的中心位置用粗点画线表示。预制楼板的布置可用一条对角线（细实线）表示楼板的布置范围，并沿对角线方向写出预制楼板的块数和型号，还可以用细实线将预制板全部或部分分块画出，显示铺设方向。

技术提示：

有时为了画图方便，习惯上也把楼板下的不可见轮廓线由虚线改画成细实线，这是一种镜像投影法。

☆知识拓展

预制板有实心和空心两种。常用的有预应力短向圆孔板和预应力长向圆孔板。预制板的跨度一般均为 300 mm 的模数，短向圆孔板跨度通常有 2.4 m、2.7 m、3.0 m、3.3 m、3.6 m、3.9 m 六种，长向圆孔板跨度通常有 4.2 m、4.5 m、6.0 m 三种，住宅用最长的为 4.2 m。板的宽度有 500 mm、600 mm、900 mm 和 1 200 mm 四种，板厚常见的有 120 mm、140 mm。承受活荷载等级：一般住宅用两种级别规格的板就可以了，就是所说的一级板和二级板，一级板指可以承受的活荷载为 2 kN/m²，二级板，可以承受的活荷载为 4 kN/m²。预制板的优点是缩短工期，减少造价，缺点是与墙体的连接锚固弱，整体性差，所以目前已很少用了。

2. 楼层结构平面图的图示内容

某商业楼板结构平面图如图 15.8 所示。

（1）图名、比例一般与对应建筑平面图一致，一般采用 1∶100 比例绘制。

（2）结构平面图的定位轴线必须与建筑平面图一致。

（3）对于承重构件不尽相同的楼层，可只画一个结构平面图，该图为标准层结构平面图。

（4）楼梯间的结构布置较复杂，一般在结构平面图中不予表示，只用双对角线表示，楼梯间这部分内容在楼梯详图中用较大比例表示。

（5）楼层上各种梁、板、柱构件，在图上都用规定的代号和编号标记，查看代号、编号和定位轴线就可以了解各种构件的位置及相互关系。

（6）现浇板的结构平面图主要表示板的厚度、标高和板的配筋情况，表示出受力筋、分布筋以及构造钢筋的编号、规格、直径和间距等。每种规格的钢筋只画出一根，按其形状画在相应位置上。配筋相同的楼板，只需将其中一块板的配筋画出，其余各块分别在该楼板范围注明相同板号，如①、②、③等，如图 15.9 所示。

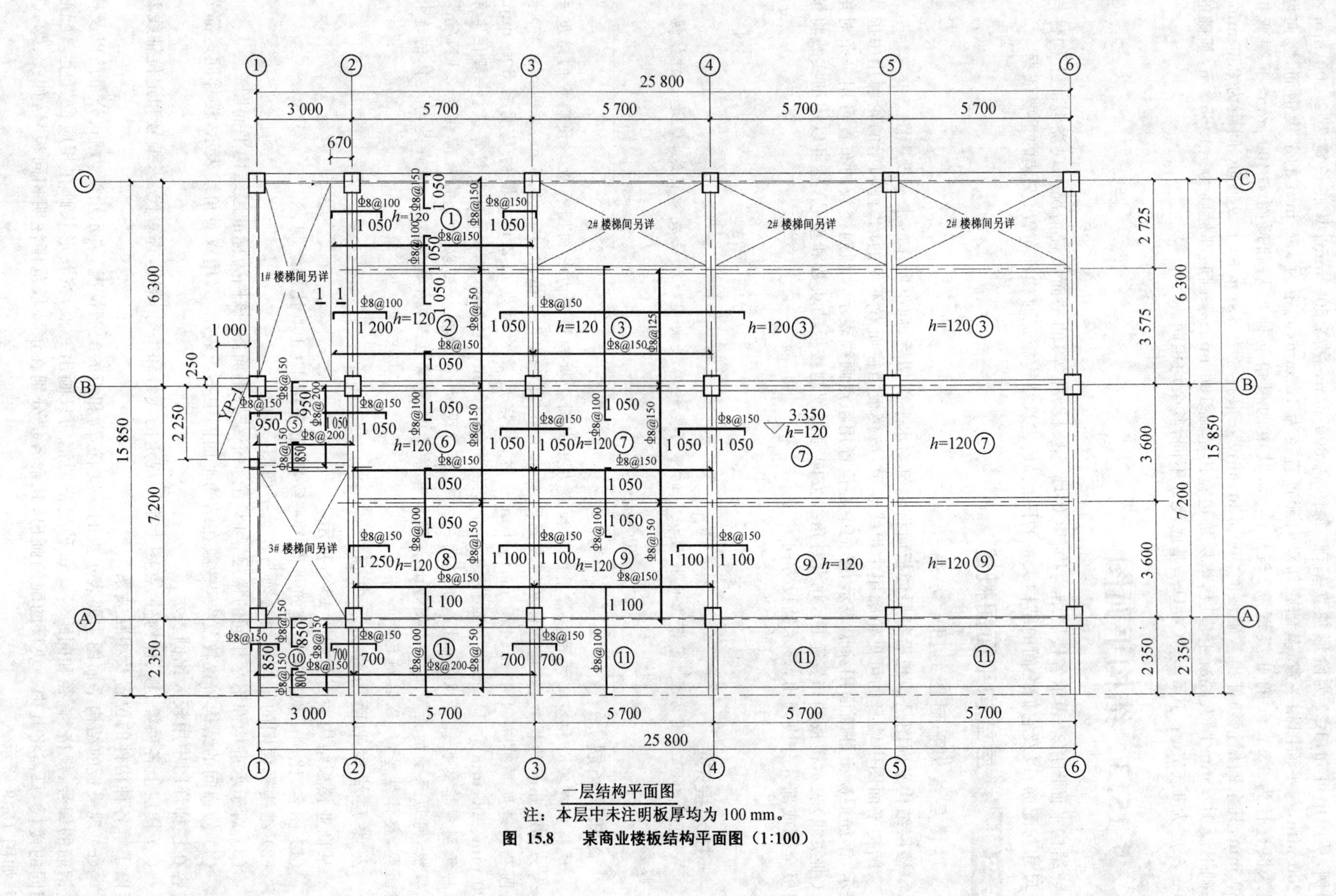

一层结构平面图

注：本层中未注明板厚均为100 mm。

图 15.8　某商业楼板结构平面图（1:100）

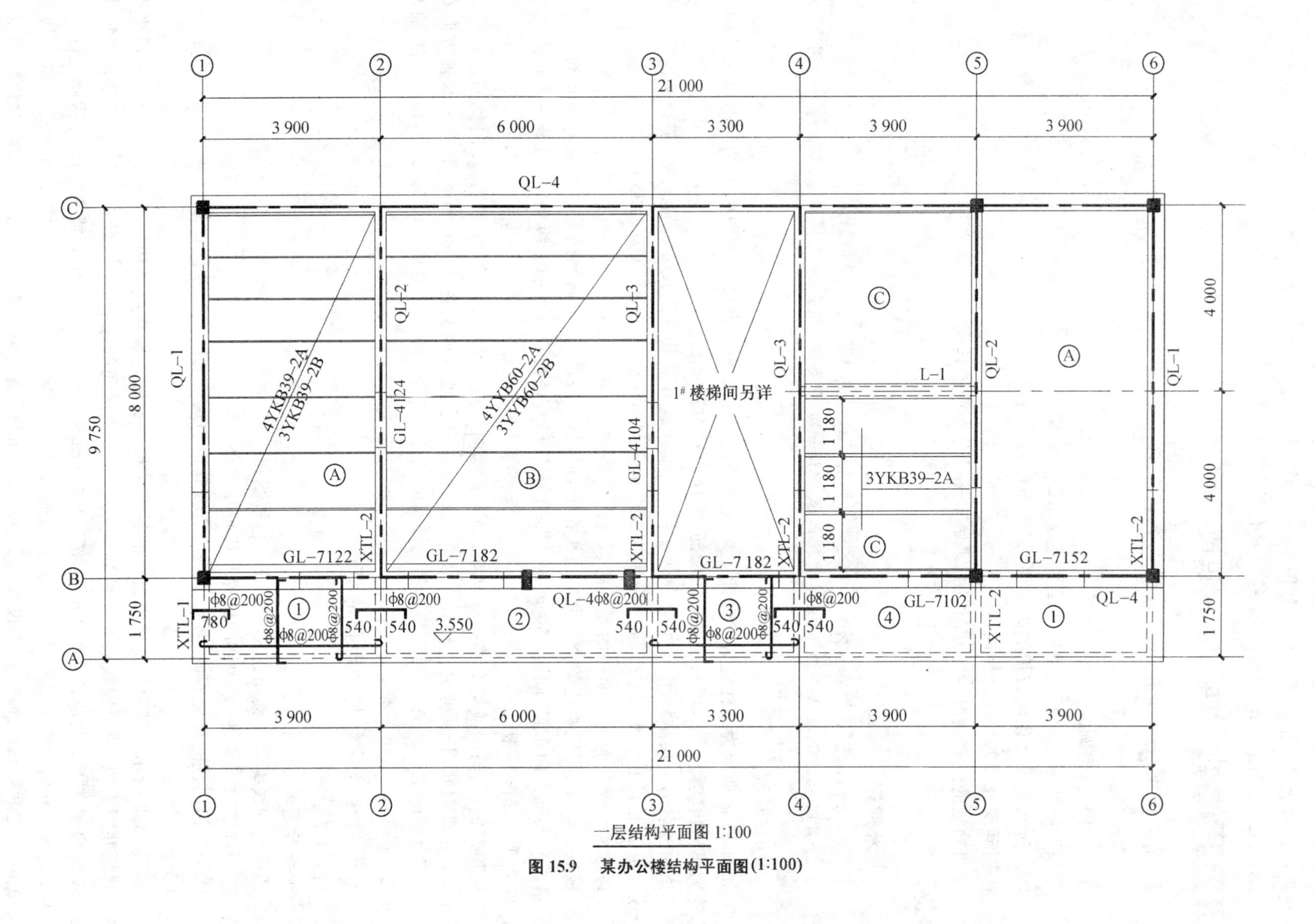

一层结构平面图 1:100

图 15.9 某办公楼结构平面图(1:100)

(7) 预制板的结构平面图主要表示预制构件的代号、型号以及铺设方向等内容，构件布置相同的房间可用代号表明，如Ⓐ、Ⓑ、Ⓒ等，如图 15.9 所示。

(8)必要的详图索引符号及剖切符号或有关文字说明。

15.3.2 楼层结构平面图的识读

1. 现浇钢筋混凝土楼层结构平面图的识读

(1)识读步骤

①查看图名、比例。

②核对轴线编号及其间距尺寸是否与建筑图相一致。

③通过结构设计说明或板的施工说明，明确板的材料及等级。

④明确现浇板的厚度和标高。

⑤明确板的配筋情况，并参阅说明，了解未标注分布筋的情况。

技术提示：

1. 需要注意钢筋的弯钩方向，以便确定钢筋是板底钢筋还是板顶钢筋。
2. 有时板的混凝土等级和板厚需从结构设计说明中查得，板厚可直接标注在结构平面图上。

(2)识读举例。

如图 15.8 所示为某住宅区配套商业现浇钢筋混凝土楼板配筋图。该图中可见与不可见的构件的轮廓线均用实线表示，因只反映板的配筋，梁柱代号均未标出。

该图图名为一层结构平面图，比例为 1∶100，轴线编号及其间距尺寸与建筑图、基础平面布置图一致。板的混凝土等级为 C25，板厚分别为 120 mm 和 100 mm。板标高为 3.350 m。

以⑧号板房间为例说明板的配筋的识读。

板底部钢筋：贯通板块整个跨度的通长钢筋，通常称“底筋”。X 向底筋是直径为 8 mm 的Ⅱ级钢筋，沿Ⓐ～Ⓑ轴方向布置，间距 150 mm 一根；Y 向底筋直径为 8 mm 的Ⅱ级钢筋，沿②～③轴方向布置，间距 150 mm 一根。

板顶部钢筋：与墙或梁交接处有上部钢筋，直钩向下或向右，通常称“负筋”。X 向负筋是直径为 8 mm 的Ⅱ级钢筋，分别伸出②轴线 1 250 mm 和伸出③轴线两侧各 1 100 mm，沿Ⓐ～Ⓑ轴方向布置，间距 150 mm 一根；Y 向负筋是直径为 8 mm 的Ⅱ级钢筋，伸出梁两侧各1 050 mm，沿①～②轴方向布置，间距 100 mm 一根。

2. 预制板楼层结构平面图的识读

(1)识读步骤。

①查看图名、比例。

②核对轴线编号及其间距尺寸是否与建筑图相一致。

③明确墙、柱、梁、板等构件的位置及代号和编号。

④明确预制板的跨度方向、数量、型号、荷载等级和预留洞的大小及位置。

(2)识读举例。

如图 15.9 所示为某单位走廊办公楼的一层结构平面图。该楼层结构标高为 3.550 m，由现浇板和预制板共同组成，图中虚线表示梁的轮廓线。从图中房间的编号可知，预制楼板的布置有三种类型。A 类房间布置了四块长 3 900 mm、宽 1 200 mm 和三块长 3 900 mm、宽 900 mm，荷载允许设计值为 4.0 kN/m^2 的预应力空心板。B 类房间布置了四块长 6 000 mm、宽 1 200 mm 和三块长 6 000 mm、宽 900 mm，荷载允许设计值为 4.0 kN/m^2 的预应力空心板。A、B 板采用对角线图示方法，C 板采用前述第二种图示方法。

技术提示：

目前各地区的标注方法均不同，本节所用为内蒙古地区的地标，实际工程中看图时，应查阅结构设计说明中列出的标准图集编号，明确标注的意义，以防识图错误。

一套施工图中，结构平面应采用统一的图示方法，本节仅列举15.3.1小节中的两种表示方法。

预制板标注的意义说明如下：

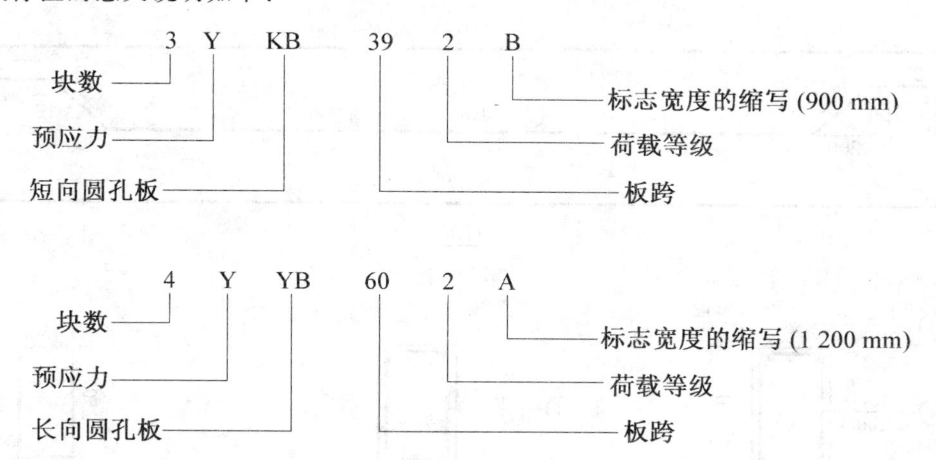

15.4 结构构件详图

15.4.1 钢筋混凝土结构详图概述

楼层结构平面图只表示房屋各承重构件的平面布置及它们的相互位置关系，构件的形状、大小、材料、构造和连接情况等还需要用较大比例(如1∶20)画出构件的结构详图来表达。钢筋混凝土结构详图是加工制作钢筋、浇筑混凝土的依据。

钢筋混凝土构件详图一般包括模板图、配筋图和钢筋表三部分。

1. 模板图

模板图是指构件外形立面图，供模板、预埋件的制作安装之用，一般在构件较复杂或有预埋件时才画模板图，模板图用细实线绘制。

☆知识拓展

1. 模板

在制作混凝土构件时，为了实现设计的形状，需用木材或钢板等板件制作出构件的外形，然后在其中浇筑混凝土，混凝土硬化后形成构件，用于制作构件外形的板件就称为模板。

2. 预埋件

由于构件连接、吊装等需要，制作构件时常将一些铁件预先固定在钢筋骨架上，并使其一部分或一两个表面伸出或露出在构件的表面，浇筑混凝土时便将其埋在构件之中，即为预埋件。

2. 配筋图

配筋图是表示钢筋混凝土构件中钢筋布置情况的图样。配筋图一般包括立面图、断面图和钢筋详图。立面图是将构件假想为一透明体而画出的一个纵向正投影图，它主要表明钢筋的立面形状及其上下排列的情况；断面图是构件的横向剖切投影图，它能表示出钢筋的上下和前后排列、箍筋的形状及与其他钢筋的连接关系；钢筋详图是指在构件的配筋较为复杂时，按钢筋在梁中的位置由上向下逐类抽出，用粗实线和同一比例画在相应立面图附近的图样(俗称抽筋图)。如图15.10所示为某梁的配筋图。

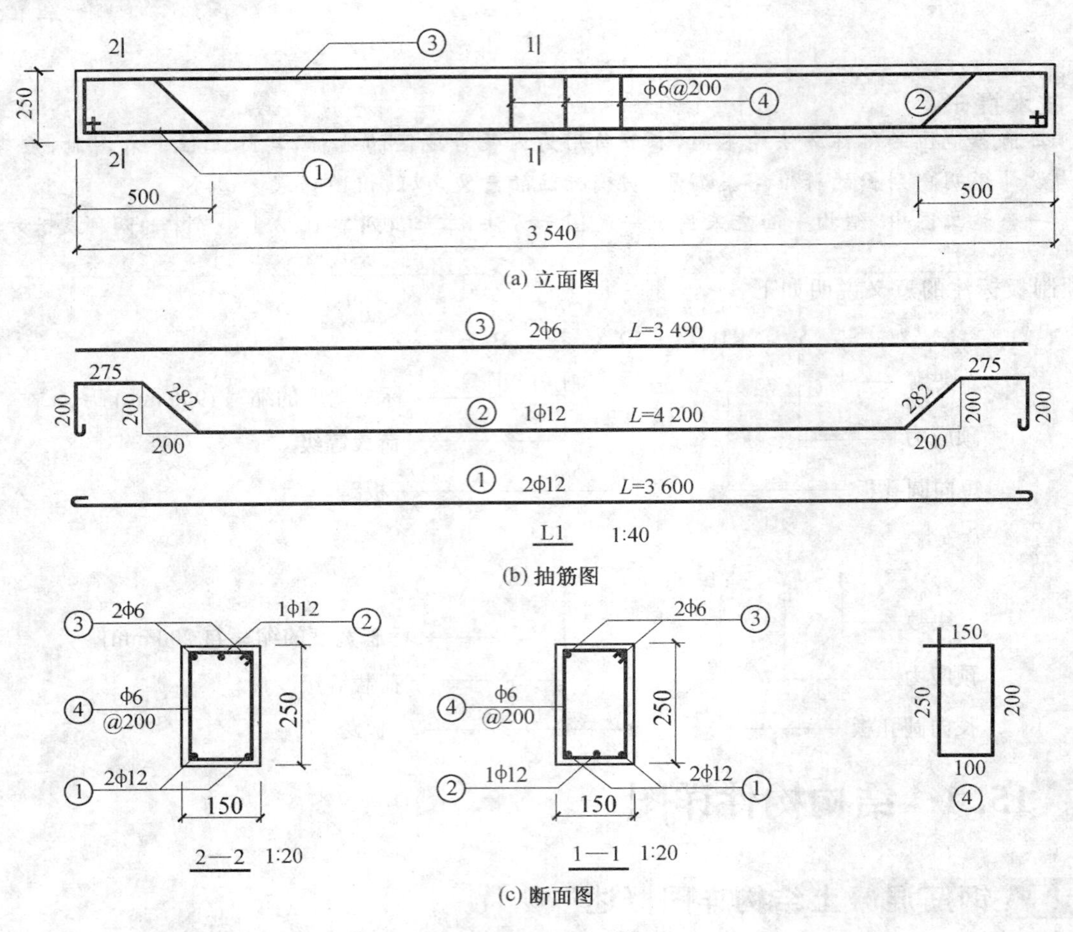

图 15.10 某梁的配筋图

技术提示:

1. 立面图和断面图都应标注出相一致的钢筋编号和留出规定的保护层厚度。构件中的各种钢筋(凡等级、直径、形状和长度等要素不同的)均应编号,编号采用阿拉伯数字,写在引出线的端部直径为 6 mm 的细线圆中。构件的外轮廓线用细实线表示,而钢筋用粗实线表示。

①筋虽然与②筋直径、类别相同,但因形状不同,故分别编号。

2. 由于②筋的弯起,梁端处配筋发生了变化,与中部配筋情况不同,故在1—1和2—2处应分别做剖切,以说明各处的配筋情况。

3. 钢筋表

为了便于钢筋下料、制作和预算,通常在每张图纸中都有钢筋表。钢筋表的内容包括钢筋名称,钢筋简图,钢筋规格、长度、数量和质量等,见表 15.4。

表 15.4 L1 钢筋表

编号	规格	简图	长度	根数	质量/kg
①	φ 12		3 640	2	7.41
②	φ 12		4 204	1	4.45
③	φ 6		3 490	2	1.55
④	φ 6		700	18	2.80

15.4.2 钢筋混凝土结构详图的识读

1. 钢筋混凝土梁结构详图

梁是房屋结构中的主要承重构件，常见的有过梁、圈梁、楼板梁、框架梁、楼梯梁和雨篷梁等。梁的结构详图由配筋图和钢筋表组成。

读图时先看图名，再看立面图和断面图，最后看钢筋详图和钢筋表。

在此以图 15.10 所示梁为例进行说明。图名 L1 表示该梁为一号梁，比例为 1∶40。该梁为矩形断面的现浇梁，断面尺寸为宽 150 mm、高 250 mm、梁长 3 540 mm。梁的配筋情况如下。

从断面 1—1 可知中部配筋：

下部①筋为两根直径为 12 mm 的Ⅰ级钢筋，②筋为一根直径为 12 mm 的Ⅰ级钢筋，在距两端 500 mm处弯起。上部③筋为两根直径为 6 mm 的Ⅰ级钢筋。箍筋④是直径为 6 mm 的Ⅰ级钢筋，每隔200 mm放置一个。

从断面 2—2 可知端部配筋：

结合立面图和断面图可知，在端部只是②筋由底部弯折到上部，其余配筋与中部相同。

2. 钢筋混凝土柱结构详图

如图 15.11 所示为现浇钢筋混凝土中柱 Z1 的配筋图。从图中可以看出，该柱从－1.050 起到标高 7.950 止，断面尺寸为 400 mm×400 mm。由 1—1 断面可知，柱 Z1 纵筋配八根直径为 18 mm 的Ⅱ级钢筋。柱纵向钢筋贯穿中间层伸至柱顶，柱顶水平弯折长度为 12d，柱下端与柱下基础搭接，中间层四根角部纵筋上端伸出每层楼面 1 400 mm，其余四根纵筋上端伸出楼面 500 mm，以便与上一层钢筋搭接。加密区箍筋为ϕ 8@100，柱内箍筋为ϕ 8@200。本例介绍的现浇钢筋混凝土柱断面形状简单，配筋清楚，比较容易识读。

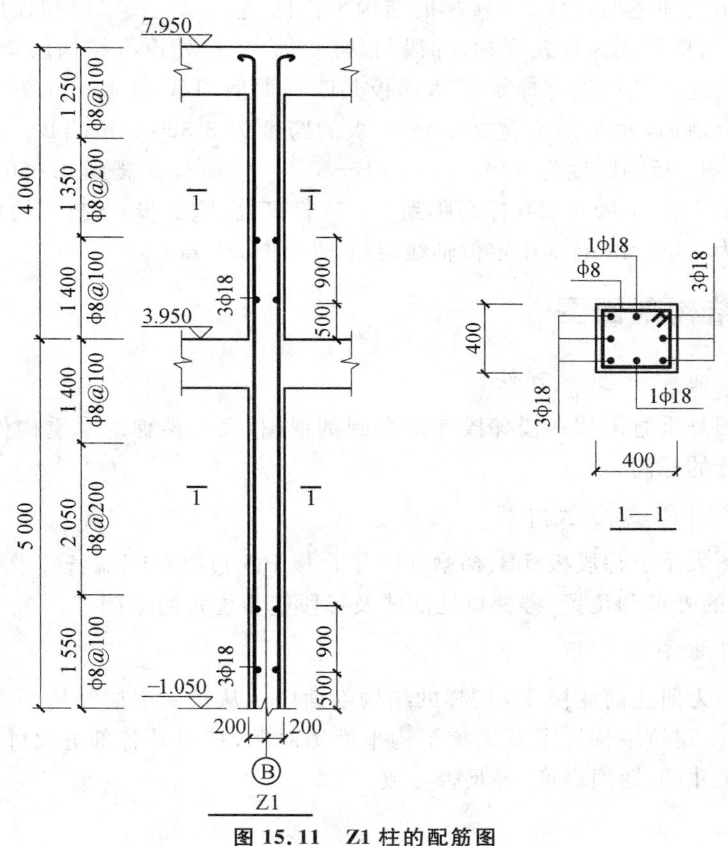

图 15.11　Z1 柱的配筋图

15.5 楼梯结构详图

楼梯结构详图是表达楼梯结构部分，如梯梁、梯板、梯柱等的布置、编号、大小、形状、材料、构造及其相互关系的图样。

楼梯结构详图主要包括楼梯结构平面图、楼梯结构剖面图和配筋图。

15.5.1 楼梯结构平面图

1. 楼梯结构平面图的图示方法

楼梯结构平面图与楼层结构平面图基本相同，是用一个假想的位于楼梯层间平台上方的水平面将楼梯部分切开，向下所作的水平投影图。钢筋混凝土楼梯的不可见轮廓线用细虚线表示，可见轮廓线用细实线表示，剖到的墙体轮廓线用中实线表示。

多层建筑应绘出底层楼梯结构平面图、中间层楼梯结构平面图和顶层楼梯结构平面图。

2. 楼梯结构平面图的图示内容

①图名为某层楼梯结构平面图，常用比例为 1∶50。

②楼梯结构平面图中的轴线编号应与建筑施工图一致。

③剖切符号只在底层楼梯结构平面图中表示。

④楼梯结构平面图应表示清楚楼梯板和楼梯梁的平面位置、编号、尺寸及结构标高等。

⑤尺寸标注与楼梯结构平面图相同。

3. 楼梯结构平面图的识读

如图 15.12 所示为前述商业楼 3＃楼梯的结构平面图，包括底层、二层和顶层结构平面图。从图中可以看出，该楼梯结构形式为板式楼梯，梯段与楼层平台连接处设有结构层梁(编号详楼层梁平面图)，梯段与中间平台连接处均设有梯梁 TL，梯板共四种类型，TB－1 从－0.200 标高爬到 2.000 标高处，跑 13 步，12 个踏面，每个踏面宽 280 mm，板的跨度为 3 360 mm；TB－2 从 2.000 标高爬到 4.050 标高处，跑 12 步，板的跨度为 3 080 mm；TB－3 从 4.050 标高爬到 6.050 标高处，跑 12 步，板的跨度为 3 080 mm；TB－4 从 6.050 标高爬到 7.550 标高处，跑 9 步，下折板的跨度还是 3 080 mm。

中间平台宽度为 1 500 mm，梯梁定位轴线距 A 轴线 1 375 mm。

15.5.2 楼梯结构剖面图

1. 楼梯结构剖面图的图示方法

楼梯结构剖面图是垂直剖切在楼梯段上所得到剖视图，表示楼梯的承重构件的竖向布置、构造、连接情况以及各部分的标高。

2. 楼梯结构平面图的图示内容

楼梯结构剖面图表示了梯段板 TB、梯梁 TL、平台板 PB、过梁 GL、墙身等承重构件的断面和位置情况，未剖到的梯段的外形和位置，楼梯口地面线及梯段起步位置的基础等。

3. 楼梯结构剖面图的识读

如图 15.13 所示为前述商业楼 3＃楼梯的结构剖面图。从楼梯底层结构平面图中找到相应的剖切位置和投影方向，与建筑结构详图及楼梯结构平面图对照，核对其各部分尺寸标高、各承重构件编号以及楼梯的竖向尺寸(如踢面高度)等是否一致。

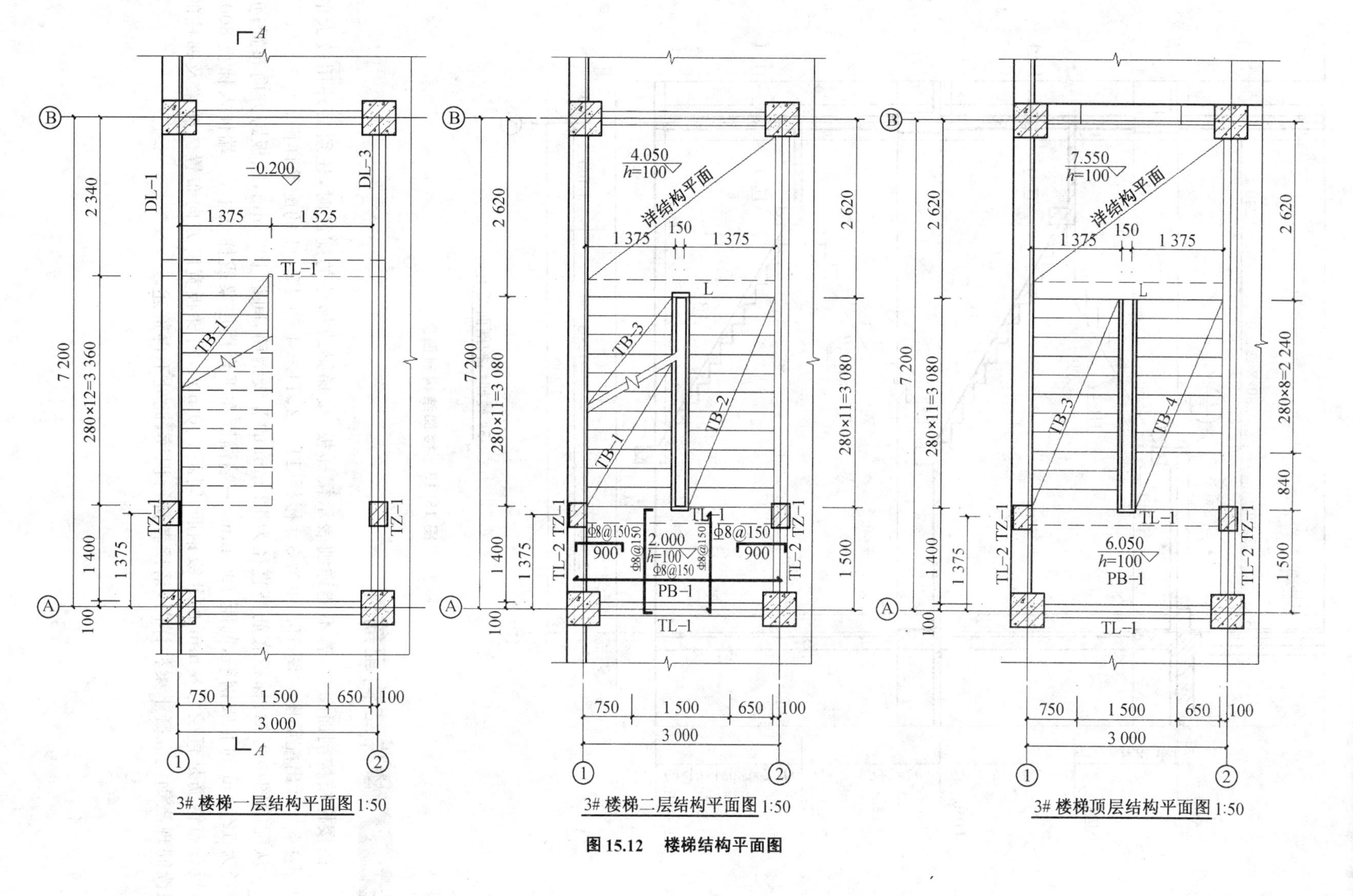

图 15.12 楼梯结构平面图

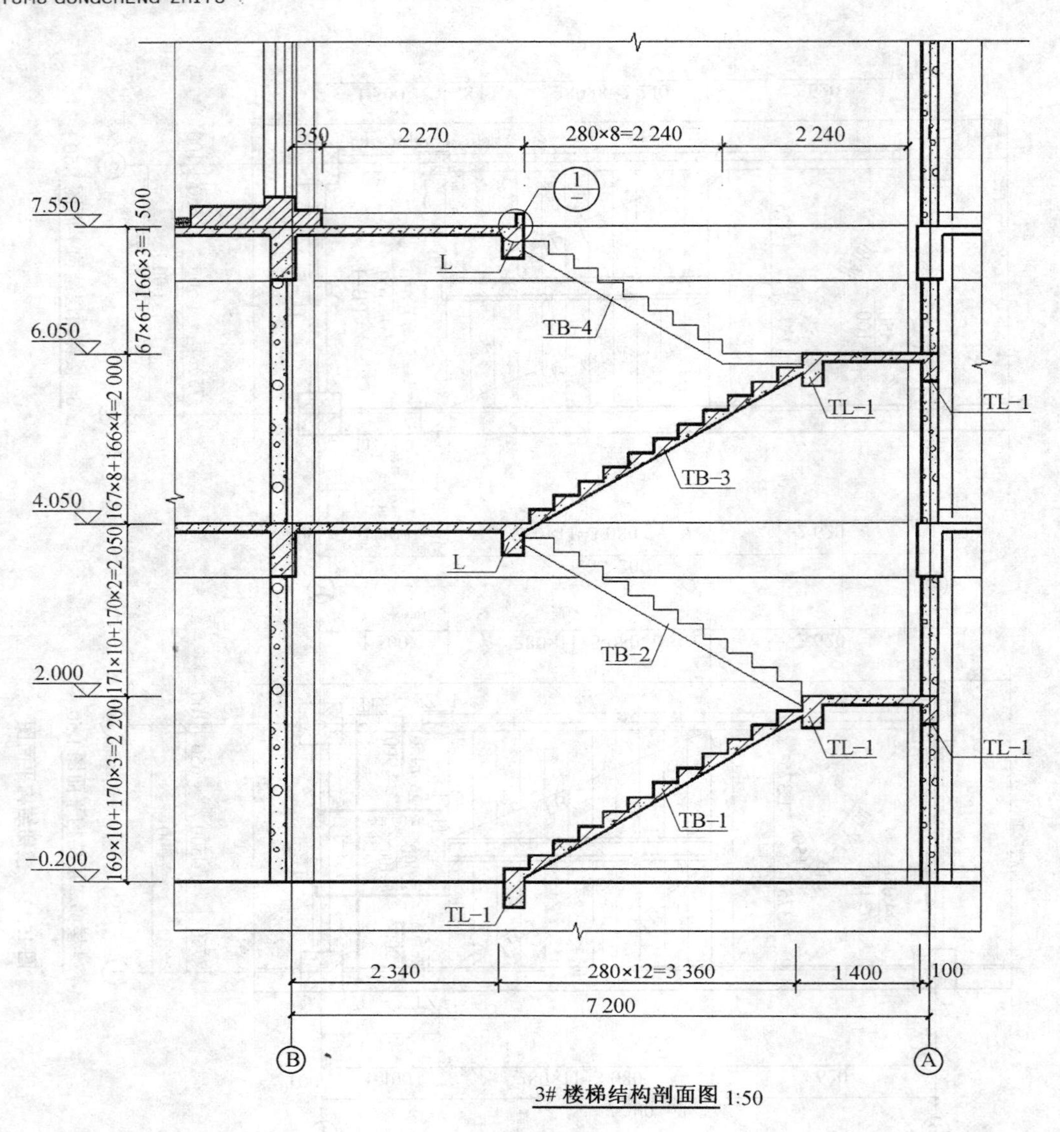

图 15.13 楼梯结构剖面图

15.5.3 楼梯结构配筋图

在楼梯结构剖面图中，若不能详细表示楼梯板、楼梯梁或梯柱的配筋时，还须另外用较大的比例（如 1∶30）画出配筋图。图 15.14 为 3＃楼梯 TB－2、TL－1 和 TZ－1 的配筋详图。

从配筋图中可知：梯板底筋是直径为 12 mm 的Ⅱ级钢筋，间距 100 mm，顺板跨方向布置；负筋是直径为 12 mm 的Ⅱ级钢筋，间距 100 mm，一端锚固在平台楼层梁或梯梁中，一端伸入梯板 800 mm；梯板分布钢筋是直径为 8 mm 的Ⅱ级钢筋，间距 200 mm，沿梯板宽度方向布置。梯梁及梯柱的配筋识读同现浇钢筋混凝土梁柱详图，请读者自行识读，此处不再赘述。

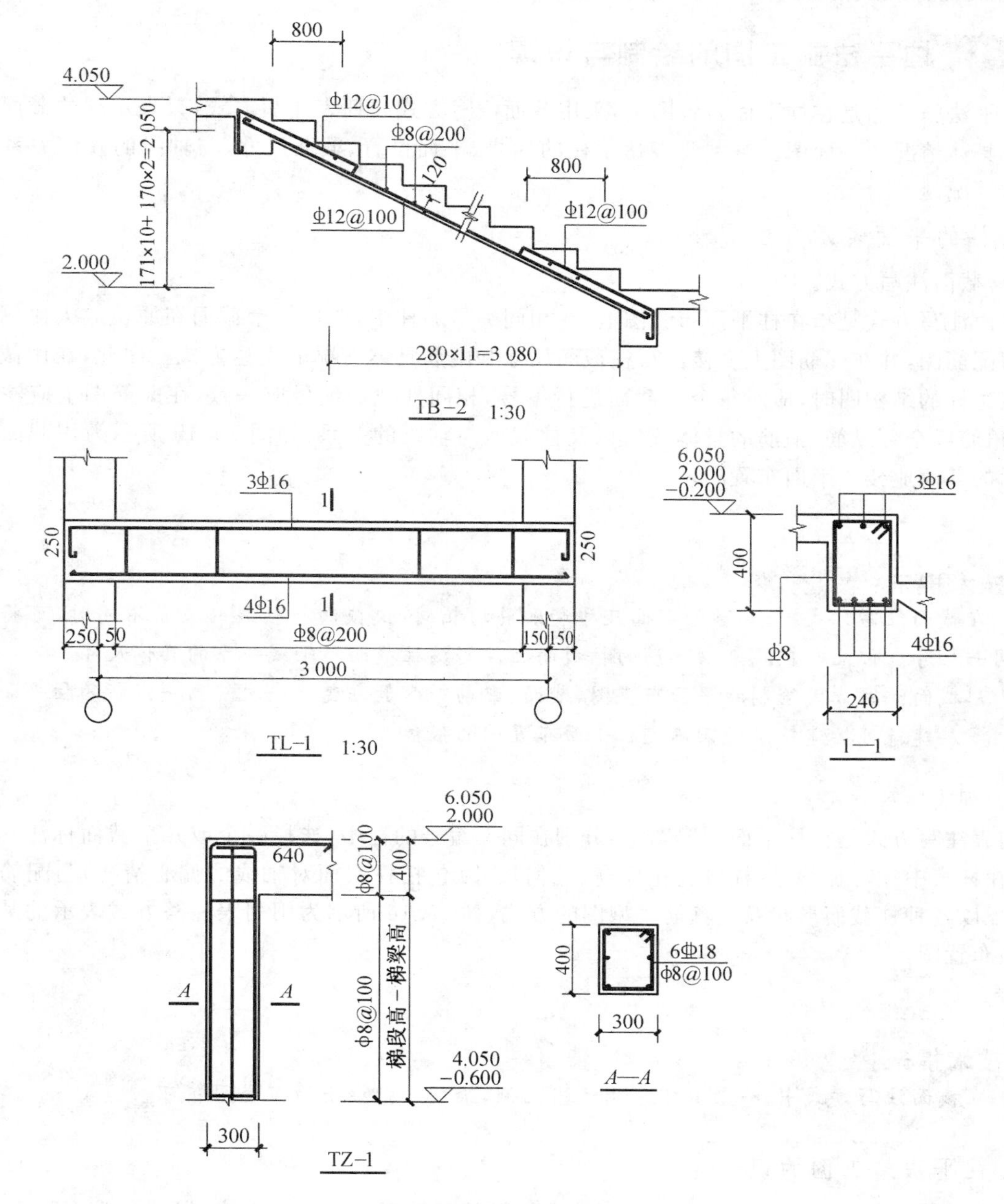

图 15.14　楼梯配筋图

15.6　平面整体表示法施工图的绘制与识读

目前，工程结构施工图纸大都采用平面整体表示方法（简称平法）来绘制，即按照国家标准图集《混凝土结构施工图平面整体表示方法制图规则和构造详图》的绘图规则，将结构构件的尺寸和配筋等情况，整体地直接表达在各类构件的结构平面布置图上，再与标准构造详图相配合，构成一套完整的结构施工图。

平面整体表示法改变了传统将构件从结构平面布置图中索引出来，再逐个绘制配筋详图的繁琐方法，从而使结构设计表达得更方便、全面、准确，大大简化了绘图过程。

15.6.1 柱平法施工图的绘制与识读

柱平法施工图是在柱平面布置图上，采用截面注写方式或列表注写方式，只表示柱的截面尺寸和配筋等具体情况的平面图。它主要表达了柱的代号、平面位置、截面尺寸、与轴线的几何关系和配筋等具体情况。

1. 柱的平面表示方法

(1)截面注写方式。

截面注写方式是指在柱平面布置图上，在相同编号的柱中，选择一个截面在原位放大比例绘制柱的截面配筋图，并在配筋图上直接注写柱截面尺寸和配筋具体情况的表达方式。因此，在用截面注写方式表达柱的结构图时，应对每个柱截面进行编号，相同柱截面编号应一致，在配筋图上应注写截面尺寸、角筋或全部纵筋、箍筋的具体数值以及柱截面与轴线的关系，如图 15.15 所示为用截面注写方式表示的某商业楼柱平面布置图。

技术提示：

在截面注写方式中，如柱的截面尺寸和配筋均相同，仅截面与轴线的关系不同时，可将其编为同一柱号。但此时应在未画配筋的柱截面上注写该柱截面与轴线关系的具体尺寸。

用截面注写方式绘制柱平面布置图，截面、配筋等参数每变化一次就画一张新的柱平面布置图。多层建筑可按建筑层数来确定柱平面布置图的张数。

(2)列表注写方式。

列表注写方式是在柱平面布置图上，分别在同一编号的柱中，选择一个或几个截面标注几何参数代号，在柱表中注写柱编号、柱段起止标高、几何尺寸(包括柱截面对轴线的偏心情况)与配筋具体数值，并配以各种柱截面形状及其箍筋类型图的方式，如 15.16 所示为用列表注写方式表示的某商业楼柱平面布置图。

技术提示：

在截面注写方式中，一般只需采用适当比例，绘制一张柱平面布置图即可。

2. 柱平法施工图的识读

图 15.15 和图 15.16 是同一工程柱平法施工图的两种不同的表示方式，以编号为 KZ－1 的柱为例识读如下：柱截面尺寸，一层(即基础顶至一层顶)为 500 mm×600 mm，二层(即 4.100～7.600 标高)为 500 mm×500 mm。柱配筋，一层角筋为四根直径为 25 mm 的Ⅱ级钢筋，箍筋为直径为 8 mm 的Ⅱ级钢筋，因为二级框架角柱全高加密，箍筋间距均为 100 mm。图 15.17 中，柱截面图的上方标注的 3Φ25，表示 b 边一侧配置的中部筋，柱截面图的左方标注的 4Φ25，表示 h 边一侧配置的中部筋。由于柱截面配筋对称，所以在柱截面图的下方和右方的标注省略；二层因柱角筋与两侧中部钢筋直径均相等，采用集中标注十二根 20，表示角筋为四根直径为 20 mm 的Ⅱ级钢筋，b、h 边每侧配置两根直径为20 mm的中部钢筋，共十二根纵筋。

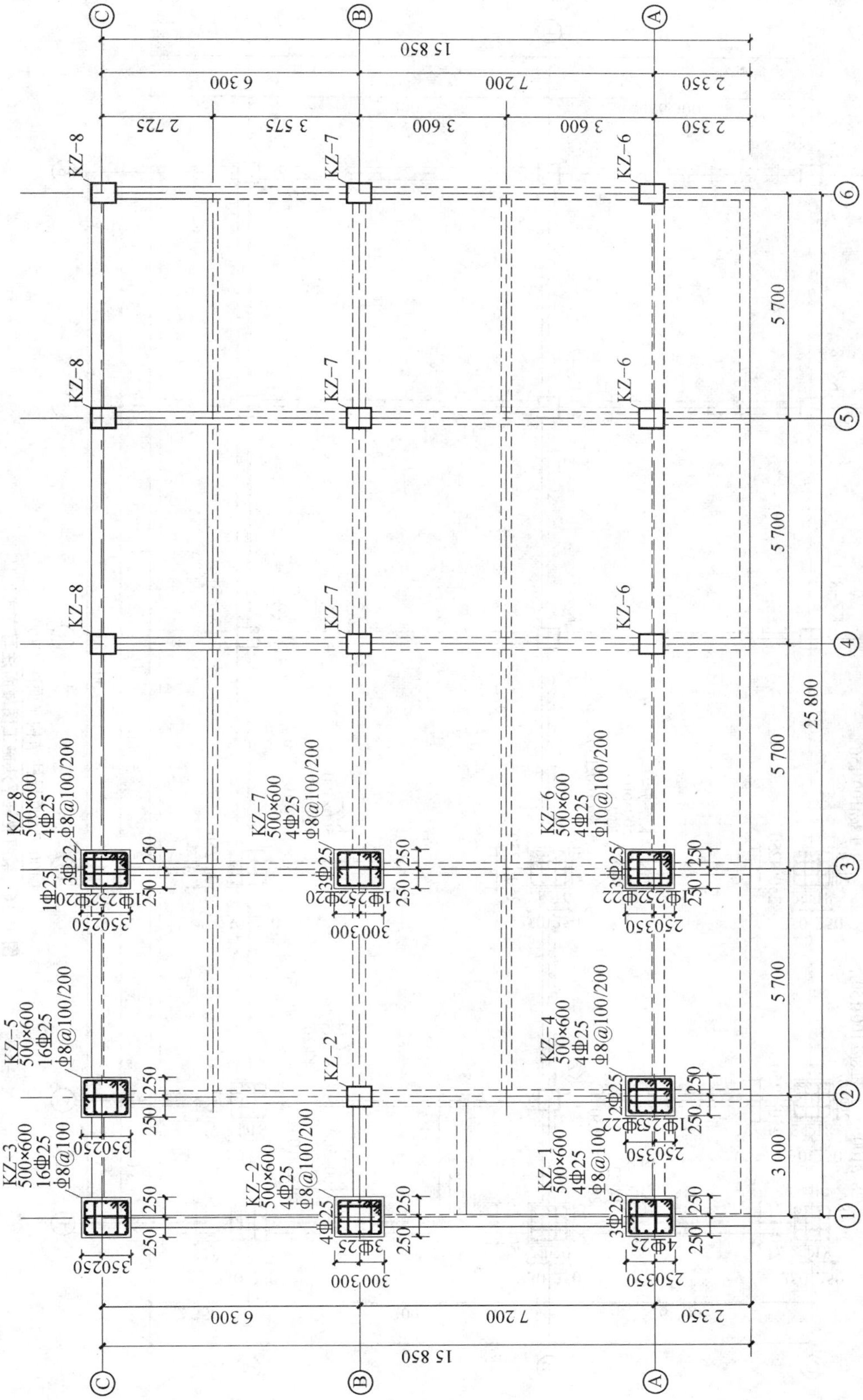

1.100~4.100 层柱结构平面图 1:100

图 15.15　某商业柱平法施工图截面注写方式1

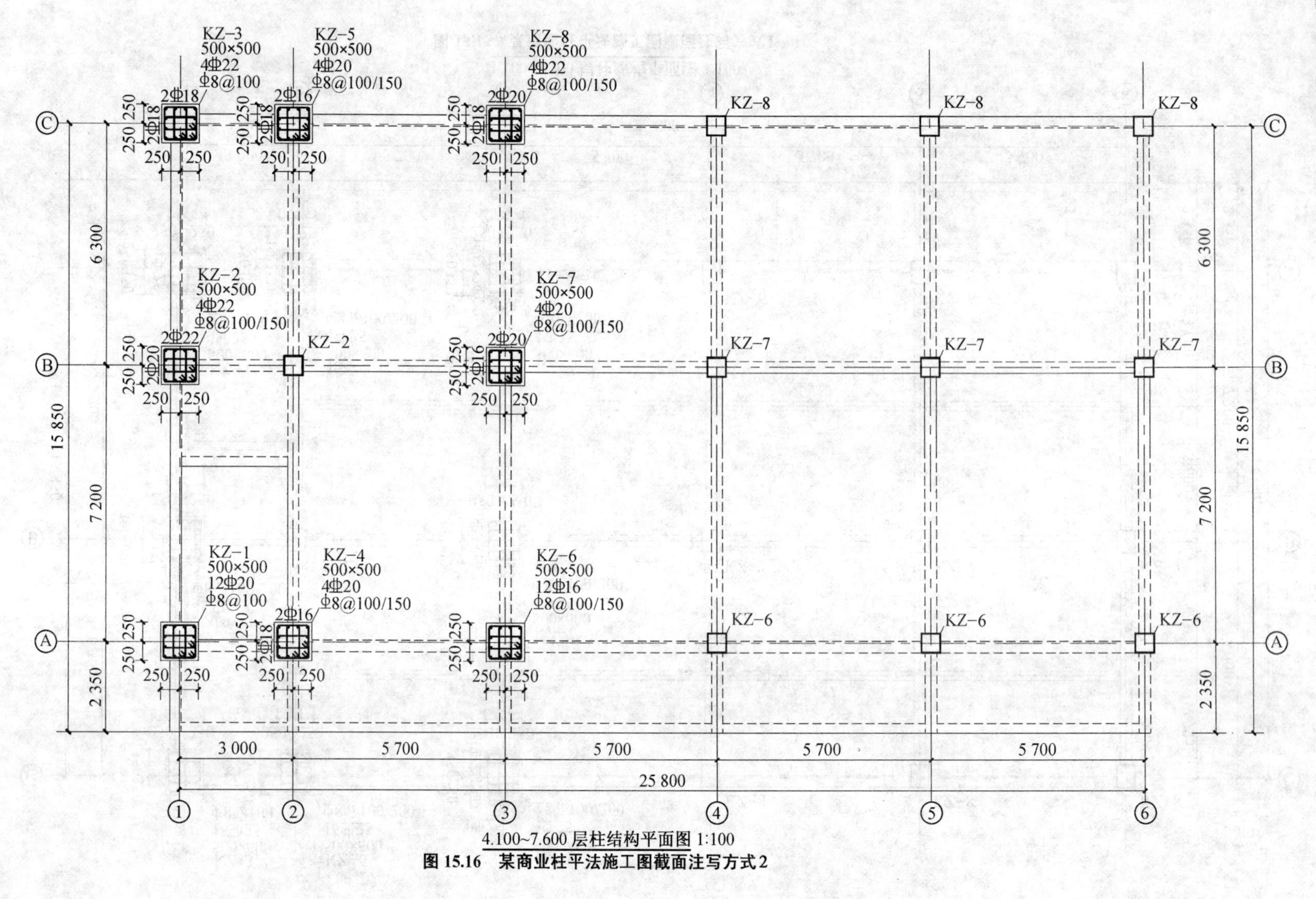

图 15.16　某商业柱平法施工图截面注写方式2

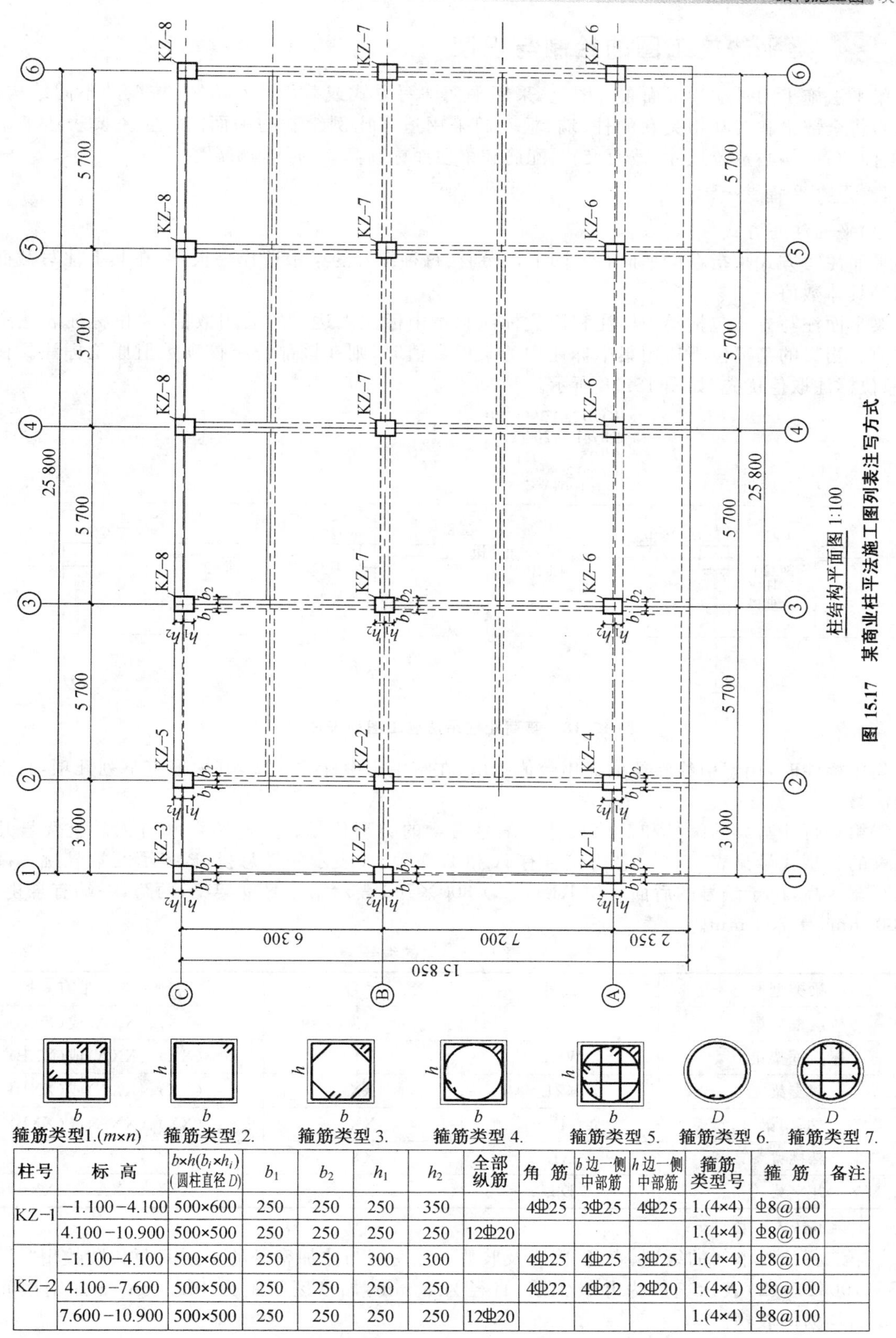

图 15.17 某商业柱平法施工图列表注写方式

柱号	标 高	b×h(bᵢ×hᵢ)(圆柱直径D)	b_1	b_2	h_1	h_2	全部纵筋	角 筋	b边一侧中部筋	h边一侧中部筋	箍筋类型号	箍 筋	备注
KZ-1	−1.100−4.100	500×600	250	250	250	350		4Φ25	3Φ25	4Φ25	1.(4×4)	Φ8@100	
	4.100−10.900	500×500	250	250	250	250	12Φ20				1.(4×4)	Φ8@100	
KZ-2	−1.100−4.100	500×600	250	250	300	300		4Φ25	4Φ25	3Φ25	1.(4×4)	Φ8@100	
	4.100−7.600	500×500	250	250	250	250		4Φ22	4Φ22	2Φ20	1.(4×4)	Φ8@100	
	7.600−10.900	500×500	250	250	250	250	12Φ20				1.(4×4)	Φ8@100	

15.6.2 梁平法施工图的绘制与识读

梁平法施工图是在梁平面布置图上，采用平面注写方式或截面注写方式，按梁的不同结构层(标准层)，将全部梁和与其相关联的柱、墙、板一起采用适当比例绘制的平面图。它主要表达了梁的代号、平面位置、偏心定位尺寸、截面尺寸、配筋和梁顶面标高高差的具体情况。

1.梁的平面表示方法

(1)平面注写方式。

平面注写方式是指在梁平面布置图上，分别在每种编号的梁中选择一根梁，在其上注写截面尺寸和配筋具体数值。

梁平面注写方式包括集中标注和原位标注。集中标注表达梁的通用数值，原位标注表达梁的特殊数值。当梁的某部位不适用集中标注中的某项数值时，则在该部位将该项数值原位标注。在图纸中，原位标注取值优先，如图15.18所示。

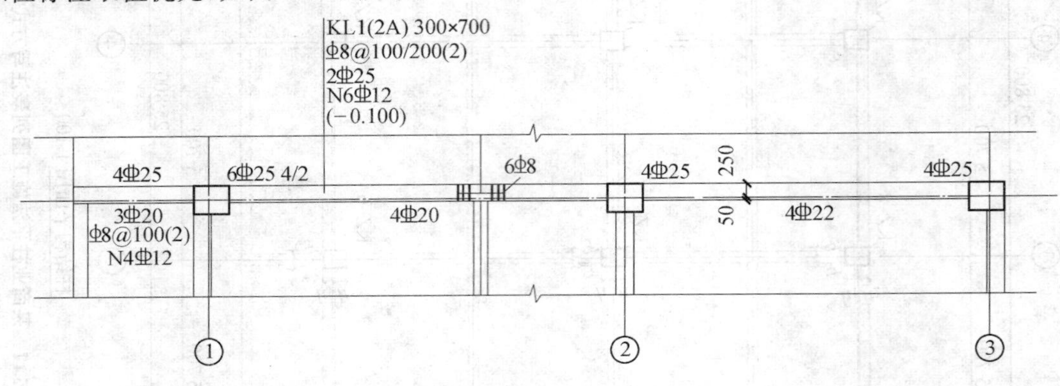

图15.18　某商业柱平法施工图列表注写方式

集中标注时，用索引线将梁的通用数值引出，在跨中集中标注一次，其内容有下列几项，自上而下分行注写。

①第一行注写梁的编号和截面尺寸。编号由梁的类型代号、序号、跨数和有无悬挑代号几项组成。梁的类型代号见表15.5。悬挑代号有A和B两种，A表示一端悬挑，B表示两端悬挑。截面尺寸注写宽×高，位于编号的后面。如KL1(2A) 300×700表示第1号框架梁，两跨，一端有悬挑，截面宽300 mm，高700 mm。

表15.5　梁的编号

梁类型	代号	序号	跨数及是否带有悬挑
楼层框架梁	KL	XX	(XX)、(XXA)或(XXB)
屋面框架梁	WKL	XX	(XX)、(XXA)或(XXB)
框支梁	KZL	XX	(XX)、(XXA)或(XXB)
非框架梁	L	XX	(XX)、(XXA)或(XXB)
悬挑梁	XL	XX	
井字梁	JZL	XX	(XX)、(XXA)或(XXB)

注:悬挑不计入跨数

②第二行注写箍筋的级别、直径、间距及肢数。加密区与非加密区的不同间距和肢数用“/”分隔。如ф8@100/200(2)表示箍筋为Ⅱ级钢筋，直径为8 mm，加密区间距为100 mm，非加密区间距为200 mm，均为两肢箍。

③第三行注写梁上部和下部通用纵筋的根数、级别和直径。上部纵筋和下部纵筋两部分中间用“;”隔开，前面是上部纵筋，后面是下部纵筋。当一排纵筋的直径不同时，注写时用“+”相连，将角部纵筋写在前面，如2ф20+1ф18表示两边为两根ф20的钢筋，中间为一根ф18的钢筋。无论上部还是下部钢筋，当为多排时，用“/”将各排纵筋自上而下分开，如6ф20 4/2表示上一排纵筋为四根

ф20 的钢筋，下一排纵筋为两根ф20 的钢筋。

④第四行注写梁中部构造或抗扭纵筋（当梁中有时）的根数、级别和直径。构造钢筋前加符号“G”表示，抗扭钢筋前加符号“N”表示，接续注写设置在梁两个侧面的总配筋值，且对称配置。例如G4ф10表示梁的两个侧面共配置四根直径为 10 mm 的纵向构造筋，每侧各配置 2ф10 钢筋；如N6ф12 表示梁的两个侧面共配置六根直径为 12 mm 的纵向抗扭筋，每侧各配置 3ф12 钢筋。

⑤第五行注写梁顶面标高高差。梁顶面标高高差是指相对于结构层楼面标高的高差值。有高差时，需将其写入括号内，无高差时不注写。当梁的顶面高于所在结构层的楼面标高时，其标高高差为正值，反之为负值。例如：(－0.100)表示梁顶面标高相对于结构层楼面低 0.10 m。即当结构层的楼面标高为 4.100 m 时，则表示该层该梁顶面标高为 4.000 m。

(2)截面注写方式。

截面注写方式是在分层绘制的梁平面布置图上，分别在不同编号的梁中各选择一根梁，用单边剖切符号引出配筋图，并在其上注写截面尺寸和配筋具体数值的方式。其绘制方式类似 15.4 节构件详图中梁配筋图的表示方式，在此不再赘述。

2. 梁平法施工图的识读

以如图 15.17 所示 KL1(2A)为例说明。该梁为框架梁 1，两跨并一端悬挑，截面宽高为 300 mm×700 mm。配筋情况如下：

上部：2ф25 为上部通长钢筋；右端支座截面纵筋为单排 4ф25(其中 2ф25 为通长角筋)；中间支座截面纵筋为单排 4ф25；左侧支座截面纵筋为双排 6ф25(上排为 4ф25，伸至挑梁梁端，下排为 2ф25)。

下部：①②轴间纵筋为单排 4ф25；②③轴间纵筋为单排 4ф25；悬挑部分纵筋为单排 3ф20。

梁的侧面为 6ф12 纵向抗扭钢筋，每侧 3ф12。

箍筋：①③轴间加密区为ф8@100，非加密区为ф8@200，悬挑部分为ф8@100，均为双肢箍。

细部构造查阅标准图集。

【重点串联】

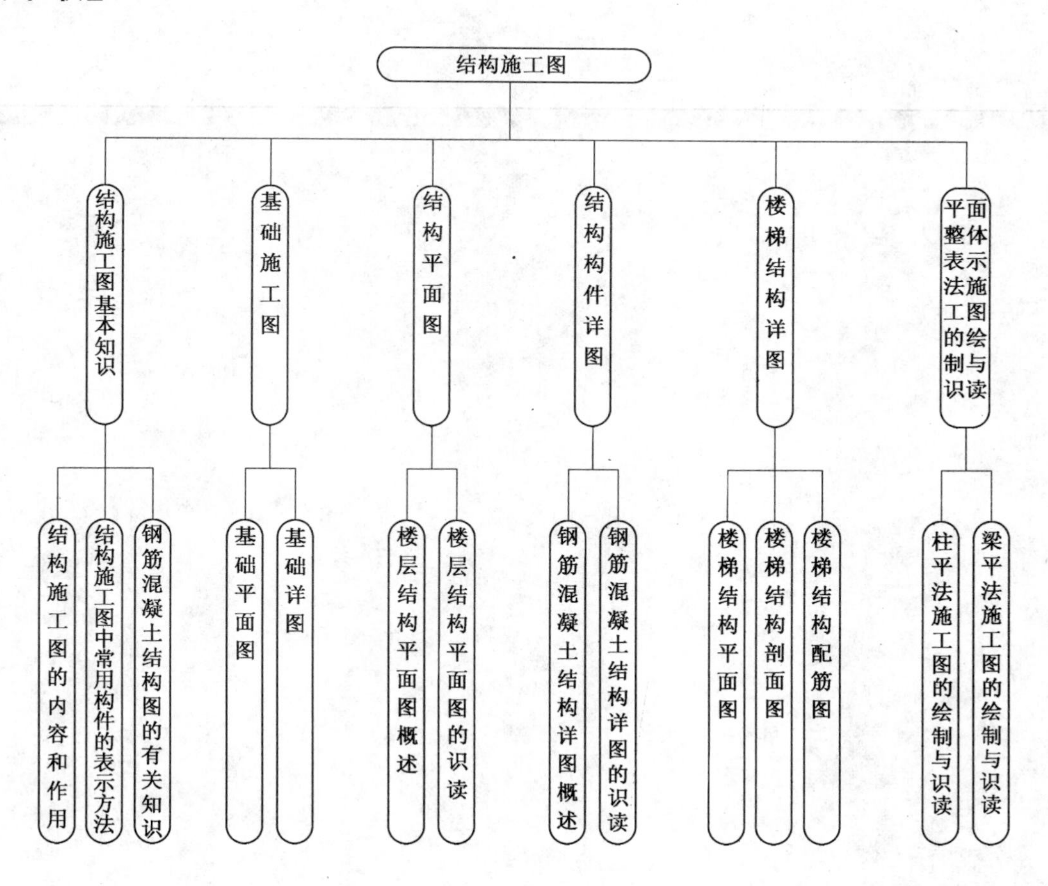

拓展与实训

基础训练

1. 结构施工图一般包括哪些内容？
2. 画出钢筋搭接图例，并举例说明钢筋在图上规格、尺寸的标注方法。
3. 基础平面图反映哪些内容？基础详图反映哪些内容？两者在施工中各起什么作用？
4. 结构平面图主要反映哪些内容？它在施工中起什么作用？
5. 钢筋混凝土构件详图在施工中起什么作用？它们主要反映哪些内容？
6. 梁的平面标注方式包括哪些内容？

链接执考

2010年制图员理论考试试题(单选题)

1. 梁段长度尺寸的标注形式为(　　)。

A. 注出踏面数及梯段总长　　B. 注出各踏面宽度及梯段长
C. 踏面数×踏步宽＝梯段长　　D. 踏步宽×踏面数＝梯段长

2. 梯段高度尺寸"150×12＝1 800"中，150 表示(　　)。

A. 步级数　　B. 缓步高度　　C. 梯段数　　D. 梯段高度

3. 粉刷层在(　　)比例的平面图中应当画出。

A. 1∶200　　B. 1∶100　　C. 1∶50　　D. 1∶25

4. 楼板代号"4YKB33－42B"中，左边的"4"为(　　)。

A. 板厚代号　　B. 板的块数　　C. 板长代号　　D. 板宽代号

模块16

建筑给排水工程图

【模块概述】

建筑给排水工程图是表示房屋内部的卫生设备、用水器具的种类、规格、安装位置、安装方法及其管道的配置情况和相互关系的图样，根据设计任务要求它主要是由平面布置图、系统原理图（轴测图）、屋顶平面图、设备安装详图和施工说明等配套组成的施工工程图。给排水工程图与其他专业工程图一样，要符合投影原理和视图、剖面和断面等基本画法的规定。

本模块通过介绍给排水系统的组成、给排水制图的一般规定、给排水平面布置图、系统原理图以及给排水工程图的阅读方法，使同学们能够熟练掌握给排水工程识图和绘制建筑给排水施工图的方法。

【知识目标】

1. 给排水系统的组成及分类；
2. 给排水施工图制图一般规定及组成；
3. 建筑给排水平面图图示方法和图示内容；
4. 筑给排水系统原理图图示方法和图示内容；
5. 建筑给排水施工图识图及绘制。

【能力目标】

1. 了解给排水施工图的内容、图例和图示方法；
2. 掌握建筑给排水施工图中平面布置图、系统原理图及详图的图示方法；
3. 掌握建筑给排水施工图的识图与绘图。

【学习重点】

建筑给排水平面图的图示方法和图示内容；系统原理图的图示方法和图示内容；建筑给排水施工图识图及绘制。

【课时建议】

6～8课时

【工程导入】

某市市区一座综合大楼，主体建筑 14 层，框架结构，楼高 49.8 m，内部包含了公共大厅、办公室、客房等使用功能。楼内安装有生活给水、排水、热水给水和回水、消火栓、自动喷淋、中央空调等常用系统。4～9 层有客房卫生间，每层的客房卫生间布局不尽相同，有的单个卫生间配一个管道井，也有两个毗邻卫生间共配一个管道井，要求生活给水系统必须在管道井内把水配送至每间卫生间；2～14 层有布局完全相同的公共卫生间，要求生活给水系统必须把水配送至每个卫生间的配水龙头。

本工程采用城市市政给水管网作为取水点，由于楼层高，要求生活给水系统必须具有足够的压力，才能使水送至建筑物顶层，同时为了各用水点压力均衡和防备市政管网水压不够，生活给水系统分为高、低两个区，同时还相应配套设置了地下蓄水池和屋顶蓄水箱。

通过上面的例子你明白建筑给排水工程包括哪些内容以及建筑物内部的给排水系统怎么布置在图上了吗？

16.1 概 述

建筑给水排水工程是现代工业建筑与民用建筑的一个重要组成部分。整个工程与房屋建筑工程密切联系，在设计过程中，应该注意与建筑工程和结构工程的紧密配合、协调一致。只有这样，建筑物的各种功能才能得到充分发挥。

16.1.1 建筑给排水系统的分类

1. 建筑给水系统的分类

建筑给水系统是供应建筑内部和小区范围内的生活用水、生产用水和消防用水的系统，它包括建筑内部给水与小区给水系统。而建筑内部的给水系统是将城镇给水管网或自备水源给水管网的水引入室内，经配水管送至生活、生产和消防用水设备，并满足各用水点对水量、水压和水质要求的冷水供应系统。它与小区给水系统是以给水引入管上的阀门井或水表井为界。

建筑内部给水系统按用途可分为生活给水系统、生产给水系统和消防给水系统。

(1)生活给水系统。

生活给水系统是为住宅、公共建筑和工业企业内人员提供饮水和生活用水(淋浴、洗涤及冲厕等用水)的供水系统。生活给水系统又可以分为单一给水系统和分质给水系统。单一给水系统其水质必须符合现行国家规定的《生活饮用水卫生标准》，该水的水质必须确保居民终生饮用安全。分质给水系统按照不同的水质标准分为符合《饮用净水水质标准》的直接饮用水系统、符合《生活饮用水卫生标准》的生活用水系统、符合《生活杂用水水质标准》的杂用水系统(中水系统)。

(2)生产给水系统。

生产给水系统指工业建筑或公共建筑在生产过程中使用的给水系统，供给生产设备冷却，原料和产品的洗涤，以及各类产品制造过程中所需的生产用水或生产原料。生产用水对水质、水量、水压及可靠性等方面的要求应按生产工艺设计要求确定。生产给水系统又可分为直流给水系统、循环给水系统、复用水给水系统。生产给水系统应优先设置循环或重复利用给水系统，并应利用其余压。

(3)消防给水系统。

消防给水系统是供给以水灭火的各类消防设备用水的供水系统。根据《建筑设计防火规范》的规定，对某些多层或高层民用建筑、大型公共建筑、某些生产车间和库房等，必须设置消防给水系统。消防用水对水质要求不高，但必须按照《建筑设计防火规范》保证供给足够的水量和水压。

技术提示：

上述三种基本给水系统，根据建筑情况，对供水的要求以及室外给水管网条件等，经过技术经济比较，可以分别设置独立的给水系统，也可以设置两种或三种合并的共用系统。共用系统有生活—生产—消防共用系统、生活—消防共用系统、生产—消防共用系统等。

2. 建筑排水系统的分类

建筑物排水系统的任务是将人们在建筑内部的日常生活和工业生产中产生的污、废水以及降落在屋面上的雨、雪水迅速地收集后排除到室外，使室内保持清洁卫生，并为污水处理和综合利用提供便利的条件。按系统接纳的污废水类型不同。建筑物排水系统分为生活排水系统、工业废水排水系统和雨(雪)水排水系统。

(1)生活排水系统。

生活排水系统用来收集排除居住建筑、公共建筑及工厂生活的人们日常生活所产生的污废水。通常将生活排水系统分为两个系统来设置：一是冲洗便器的生活污水，含有大量有机杂质和细菌，污染严重，由生活污水排水系统收集排除到室外，先排入化粪池进行局部处理，然后再排入室外排水系统；二是洗浴和洗涤废水，污染程度较轻，几乎不含固体杂质，由生活废水排水系统收集直接排除到室外排水系统，或者作为中水系统较好的中水水源。

(2)工业废水排水系统。

工业废水排水该系统的任务是排除工艺生产中产生的污废水。生产污水污染较重，需要经过处理，达到排放标准后才能排入室外排水系统；生产废水污染较轻，可直接排放，或经简单处理后重复利用。

(3)雨(雪)水排水系统。

屋面雨水排除系统用以收集排除降落在建筑屋面上的雨水和融化的雪水。

16.1.2 建筑给排水系统的组成

1. 建筑给水系统的组成

建筑物内的给水系统如图 16.1 所示。

(1)引入管。

引入管是建筑物内部给水系统与城市给水管网或建筑小区给水系统之间的联络管段，也称进户管。城市给水管网与建筑小区给水系统之间的联络管段称为总进水管。

(2)水表节点。

水表节点是安装在引入管上的水表及其前后设置的阀门和泄水装置的总称。需对水量进行计量的建筑物，应在引入管上装设水表。建筑物的某部分或个别设备需计量时，应在其配水管上装设水表，住宅建筑应装设分户水表。由市政管网直接供水的独立消防给水系统的引入管上，可不装设水表。

(3)给水管网。

给水管网是指由水平或垂直于支管、立管、横支管等组成的建筑内部的给水管网。

(4)给水附件。

给水附件指管路上闸阀、止回阀等控制附件及淋浴器、配水龙头、冲洗阀等配水附件和仪表等。

(5)升压和贮水设备。

在市政管网压力不足或建筑对安全供水、水压稳定有较高要求时，需设置各种附加设备，如水箱、水泵、气压给水装置、贮水池等增压和贮水设备。

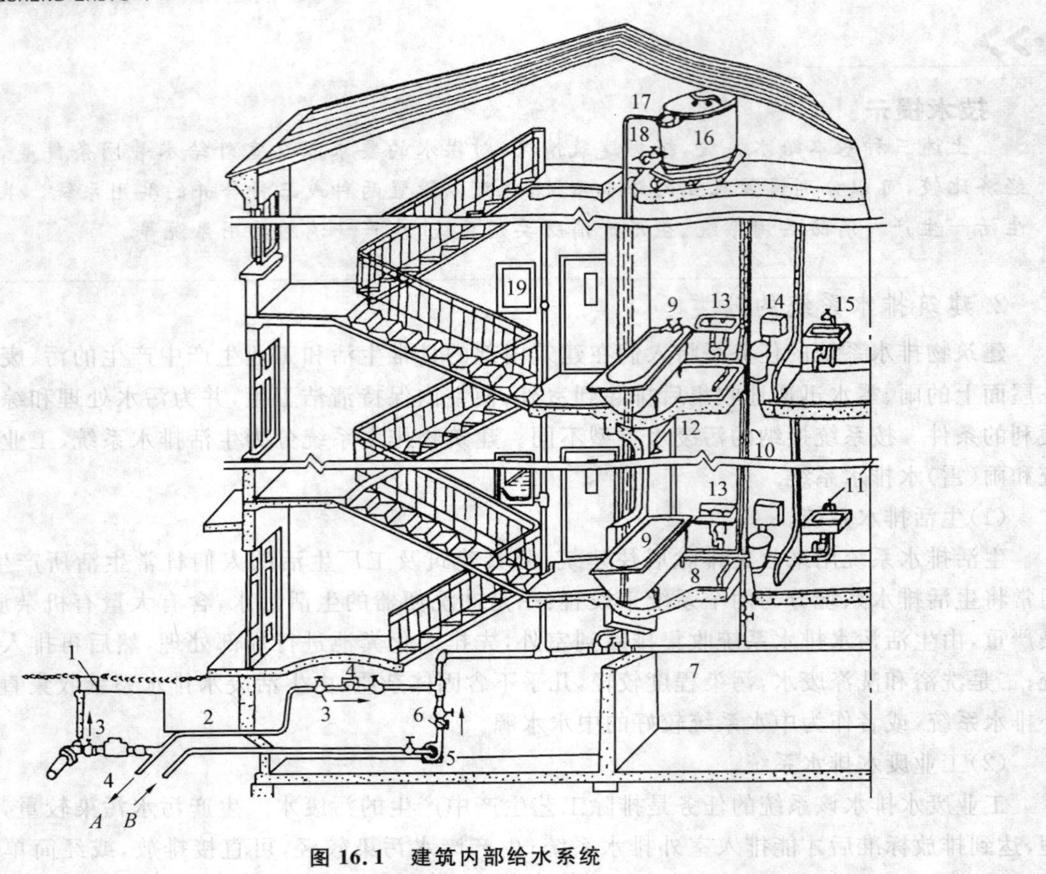

图 16.1　建筑内部给水系统

1—阀门井；2—引入管；3—闸阀；4—水表；5—水泵；6—逆止阀；7—干管；8—支管；9—浴盆；10—立管；11—水龙头；12—淋浴器；13—洗脸盆；14—大便器；15—洗涤盆；16—水箱；17—进水管；18—出水管；19—消水栓；A—入贮水池；B—来自贮水池

(6)消防用水设备。

消防用水设备是指按建筑物防火要求及规定设置的消火栓、自动喷水灭火设备等。

(7)给水局部处理设备。

建筑物所在地点的水质已不符合要求或直接饮用水系统的水质要求高于我国自来水的现行水质标准的情况下，需要设给水深处理构筑物和设备来局部进行给水深处理。

2. 排水系统的组成

一个完整的建筑内部污(废)水排水系统是由下列部分组成部分，如图 16.2 所示。

(1)污废水受水器。

污废水受水器是指用来接纳、收集污废水的器具。它是建筑内部排水系统的起点。

(2)排水管系统。

排水管系统是由排水管、排水横管、立管、排水干管及排出管等组成。

①器具排水管(即排水支管)是连接卫生器具和排水横管之间的一段短管。除了自带水封装置的卫生器

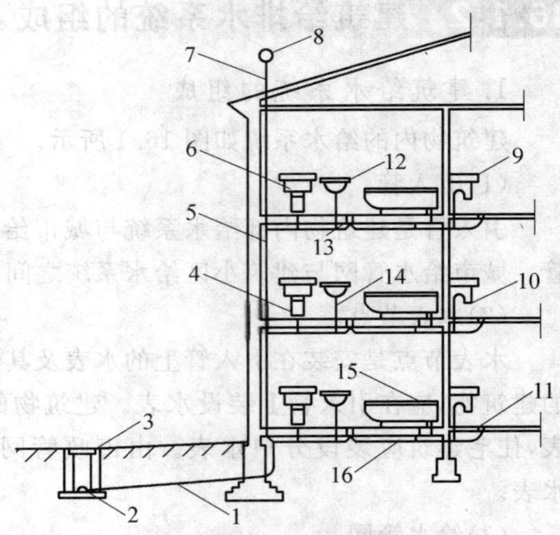

图 16.2　室内排水系统示意图

1—排出管；2—室外排水管；3—检查井；4—大便器；5—立管；6—检查口；7—伸顶通气管；8—铁丝网罩；9—洗涤盆；10—存水弯；11—清扫口；12—洗脸盆；13—地漏；14—器具排水管；15—浴盆；16—横支管

具所接的器具排水管上不设水封装置以外，其余都应设置水封装置，以免排水管道中的有害气体和臭气进入室内。水封装置有存水弯、水封井和水封盒等。一般排水支管上设的水封装置是存水弯。

②排水横管是收集各卫生器具排水管流出的污水并排至立管的水平排水管。排水横管沿水流方向要有一定的坡度，排水干管和排出管也应如此。

③排水立管是连接各楼层排水横管的竖直过水部分的排水管。

④排水干管是连接两根或两根以上排水立管的总横支管。在一般建筑中，排水干管埋地敷设，在高层多功能建筑中，排水干管往往设置在专门的管道转换层内。

⑤排出管是室内排水系统与室外排水系统的连接管道。一般情况下，为了及时排除室内污废水，防止管道堵塞，每个排水立管直接与排出管相连，而取消排水干管。排出管与室外排水管道连接处要设置排水检查井，如果是粪便污水应先排入化粪池，再经过检查井排入室外的排水管道。

(3)通气管系统。

通气管系统是指与大气相通的只用于通气而不排水的管路系统。它的作用有：使水流通畅，稳定管道内的气压，防止水封被破坏；将室内排水管道中的臭气及有害气体排到大气中去；把新鲜空气补入排水管换气，以消除因室内管道系统积聚有害气体而危害养护人员、发生火灾和腐蚀管道；降低噪声。通气管系统形式有普通单立管系统、双立管系统和特殊单立管系统，如图 16.3 所示。对于层数不高，卫生器具不多的建筑物，可将排水立管上端延长并伸出屋顶，这一段管称为伸顶通气管，这种通气方式就是普通单立管系统。对于层数较高、卫生器具较多的建筑物，因排水立管长、排水情况复杂及排水量大，为稳定排水立管中气压，防止水封被破坏，应采用双立管系统或特殊单立管系统。

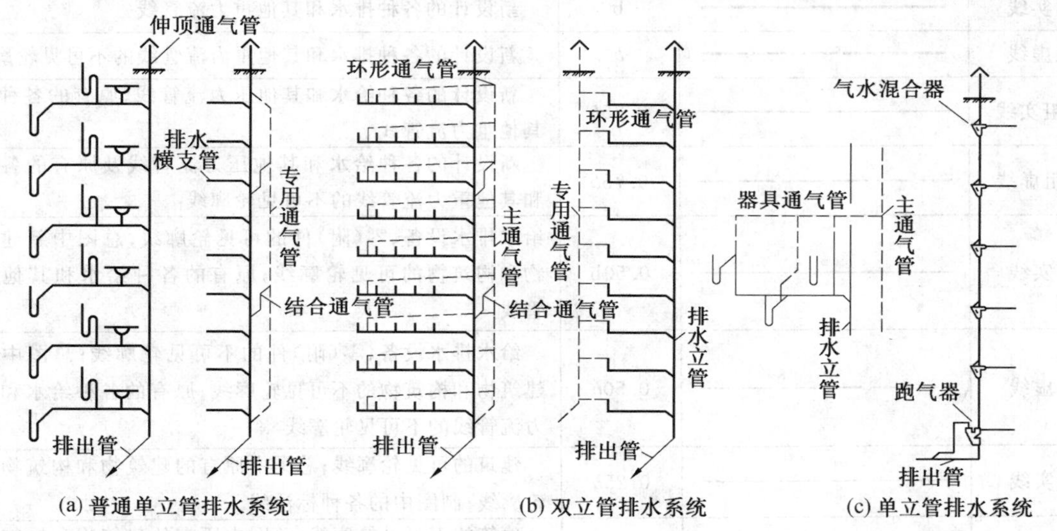

图 16.3　不同通气方式的排水系统

双立管系统是指设置一根单独的通气立管与污水立管相连(包括两根及两根以上的污水立管同时与一根通气立管相连)的排水系统。双立管系统又设有专用通气立管的系统，由专用通气立管、结合通气管和伸顶通气管组成；主(副)通气立管的系统，是由主(副)通气立管、伸顶通气管、环形通气管(或器具通气管)相结合的系统。

☆知识拓展

另外可用吸(补)气阀(即单路进气阀)代替器具通气管和环形通气管。特殊单立管排水系统是指设有上部和下部特制配件及伸顶通气管的排水系统。

(4)清通设备。

污水中含有很多杂质，容易堵塞管道，所以建筑内部排水系统需设置清通设备，管道堵塞时用以疏通。

(5)抽升设备。

当建筑物内的污水不能利用重力自流到室外排水系统时，此排水系统应设置污水抽升设备，将污水及时提升到地面上，然后排至室外排水系统。

(6)局部污水处理构筑物。

排入城市排水管网的污废水要符合国家规定的污水排放标准。当建筑内部污水未经处理而未达到排放标准时(如含较多汽油、油脂或大量杂质的、或呈强酸性、强碱性的污水)，不允许直接排入城市排水管网，此时需设置局部处理构筑物，使污水水质得到初步改善后再排入室外排水管网，局部处理构筑物有隔油池、沉淀池、化粪池、中和池及其他含毒污水的局部处理设备。

16.1.3 给排水制图的一般规定

1. 图线

应根据图纸的类别、比例和复杂程度，按照《房屋建筑制图统一标准》中规定的线宽系列从 2.0，1.4，1.0，0.7，0.5，0.35 中选用，线的宽度 b 宜为 0.7 mm 或 1.0 mm；由于在实线和虚线的粗、中、细三档线型的线宽中增加了一档中粗，因而线宽组的线宽比也扩展为：粗：中粗：中：细＝1：0.75：0.5：0.25。

给水排水专业制图常用的各种线型宜符合表 16.1 的规定。

表 16.1　给排水施工图常用图线

名称	线型	线宽	用途
粗实线	————————	b	新设计的各种排水和其他重力流管线
粗虚线	— — — — — —	b	新设计的各种排水和其他重力流管线的不可见轮廓线
中粗实线	————————	$0.75b$	新设计的各种给水和其他压力流管线；原有的各种排水和其他重力流管线
中粗虚线	— — — — — —	$0.75b$	新设计的各种给水和其他压力流管线及原有的各种排水和其他重力流管线的不可见轮廓线
中实线	————————	$0.50b$	给水排水设备、零(附)件的可见轮廓线；总图中新建的建筑物和构筑物的可见轮廓线；原有的各种给水和其他压力流管线
中虚线	— — — — — —	$0.50b$	给水排水设备、零(附)件的不可见轮廓线；总图中新建的建筑物和构筑物的不可见轮廓线；原有的各种给水和其他压力流管线的不可见轮廓线
细实线	————————	$0.25b$	建筑的可见轮廓线；总图中原有的建筑物和构筑物的可见轮廓线；制图中的各种标注线
细虚线	— — — — — —	$0.25b$	建筑的不可见轮廓线；总图中原有的建筑物和构筑物的不可见轮廓线
单点画线	—·—·—·—	$0.25b$	中心线、定位轴线
折断线	———\/———	$0.25b$	断开界线
波浪线	～～～～～	$0.25b$	平面图中水面线；局部构造层次范围线；保温范围示意线等

2. 比例

给水排水专业制图常用的比例宜符合表 16.2 的规定。

表 16.2 给排水施工图中的常用比例

图名	比例	备注
区域规划图 区域位置图	1∶50 000、1∶25 000、1∶10 000 1∶5 000、1∶2 000	宜与总图专业一致
总平面图	1∶1 000、1∶500、1∶300	宜与总图专业一致
管道纵断面图	纵向:1∶200、1∶100、1∶50 横向:1∶1 000、1∶500、1∶300	
水处理厂(站)平面图	1∶500、1∶200、1∶100	
水处理构筑物、设备间、卫生间、泵房平、剖面图	1∶100、1∶50、1∶40、1∶30	
建筑给排水平面图	1∶200、1∶150、1∶100	宜与建筑专业一致
建筑给排水轴测图	1∶150、1∶100、1∶50	宜与相应图纸一致
详图	1∶50、1∶30、1∶20、1∶10、1∶5、1∶2、1∶1、2∶1	

3. 标高

标高符号及一般标注方法应符合《房屋建筑制图统一标准》中的规定。室内工程应标注相对标高;室外工程宜标注绝对标高,当无绝对标高资料时,可标注相对标高,但应与总图专业一致。压力管道应标注管中心标高;沟渠和重力流管道宜标注沟(管)内底标高。

平面图中管道及沟渠标高的标注方法如图 16.4 所示。

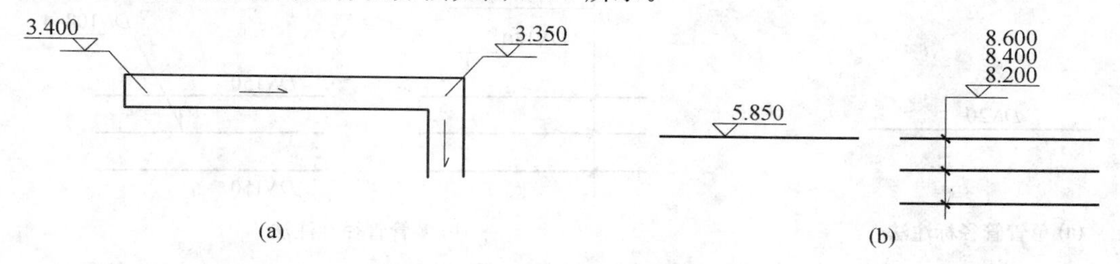

图 16.4 平面图中管道及沟渠标高的标注法

(1)平面图中管道标高应按图 16.4(a)所示的方式标注,沟渠标高应按图 16.4(b)所示的方式标注。

(2)剖面图中管道及水位的标高应按图 16.5 所示的方式标注。

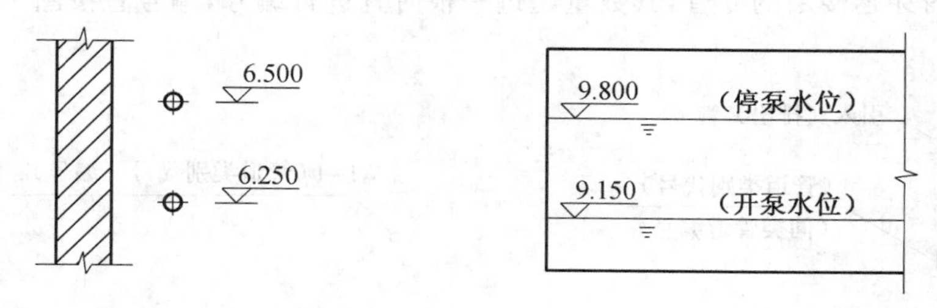

图 16.5 剖面图中管道及水位标高的标注法

(3)轴测图中管道标高应按图 16.6 所示的方式标注。

(4)在建筑工程中,管道也可注相对本层建筑地面的标高,标注方法为 h+×.×××,h 表示本层建筑地面标高(如 h+0.250)。

4. 管径

(1)管径应以 mm 为单位。

(2)管径的表达方式应符合下列规定:

①水煤气输送钢管(镀锌或非镀锌)、铸铁管等管材,管径宜以公称直径 *DN* 表示(如 *DN*15、

DN50)；

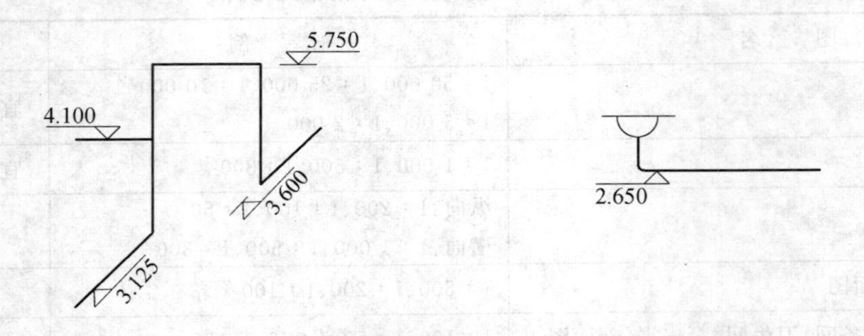

图 16.6　轴测图中管道标高的标注法

②无缝钢管、焊接钢管(直缝或螺旋缝)、铜管、不锈钢管等管材，管径宜以外径 D×壁厚表示(如 $D108\times4$、$D159\times4.5$ 等)；

③钢筋混凝土(或混凝土)管、陶土管、耐酸陶瓷管、缸瓦管等管材，管径宜以内径 d 表示(如 $d230$、$d380$ 等)；

④塑料管材，管径宜按产品标准的方法表示；

⑤当设计均用公称直径 DN 表示管径时，应有公称直径 DN 与相应产品规格对照表。

管径的标注方法如图 16.7 所示。

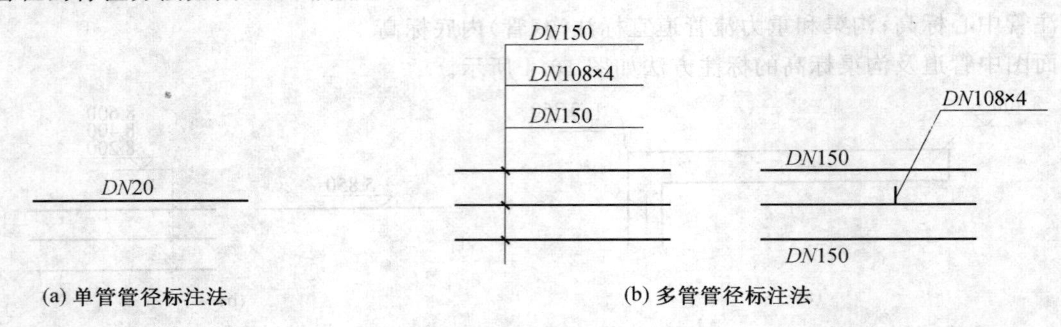

(a) 单管管径标注法　(b) 多管管径标注法

图 16.7　管径的标注方法

5. 编号

当建筑物的给水引入管或排水排出管的数量超过一根时宜进行编号，编号宜按图 16.8(a)所示的方法表示；建筑物内穿越楼层的立管，其数量超过一根时宜进行编号，编号宜按图 16.8(b)所示的方法表示。

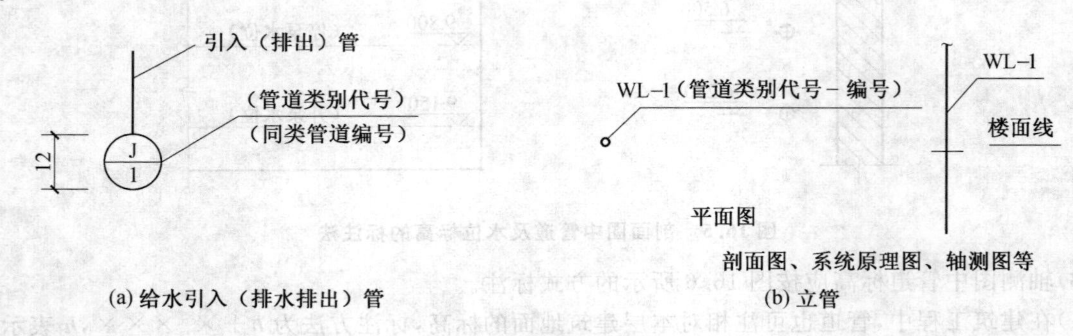

(a) 给水引入（排水排出）管　(b) 立管

图 16.8　管道编号表示法

在总平面图中，当给排水附属构筑物的数量超过一个时，宜进行编号。

(1)编号方法为：构筑物代号－编号；

(2)给水构筑物的编号顺序宜为：从水源到干管，再从干管到支管，最后到用户；

(3)排水构筑物的编号顺序宜为：从上游到下游，先干管后支管；

(4)当给排水机电设备的数量超过一台时,宜进行编号,并应有设备编号与设备名称对照表。

6. 图例

建筑给水排水施工图中的管道、给排水附件、卫生器具、升压和贮水设备以及给排水构造物等都是用图例符号表示的,在识读施工图时,必须明白这些图例符号。表 16.3 为常用图例符号。

表 16.3 常用给排水施工图图例

名称	图例	名称	图例
生活给水管	——J——	减压阀	
废水管	——F——	放水龙头	
污水管	——W——	室外消火栓	
雨水管	——Y——	室内消火栓(单口)	平面 系统
通气管	——T——	室内消火栓(双口)	平面 系统
热水给水管	——RJ——	水泵接合器	
热水回水管	——RH——	手提式灭火器	
消火栓给水管	——XH——	推车式灭火器	
管道立管	XL-1 平面 XL-1 系统	立式洗脸盆	
立管检查口		台式洗脸盆	
清扫口	平面 系统	浴盆	
通气帽	成品 铅丝球	污水池	
雨水斗	YD- 平面 YD- 系统	蹲式大便器	
圆形地漏		坐式大便器	
方形地漏		小便槽	
自动冲洗水箱		淋浴喷头	
存水弯		矩形化粪池	HC

续表 16.3

名称	图　例	名称	图　例
闸阀		雨水口	单口　双口
三通阀		阀门井 检查井	
止回阀		水表井	

16.1.4 给排水施工图的内容

建筑给排水施工图按设计任务要求，应包括设计总说明、平面布置图（总平面图、建筑平面图）、系统图及施工详图（大样图）表等。

（1）设计总说明。

用文字的形式表达给水排水施工图中不易用图样表达的内容，如设计数据、引用的标准图集、使用的材料器件列表、施工要求以及其他技术参数等。

（2）给水排水平面图。

表示给水排水系统的平面布置方式，其与建筑、结构的平面关系以及平面上的连接形式等。平面图一般是在建筑平面图的基础上绘制的。

（3）给水排水系统图。

表示给水排水系统的空间关系或者器件的连接关系。系统图与平面图相结合能很好地反映系统的全貌和工作原理。

（4）详图。

表示给水排水系统中某一部位具体安装细节或安装要求的图样，通常采用已有的标准图集，如卫生器具安装、排水检查井、阀门井、水表井、雨水检查井、局部污水处理构筑物等，均有各种施工标准图。

16.2 平面布置图

16.2.1 给排水平面图的图示内容

建筑给水排水平面图用于表示建筑物内给水排水管道及设备的平面布置。一般情况下，室内给水管道和室内排水管道平面图可合画在一起，也可以分开绘制。下面介绍的实例图是合画在一起的。

给排水平面图应表达如下内容：用水房间和用水设备的种类、数量、位置等；各种功能的管道、管道附件、卫生器具、用水设备，如消火栓箱、喷头等，均应用图例表示；各种横干管、立管、支管的管径、坡度等均应标出；各管道、立管均应编号标明。

16.2.2 图示说明

（1）图例及文字说明。

为了便于阅读图纸，施工图中应附上各种管道、管道附件及卫生设备等的图例，并对施工要求、有关材料等情况用文字加以说明。

(2)比例。

给水排水管网平面布置图的比例,可采用与房屋建筑平面图相同的比例,一般常用1∶100。当卫生设备或管路布置较复杂的房间,用1∶100画出的图样显示不够清楚时,可采用1∶50来绘制。

(3)给水排水平面图的数量。

给水排水平面图原则上应分层绘制。若楼层平面给水排水房间和卫生设备及管道布置完全相同时,可只画出一个平面图。底层给水排水平面图中的室内管道需与户外管道相连,所以必须单独绘制。如图16.9所示为某商品楼一层给排水平面布置图。

(4)卫生器具平面图。

常用的卫生器具如洗脸盆、大便器、淋浴器等是定型产品,不必详细画出其形体,可按表16.3的图例画出,施工时按《给水排水国家标准图集》来安装。所有的卫生器具图线都用细线(0.25*b*)绘制,也可用中粗线(0.5*b*),按比例画出其平面图形的外轮廓,内轮廓则用细实线表示。

(5)给水排水平面图。

管道是平面布置图的主要内容,通常用各种线型来表示不同性质系统的管道。给水管、污水管、废水管、排水管、雨水管均用粗实线(*b*)表示,并在其上标有J、W、F、P、Y等。管道的立管用黑圆点(其直径约为3*b*)表示。

各种管道在楼面(地面)之上或之下,均不考虑其可见性,仍按管道类别用规定的线型画出。当在同一平面布置有几根上下不同高度的管道时,可以画成平行排列,管道无论明装还是暗装,平面图中的管线仅示意其安装位置,并表示其具体平面定位尺寸。即使明装的管道也可画入墙线内,但要在施工说明中注明该管道系统是明装的。当给水管与排水管交叉时,应连续画出给水管,断开排水管。给水系统的引入管和污、废水管系统的排出管在底层给水排水平面图中画出。

(6)管道系统及立管的编号。

建筑给水排水管路系统的进出口数大于等于两个时,各种管路系统应分别予以编号。给水管可按每一室外引入管为一系统,污、废水管道以每一个承接排水管的检查井为一系统。系统索引符号如图16.9所示,用细线(0.25*b*)的单圆圈表示,圆圈直径以12 mm为宜;圆圈上部的文字代表管道系统的类别,以汉语拼音的第一个字母表示,如"J"代表给水系统,"W"代表污水系统,"F"代表废水系统,"P"代表排水系统;圆圈下部用阿拉伯数字顺序注写系统编号。图中有立管时,用指引线标上立管代号XL,X表示的是管道类别(如J、W、F或P)代号;若一种系统的立管数在两个或两个以上时,应注出管道类别代号、立管代号及数字编号,如JL－1表示1号给水立管,JL－2表示2号给水立管,如图16.10所示。

(7)尺寸和标高。

室内给水排水平面图中只需标注轴线尺寸和各层楼(地)面标高。卫生器具和管道一般都是沿墙靠柱设置的,一般不标注定位尺寸。必要时,以墙面或柱面为基准标出。管道的长度以实测尺寸为依据,图中不标注管道长度。管道的管径、坡度和标高,一般在管道系统图中予以标注。

【例16.1】 某小区商品楼房的给排水平面布置图如图16.9～图16.12所示。

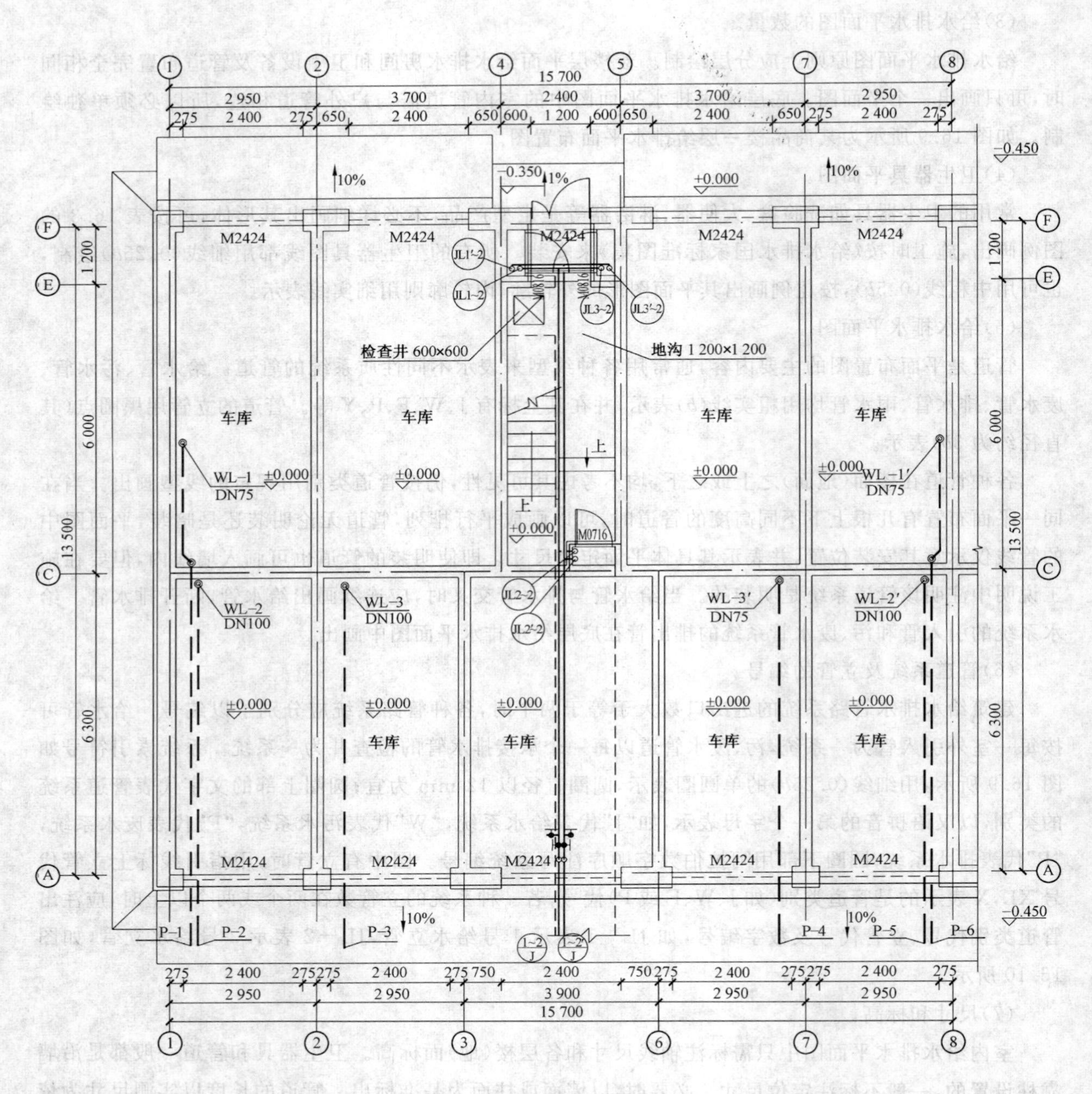

图 16.9　一层给排水平面布置图

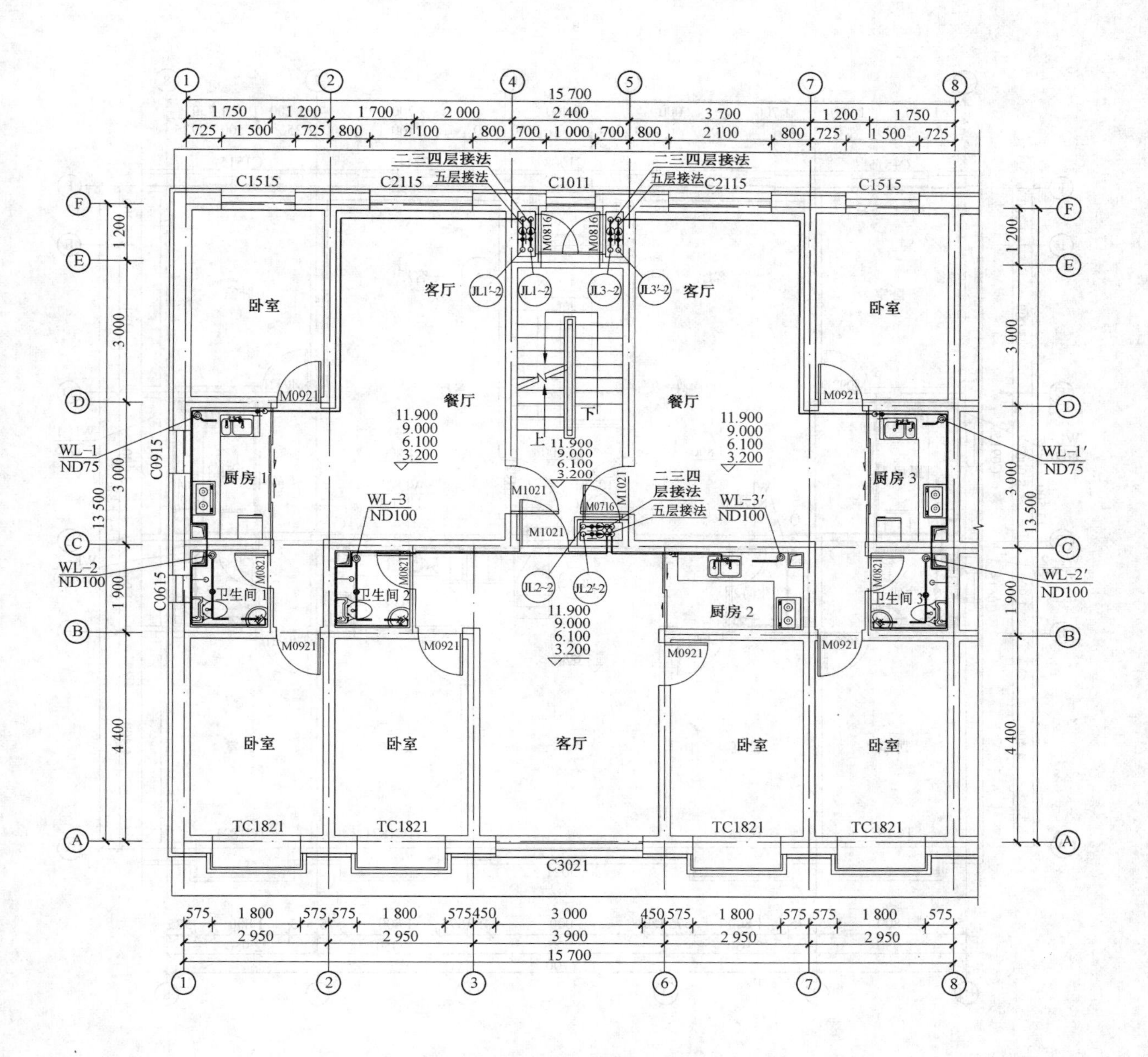

图 16.10　二～五层给排水平面布置图

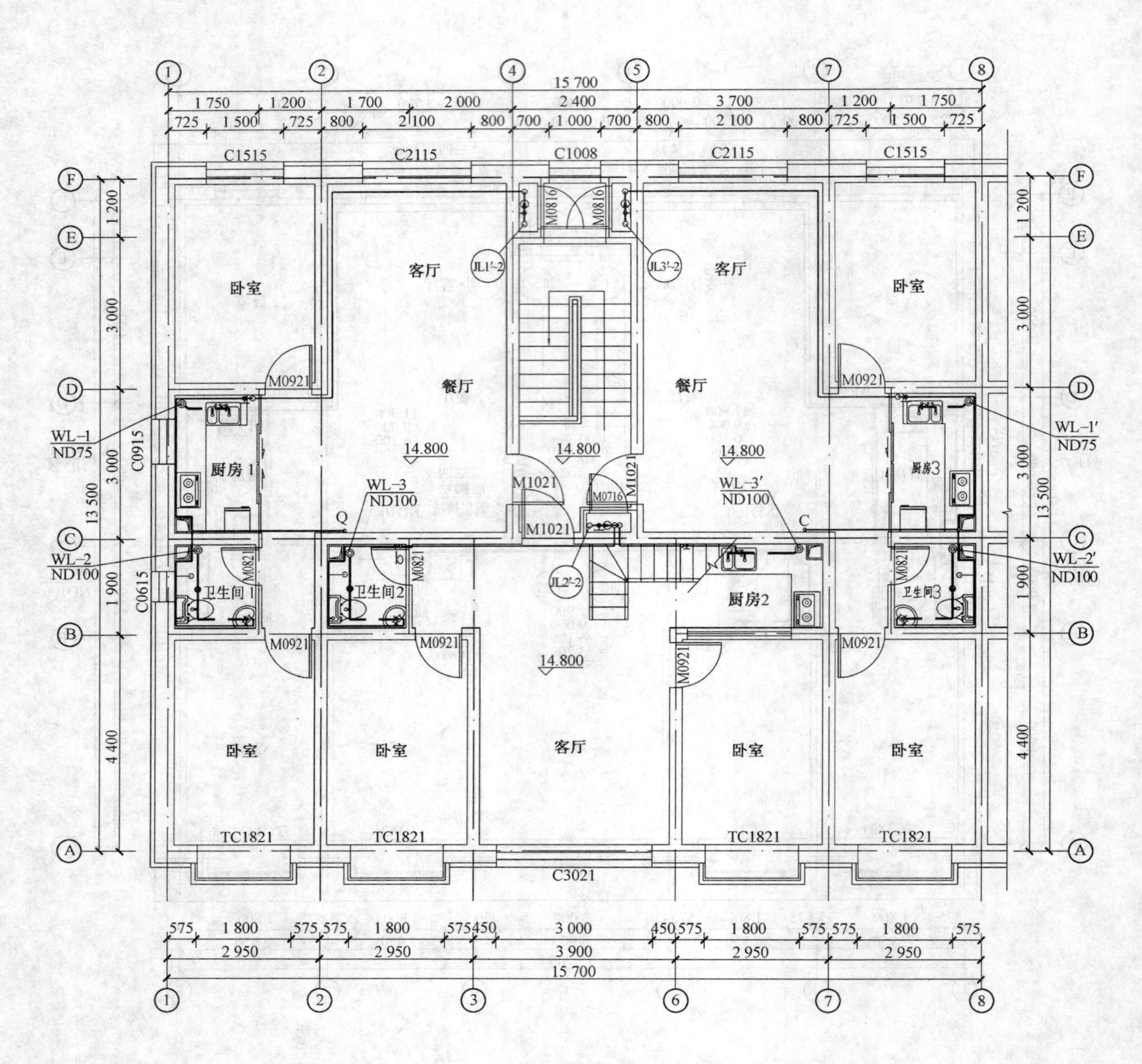

图 16.11　六层给排水平面布置图

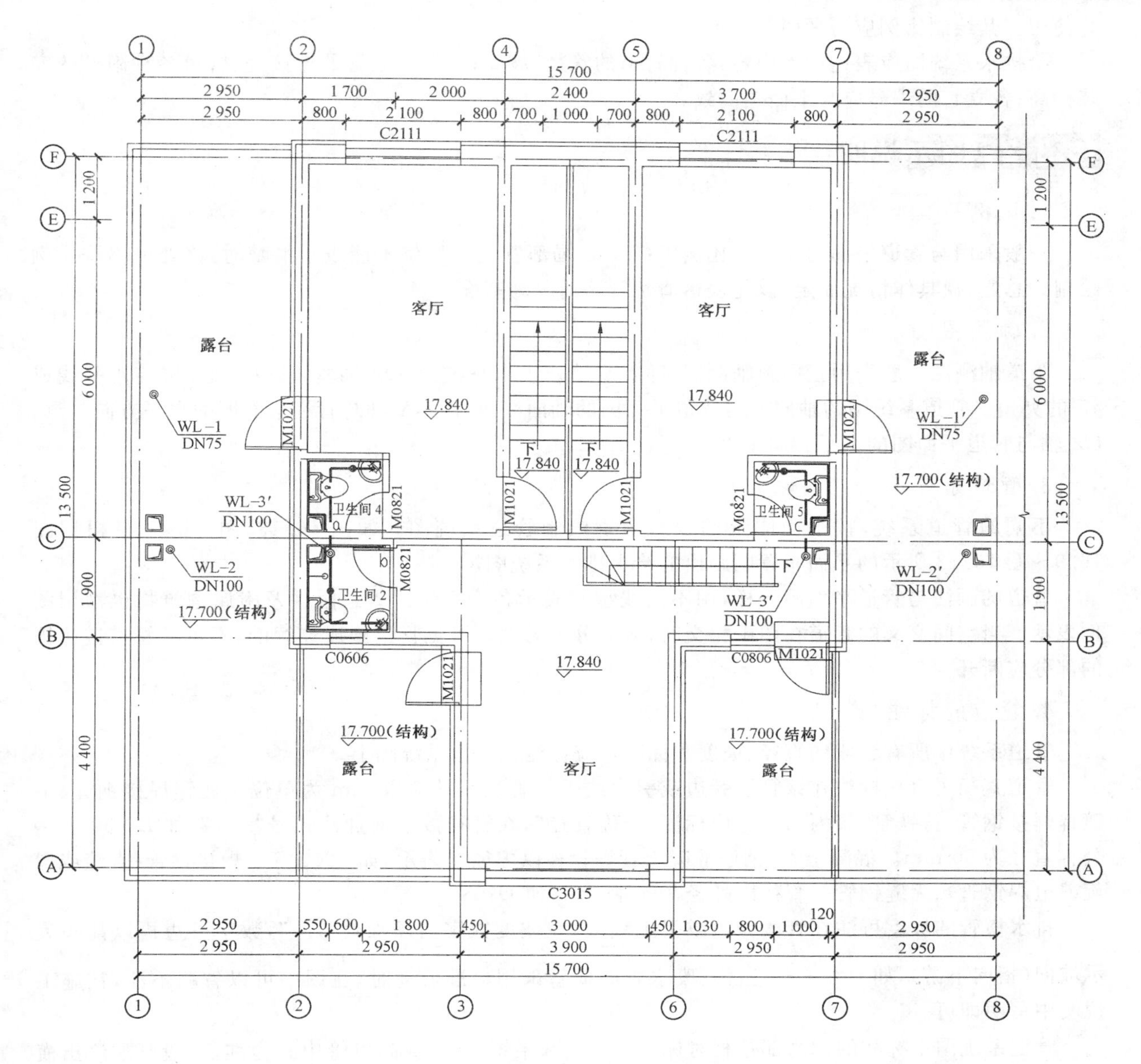

图 16.12 阁楼给排水平面布置图

16.2.3 绘图步骤

(1)画出用水房间的平面图；

(2)画出卫生设备的平面布置；

(3)画出管道的平面布置；

(4)标注有关尺寸、标高、编号，注写有关的图例及文字说明等。

16.3 系统原理图

16.3.1 给排水系统图的图示内容

给水、排水系统原理图，也称给水、排水轴测图，应表达出给排水管道和设备在建筑中的空间布置关系。系统原理图一般应按给水、排水、热水供应、消防等各系统单独绘制，以便于安装施工和造价计算使用。其绘制比例应与平面图一致。

给排水系统图应表达如下内容：各种管道的管径、坡度；支管与立管的连接处、管道各种附件的安装标高；各立管的编号应与平面图一致。

16.3.2 图示说明

1. 比例

一般采用与管道平面图相同的比例 1∶100。局部管道按比例不能表示清楚时，该处可不按比例绘制。总之，视具体情况而定，以能表达清楚管路情况为基准。

2. 轴测图

管道轴测图一般采用正面斜轴测图，即 OX 轴处于水平位置，OZ 轴垂直，OY 轴一般与水平线成 45°的夹角。管道系统图的轴向要与管道平面图的轴向一致，即 OX 轴与管道平面图的水平方向一致，OZ 轴与管道平面图的水平方向垂直。

3. 管道系统

不同的管道系统，按平面图上的编号分别绘制管道系统图。如图 16.13、图 16.14 是根据图 16.9～图 16.12 所示的平面布置图画出的给水排水系统图。

管道的画法与管道平面图一样，用不同线型来表示各个系统。管道附件及附属构筑物也都用图例表示。当空间交叉的管道在图中相交时，应区分可见性。可见管道画成连续的，不可见管道被遮挡的部分应断开。

4. 管道的标注

管道系统中所有管段的直径、坡度和标高均应标注在管道系统图上。

管道直径可直接标注在该管段旁边或引出线上。管径尺寸应以 mm 为单位。镀锌焊接钢管、不镀锌焊接钢管、铸铁管、聚丙烯管等应标注“公称直径”，在管径数字前加注代号“DN”，如 $DN50$ 表示公称直径为 50 mm。混凝土管、钢筋混凝土管等管径以内径 d 表示，如 $d200$ 等。焊接钢管(直缝或螺旋缝电焊钢管)、无缝钢管等管径以外径×壁厚表示(如 $D108 \times 4$ 等)。

排水横管的坡度可注在管段旁边或引出线上，在坡度数字前须加代号“i”，数字下边再以箭头表示坡向(指向下游)，如 $i=\xrightarrow{0.05}$。当污、废水管的横管采用标准坡度时，在图中可以省略不注，在施工说明中写明即可。

管道系统图中标注的标高都是相对标高。在给水系统图中，标高以管中心为准，一般要求注出横管、阀门、放水龙头、水箱等各部位的标高。在污、废水系统图中，横管的标高以管底为准，一般只标注立管的管顶、检查口和排出管的起点标高。此外，管道系统图中还要标注室内(外)地面、各层楼面和屋面等的标高。

16.3.3 绘图步骤

(1)画出系统的立管，定出各层的楼(地)面线、屋面线。

(2)画给水引入管和屋面水箱的管路，以及排水管系统中的污水排出管、窨井及立管上的检查口和通气帽等。

(3)从立管上引出各横向的连接管段，并画出给水管道系统中的截止阀、放水龙头、连接支管、冲洗水箱等或排水管系中的承接支管、存水弯、地漏等。

(4)画墙、梁等结构的位置。

(5)注写各管段的公称直径、坡度、标高，注写有关的图例及文字说明等。

【例 16.2】 某小区商品楼房的给水系统原理图如图 16.13 所示，排水系统原理图如图 16.14 所示。

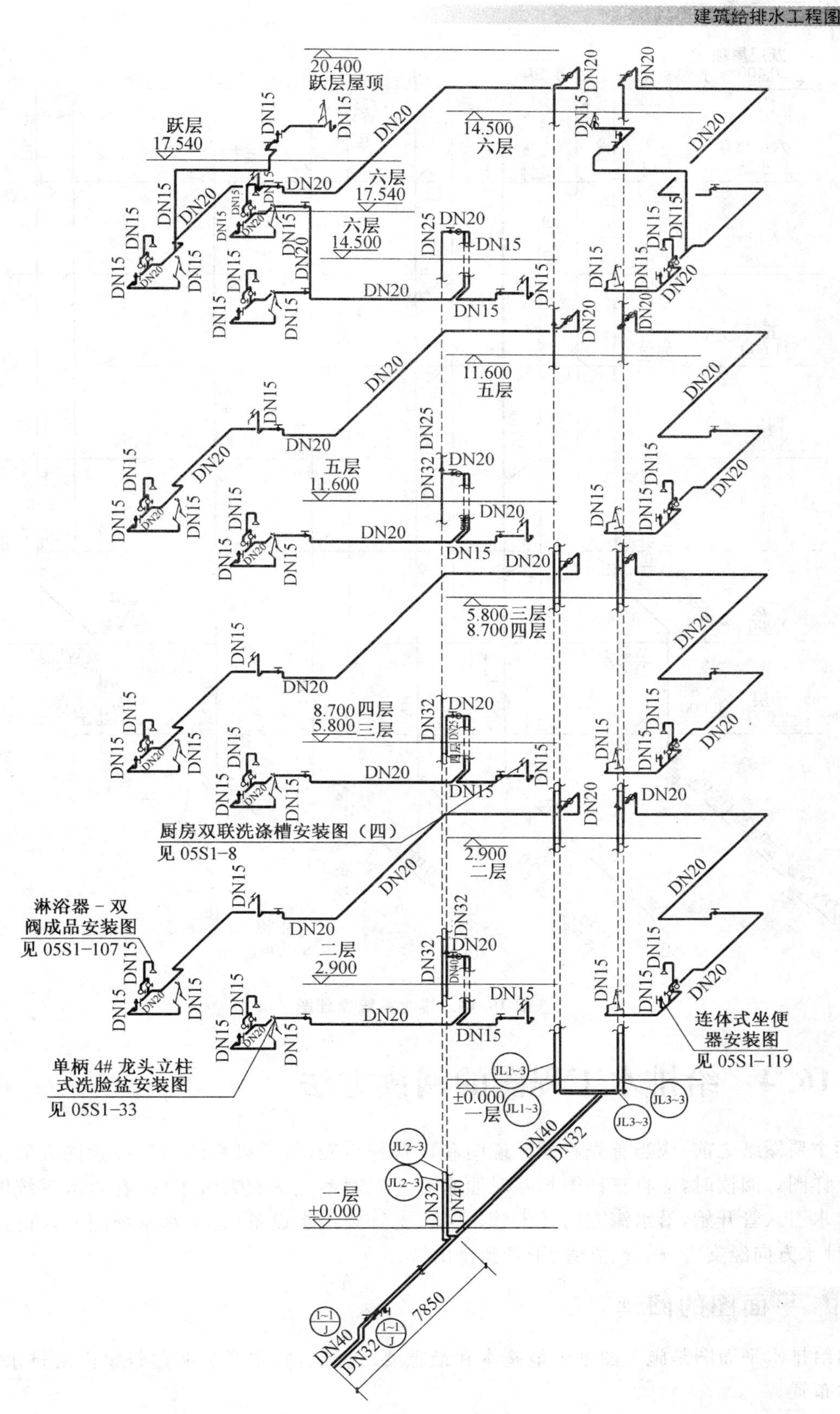

图 16.13　给水系统原理图

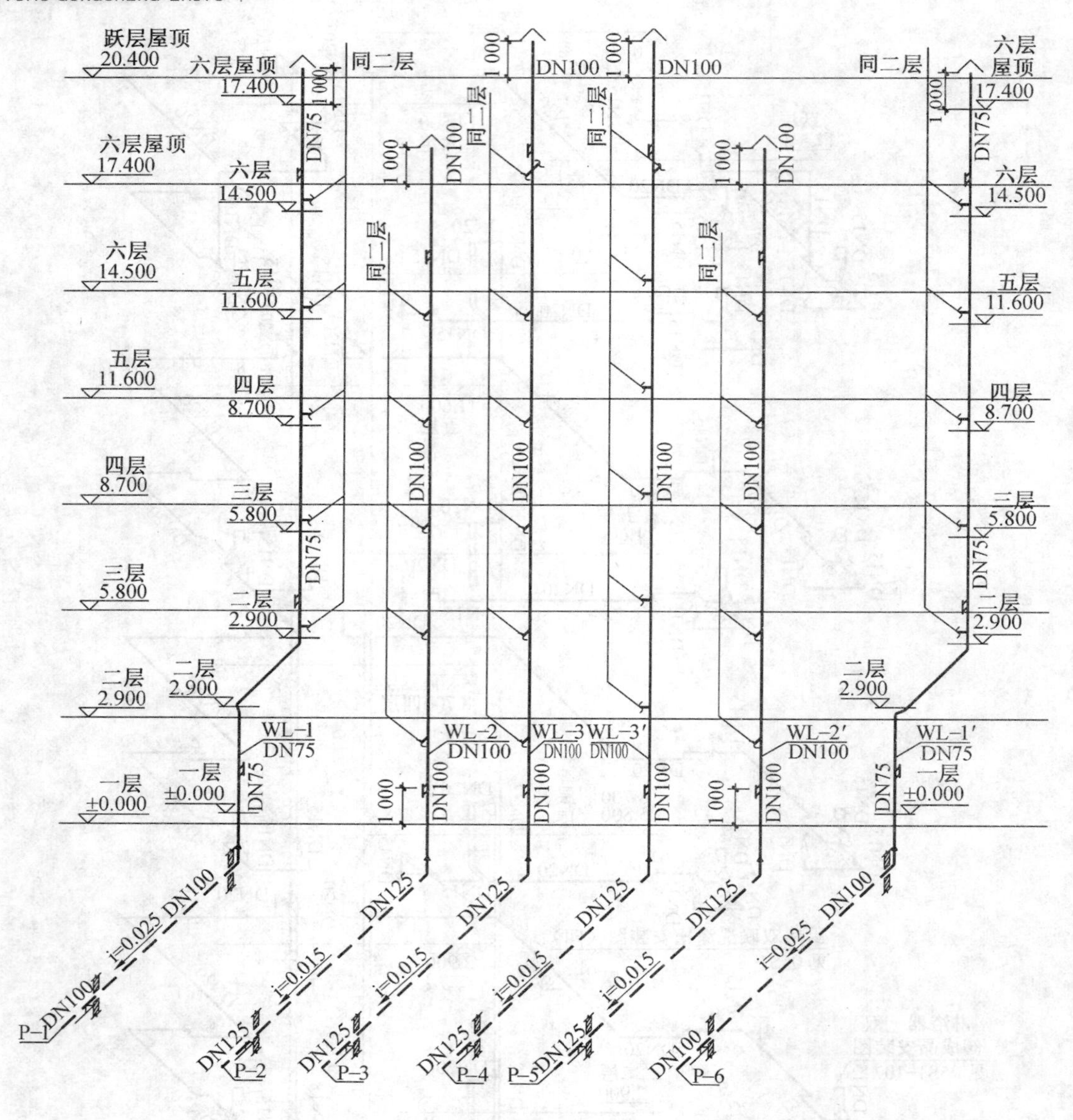

图 16.14　排水系统原理图

16.4　给排水工程图的阅读方法

阅读主要图纸之前，应当首先看设计说明和设备材料表，然后以系统图为线索深入阅读平面图、系统图及详图。阅读时，应将三种图相互对照来看。先对系统图有大致了解，看给水系统图时，可由建筑的给水引入管开始，沿水流方向经干管、立管、支管到用水设备；看排水系统图时，可由排水设备开始，沿排水方向经支管、横管、立管、干管到排出管。

16.4.1　平面图的阅读

室内给排水平面图是施工图纸中最基本和最重要的图纸，它主要表明建筑物内给排水管道及设备的平面布置。

图纸上的线条都是示意性的，同时管材配件如活接头、管箍等也画不出来，因此在识读图纸时还必须熟悉给排水管道的施工工艺。在识读平面图时，应掌握的主要内容和注意事项如下：

(1)查明卫生器具、用水设备和升压设备的类型、数量、安装位置及定位尺寸。

卫生器具和各种设备通常都是用图例画出来的，它只说明器具和设备的类型，而不能具体表示各部分的尺寸及构造，因此在识读时必须结合有关详图和技术资料，搞清楚这些器具和设备的构造、接管方式及尺寸。

(2)弄清给水引入管和污水排出管的平面位置、走向、定位尺寸、与室外给排水管网的连接形式、管径及坡度。

给水引入管上一般都装有阀门，通常设于室外阀门井内。污水排出管与室外排水总管的连接是通过检查井来实现的。

(3)查明给排水干管、立管、支管的平面位置与走向、管径尺寸及立管的编号。从平面图上可清楚地查明管道是明装还是暗装，以确定施工方法。

(4)消防给水管道要查明消火栓的布置、口径大小及消防箱的形式与位置。

(5)在给水管道上设置水表时，必须查明水表的型号、安装位置和表前后阀门的设置情况。

(6)对于室内排水管道，还要查明清通设备的布置情况，清扫口的型号和位置。搞清楚室内检查井的进出管连接方式。对于雨水管道，要查明雨水斗的型号及布置情况，并结合详图搞清雨水斗与天沟的连接方式。

16.4.2 系统图的阅读

阅读给水排水系统图必须与给水排水平面图配合。在底层给水排水平面图中，可按系统索引符号找出相应的管道系统；在各楼层给水排水平面图中，可根据该系统的立管代号及位置找出相应的管道系统。

给水系统图一般从室外引入管开始识读，依次为：引入管—水平干管—立管—支管—卫生器具。如有水箱，则要找出水箱的进水管，识读顺序为：水箱的进水管—水平干管—立管—支管—卫生器具。排水系统图则要按照卫生器具—连接管—横支管—立管—排出管—检查井的顺序进行识读。在识读系统图时，应掌握的主要内容和注意事项如下：

(1)查明给水管道的走向，干管的布置方式，管径尺寸及其变化情况，阀门的设置以及引入管、干管和各支管的标高。

(2)查明排水管的走向，管路分支情况，管径尺寸与横管坡度，管道各部标高，存水弯的形式，清通设备的设置情况以及弯头和三通的选用等。

识读管道系统图时，应结合平面图和设计说明，了解和确定管材及配件。

(3)系统图上对各楼层标高都有注明，看图时可据此分清各层管路。管道支架在图中一般不表示，由施工人员按有关规程和习惯作法自定。

16.4.3 详图的阅读

建筑给排水详图包括节点图、大样图、标准图，主要是管道节点、水表、消火栓、水加热器、卫生器具、套管、开水炉、排水设备、管道支架的安装图及卫生间大样图等，图中注明了详细尺寸，可供安装时直接使用。

☆知识拓展

室外管网平面布置图主要是用来反映新建建筑物室内给水排水管道与室外管网的连接情况，常用比例为1∶500～1∶1 000，也可取与该区建筑总平面图相向的比例。在室外管网平面布置图中只画出局部室外管网的干管，能说明与给水引入管和排水排出管的连接情况即可。管道均可用粗单线(b)表示，但各种管道可用不同线型来区别，如用粗实线表示给水管道，用粗虚线表示排水管道，用粗单点画线表示雨水管道，用中实线画出建筑物的轮廓线。水表、消火栓、检查井、化粪池等附属设备，则可用给水排水工程的专业图例，用0.25b的细线画出。

技术提示：

建筑给排水工程施工图的识图技巧是先看图纸说明，了解图纸要求；再看系统图，明白管道类型、管径、走向、布置方位，对系统有整体的了解，然后慢慢看平面图及各个单元具体施工布置及要求。

【重点串联】

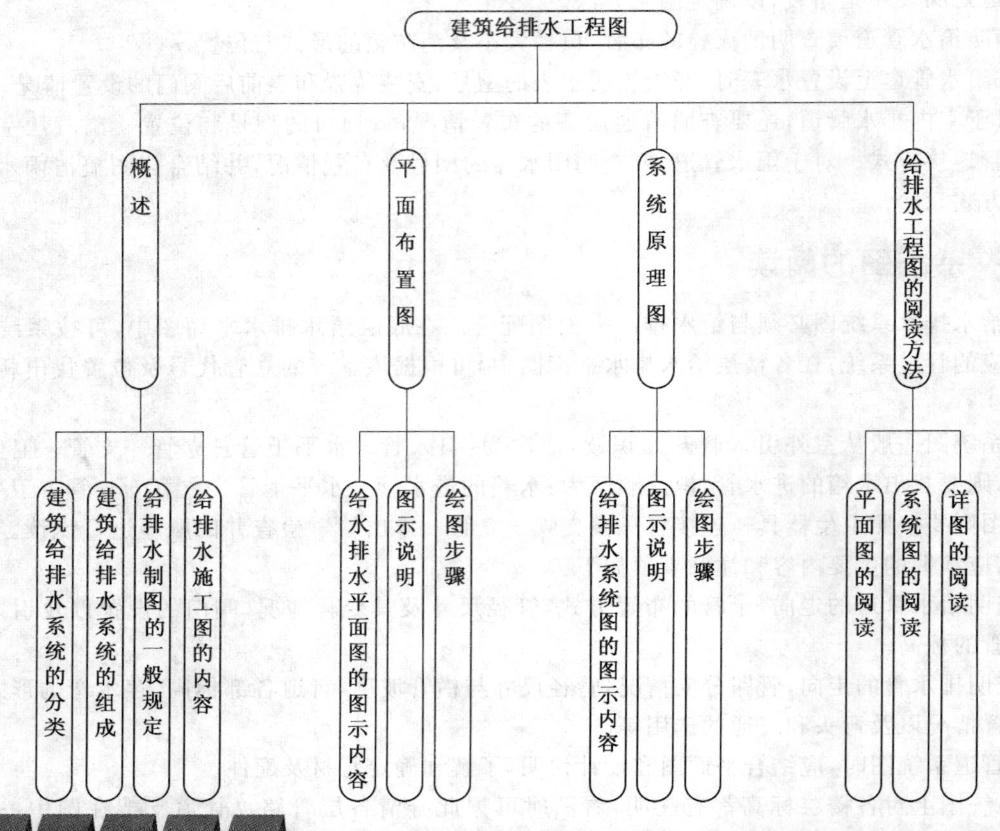

拓展与实训

基础训练

一、填空题

1. 建筑内部给水系统按用途可分为________、________和________。

2. 排水管系统是由________、________、立管、________及排出管等组成。

3. 管道系统的类别，以汉语拼音的第一个字母表示，如"J"代表________，"W"代表________，"F"代表________，"P"代表________。

4. 给水系统图一般从室外引入管开始识读，依次为：________—________—立管—________—卫生器具。

二、单选题

1. 正等轴测图 OX、OY、OZ 三个轴之间的夹角是(　　)。

A. 135°　　B. 45°　　C. 120°　　D. 90°

2. 给水管标高一般为(　　)标高。

A. 管顶　　B. 管中心　　C. 管底　　D. 管内底

3. 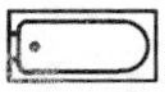 图例在给排水平面图中表示(　　)。

A. 大便器　　B. 洗涤盆　　C. 浴盆　　D. 立式洗脸盆

4. 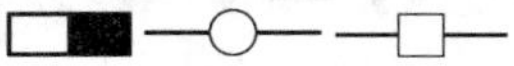 图例符号表示(　　)。

A. 雨水口、水封井　　B、雨水口、检查井　　C. 检查井、雨水口　　D. 水封井、跌水井

5. 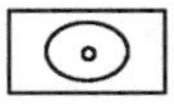 图例符号表示(　　)。

A. 台式洗脸盆　　B. 挂式洗脸盆　　C. 立式洗脸盆　　D. 洗脸盆

三、判断题

1. 排水管道的标高一般是管中心标高。(　　)

2. 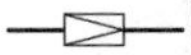 图例符号表示减压阀。(　　)

3. 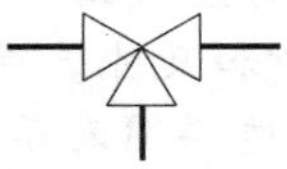 图例符号表示三通调节阀。(　　)

4.  图例符号表示存水弯。(　　)

5.  图例符号表示盥洗槽。(　　)

链接执考

2010 年制图员理论考试试题(单选题)

详图与被索引的图样不在同一张图纸内时，则应在详图符号的(　　)。

A. 上半圆内注详图所在图纸的编号，下半圆注详图编号

B. 上半圆内注详图编号，下半圆注详图所在图纸的编号

C. 上半圆内注被索引的图纸编号，下半圆内注详图编号

D. 上半圆内注详图编号，下半圆内注被索引的图纸编号

模块17

道路与桥梁工程图

【模块概述】

道路与桥梁工程图是道路与桥梁标准化施工的技术依据。道路路线设计的最后结果以平面图、纵断面图和横断面图来表达，利用这三种工程图，可确定道路的空间位置、线型和尺寸。道路结构物图示均以三面投影来表示；涵洞工程图主要由纵剖面图、平面图、侧面图以及构造详图表示，如钢筋布置图、翼墙断面图等；钢筋混凝土梁桥主要由桥位平面图、桥位地质断面图、桥梁总体布置图(桥梁主体三面投影)、构件图、详图等表示。

本章在应用正投影理论以及标高投影理论的基础上，使读者能够对道路、桥梁、涵洞等工程结构物的图纸进行识别，并会运用国家道路工程制图现行规范、规程和标准进行工程实体图样的绘制。

【知识目标】

1. 公路路线工程图的组成及内容；
2. 公路路线工程图的图示特点及方法；
3. 道路相关结构物工程图的特点；
4. 涵洞的构造及涵洞工程图的图示内容；
5. 钢筋混凝土结构图的图示特点；
6. 钢筋混凝土桥梁工程图图示内容。

【能力目标】

1. 能够识别地貌、地物图例；
2. 掌握路线工程图的图示方法；
3. 能够识别常用材料图例；
4. 识别钢筋混凝土结构图；
5. 能够识读涵洞工程图；
6. 能够识读钢筋混凝土桥梁工程图。

【学习重点】

常用材料图例、地貌、地物图例表示；道路路线图图示方法和内容；桥梁、涵洞工程图图示内容及方法。

【课时建议】

6～8 课时

【工程导入】

现某省份欲修建一条高速公路，二阶段设计图已经完成，总长 260 km，设计速度为 120 km/h，某施工单位中标，现已进入现场，开工前第一步首先需要和设计单位进行技术交底，对全线的路线、桥梁、涵洞以及结构物设施的图纸进行熟悉和讲解。

通过上面例子你能明白识别公路路线、桥梁和涵洞的工程结构物的重要性了吧。

17.1 道路工程图

17.1.1 概 述

道路是一种供车辆行驶和行人步行的带状结构物，其基本组成包括路基、路面、桥梁、涵洞、隧道、防护工程和排水设施等。道路根据它们不同的组成和功能特点，可分为公路和城市道路两种。位于城市郊区和城市以外的道路称为公路，位于城市范围以内的道路称为城市道路。

道路工程具有组成复杂、长宽高三向尺寸相差大、形状受地形影响大和涉及学科广的特点，道路工程图的图示方法与一般工程图不同，它是以地形图作平面图、以纵向展开断面图为立面图、以横断面图作为侧面图，并且大都各自画在单独的图纸上。道路路线设计的最后结果是以平面图、纵断面图和横断面图来表达，利用这三种工程图，来表达道路的空间位置、线型和尺寸。道路相关结构物均以正投影法来表示。绘制道路工程图时，应遵守《道路工程制图标准》(GB 50162—92)中的有关规定。

>>>

技术提示：

道路工程图主要是依据道路勘测设计规范、公路工程技术标准和桥涵设计规范以及道路工程制图标准，所以首先一定要熟悉制图规范。

17.1.2 道路工程图立体图样

本章所要绘制与识别的工程图主要为道路及沿线所含结构物的工程图，如图 17.1 为公路、图 17.2 为钢筋混凝土盖板涵、图 17.3 为桥梁、图 17.4～17.7 为桥梁构件立体图，首先从感官上和空间上认识工程结构物的组成及特点，以便于更好地将工程实体与工程图对应结合起来。

图 17.1 公路立体图

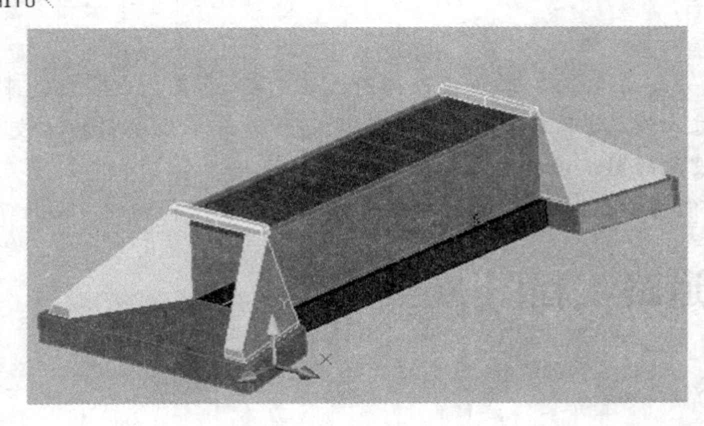

图 17.2　涵洞立体图

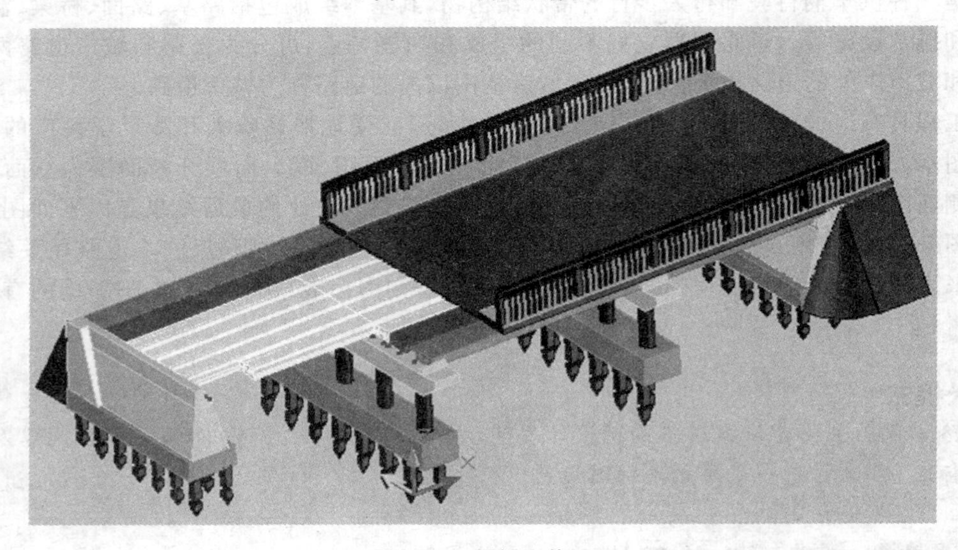

图 17.3　桥梁立体图

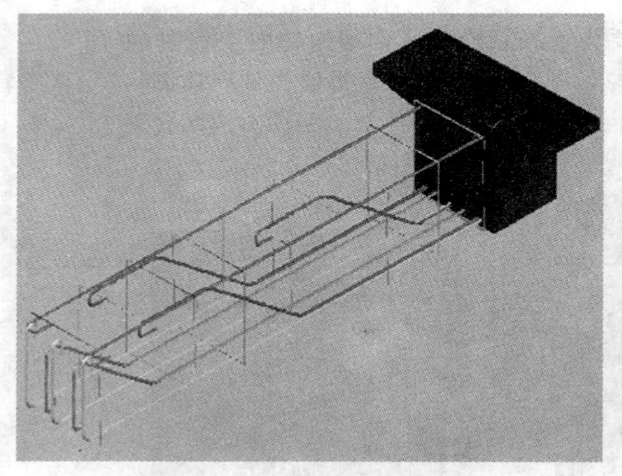

图 17.4　T 梁及内部钢筋立体图

图 17.5　桥台及基础立体图

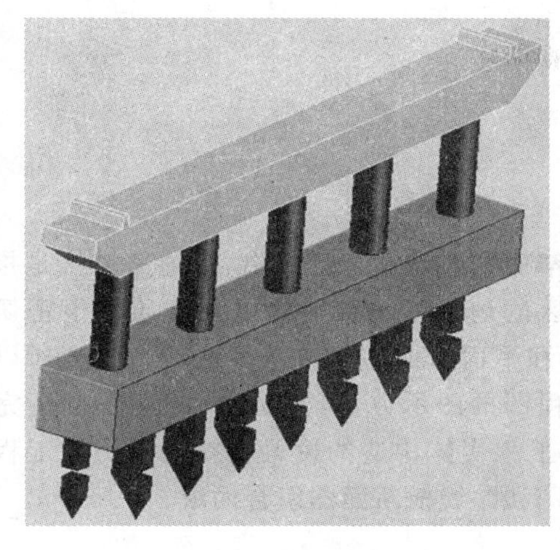

图 17.6　桥墩及基础立体图

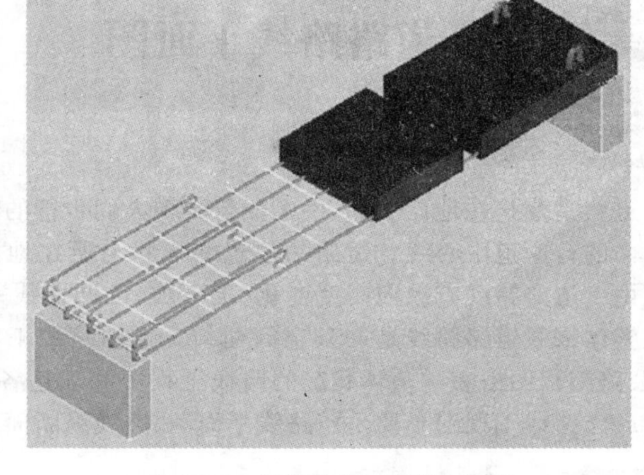

图 17.7　板梁及内部钢筋立体图

☆知识拓展

钢筋常用的分类：

钢筋种类很多，通常按化学成分、生产工艺、轧制外形、供应形式、直径大小，以及在结构中的用途进行分类。

1. 按轧制外形

(1)光面钢筋：Ⅰ级钢筋(Q235 钢筋)均轧制为光面圆形截面，供应形式有盘圆，直径不大于 10 mm，长度为 6～12 m。

(2)带肋钢筋：有螺旋形、人字形和月牙形三种，一般Ⅱ、Ⅲ级钢筋轧制成人字形，Ⅳ级钢筋轧制成螺旋形及月牙形。

(3)钢线(分低碳钢丝和碳素钢丝两种)及钢绞线。

(4)冷轧扭钢筋：经冷轧并冷扭成型。

2. 按直径大小

按直径大小分为钢丝(直径 3～5 mm)、细钢筋(直径 6～10 mm)、粗钢筋(直径大于 22 mm)。

3. 按力学性能

按力学性能分为Ⅰ级钢筋(235/370 级)；Ⅱ级钢筋(335/510 级)；Ⅲ级钢筋(370/570)和Ⅳ级钢筋(540/835)。

4. 按生产工艺

按生产工艺分为热轧、冷轧、冷拉的钢筋，还有以Ⅳ级钢筋经热处理而成的热处理钢筋，强度比前者更高。

5. 按在结构中的作用

按在结构中的作用分为受压钢筋、受拉钢筋、架立钢筋、分布钢筋、箍筋等配置在钢筋混凝土结构中的钢筋，按其作用可分为下列几种：

(1)受力筋——承受拉、压应力的钢筋。

(2)箍筋——承受一部分斜拉应力，并固定受力筋的位置，多用于梁和柱内。

(3)架立筋——用以固定梁内钢箍的位置，构成梁内的钢筋骨架。

(4)分布筋——用于屋面板、楼板内，与板的受力筋垂直布置，将承受的重量均匀地传给受力筋，并固定受力筋的位置，以及抵抗热胀冷缩所引起的温度变形。

(5)其他——因构件构造要求或施工安装需要而配置的构造筋。如腰筋、预埋锚固筋、环等。

17.2 道路路线平面图

17.2.1 概　述

道路是建筑在地面上的，供车辆行驶和人们步行的窄而长的线性工程构造物，道路路线是指沿长度方向的行车道中心线。道路的位置和形状与所在地区的地形、地貌、地物以及地质有很密切的关系。由于道路路线有纵向高度变化（上下坡、凸凹曲线）和平面弯曲（左右向、平曲线）变化，所以实质上从整体来看道路路线是一条空间曲线。道路路线工程图的图示方法与一般的工程图样不完全相同，公路工程图由表达整体状况的路线工程图和表达各工程实体构造的桥梁、隧道、涵洞等工程图组合而成。路线工程图主要是用路线平面图、路线纵断面图和路线横断面图组合而成。

17.2.2 图示内容

路线平面图的作用是表达路线的方向、平面线型（直线和左、右弯道）以及沿线两侧一定范围内的地形、地物情况。

1. 地形部分

(1)比例。道路路线平面图比例一般较小，通常采用 1∶500 或 1∶1 000，山岭区为 1∶2 000，丘陵区和平原区为 1∶5 000 或 1∶10 000。

(2)方向。在路线平面图上应画指北针或测量坐标网，用来指明道路在该地区的方向与走向。本图采用指北针的箭头所指为正北方向。方位的坐标网 X 轴向为南北方向（上为北），Y 轴向为东西方向。坐标值的标注应靠近被标注点，书写方向应平行于网格或在网格延长线上，数值前应标注坐标轴线代号。

(3)地形。平面图中地形起伏情况主要用等高线表示，本图中每两根等高线之间的高为 2 m，每隔四条等高线画出一条粗的设计线，并标出相应的高程数字。

(4)地貌地物。在平面图中地形面上的地貌地物，如河流、房屋、道路、桥梁、电力、植被等，都是按照规定图例绘制的。常见的图例有道路工程地形图图例和常用结构物图例。

(5)水准点。沿路线附近每隔一段距离，就在图中标出水准点的位置，用于路线的高程测量。

2. 路线部分

(1)设计路线。用加粗实线表示路线，由于道路的宽度相对于长度来说尺寸小得多，公路的宽度只有在较大比例的平面图中才能画清楚，因此通常是沿道路中心线画出一条加粗的实线（$2b$）来表示新设计的路线。

(2)里程桩。道路路线的总长度和各段之间的长度用里程桩号来表示。里程桩号应从路线的起点至终点依次顺序编号，在平面图中路线的前进方向总是自左向右的。里程桩分公里桩和百米桩两种，公里桩宜注在路线前进方向的左侧，公里数注写在公里桩符号的上方，如 K6 表示离起点 6 km。百米桩宜标注在路线前进方向的右侧，用垂直于路线的细短线表示桩位，用字头朝向前进方向的阿拉伯数字表示百米桩，注写在短线的端部，例如在 K6 公里桩的前方位写的“4”，表示桩号为 K6＋400，说明该点距路线起点为 6 400 m。

(3)平曲线。道路路线在平面上是由直线段和曲线段组成的，在路线的转折处应设平曲线。最常见的较简单的平曲线为圆弧，其基本的几何要素有：交点 JD，是路线的两直线段的理论交点；α 为转折角，是路线前进时向左或向右偏转的角度；R 为圆曲线半径，是连接圆弧的半径长度；T 为切线长，是切点与交角的长度；E 为外距，是曲线中点到交角点的距离；L 为曲线长，是圆曲线两切点之间的弧长。

在路线平面图中，转折处应注写交角点编号，如 JD6 表示第 6 个交角点。还要注出曲线段的起点

ZY(直圆)、中点 QZ(曲中点)、终点 YZ(圆直点)的位置。为了将路线上各段平曲线的几何要素值表示清楚，一般还应在图中的适当位置列出平曲线要素表。如果设置缓和曲线，则将缓和曲线与前、后段直线的切点，分别标记为 ZH(直缓点)和 HZ(缓直点)；将圆曲线与前、后缓和曲线的切点，分别标记为 HY(缓圆点)和 YH(圆缓点)。

17.2.3 图示实例

如图 17.8 所示为路线示意图，JD1 处右偏，设置圆曲线，有三个主点：ZY、QZ、YZ 点；JD2 处左偏，设置缓和曲线，有五个主点：ZH、HY、QZ、YH、HZ，并标出了曲线要素外距 E 和切线长 T。

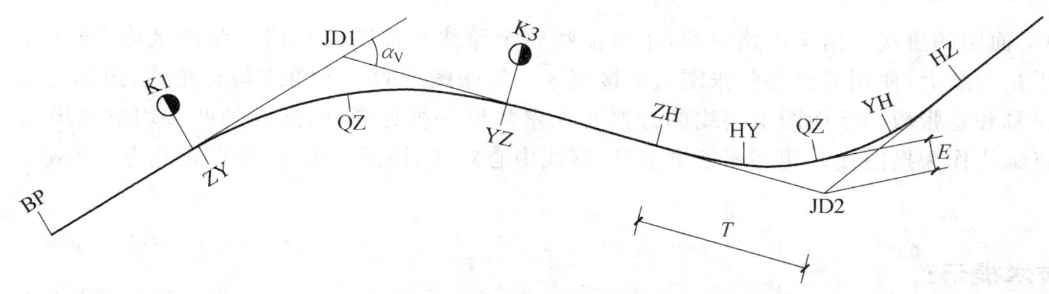

图 17.8 圆曲线和缓和曲线示意图

道路工程路线和地物图例见表 17.1。

表 17.1 道路工程和地物图例

名称	图示	名称	图示	名称	图示
机场		港口		井	
学校		交电室		房屋	
土堤		水渠		烟囱	
河流		冲沟		人工开挖	
铁路		公路		大车道	
小路		低压电力线 高压电力线		电讯线	
果园		旱地		草地	
林地		水田		菜地	
导线点		三角点		图根点	
水准点		切线交点		指北针	

17.2.4 操作步骤

路线平面图绘制及注意事项：

(1)先画地形图。等高线按先粗后细步骤徒手画出，要求线条顺滑。

(2)画路线中心线。用绘图仪器按先曲线后直线的顺序画出路线中心线并加粗，《道路工程制图标准》中规定，以加粗粗实线绘制路线设计线，以加粗虚线绘制路线比较线。

(3)路线平面图应从左向右绘制，桩号为左小右大。

(4)平面图的植物图例，应朝上或向北绘制；每张图纸的右上角应有角标，注明图纸序号及总张数。

(5)平面图的拼接。由于道路很长，不可能将整个路线平面图画在同一张图纸内，通常需分段绘制在若干张图纸上，使用时再将各张图纸拼接起来。每张图纸的右上角应画有角标，角标内应注明该张纸的序号和总张数。平面图中路线的分段宜在整数里程桩处断开，断开的两端均应画出垂直于路线的细点画线作为接图线。相邻图纸拼接时，路线中心对齐，接图线重合，并以正北方向为准。

技术提示：

绘制带状地形图(根据已有勘测数据)，同时将路线转点绘制在地形图中，并标注清楚水准点、指北针及比例。

17.3 道路路线纵断面图

17.3.1 概　述

道路路线纵断面图中有两条线：一条是设计线；一条是原地面线。主要是表达道路沿着纵向设计线形反应原地面高低起伏情况、地质和沿线设置构造物的概况。

17.3.2 图示内容

路线纵断面图包括图样和资料表两部分，一般图样画在图纸的上部，资料表布置在图纸的下部。

1. 图样部分

(1)比例。纵断面图的水平方向表示路线的长度(前进方向)，竖直方向表示设计线和地面的高程。由于路线的高差比路线的长度尺寸小得多，如果竖向高度与水平长度用同一比例绘制，是很难把高差明显地表示出来的，所以绘制时一般竖向比例要比水平比例放大 10 倍，为了便于画图和读图，一般还应在纵断面图的左侧按竖向比例画出高程标尺。

(2)设计线和地面线。在纵断面图中，道路的设计线用粗实线表示，原地面线用细实线表示，设计线是根据地形起伏和公路等级，按相应的工程技术标准确定的，设计线上各点的标高通常是指路基边缘的设计高程。地面线是根据原地面上沿线各点的实测中心桩高程而绘制的。比较设计线与地面线的相对位置，可决定填挖高度。

(3)竖曲线。设计线是由直线和竖曲线组成的，在设计线的纵向坡度变更处，为了便于车辆行驶，按技术标准的规定应设置圆弧竖曲线。竖曲线分为凸形和凹形两种，在图中分别用“┌┬┐”和“└┴┘”的符号来表示。符号中部的竖线应对准边坡点，竖线左侧标注表坡点的里程桩号，竖线右侧标注竖曲线中点的高程，符号的水平线两端应对准竖曲线的始点和终点。

(4)工程构造物。道路沿线的工程构造物如桥梁、涵洞等，应在设计线的上方或下方用竖直引出线标注，竖直引出线应对准构筑物的中心位置，并注出构筑物的名称、规格和里程桩号。例如图中在涵洞中心位置用“$\frac{(一100圆管涵)}{K6+080}$”表示，并进行标注，表示在里程桩 K6＋080 处设有一座直径为 100 cm的单孔圆管涵洞。例：“$\frac{1-4\times 20\ m 预应力混凝土T形梁桥}{K123+500}$”表示在里程桩 K123＋500 处设有一座桥，该桥为预应力混凝土 T 形连续梁桥，共四跨，每跨 20 m。

(5)水准点。沿线设置的测量水准点也应标注，数值引出线对准水准点，左侧注写里程桩号，右侧写明其位置，水平线上方注出其编号和高程。如水准点 BM12 设置在里程 K15＋200 处的右侧距离为 6 m 的岩石上，高程为 63.14 m。

2. 资料表部分

路线纵断面图的测设数据表与图样上下对齐布置，以便阅读。这种表示方法较好地反映出纵向设计在各桩号处的高程、填挖方量、地质条件和坡度以及平曲线与竖曲线的配合关系。资料表主要包括以下项目和内容：

(1)地质概况。根据实测资料，在图中注出沿线各段的地质概况。

(2)坡度、距离。标注设计线各段的纵向坡度和水平长度距离。表格中的对角线表示坡度方向，左下至右上表示上坡，左上至右下表示下坡，坡度和距离分注在对角线的上下两侧。

(3)标高。表中有设计标高和地面标高两栏，它们迎合图样互相对应，分别表示设计线和地面线上各点(桩号)对应的设计标高与地面标高之差的绝对值。

(4)填挖高度。设计线在地面下方时需要挖土，设计线在地面上方时需要填土，挖或填的高度值应是各点(桩号)对应的设计标高与地面标高之差的绝对值。

(5)里程桩号。沿线各点的桩号是按测量的里程数值填入的，单位为 m，桩号从左向右排列。在平曲线的起点、中点、终点和桥涵中心点等处可设置加桩。

(6)平曲线。为了表示该路段的平面线型，通常在表示处画出平面线的示意图。直线段用水平线表示，道路左转弯用凹折线表示，右转弯用凸折线表示，有时还需注出平曲线各要素的值。

(7)超高。为了减小汽车在弯道上行驶时的横向作用力，道路在平曲线处需设计成外侧高内测低的形式，道路边缘与设计线的高程差称为超高。

(8)纵断面图的标题栏绘在最后一张图或每张图的右下角，注明路线名称、纵、横比例等。每张图中右上角应有角标，注明图纸序号及总张数。

17.3.3 图示实例

如图 17.9 所示为某路线其中一幅纵断面图。图样部分有两条线：一条为设计线(粗实线)，比较平直；另一条是原地面线(细实线)。其中标示了 BM16，位置在 K14＋420 桩号右侧 0.4 m，其高程为 865.411，在 K14＋510 位置设置了三跨 40 m 双曲拱桥；在 K14＋750 处设置了钢筋混凝土圆管涵。

资料表部分标示了起点桩号 K14，终点桩号 K15，相应桩号对应的设计高程和地面高程以及平曲线情况，同时标明了设计路线的坡长和坡度值。

17.3.4 操作步骤

路线纵断面图绘制步骤及注意事项如下：

(1)先画纵横坐标。左侧纵坐标表示标高尺，横坐标表示里程桩。

(2)比例。纵断面图的比例，竖向比例比横向比例扩大 10 倍，如竖向比例为 1∶100，则横向比例为1∶1 000，纵横比例一般在第一张图的注释中说明。

(3)点绘地面线。地面线是剖切面与原地面的交线，点绘时将各里程桩处的地面高程点到图样坐标中，用细折线连接各点即为设计线。

(4)设计线拉坡。设计线是剖切面与设计道路的交线，绘制时将各里程桩处的地面高程点到图样坐标中，用粗实线拉坡即为设计线。或是先点绘边坡点，然后用直线连接边坡点即为设计线。

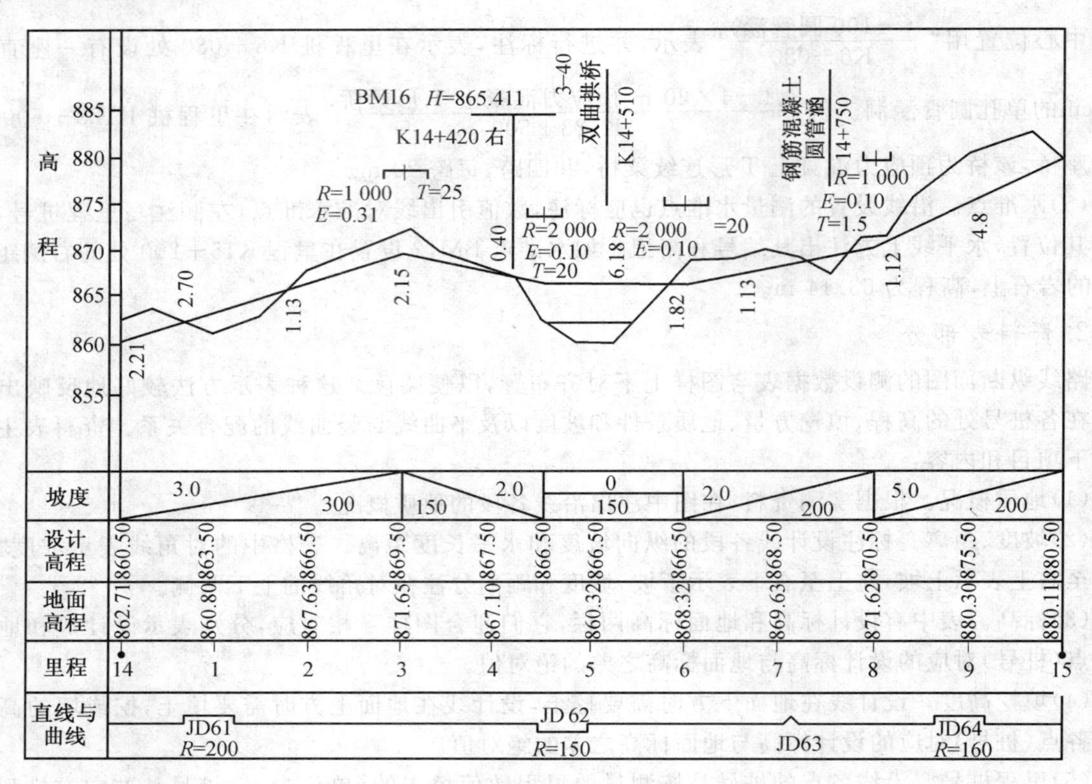

图 17.9　公路路线纵断面图

(5)线型。地面线用细实线，设计线用粗实线，里程桩号从左向右按照桩号从大到小排列。

(6)边坡点。当路线坡度发生变化时，边坡点应用直径为 2 mm 的中粗线圆圈表示，切线应用细虚线表示，竖曲线应用粗实线表示。

技术提示：

绘制纵断面图，一定要注意桩号与对应地面高程和设计标高的对应，同时还要注意边坡点高程和该桩号对应设计的不同。

17.4　道路路线横断面图

17.4.1　概　述

道路路线横断面图是用假想的剖切平面，垂直于道路中心线剖切而得到的，其作用是表达路线各自中心桩处路基横断面的形状和横向高低起伏状况。工程上要求，在路线的每一中心桩处，应根据实测资料和设计要求画出一系列的路基横断面图，用以计算公路的土石方量和作为路基施工的依据。横断面图的水平方向和高度方向宜采用相同比例，一般比例为 1∶200、1∶100 或 1∶50。

17.4.2　图示内容

路基横断面图有填方路基(路堤)、挖方路基(路堑)和半填半挖三种基本形式。

(1)填方路基：整个路基全为填土区。填土高度等于设计标高减去地面标高。填方边坡一般为 1∶1.5。在图下要标注该断面的里程桩号、中心线处的填方高度 H_t(m)以及该断面的填方面积A_t(m^2)。

(2)挖方路基:整个路基全为挖土区。挖土深度等于地面标高减去设计标高,挖方边坡一般为1∶1。图下方注有该断面的里程桩号、中心线处挖方高度 H_w(m)以及该断面的挖方面积 A_w(m^2)。

(3)半填半挖路基:路基断面一部分为填土区,一部分为挖土区,是前两种路基的综合。在图下注有该断面的里程桩号、中心线处填(或挖)方高度 H 以及该断面的填方面积 A_t 或挖方面积 A_w。

17.4.3 图示实例

道路路线横断面图示如图 17.10～图 17.12 所示。

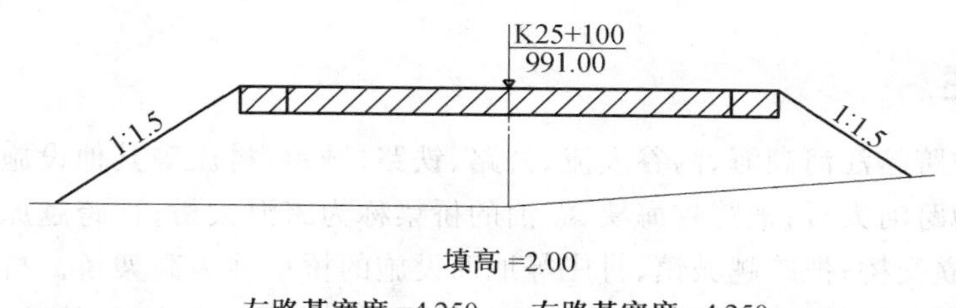

左路基宽度 =4.250　　右路基宽度 =4.250

填方面积 =16.70　　挖方面积 =0.00

图 17.10　路线横断面图(填方路基)

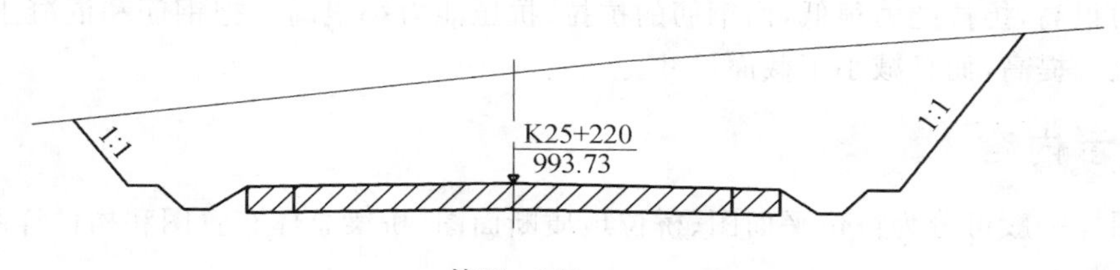

挖深 =4.65

左路基宽度 =4.250　　右路基宽度 =4.250

填方面积 =0.00　　挖方面积 =106.84

图 17.11　路线横断面图(挖方路基)

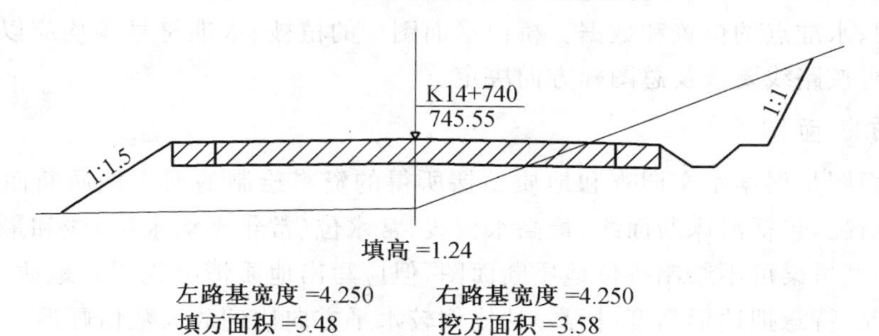

图 17.12　路线横断面图(半填半挖)

17.4.4 操作步骤

横断面图的绘制步骤及注意事项如下:

(1)应该先画原地面线,然后绘制设计线,称之为戴帽子。

(2)横断面图的地面线一律用细实线,设计线用粗实线,道路的超高、加宽也应在图中表示出来。

(3)在每个桩号横断面图下方应标出填挖高和填挖面积。

(4)在同一张图纸内绘制的路基横断面图,应按里程桩号顺序排列,从图纸的左下方开始,先由下而上,在自左向右排列。

(5)在每张路基横断面图的右上角应写明图纸序号及总张数,在最后一张图的右下角绘制图标。

>>>

技术提示：
绘制横断面时每个桩号处的填挖量要和纵断面图中的填挖量一致。

17.5 钢筋混凝土桥梁工程图

17.5.1 概 述

桥梁是道路空中跨越江河湖海、沟谷溪流、公路、铁路、城镇、村庄等其他设施的结构物。通常，把跨越江河的桥梁称为跨河大桥；把跨越海峡、湖泊的桥梁称为跨海大桥；把跨越原有公路、铁路的桥梁称为跨线桥，也称为立交桥；把跨越城镇、村庄等地面设施的桥梁称为高架桥。桥梁一般由上部结构、下部结构、支座和附属设施等几个部分组成。钢筋混凝土结构是由钢筋和混凝土两种物理力学性能不同的材料按一定方式结合成一个整体共同承受外力的结构物，如钢筋混凝土梁、板、柱、拱圈、框架等。混凝土是将水泥、砂、石子、水按一定比例配合，经搅拌、筑模、振捣、养护等工序而形成的“人工石料”，其抗压能力很高，抗拉能力很低，而钢筋的抗拉、抗压能力都很高。把钢筋和混凝土组合，使其承受拉压的能力大大提高，而且减小了截面尺寸。

17.5.2 图示内容

桥梁工程图样一般可分为桥位平面图、桥位地质断面图、桥梁总体布置图和构件详图等。

1. 桥位平面图

桥位平面图主要是表达桥梁的所在位置与路线的连接情况，以及与地形、地物的关系，其画法与路线平面图相同，只是所用比例较大。通过地形测量绘出桥位处的道路、河流、水准点、钻孔及附近的地形和地物，以便作为设计桥梁、施工定位的根据。该图除了表明路线平面形状、地形和地物以外，还表明了钻孔、里程、水准点的位置和数据。桥位平面图中的植被、水准符号等均应以正北方向为准，而图中文字方向则可按路线要求及总图标方向决定。

2. 桥位地质断面图

桥位地质断面图是根据水文调查和地质钻探所得的资料绘制的河床地质断面图，表示桥梁所在位置的地质水文情况，包括河床断面线、最高水位线、常水位（常年平均水位）线和最低水位线，作为桥梁设计的依据，小型桥梁可不绘制桥位地质断面图，但应写出地质情况说明。地质断面图为了显示地质和河床变化情况，特意把地形高度（标高）的比例较水平方向比例放大数倍画出。

3. 桥梁总体布置图

桥梁总体布置图和构件图是指导桥梁施工的最主要图样，它主要表明桥梁的形式、跨径、孔数、总体尺寸、桥道标高、桥面宽度、各主要构件的相互位置关系、桥梁各部分的标高、材料数量以及总的技术说明等，作为施工时确定墩台位置、安装构件和控制标高的依据。一般由立面图、平面图和剖面图组成。

(1)立面图。

桥梁一般是左右对称的，所以立面图常常是由半立面和半剖面合成的。左半立面图为左侧桥台、1 号桥墩、板梁、人行道栏杆等主要部分的外形视图。右半纵剖面图是沿桥梁中心线纵向剖开而得到的，2 号桥墩、右侧桥台、板梁和桥面均应按剖开绘制。在半立面图中，河床断面线以下的结构如桥台、桩等用虚线绘制。在半剖面图中地下的结构物均画为实线。由于预制桩打入到地下较深的位置，不必全部画出，为了节省图幅，采用了断开画法。图中还应注出桥梁各重要部位如桥面、梁底、桥墩、桥台、桩尖等处的高程，以及常水位线。

（2）平面图。

桥梁平面图也常采用半剖的形式。左半平面图是从上向下投影得到的桥面俯视图，主要画出了车行道、人行道、栏杆等的位置。称注尺寸应标示桥面车行道净宽度，两边人行道宽度。右半部分采用的是剖切画法，假想把上部结构移去后，画出所露出的桥墩和右侧桥台的平面形状和位置。桥墩中的虚线圆是立柱的投影，桥台中的虚线正方形是下面方柱的投影。

（3）横剖面图。

根据立面图汇总所标注的剖切位置可以看出，1—1剖面是在中跨位置剖切的，2—2剖面是在边跨位置剖切的，桥梁的横剖面是左半部1—1剖面和右半部2—2剖面拼成的。桥梁中跨和边跨部分的上部结构相同。

（4）构件图。

在总体布置图中，由于比例较小，不可能将桥梁各种构件都详细地表示清楚。为了实际施工和制作的需要，还必须用较大的比例画出各构件的形状大小和钢筋构造，构件图常用的比例为1∶10～1∶50，某些局部详图可采用更大的比例，如1∶2～1∶5。具体图示内容有钢筋混凝土板图、桥墩图、桥台图、钢筋混凝土配筋图及支座布置图等。

17.5.3 操作步骤

画桥位平面图的操作步骤如下：

（1）画桥位平面图，方法类似于画路线平面图；

（2）画桥位地质断面图，方法类似于绘制路线纵断面图；

（3）画桥梁整体布置图，即为桥梁的三视图，其中侧面图采用半剖图；

（4）画桥梁构件详图，比如桥墩大样图、桥台大样图等。

技术提示：

被剖切到的结构物断面轮廓线用粗实线绘制，没有剖切到的可见轮廓线等用细实线绘制。同时尺寸标注要按照规范进行标注，将定型、定位和整体尺寸标注清楚，层次分明。

17.6 涵洞工程图

17.6.1 概　述

涵洞是宣泄路堤下水流的工程构筑物，它与桥梁的主要区别在于跨径的大小和填土的高度。根据《公路工程技术标准》中的规定，凡是单孔跨径小于5 m，多孔跨径总长小于8 m，以及圆管涵、箱涵，不论其管径或跨径大小、孔数多少均称为涵洞。涵洞是由洞口、洞身和基础三部分组成的排水构筑物。洞身是涵洞的主要部分，它的主要作用是承受活载压力和土压力等，并将其荷载传递给地基，保证设计流量通过的必要孔径。常见的洞身形式有圆管涵、拱涵、箱涵、盖板涵。洞口包括端墙、翼墙或护坡、截水墙和缘石等部分，它是保证涵洞基础和两侧路基免受冲刷，使水流顺畅的构造，一般进水均采用同一形式。涵洞按其洞顶覆盖土厚度分类，填土大于50 cm为明涵，小于50 cm为暗涵。按构造形式分为圆管涵、拱涵、箱涵、盖板涵。按建筑材料分类有钢筋混凝土涵、混凝土涵、砖涵、石涵、木涵和金属涵等。

17.6.2 图示内容

涵洞是窄而长的构筑物，它从路面下方横穿过道路，埋置于路基土层中。尽管涵洞的种类很多，但图示方法和表达内容基本相同。涵洞工程图主要有纵剖面图、平面图和侧面图，除上述三种投影图外，还应画出必要的构造详图，如钢筋布置图、翼墙断面图等。涵洞体积较桥梁小，故画图所选用的比例较桥梁图稍大。

(1)在图示表达时，涵洞工程图以水流方向为纵向，并以纵剖面图代替立面图。

(2)平面图一般不考虑涵洞上方的覆土，或假想土层是透明的。有时平面图与侧面图以半剖形式表达，水平剖面图一般沿基础顶面剖切，横剖面图则垂直于纵向剖切。

(3)洞口正面布置图在侧视图位置作为侧面视图，当进出水洞口形状不一样时，则需分别画出其进出水洞口布置图。

17.6.3 图示实例

如图 17.13 所示为单孔钢筋混凝土盖板涵工程图，其比例为 1∶50，洞口两侧为八字翼墙，洞高 120 cm，净跨 100 cm，总长 1 482 cm。由于其构造对称，所以采用半纵剖面图、半剖平面图和侧面图等视图来表示。

(1)半纵剖面图。本图把带有 1∶1.5 坡度的八字翼墙和洞身的连接关系以及洞高 120 cm、洞底铺砌 20 cm、基础纵断面形状、设计流水坡度 1%等表示出来。盖板及基础所用材料亦可由图中看出，但未画出沉降位置。

(2)半平面图及半剖面图。用半平面图和半剖面图能把涵洞的墙身宽度、八字翼墙的位置表示得更加清楚，涵身长度、洞口的平面形状和尺寸以及墙身和翼墙的材料在图上可以看出。为了便于施工，在八字翼墙的Ⅰ—Ⅰ和Ⅱ—Ⅱ位置进行剖切，并另作Ⅰ—Ⅰ和Ⅱ—Ⅱ断面图来表示该位置翼墙墙身和基础的详细尺寸、墙背坡度以及材料情况。

(3)侧面图。本图反映出洞高 120 cm 和净跨 100 cm，同时反映出缘石、盖板、八字翼墙、基础等的相对位置和它们的侧面形状。

17.6.4 操作步骤

绘制涵洞工程的操作步骤如下：

(1)首先布图，确定绘图比例；

(2)依次绘制立面图、平面图和剖面图；

(3)标注轴线、尺寸、标高、剖切符号、索引符号，并注明图名、比例和文字说明等。

技术提示：

被剖切到的墙、板的结构断面轮廓线用粗实线绘制，没有剖切到的可见轮廓线等用细实线绘制。各种符号及尺寸标注按规定要求绘制。

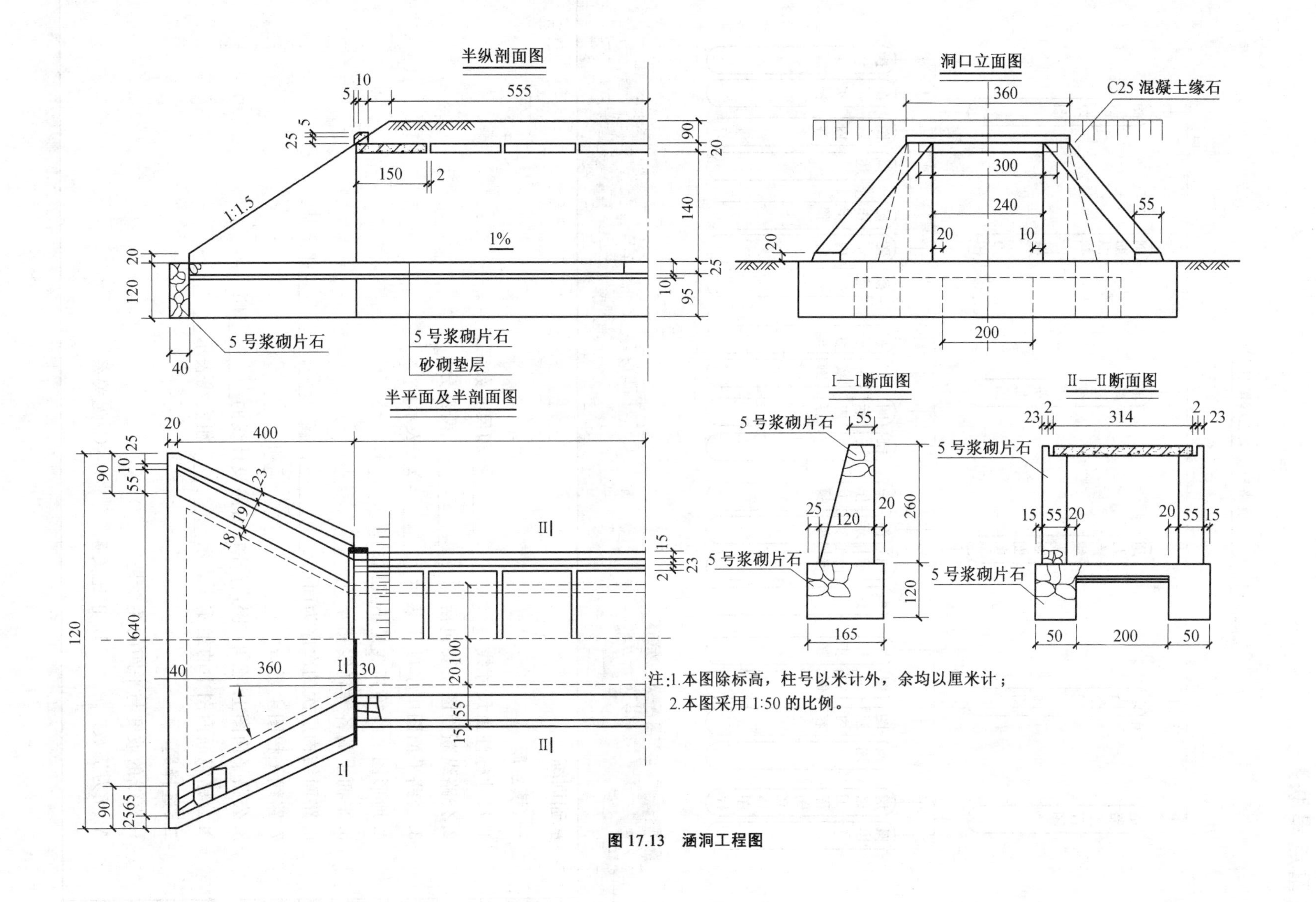

注:1.本图除标高，柱号以米计外，余均以厘米计；
2.本图采用 1:50 的比例。

图 17.13　涵洞工程图

【重点串联】

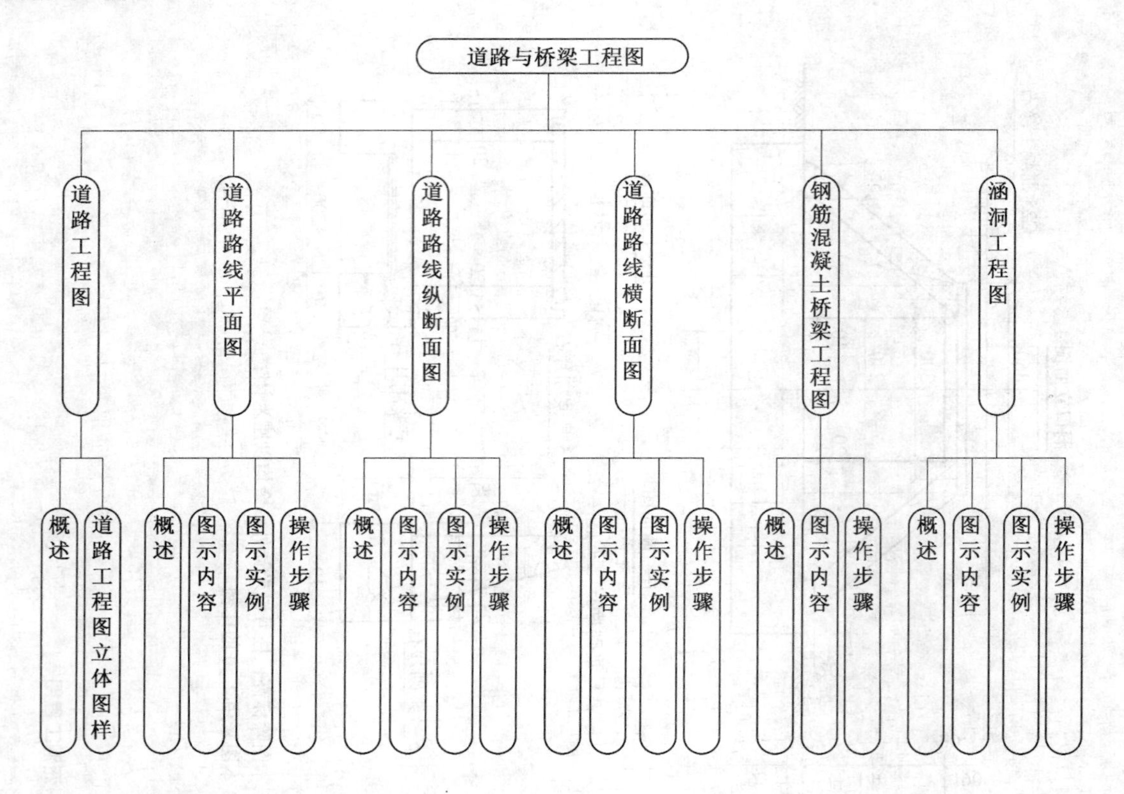

拓展与实训

基础训练

一、填空题

1. 尺寸标注由尺寸线、________、________和尺寸数字组成。
2. 公路纵断面图主要包括________________两部分。
3. 公路平面图中字母 T 表示________，YZ 表示________。
4. 地形图上各等高线是不规则的________。
5. 平面上的各等高线相互________。
6. 路面结构层次的次序为面层、________、________、________和土基。
7. 路线工程图主要指________、________和________。
8. 公路平面图上，公里桩号标注在公路设计线的________侧。
9. 公路纵断面图中的细实线表示________，粗实线表示________。

二、选择题

1. 直线的坡度与平距的关系是(　　)。

A. 互为倒数　　B. 正比关系　　C. 无关系

2. 路线走向规定由(　　)。

A. 由右向左　　B. 由左向右　　C. 由下向上　　D. 由上向下

3. 在路线平面图中,百米桩表示在路线的(　　)。

A. 左侧　　B. 右侧　　C. 中间　　D. 下方

4. 路线纵断面图中如果横坐标比例为 1∶1 000,那么纵坐标比例为(　　)。

A. 1∶100　　B. 1∶200　　C. 100∶1　　D. 200∶1

5. 等高线越密表明地势越(　　)、越稀表明地势越(　　)。

A. 高　　B. 陡峭　　C. 低　　D. 平缓

三、简答题

1. 道路路线纵断面图是如何图示的?

2. 涵洞工程图是如何图示的?

3. 钢筋混凝土梁桥由哪几部分组成?

4. 钢筋混凝土结构是如何图示的?

链接执考

2010 一级建造师考题(多选题)

施工平面图的内容有(　　)。

A. 主要结构物平面图　　B. 施工防排水临时设施

C. 安全消防设施　　D. 便道和其他临时设施

E. 原有地形地貌

参 考 文 献

[1] 中华人民共和国住房和城乡建设部. GB/T50001—2010 房屋建筑制图统一标准[S]. 北京:中国计划出版社,2010.

[2] 中华人民共和国住房和城乡建设部. GB/T 50105—2010 中华人民共和国国家标准[S]建筑结构制图标准. 北京:中国计划出版社,2010.

[3] 中华人民共和国住房和城乡建设部. GB/T 50106—2010 建筑给水排水制图标准[S]. 北京:中国计划出版社,2010.

[4] 齐明超,梅素琴. 画法几何及土木工程制图[M]. 北京:机械工业出版社,2008.

[5] 朱育万. 画法几何及土木工程制图(修订版)[M]. 北京:高等教育出版社,2001.

[6] 刘思颂. 土建工程制图[M]. 成都:西南交通大学出版社,2010.

[7] 汪颖,龚伟. 画法几何与建筑工程制图[M]. 北京:科学出版社,2006.